"十二五"国家重点图书出版规划项目·航空航天精品系列

AUTOMATIC CONTROL THEORY

自动控制原理

(第2版)

张晋格 主编
王广雄 主审

哈爾濱工業大學出版社
HARBIN INSTITUTE OF TECHNOLOGY PRESS

内容简介

本书系统地阐述了自动控制系统分析与设计的经典理论和方法。全书共分八章，其中前六章讲述线性定常系统的分析与设计，第七章讲述非线性系统，第八章介绍 MATLAB 在系统分析中的应用。

本书是在哈尔滨工业大学多年校用教材的基础上，根据教学改革的需要，考虑到目前控制理论教材的发展趋势而重新编写的。本书可作为高等学校自动化、电气工程、测控、通信、计算机及机械电子工程等各专业本专科学生的教材，也可供从事控制领域的工程技术人员自学与参考。

图书在版编目(CIP)数据

自动控制原理/张晋格主编. —2 版. —哈尔滨:哈尔滨工业大学出版社,2007.2(2019.12 重印)
ISBN 978-7-5603-1816-5

Ⅰ.自… Ⅱ.张… Ⅲ.自动控制理论 Ⅳ.TP13

中国版本图书馆 CIP 数据核字(2007)第 005173 号

责任编辑 王桂芝 黄菊英
出版发行 哈尔滨工业大学出版社
社 址 哈尔滨市南岗区复华四道街 10 号 邮编 150006
传 真 0451-86414749
网 址 http://hitpress.hit.edu.cn
印 刷 哈尔滨市工大节能印刷厂
开 本 787mm×1092mm 1/16 印张 18 字数 436 千字
版 次 2003 年 1 月第 1 版 2007 年 2 月第 2 版
2019 年 12 月第 9 次印刷
书 号 ISBN 978-7-5603-1816-5
定 价 38.00 元

前　言

为了适应21世纪高素质科技人才的培养需要，教学改革正按照“优化知识结构，培养创新意识，提高综合素质”的总原则在深入进行之中。为此哈尔滨工业大学开展了现代控制工程基础理论课程体系与教材建设的研究工作，其研究成果获黑龙江省优秀高等教育科研成果一等奖。在此基础上，考虑到目前我国多数工科院校的课程设置情况与教学现状，作为“十五”期间我校重点教材建设项目，决定将控制工程基础理论按照“自动控制原理”、“现代控制理论基础”、“计算机控制理论与应用”、“智能控制技术”等教材体系编写。

从内容上，系列教材将先后覆盖控制理论的经典部分、现代部分、离散与数字部分以及最新发展的智能控制方法等。

从编写风格上突出了以下特点：

(1) 先进性：将计算机辅助工具MATLAB融入系列教材编写中，用于系统的分析、计算、设计与仿真。顺应现代科技的发展潮流，给控制理论教材注入新的活力。

(2) 适用性：控制理论要求学生具有较强的数理概念，根据这一特点，教材努力将数学的严谨性与物理的直观性相结合，理论与实践相结合，加大例题与习题的选择力度，注重工程应用背景，兼顾机、电类各专业的应用特点。

(3) 系统性与渐进性：遵循控制理论的发展规律，教材各分册之间循序渐进，有机连接，充分体现控制理论发展的系统性和渐进过程。

本书是根据自动化、电气工程、测控、通信、计算机与机械电子工程等专业新修订的教学大纲，在哈尔滨工业大学历届所用教材基础上考虑到目前控制理论教材的发展趋势重新编写的，也是作者多年教学经验和科研成果的总结。

本书主要讲述经典控制理论，共八章。其中前六章是线性定常系统的分析与综合，第七章是非线性系统，第八章介绍MATLAB在系统分析中的应用。

本书在讲述方法上注意了数理概念的结合，深入浅出，通俗易懂，加强了基本概念；在内容安排上，考虑到各专业的通用性和便于不同教学时数的取舍。为了便于学生加深对概念和理论的消化理解，每章都有足够的例题和习题以供练习。

本书第一至五章及第六章6.7节由张晋格教授编写，第六、七章由王新生副教授编写，第八章由赵丽讲师编写，全书由张晋格教授主编统稿。

本书由王广雄教授主审，此外裴润教授、梁景凯教授、李铁桥教授也参加了审阅，并提出宝贵意见，在此深表感谢。

在本书编写过程中，得到哈尔滨工业大学自动控制理论及应用教研室和自动化教研室(威海)的领导及许多同志的大力支持，在此一并表示衷心感谢。

由于编者水平有限，书中不足之处在所难免，恳请读者对本书提出批评与指正，以便进一步修订与完善。

作　者

2002年10月

第2版前言

本书自2003年1月出版以来,得到了广大高校师生的好评和认可,曾先后被多所院校选做教材使用,并收到了良好的教学效果。随着教育改革的不断深入,对学生知识结构的优化、创新能力的培养、综合素质的提高等方面提出了更高的要求。为了适应新世纪高素质科技人才培养的需要,我们根据近几年教学实践的体会,结合学生的反馈信息,对原书知识体系、每章知识点、例题与习题等方面,做了认真的分析和研究,感到在保持本书原有特点的基础上,有必要按照教学改革的发展情况,在某些方面对原书做进一步修改和充实。

本书主要是讲述自动控制系统的基本理论和分析设计方法。要求学生具有较强的数理概念和理论与工程实践相结合的意识和能力。在本课程学习过程中,习题演练与解题能力的训练尤为重要。为此修订版中,我们在每一章的结尾处都增添了"典型例题分析"。通过这些精选的例题,使学生从解题入手,提高分析与解决问题的能力,从而能够深入理解和综合利用所学过的有关理论和方法,逐步达到知识的融会贯通,学以致用。

此外,对书中某些章节还补充了"习题"和"小结",对书中某些知识点在论述中的不足或不详之处,也做了认真地修正和补充。

为了使学生在习题练习中便于自检,修订版在附录Ⅲ中还增加了各章"习题参考答案",供广大读者查阅。

尽管如此,但由于水平所限,书中肯定还会有不妥与疏漏之处,恳请读者批评指正,以便今后做进一步修订与完善。

作　者

2007年1月

目 录

第一章　绪　　论

1.1 引　言

自动控制作为重要的技术手段,在工业、农业、国防、科学技术领域得到了广泛的应用,并发挥着日益重要的作用。

所谓自动控制是指在无人干预的情况下,利用控制装置(或控制器)使被控对象(如机器设备或生产过程)的一个或多个物理量(如电压、速度、流量、液位等)在一定精度范围内自动地按照给定的规律变化。例如,电网电压和频率自动地维持不变;数控机床按照预定的程序自动地切削工件;火炮根据雷达传来的信号自动地跟踪目标;人造卫星按预定的轨道运行,并始终保持正确的姿态等。这些都是自动控制的结果。

在这些自动控制系统实例中,尽管它们在功能与结构上各不相同,但它们都是由控制装置和被控对象所组成,通常我们称之为系统。这里所说的系统是指为达到某一目的,由相互制约的各个部分按一定规律组合而成,具有一定功能的整体。广义而言,系统的概念不仅包含物理系统,还包括生物学、社会学、经济学各领域的系统。

自动控制原理是研究自动控制技术的基础理论。它主要研究自动控制系统的组成、分析与设计。根据自动控制技术的发展阶段,通常将控制理论分为经典控制理论和现代控制理论。

按上述提法,经典控制理论是在传递函数的基础上以输入输出特性为数学模型,研究单输入、单输出的自动控制系统,特别是线性定常系统,主要采用频率响应法和根轨迹法来解决控制系统的分析与设计。由于这些理论发展较早,现已日臻成熟,在工程上比较成功地解决了如恒值自动控制系统与伺服系统(又称随动系统)的设计与实践问题。

现代控制理论是建立在状态空间法基础上,研究多输入多输出、时变非线性等控制系统的分析与设计问题,基本方法是时域方法,研究内容十分广泛,主要有线性系统理论、最优控制、最佳滤波、自适应控制、系统辨识、随机控制等。

近年来由于计算机与信息技术的迅速发展,控制工程无论从深度上还是从广度上都在向其他学科不断延伸与扩展,逐渐发展到以控制论、信息论、仿生学为基础,以智能机为核心的智能控制阶段。

本书重点阐述经典控制理论。

1.2　控制系统的基本控制方式

一、开环控制

自动控制系统有两种最基本的控制方式,即开环控制与闭环控制。如果系统在控制器与被控对象之间只有正向控制作用而不存在反馈控制作用，这种控制方式叫做开环控制，如图1.1所示。由图可见，这种控制系统结构简单，对于每一个参考输入量，都有一个相应的输出量与之对应。系统的精度主要取决于元器件的精度和调整的精度。当系统的内部干扰和外部干扰影响不大、精度要求不高时，可采用开环控制方式。但是当系统在干扰作用下，输出量一旦偏离了原来的预定值，由于系统没有输出反馈，对控制量没有任何影响，因此系统没有消除或减少偏差的功能，这是开环系统最大的缺点，从而限制了它的应用范围。

图 1.1　开环控制系统

下面我们来举例说明。图1.2(a)是一个开环直流调速系统，图1.2(b)是它的框图。

图中 U_g 为给定参考输入，它经触发器和晶闸管整流后产生直流电动机的供电电压 U_d，使电机产生期望的转速 n。但是若电动机负载、电网电压或激磁电流只要稍有变化，电动机转速 n 会随之而变化，不能维持 U_g 所对应的期望转数 n，显然该系统无抗扰能力。

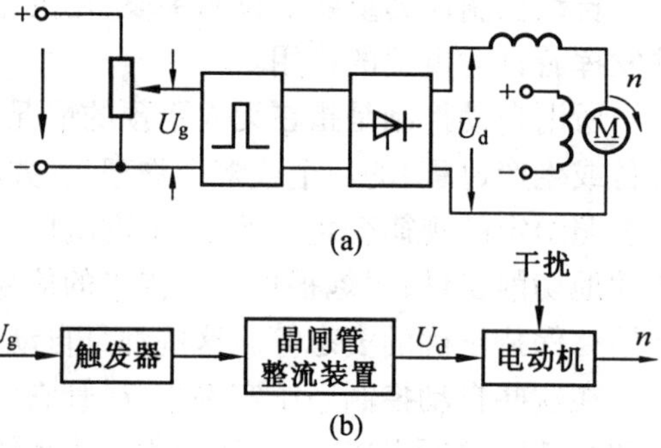

图 1.2　开环直流调速系统

二、闭环控制

若将系统的输出量反馈到它的输入端，并与参考输入进行比较，则构成闭环控制，其系统框图如图1.3所示。闭环控制的特点是，在控制器输入量与被控对象之间，不仅存在正向作用，而且存在反馈作用。若反馈信号与输入信号相减，则称为负反馈；反之，若反馈信号与输入信号相加，则称为正反馈。输入信号与反馈信号之差，称为偏差信号。此信号通过控制器，产生控制量使输出量趋于给定的数值。闭环控制的实质是利用负反馈作用来减小系统的输出误差，故又称闭环控制为反馈控制。

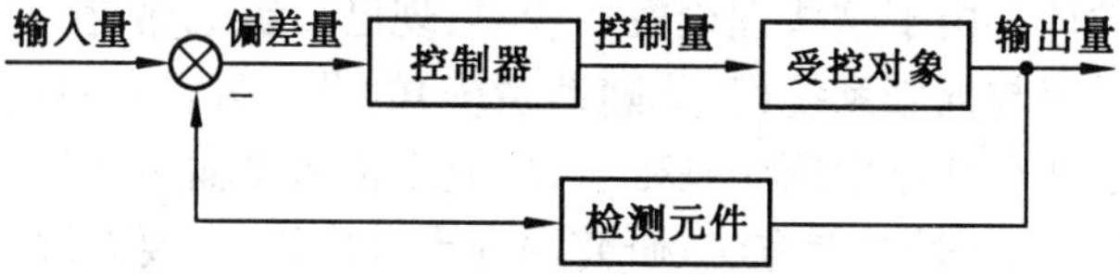

图 1.3　闭环系统框图

作为闭环控制系统的实例如图1.4所示。图中TG是测速发电机，通过它不断地对输出转速进行检测，并将测得的结果反馈到输入端与参考输入相减，产生偏差信号 ΔU，经放大后驱动执行机构，使输出转速完全按照参考输入的要求变化。该系统如果受到外界或内部扰动，可以通过负反馈产生的偏差所取得的控制作用去消除输出量的误差，这种控制原理称为反馈控制原理。在本例中，例如，当电动机负载增大时，使电动机流过的电流 I_d 上升，电枢电阻压降增大，导致电动机转速 n 下降，从而测速机输出电压 U_{fn} 减小，偏差电压 ΔU 上升，经放大后使触发脉冲前移，晶闸管整流输出电压 U_d 上升，从而补偿了由于负载增大所造成的电机转速下降，使转速 n 近似地保持不变。

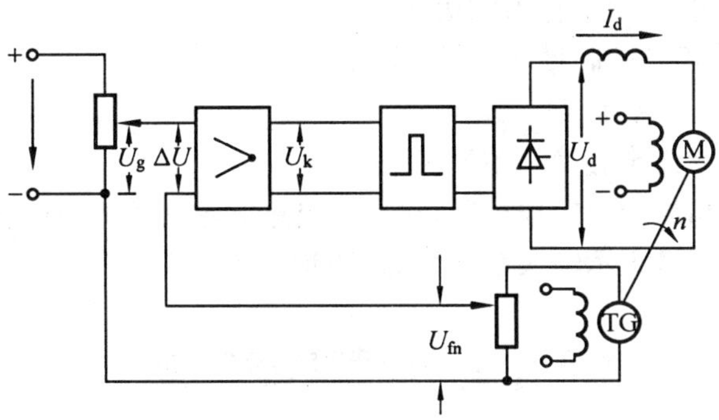

图 1.4 闭环直流调速系统

三、开环与闭环控制系统的比较

从抗扰能力考虑,由于闭环系统引入了反馈,因此对于外部扰动和内部参数变化引起的偏差能够自动地减小,这样就可以采用成本较低、精度不太高的元器件构成一个精度较高的控制系统,闭环系统的精度很大程度上取决于反馈检测元件的精度,而开环系统则不然,由于没有反馈,因此没有纠正偏差的能力,当受到外扰和内扰时,将会引起系统精度降低。开环系统的精度完全取决于系统元器件的精度和调整的准确度。

从稳定性的角度考虑,开环系统的结构简单、建造容易,一般不存在稳定问题。而闭环则不然,反馈的引入有可能使本来稳定的开环系统出现振荡,甚至造成不稳定,因此稳定性对于闭环系统始终是一个重要问题。

应当指出,当系统的输入量与输出量关系已知、内外扰动对系统影响不大、控制精度要求不高时,最好采用开环控制。当无法预计外界扰动或内部元件参数不稳定时,采用闭环控制的优点显得特别突出。当整个系统要求性能较高时,为了解决闭环系统本身控制精度和稳定性之间存在的矛盾,可以将开环和闭环结合在一起,构成复合控制系统。

本书主要研究闭环控制系统,即反馈控制的有关理论和方法。

四、反馈控制系统的框图组成和术语定义

对于任何一个控制系统,不管其结构多么复杂,用途各种各样,但都可以由一些基本框图和符号来表示。图 1.5 是一个典型的反馈控制系统示意框图。

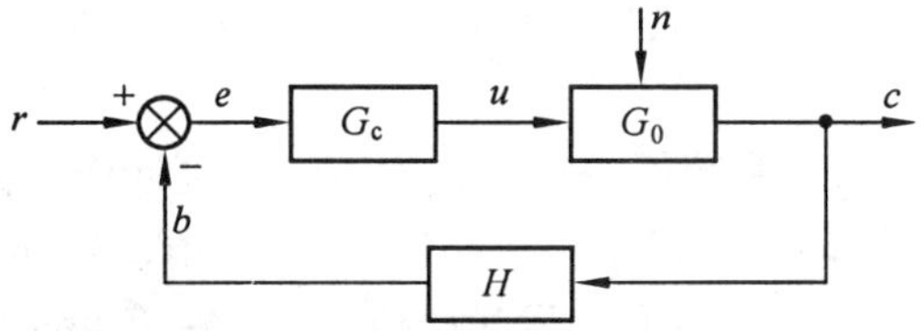

图 1.5 典型反馈控制系统

现将图中的符号及术语定义说明如下,这些符号将在本书中经常用到。

参考输入 r——输入到控制系统中的给定(指令)信号;

主反馈 b——与输出成正比或有某种函数关系,但是量纲与参考输入相同的信号;

偏差 e——参考输入与主反馈之差的信号;

控制环节 G_c——接受偏差信号,通过转换与运算产生控制量 u;

控制量 u——控制环节的输出,作用于被控对象;

扰动 n——不希望的、影响输出的信号；
被控对象 G_0——接受控制量、输出被控制量；
输出 c——系统的被控制量；
反馈环节 H——将输出转换为主反馈信号；
比较环节$\otimes$——相当于偏差检测器，它的输出量等于两输入量的代数和，图中箭头上的符号表示输入在此相加或相减。

1.3 自动控制系统的类型

自动控制系统的种类繁多，应用范围很广，性能与结构各异，因此可以从不同角度进行分类，下面将列出主要的几种分类方法。

一、按给定量的变化规律分类

1. 恒值控制系统（又称自动调节系统）

当系统的给定量（参考输入量）是常量，或整定后相对保持常量时，称为恒值控制系统，此类系统分析与设计的重点是研究各种干扰对被控对象的影响，并从克服干扰的角度对系统进行设计，即在存在干扰的情况下，如何使系统以一定的准确度将输出量保持在与给定值所对应的希望数值上。

在图 1.4 闭环直流调速系统中，若给定电位器不动，即输入电压 U_g 保持不变，则成为恒转速自动控制系统。下面再给出一贮槽液位控制系统的例子，如图 1.6 所示。

该系统的自动控制器是通过比较实际液位，再通过调整气动阀门的开度，对误差进行修正，从而使液面保持不变。

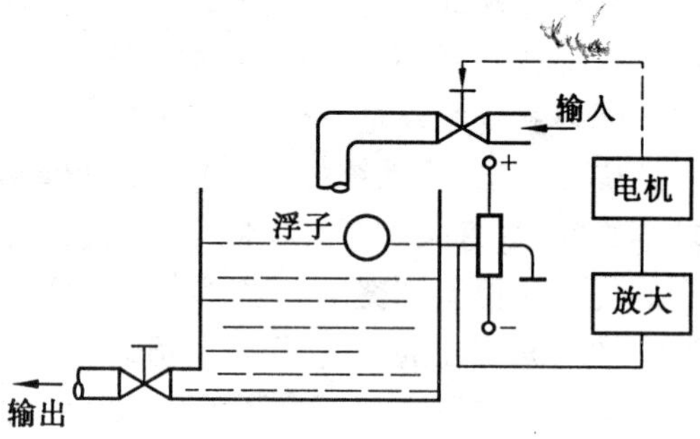

图 1.6 液位控制系统

2. 随动系统（又称伺服系统）

随动系统的参考输入量是一个变化的量，一般是随机的，即给定量的变化规律事先不能确定，而要求系统的被控制量（输出量）能准确快速地跟随输入信号的变化而变化，即复现给定量。

随动系统应用极广，如火炮自动瞄准系统、雷达自动跟踪系统。图 1.7 给出一个位置随动系统的例子。

该系统用一对桥式连接的电位计作为位置检测元件，并分别把系统的输入与输出位置信号转换成电信号进行比较。当两电位器转角相等时，即 $\theta_r = \theta_c$，则 $U_r = U_c, U_e = U_d = 0$，电机静止不动，当发送电位计变化一角度 $\Delta\theta_r$ 时，则 $U_e = U_r - U_c \neq 0$，在 U_e 作用下经放大后供电给电动机，带动负载和接受电位器的动臂一起旋转，直至 $\theta_r = \theta_c$ 为止。

3. 程序控制系统

当输入量是已知给定值的时间函数时，控制作用将按预定的规律（程序）变化，这种系统称为程序控制系统，机械加工中的仿形铣床或数字程序控制机床都属于这种系统，程序控制系统可以做成开环形式，也可以是闭环形式。

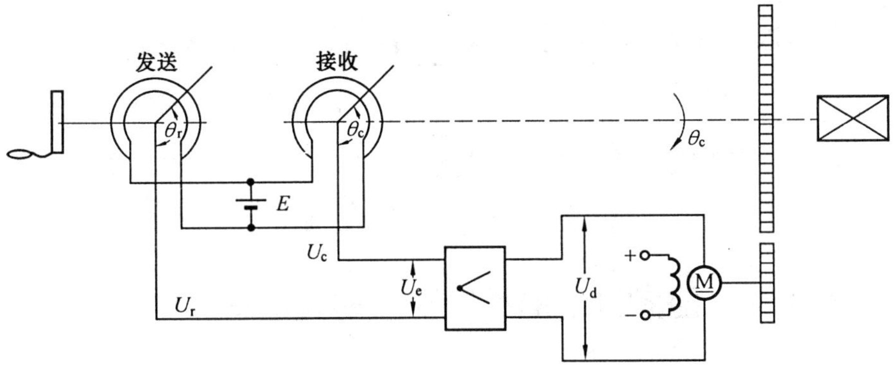

图 1.7 位置随动系统

二、按系统的响应特性分类

1. 线性与非线性系统

(1) 线性系统。当系统中各元件的特性均为线性时，若能用线性微分方程描述系统输入与输出的关系，则称为线性系统。线性系统的主要特性是具有齐次性和叠加性。系统的时间响应特性与初始状态无关。

若线性微分方程的各项系数均为与时间无关的常数，则为线性定常系统(或称线性时不变系统或自治系统)，若线性微分方程的系数中有时间函数项(哪怕只有一项)，则称为线性时变系统(又称非自治系统)。

(2) 非线性系统。当系统中有一个非线性特性元件时，系统则只能由非线性微分方程来描述，系统称为非线性系统，非线性系统也有定常系统和时变系统之分，非线性常系数微分方程没有完整统一的解法，不能应用叠加原理，输出时间响应特性与初始状态关系极大。

2. 连续系统与离散系统

根据系统中信号相对于时间的连续性，通常分为连续时间系统和离散时间系统，简称连续系统与离散系统。

(1) 连续系统。当系统中各元件的输入、输出信号都是连续函数的模拟量时，称为连续系统。若系统是线性的又是连续的，则称为线性连续系统。

(2) 离散系统。当系统中的信号是以脉冲序列或数码的形式传递时，则称为离散系统。离散系统可以用差分方程描述，同样差分方程也有线性、非线性、定常与时变之分。

连续系统经过采样开关将连续信号转换成离散的脉冲序列形式去控制的系统，通常称为采样控制系统。

如果用计算机或数字控制器，离散信号是以数码形式传递的系统，则称为数字控制系统。由于被控量是模拟量，所以这种系统中有模/数(A/D)和数/模(D/A)转换器。计算机控制系统是典型的数字控制系统，其系统结构框图如图 1.8 所示。

除此之外，还可以从其他角度将控制系统分为单输入单输出系统(SISO)和多输入多输出系统(MIMO)；确定性系统与非确定性系统；集中参数系统和分布参数系统等。

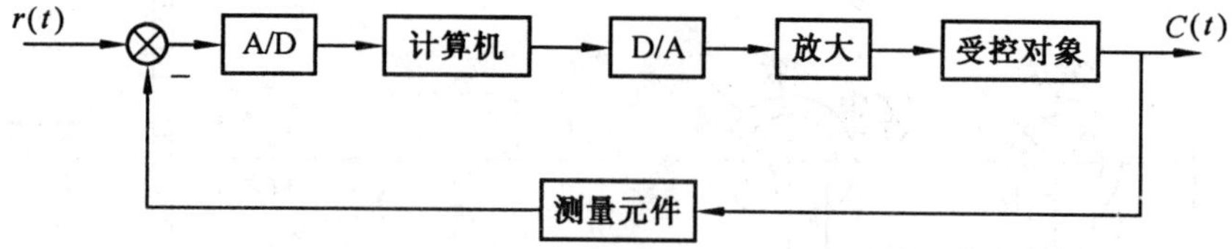

图 1.8　典型计算机控制系统框图

1.4　控制系统的性能要求和典型输入信号

一、对控制系统的基本要求

自动控制系统由于控制对象不同，工作方式不同，完成的任务不同，因此对系统的品质要求也往往各不一样，但是自动控制理论是研究各类系统共同规律的一门科学，对于闭环反馈控制系统来说，在已知系统的结构与参数时，我们感兴趣的是在某种典型输入信号的作用下，输出量（被控量）变化的全过程。例如，对于恒值控制系统，主要是研究扰动作用引起输出量变化的全过程；对于随动系统，主要是研究输出量怎样克服扰动影响并跟随参考输入量变化的全过程。各类系统对被控量变化全过程所提出的基本要求是一样的，一般可归纳为稳定性、快速性和准确性，即稳、快、准。

1. 稳定性

稳定性是保证系统正常工作的先决条件，因为不稳定的系统是无法完成预定控制任务的。所谓稳定性是指系统偏离平衡工作状态后，自动恢复到平衡状态的能力。

由于控制系统中一般含有惯性元件或储能元件，而这些元件的能量不能突变，因此当系统受到扰动时，控制过程不会立即完成，使该系统的输出响应偏离了平衡状态，如果在随后的时间里，被控量经过一段时间（称为过渡过程时间）能够最终回到原来的平衡状态，则系统是稳定的；反之，如果系统的输出响应逐渐增大趋于无穷，或出现发散振荡的情况，则系统是不稳定的。线性自动控制系统的稳定性是由系统本身的结构与参数决定的，与外界因素无关，自动控制理论应研究系统的稳定性与系统的结构及参量间的关系，并给出稳定性的判别方法，因此稳定性的研究是自动控制理论中的一个基本问题。

2. 快速性

快速性是系统在稳定工作的前提下提出的，所谓快速性是指系统在消除输出响应与给定输入量之间的偏差时的快慢程度。快速性是衡量系统过渡过程性能的形式和快慢的重要指标，通常称为动态性能指标。为了保证系统动态调节过程快速、均匀，通常把调节时间（即过渡过程时间）、超调量、振荡次数统称为系统的动态品质指标（或称暂态、瞬态品质指标）。

3. 准确性

准确性又称稳态精度。系统在过渡过程结束后实际输出量与给定期望值之间的偏差，称为稳态误差。稳态误差越小，说明控制系统的控制精度越高。稳态误差是衡量控制系统性能好坏的另一项重要指标，设计者的任务之一就是在兼顾控制系统其他性能指标的同时，使稳态误差尽可能小或小于某个允许的误差范围。

应当指出，上面提出的三个基本要求，对于不同的控制系统，具体的技术标准也各有侧重，例如，恒值控制系统对平稳性的要求严格，随动系统对快速性的要求较高。另外，对于同一系统，稳、快、准的要求是相互制约的。例如，提高系统的快速性，往往会诱发系统强烈的振荡；若改善平稳性，控制过程又可能延缓，甚至会影响稳态精度。分析与解决这些矛盾，也是控制理论研究的主要问题。

二、典型输入信号

在工程实践中，作用于自动控制系统的信号是多种多样的，既有确定性信号，也有非确定性信号，如随机信号。为了便于系统的分析与设计，常选用几种确定性信号作为典型输入信号。典型输入信号的选取原则是：该信号的函数形式容易在实验室或现场中获得；系统在这种信号作用下的性能可以代表实际工作条件下的性能；这种信号的函数表达式简单，便于计算。工程设计中常用的典型输入信号有：阶跃函数、斜坡函数、抛物线函数、脉冲函数、正弦函数，此外还有伪随机函数等。

1. 阶跃函数

阶跃函数的图形如图 1.9 所示，它的表达式为

$$f(t)=\begin{cases}A & t\geqslant 0\\0 & t<0\end{cases}\quad (A\text{ 为常量}) \tag{1.1}$$

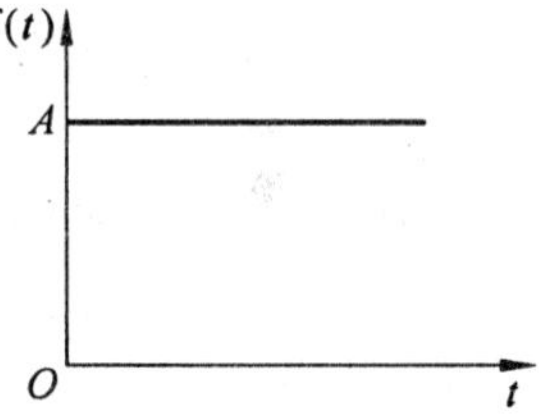

图 1.9　阶跃函数

幅值为 1 的阶跃函数，称为单位阶跃函数。它的表达式为

$$f(t)=\begin{cases}1 & t\geqslant 0\\0 & t<0\end{cases} \tag{1.2}$$

常记为 $1(t)$，幅值为 A 的阶跃函数可表示为 $f(t)=A\cdot 1(t)$。在任意时刻 t_0 出现的阶跃函数可表示为 $f(t-t_0)=A\cdot 1(t-t_0)$。

在工程实践中，阶跃函数是经常遇到的一种外作用信号形式，如给定电压突然跳变、电机负载突然变化等，都可以视为阶跃信号。在控制系统的分析与设计中，一般将在阶跃函数作用下系统的输出响应特性作为评价系统动态性能的依据。

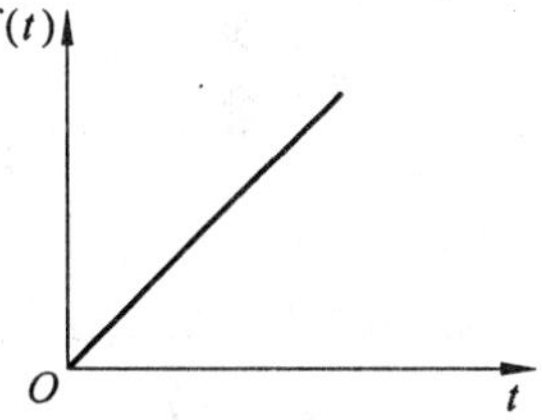

图 1.10　斜坡函数

2. 斜坡函数

斜坡函数的图形如图 1.10 所示，它的表达式为

$$f(t)=\begin{cases}At & t\geqslant 0\\0 & t<0\end{cases}\quad (A\text{ 为常量}) \tag{1.3}$$

斜坡函数也称为等速度函数。它等于阶跃函数对时间的积分，而它的导数就是阶跃函数。当 $A=1$ 时，称为单位斜坡函数。

在工程实践中，某些随动系统经常工作于这种函数作用之下。

3. 抛物线函数

抛物线函数的图形如图 1.11 所示，它的表达式为

$$f(t)=\begin{cases}At^2 & t\geqslant 0\\0 & t<0\end{cases}\quad (A\text{ 为常量}) \tag{1.4}$$

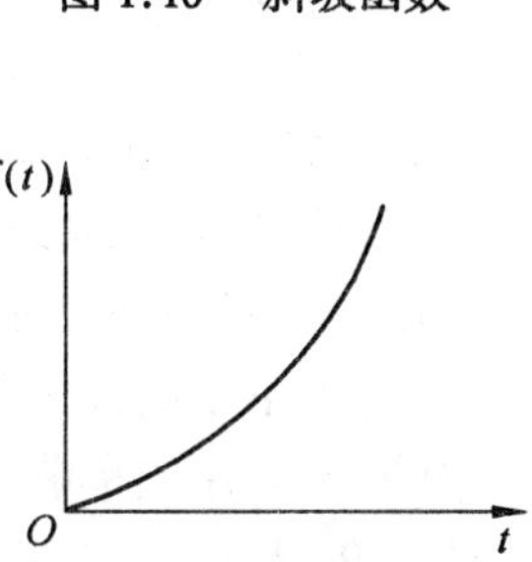

图 1.11　抛物线函数

抛物线函数也称为加速度函数，它等于斜坡函数对时间的积分，而它对时间的导数就是斜坡函数。当 $A=1/2$ 时，称为单位加速度函数。

4. 脉冲函数

脉冲函数的图形如图 1.12 所示，它的表达式为

$$f(t) = \begin{cases} \dfrac{A}{\varepsilon} & 0 < t < \varepsilon \\ 0 & t < 0 \text{或} t > \varepsilon \end{cases} \qquad (A\text{ 为常数}) \tag{1.5}$$

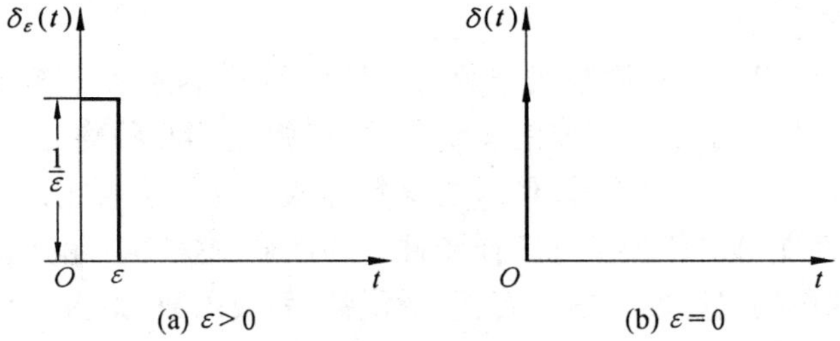

图 1.12 脉冲函数

当 $A = 1$ 时，计为 δ_ε，见图 1.12(a)；若令 $\varepsilon \to 0$，则称为单位脉冲函数 $\delta(t)$，见图 1.12(b)。

理想单位脉冲函数 $\delta(t)$ 的表达式为

$$\delta(t) = \begin{cases} \infty & t = 0 \\ 0 & t \neq 0 \end{cases} \quad \text{且} \quad \int_{-\infty}^{\infty} \delta(t)\mathrm{d}t = 1 \tag{1.6}$$

式(1.6) 表明，理想单位脉冲函数是一个宽度为零、幅值为无穷大、面积为 1 的脉冲。脉冲函数的强度通常用其面积表示，强度为 A 的脉冲函数可表示为 $f(t) = A \cdot \delta(t)$。在时刻 t_0 出现的单位脉冲函数可表示为 $\delta(t - t_0)$。单位脉冲函数是单位阶跃函数对时间的导数，而单位阶跃函数则是单位脉冲函数对时间的积分。

应当指出，脉冲函数只是数学上的定义和假设，在现实中并不存在，但它是一个重要的数学工具。在控制理论研究中，它亦有重要作用。如一个任意形式的外作用函数，可以分解为不同时刻一系列脉冲函数之和。这样，通过研究系统在脉冲函数作用下的响应特性，便可了解系统在任意形式函数作用下的响应特性。

5. 正弦函数

正弦函数的表达式为

$$f(t) = A\sin(\omega t - \varphi) \tag{1.7}$$

式中，A 为振幅；$\omega = 2\pi f$ 为角频率；φ 为初始相角。

正弦函数是控制系统常用的一种典型外作用信号，许多随动系统就是在这种函数作用下工作的。如舰船的消摆系统、稳定平台的随动系统等，就是处于类似于正弦函数的波浪下工作的。用正弦函数作为输入信号，可以求得不同频率的正弦函数输入的稳态响应，称之为频率响应，利用频率响应来分析和设计自动控制系统，称为频域设计法，这部分内容将在第四章中介绍。

1.5 基于 MATLAB 的控制系统分析与设计

MATLAB(MATrix LABoratory) 是一套高性能的数值计算系统和可视化软件，其强大的

扩展功能为各个领域的应用提供了深厚的基础。近年来国际上许多高校教材都将 MATLAB 作为一种基本工具,用于控制系统分析、计算、设计和仿真,取得了良好效果。我国科技界和高等院校也开始重视 MATLAB 的应用。本书在介绍传统的控制理论的同时,也将这一功能强大的计算机辅助工具列入本课程的教学内容中。

控制系统计算机辅助分析与设计的主要内容包括以下几个方面:

1. 系统建模与数学模型表示方式之间的转换

对系统进行分析与设计之前,首先要建立被控对象的数学模型。工程上广泛应用的建模方法有两种:一是机理法(分析法),即直接根据有关的物理定律和规律列写微分方程,其中有许多工作可以由计算机完成,如确定参数、线性化过程、模型精度检验(通过仿真)等;二是采用系统辨识的方法,这种方法需要对控制系统施加实验信号,测量大量的输入输出数据,通过对这些数据的分析、处理、运算,辨识出对象的数学模型,这些工作可以借助计算机完成。

数学模型的描述有多种方式,为了适应不同的分析设计方法,有时需要对系统模型的表示方式进行转换,如传递函数与状态方程的转换,微分方程与差分方程的转换,结构图的绘制,求系统开环与闭环的传递函数等。

2. 控制系统的分析与设计

借助于计算机辅助工具软件,可以为控制理论所形成的各种系统分析和设计方法的使用开辟广阔的天地,如时域分析法、复域分析法(根轨迹分析法)、频域分析法、极点配置与观测器设计、最优控制器设计等。

利用计算机辅助工具对控制系统进行分析与设计会带来一系列的优点:

(1) 提高分析与设计效率,缩短设计周期。

(2) 提高系统设计精度,减少错误,利用计算机可以完成靠人工方式无法完成的复杂计算。

(3) 便于方案比较和优化,利用计算机快速计算和修改参数方便的优点,可以对不同的设计方案和不同的参数组合进行充分的比较,从中选出最佳方案,获最佳效益。

(4) 形象直观,便于理解,借助于计算机输出图形显示,可以对控制系统的输出响应获得直观深入的理解。

总之,将计算机辅助工具与课堂教学结合起来可以提高自动控制理论的教学水平,提高学习效率,更好地获得控制系统分析与设计的经验。本书在最后一章,将重点介绍 MATLAB 在这方面的主要应用情况。

习题与思考题

1. 试根据图 1.6 和图 1.7 分别绘出闭环系统框图,并说明负反馈的作用是什么?若改变极性,或反馈断线,对系统有何后果?

2. 试举出实践中遇到的开环、闭环控制系统的例子,并说明其工作原理,比较开、闭环控制的优缺点。

3. 随动系统与恒值调节系统的主要区别是什么?

第二章　控制系统的数学模型

分析与设计控制系统，首先要建立它的数学模型，数学模型是描述系统中各变量之间关系的数学表达式。控制系统在稳态工作条件下，或系统中各变量随时间变化缓慢情况下，以至于它们对时间的变化率可以忽略不计（即变量的各阶导数为零）情况下，此时描述变量之间关系的代数方程称为稳态数学模型。如果各变量对时间的变化率不可忽略（即变量的各阶导数不为零），则描述变量各阶导数之间关系的微分方程称为动态数学模型，因为只有把握住系统的动态变化过程，才能从理论上对系统进行定量的分析和计算。

控制系统的种类很多，如机械系统、电气系统、液压系统、热力系统等。这些表面上完全不同的物理系统，却可能具有完全相同的数学模型，因此，数学模型可以表达这些系统动态过程的共同特性。这样只要我们深入研究一种数学模型，也就了解了具有这种数学模型的各类系统的特性。由此可见，控制系统的数学模型一旦建立后，对于系统的分析与研究主要是针对系统所对应的数学模型，而不再涉及实际物理系统的具体性质和特点。

建立数学模型的方法通常有机理分析法和实验辨识法两种，机理分析法是对系统各部分的运动机理进行分析，根据它们所依据的物理、化学及各种科学规律，列写相应的运动方程，例如，力学中的牛顿定律，电学中的基尔霍夫定律等。实验辨识法是人为地给被测系统施加某种测试信号，根据测得的实验数据，用某种数学方法进行数据处理，拟合出与实际系统比较接近的数学模型，这种方法称为系统辨识。本章只讨论机理分析法。

在控制系统的分析与设计中，由于系统的类型不同，采用的分析设计方法不同，数学模型也相应有多种形式。在时域中常用的数学模型有微分方程、差分方程、状态方程等，在复域中有传递函数、动态结构图（方框图）；频域中有频率特性等。本章只研究微分方程以及由此派生出的传递函数和方框图或简称框图，其应用范围只限于线性定常系统。

2.1　控制系统微分方程的建立

微分方程是在时域中描述系统（或元件）动态特性的数学模型。利用微分方程可以得到其他多种形式的数学模型。因此它是数学模型的最基本形式。

一、列写微分方程的一般方法

列写微分方程的目的在于确定系统的输出与输入间的函数关系。系统都是由不同的元、部件组成的，因此列写微分方程可按下述步骤进行。

（1）确定系统（或元件）的输入量、输出量。系统的输入量包括给定输入和扰动输入两类信号，而输出量是指被控制量，对于一个元件或一个环节而言，输入输出量的确定可以根据信号传递的先后顺序来确定。

（2）按照信号传递的顺序，根据各变量所遵循的运动规律列写出各环节的动态方程。列写过程中要考虑到相邻元件间的负载效应，有时要做些必要的简化，忽略某些次要因素，必要时对非线性因素还要做线性化处理。列写完后一般构成微分方程组,称之为系统原始模型。

(3) 消去中间变量,导出只含有输入变量和输出变量的系统微分方程。

(4) 规范化、整理微分方程,将输出项归放到方程左侧,输入项归放到方程右侧,各阶导数项按阶次从高到低的顺序排列。

应当说明,建立系统运动方程的关键是系统及其元、部件所属学科领域的有关科学规律,而不是数学本身。但是微分方程的求解过程却需要数学工具(如拉氏变换)。

下面举例说明系统(或元件)动态方程的列写过程。

例 2.1 R-L-C 电路如图 2.1 所示,u_r 为输入电压,u_c 为输出电压,试列出 u_r 和 u_c 之间的微分方程。

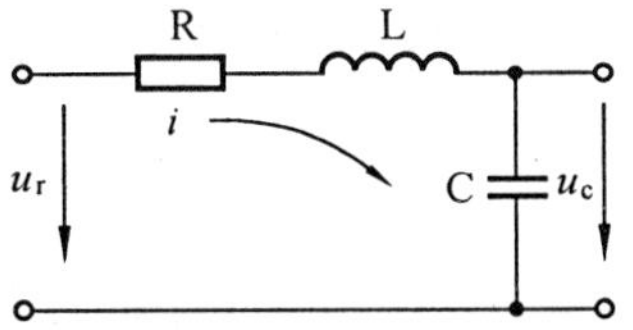

图 2.1 R-L-C 电路

解 设回路电流为 i,根据基尔霍夫定律,可得

$$iR + L\frac{\mathrm{d}i}{\mathrm{d}t} + u_c = u_r$$

$$u_c = \frac{1}{C}\int i\mathrm{d}t$$

消去中间变量 i,可得

$$LC\frac{\mathrm{d}^2 u_c}{\mathrm{d}t^2} + RC\frac{\mathrm{d}u_c}{\mathrm{d}t} + u_c = u_r$$

或写为

$$T_1 T_c\frac{\mathrm{d}^2 u_c}{\mathrm{d}t^2} + T_c\frac{\mathrm{d}u_c}{\mathrm{d}t} + u_c = u_r \tag{2.1}$$

式中 $T_1 = L/R \qquad T_c = RC$

例 2.2 已知 RC 滤波网络如图 2.2 所示,试写出网络输入输出间的微分方程。

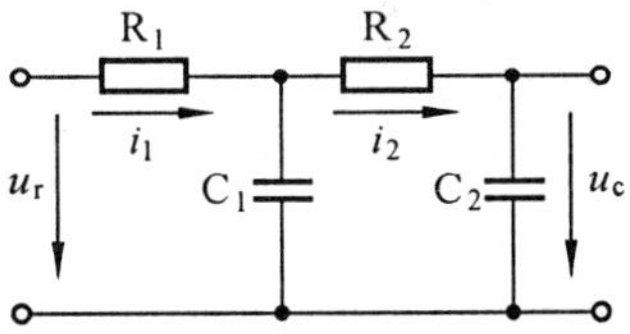

图 2.2 RC 滤波电路

解 该网络由两个形式相同的 RC 电路串联而成。在列写微分方程时,必须考虑后级电路是否对前级电路产生影响,即负载效应问题。对于图 2.2 所示电路,如果只是简单地分别列出两个单级 RC 电路的方程,消去中间变量而得出的微分方程将是错误的。只有当后一环节的输入阻抗很大,对前面环节的影响可以忽略时,才可以单独地分别列写每个环节的方程。

在考虑负载效应的情况下,微分方程的列写步骤如下:

(1) 根据基尔霍夫定律,写出下面原始方程组

$$\begin{cases} i_1 R_1 + \dfrac{1}{C_1}\displaystyle\int (i_1 - i_2)\mathrm{d}t = u_r \\ i_2 R_2 + \dfrac{1}{C_2}\displaystyle\int i_2\mathrm{d}t = \dfrac{1}{C_1}\displaystyle\int (i_1 - i_2)\mathrm{d}t \\ \dfrac{1}{C_2}\displaystyle\int i_2\mathrm{d}t = u_c \end{cases}$$

(2) 消去中间变量 i_1、i_2,得

$$R_1C_1R_2C_2\frac{d^2u_c}{dt^2}+(R_1C_1+R_2C_2+R_1C_2)\frac{du_c}{dt}+u_c=u_r$$

或写为

$$T_1T_2\frac{d^2u_c}{dt^2}+(T_1+T_2+T_3)\frac{du_c}{dt}+u_c=u_r \tag{2.2}$$

式中 $T_1=R_1C_1 \quad T_2=R_2C_2 \quad T_3=R_1C_2$

以上两例均为二阶常系数非齐次线性微分方程，或称为二阶线性定常系统。

例 2.3 弹簧 – 质量 – 阻尼器($k-m-f$)系统如图 2.3 所示，试求该系统在外力 $x(t)$ 作用下位移 $y(t)$ 与 $x(t)$ 之间的微分方程。

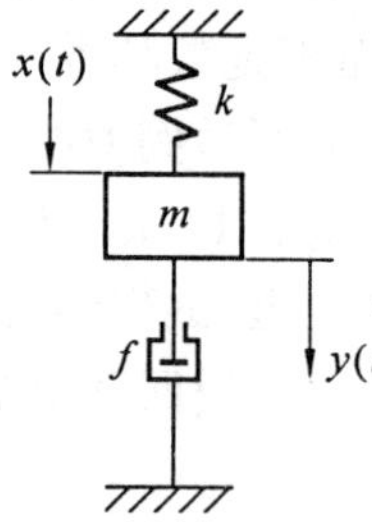

图 2.3 弹簧 – 质量 – 阻尼系统

解 根据牛顿第二定律，系统在外力 $x(t)$ 作用下，当克服了弹簧拉力 $ky(t)$ 和阻尼力 $f\frac{dy(t)}{dt}$ 之后，使质量块 m 产生加速度。于是有

$$x(t)-ky(t)-f\frac{dy(t)}{dt}=m\frac{d^2y(t)}{dt^2}$$

即

$$m\frac{d^2y(t)}{dt^2}+f\frac{dy(t)}{dt}+ky(t)=x(t) \tag{2.3}$$

这也是一个二阶线性定常系统。

例 2.4 建立他激直流电机运动方程，电机供电回路如图 2.4 所示。u_a 为电枢两端供电电压；ω 为电机旋转角速度；M_L 为折合到电机轴上总的负载转矩，设激磁电流 i_f 不变；u_a 为给定输入，M_L 为干扰输入，ω 为输出。

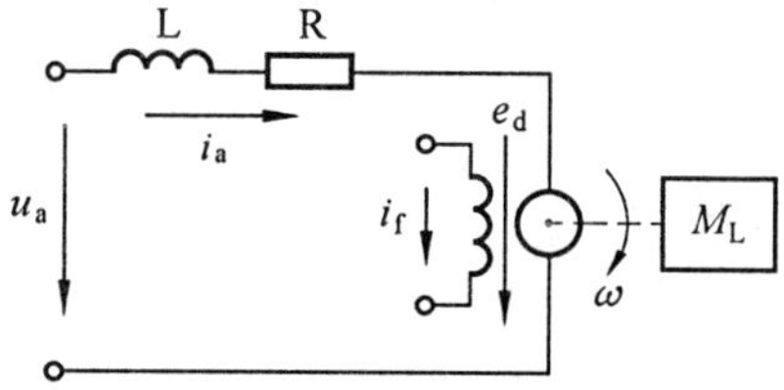

图 2.4 直流电动机供电电路

解 根据基尔霍夫定律，电枢回路方程为

$$L\frac{di_a}{dt}+i_aR+e_d=u_a$$

式中，L、R 分别为电枢回路电感和电阻；e_d 为电枢两端反电势。

当激磁磁通不变时，e_d 与 ω 成正比，即

$$e_d=k_d\cdot\omega$$

式中，k_d 为电势常数。

代入上式，有

$$L\frac{di_a}{dt}+i_aR+k_d\omega=u_a \tag{2.4}$$

根据牛顿转动定律，电机转子的运动方程为

$$J\frac{d\omega}{dt}=M-M_L$$

式中，J 为电机轴上总的转动惯量；M 为电机的电磁力矩；M_L 为负载力矩。

当激磁磁通不变时，M 与 i_a 成正比，即

$$M=k_mi_a$$

式中，k_m 为电机电磁力矩常数。

将此式代入上式，得

$$J\frac{d\omega}{dt}=k_mi_a-M_L \tag{2.5}$$

将式(2.4)与式(2.5)联立，消去中间变量，可得

$$T_a T_m \frac{d^2\omega}{dt^2} + T_m \frac{d\omega}{dt} + \omega = c_d u_a - c_m T_a \frac{dM_L}{dt} - c_m M_L \tag{2.6}$$

式中，$T_a = L/R$；$T_m = RJ/(k_d k_m)$；$c_d = 1/k_d$；$c_m = T_m/J$。

由式(2.6)可见，输出转速 ω 既受 u_a 控制，又受到 M_L 的影响。

对于具有两个输入一个输出的线性系统，可以应用叠加原理进行分析。

令干扰力矩 $M_L = 0, \frac{dM_L}{dt} = 0$，则有

$$T_a T_m \frac{d^2\omega}{dt^2} + T_m \frac{d\omega}{dt} + \omega = c_d u_a \tag{2.7}$$

若令 $u_a = 0$，则有

$$T_a T_m \frac{d^2\omega}{dt^2} + T_m \frac{d\omega}{dt} + \omega = -c_m\left(T_a \frac{dM_L}{dt} + M_L\right) \tag{2.8}$$

当两种输入同时作用于系统时，可以将式(2.7)和式(2.8)两种输入单独作用引起的输出变化进行叠加，便得到系统总的输出。

在工程应用下，由于电枢回路电感 L 较小，通常忽略不计，即 $T_a = 0$，此时式(2.6)可简化为

$$T_m \frac{d\omega}{dt} + \omega = c_d u_a - c_m M_L$$

如果忽略电枢电阻 R 和电动机转动惯量 J，有 $T_m = 0, c_m = 0$。上式可进一步变为

$$\omega = c_d u_a \quad 或 \quad k_d \omega = u_a$$

此时，电动机转速 ω 与电枢电压 u_a 成正比，则电动机可作为测速发电机使用。

二、非线性数学模型的线性化

1. 问题的提出

在建立数学模型的过程中经常会遇到非线性问题。严格地讲，一个实际的物理系统都会含有不同程度的非线性因素，如元件的死区、传动的间隙、饱和输出等，然而许多非线性元件或系统在一定条件下可以近似地视为线性系统。这种在一定条件下将非线性模型化为线性模型的处理方法，称为非线性模型的线性化。通过线性化，可以在一定条件下将线性系统的理论用于非线性系统，从而使问题得到简化。因此，在建立系统或元件的动态方程时，线性化方法是一种行之有效的常见方法。

2. 增量方程与非线性方程的线性化

由例 2.4 中直流电动机的动态方程式(2.6)可知，如果电机处于平衡状态，则方程中各阶导数均为零。此时微分方程变成代数方程，即

$$\omega = c_d u_a - c_m M_L \tag{2.9}$$

此式称为系统的稳态数学模型。其稳态特性可分别由机械特性曲线（当 u_a 为常数时，ω 与 M_L 的关系曲线）和控制特性曲线（当 M_L 为常数时，ω 与 u_a 的关系曲线）来表示。

在平衡状态下，对应的各变量值称为稳态工作点，分别表示为

$$u_a = u_{a0}, M_L = M_{L0}, \omega = \omega_0$$

代入式(2.9)有

$$\omega_0 = c_d u_{a0} - c_m M_{L0} \tag{2.10}$$

在平衡状态下,若某一时刻,输入量发生了变化,其变化增量分别为 Δu_a 和 ΔM_L,则系统的平衡状态将被破坏,输出量亦发生变化,其变化增量为 $\Delta\omega$,此时各变量可分别表示为

$$u_a = u_{a0} + \Delta u_a, M_L = M_{L0} + \Delta M_L, \omega = \omega_0 + \Delta\omega$$

代入动态方程式(2.6),可得

$$T_a T_m \frac{d^2(\omega_0 + \Delta\omega)}{dt} + T_m \frac{d(\omega_0 + \Delta\omega)}{dt} + (\omega_0 + \Delta\omega) =$$
$$c_d(u_{a0} + \Delta u_a) - c_m T_a \frac{d(M_{L0} + \Delta M_L)}{dt} - c_m(M_{L0} + \Delta M_L) \tag{2.11}$$

将式(2.11)与式(2.9)式相减,可得微分方程(2.6)的增量的表达式

$$T_a T_m \frac{d^2\Delta\omega}{dt} + T_m \frac{d\Delta\omega}{dt} + \Delta\omega = c_d\Delta u_a - c_m T_a \frac{d\Delta M_L}{dt} - c_m\Delta M_L \tag{2.12}$$

此式是以平衡状态为基础的增量表达式。即把变量的坐标原点放在静态工作点上。这样在求解式(2.12)时,可以认为初始条件为零。为书写方便,习惯上将 Δ 号省掉,则式(2.12)与式(2.6)在形式上就完全相同了。

应当指出,增量方程中变量是以平衡状态下相应的工作点为基准产生增量变化的。尽管相应工作点通常不在坐标原点,但是我们用各变量的增量表示该变量,因此,可以认为将坐标原点移到了额定工作点。这样在以增量表示的新坐标系中,系统运动的初始状态就等于零了,这是我们省略 Δ 号的依据。

另外,以增量表示的系统便于非线性方程的线性化。系统中所包含的有关变量的非线性函数,只要在给定工作点附近连续,且各阶导数存在,我们就可以在给定工作点的邻域内,将此非线性函数以其自变量偏差形式展开为泰勒级数。如果此偏差很小,则可忽略级数中此偏差的高次项,而只保留一次项,用所得到线性化方程代替原来的非线性方程,这种线性化方法叫做小偏差线性化,又称微偏法。如果非线性函数在给定工作点处的特性不连续,如呈现跳跃或折线情况(即本质非线性),则不能应用这种方法。

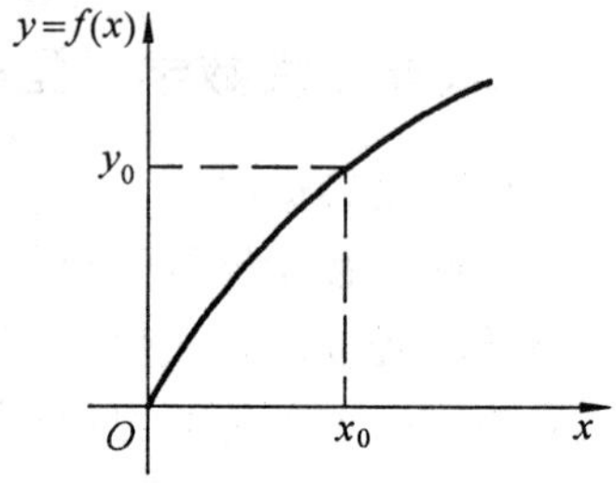

图 2.5

以微偏法所形成的运动方程中各变量不是它们的绝对值,而是它们相对给定工作点的偏差,即增量方程。

设有一单变量非线性函数

$$y = f(x) \tag{2.13}$$

x 与 y 的关系如图 2.5 所示。在给定工作点 (x_0, y_0) 附近将 $y = f(x)$ 按泰勒级数展开,即

$$y = f(x) = f(x_0) + \left.\frac{df}{dx}\right|_{x=x_0}(x - x_0) + \frac{1}{2!}\left.\frac{d^2f}{dx^2}\right|_{x=x_0}(x - x_0)^2 + \cdots$$

如果在工作点 (x_0, y_0) 附近 $(x - x_0)$ 变化很小,则对于展开式中 $(x - x_0)^2$ 项以及后面的高次项都可以略去,上式可近似表示为

$$y = y_0 + \left.\frac{df}{dx}\right|_{x=x_0}(x - x_0)$$

或写为
$$\Delta y = k \cdot \Delta x \tag{2.14}$$
$$\Delta y = y - y_0, \Delta x = x - x_0, k = \left.\frac{\mathrm{d}f}{\mathrm{d}x}\right|_{x=x_0}$$

式(2.14) 就是式(2.13) 的线性化方程。

对于含有两个或两个以上变量的非线性函数，线性化的方法与单变量完全相同。

设非线性 $f(x,y)$ 可在给定工作点 (x_0, y_0) 及 $f_0 = f(x_0, y_0)$ 处将 $f(x,y)$ 按泰勒级数展开，即可得到给定工作点附近的增量线性表达式
$$\Delta f(x,y) = \left.\frac{\partial f}{\partial x}\right|_{(x_0,y_0)} \cdot \Delta x + \left.\frac{\partial f}{\partial y}\right|_{(x_0,y_0)} \cdot \Delta y$$

或改写为
$$\Delta f(x,y) = k_1 \cdot \Delta x + k_2 \cdot \Delta y \tag{2.15}$$

式中
$$k_1 = \left.\frac{\partial f}{\partial x}\right|_{(x_0,y_0)}, k_2 = \left.\frac{\partial f}{\partial y}\right|_{(x_0,y_0)}$$

例 2.5　设三相桥式晶闸管整流电路的输入量为控制角 α，输出量为整流电压 u_d，u_d 与 α 的关系为
$$u_d = 2.34u_2\cos\alpha = u_0\cos\alpha$$

式中，u_2 为交流电源相电压的有效值。u_0 为 $\alpha = 0$ 时的整流电压。整流特性曲线如图 2.6 所示，显然 u_d 与 α 成非线性关系。假如正常额定工作点为 A，此时 $u_{d0} = u_0\cos\alpha_0$

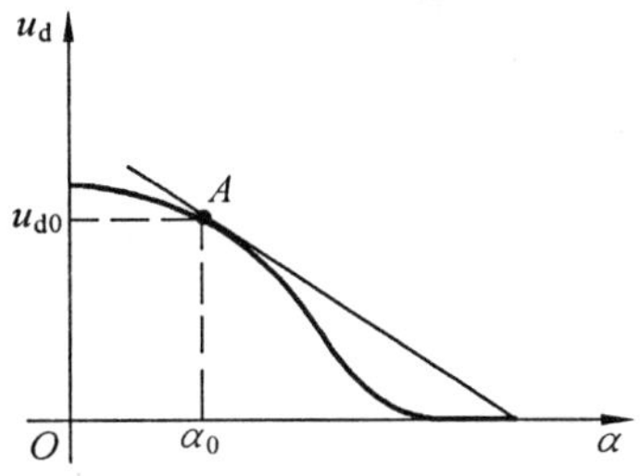

图 2.6　晶闸营整流特性

设控制角以工作点 A 为基准在小范围内变化，由式(2.14) 有
$$u_d - u_{d0} = k_s(\alpha - \alpha_0)$$

式中
$$k_s = \left.\frac{\mathrm{d}u_d}{\mathrm{d}\alpha}\right|_{\alpha=\alpha_0} = -u_0 \cdot \sin\alpha_0$$

将上式写成增量方程，有
$$\Delta u_d = k_s\Delta\alpha$$

式中
$$\Delta u_d = u_d - u_{d0}$$
$$\Delta\alpha = \alpha - \alpha_0$$

例如，当 $\alpha_0 = \frac{\pi}{6}$ 时，则 $k_s = -u_0\sin 30° = -0.5u_0$

显然工作点不同，k_s 值也随之变化，省去 Δ 号，增量方程可改写为一般形式 $u_d = k_s\alpha$。应当明确，该式中的变量 u_d 与 α 仍表示增量。

例 2.6　液压伺服马达。

液压伺服马达是控制系统中经常采用的一种执行元件，它与其他执行机构相比，具有体积小、反应快等优点。图 2.7 为液压伺服马达的工作原理图。

图中，Ⅰ 是滑阀式液压放大器，Ⅱ 是执行机构 —— 油缸。滑阀是一个平衡阀，它只需很小的操作功率就可以控制很大的输出功率，当滑阀处在中间位置时，油缸中活塞两侧的压力相等，活塞处于静止状态，当滑阀右移 x 时，高压油 b 进入左腔，低压油与右腔连通，活塞两侧产生压差 $p = p_1 - p_2$，此压差推动活塞带动负载向右运动，产生位移。因此，对于液压伺服马达系统，输入量是位移 x，输出量是位移 y。

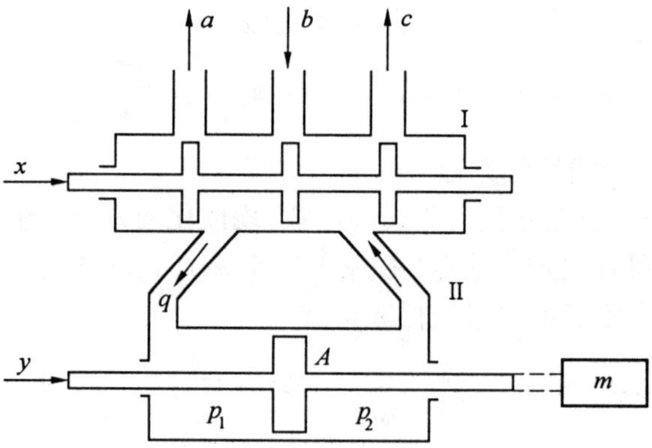

图 2.7　液压伺服马达

1. 液压马达的负载特性

活塞带动负载时，进入或流出油缸的油量 q 与滑阀位移 x 和活塞两端压差 p 有关，变量 q 与 x 和 p 之间是非线性关系，表示为

$$q = f(x, p) \tag{2.16}$$

设工作点为 $q_0 = f(x_0, p_0)$，那么在工作点 (x_0, p_0) 邻域进行小偏差线性化，可得线性化方程

$$q_{(x,p)} = q_{(x_0,p_0)} + k_1(x - x_0) - k_2(p - p_0) \tag{2.17}$$

式中
$$k_1 = \left.\frac{\partial q}{\partial x}\right|_{(x_0,p_0)} \qquad k_2 = -\left.\frac{\partial q}{\partial p}\right|_{(x_0,p_0)}$$

对于任何阀体，随着负载 p 的增大，负载流量 q 总是减小的，故 $\frac{\partial q}{\partial p}$ 总为负值，为了使所设系数本身为正，故有

$$k_2 = -\left.\frac{\partial q}{\partial p}\right|_{(x_0,p_0)}$$

或写成增量方程

$$\Delta q = k_1 \Delta x - k_2 \Delta p \tag{2.18}$$

式中
$$\Delta q = q_{(x,p)} - q_{(x_0,p_0)}$$
$$\Delta x = x - x_0$$
$$\Delta p = p - p_0$$

如果工作点 $q_{(x_0,p_0)} = 0$，即 $x_0 = 0, p_0 = 0$，则式(2.18)还可以写成

$$q = k_1 x - k_2 p \tag{2.19}$$

这就是液压伺服马达负载特性的线性化方程。绘成曲线如图 2.8 所示，图中不仅表示流量 q 与压力差 p 之间为线性关系，而且也表示当 x 由 $-x_2, -x_1, x_0$ 到 $x_1, x_2, \cdots$ 成比例增长时，流量 q 也将成比例变化，即 q 与 x 之间也是线性关系。

2. 活塞运动方程

当活塞受到油压 $A \cdot p$（A 为活塞面积）带动负载 m 运动时，这一运动由两种平衡关系来决定，一种是由于压差 p 使活塞运动时力的平衡，即

$$m\ddot{y} + c\dot{y} = Ap \tag{2.20}$$

式中，m 为负载的质量；c 为黏性阻尼系数。

另一种平衡关系是进油量 q 与活塞位移量之间的关系，可表示为

$$q = A\dot{y} \tag{2.21}$$

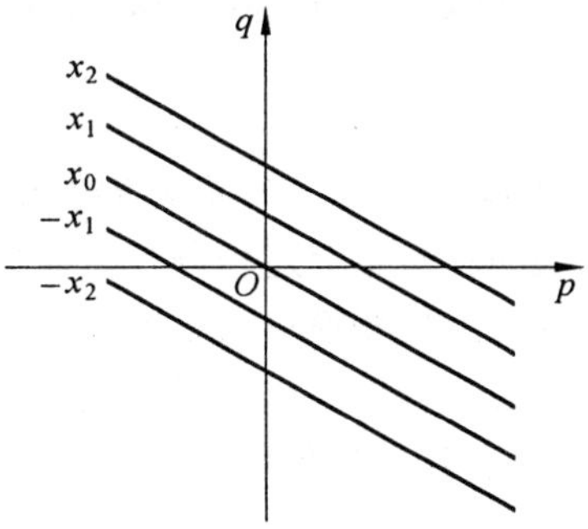

图 2.8　线性化负载特性

由式(2.19) 可得

$$p = \frac{1}{k_2}(k_1 x - q)$$

将 $q = A\dot{y}$ 代入上式，有

$$p = \frac{1}{k_2}(k_1 x - A\dot{y})$$

将此式代入式(2.20)，得

$$m\ddot{y} + c\dot{y} = A \cdot \frac{1}{k_2}(k_1 x - A\dot{y})$$

整理后得

$$m\ddot{y} + \left(c + \frac{A^2}{k_2}\right)\dot{y} = \frac{k_1}{k_2} \cdot Ax \tag{2.22}$$

此式即为 x、y 之间的线性化微分方程式。

应当指出，在用微偏法对非线性函数进行处理时，首先必须确定静态工作点，工作点不同，参量的数值也不同。

还应指出，有些非线性特性(如继电器特性) 是不连续的，不能满足泰勒级数的条件，这时就不能线性化，这类非线性称为本质非线性，对于此类问题要用非线性控制理论来解决，详见第七章。

2.2　数学基础 —— 拉普拉斯变换及其应用

线性连续系统的动态数学模型通常是由微分方程描述的，为了分析系统的控制过程性能，最直接的办法是求出微分方程的解。用拉普拉斯(Laplace) 变换(简称拉氏变换) 求解微分方程，可以将微积分运算转化为代数运算，借助于拉氏变换表可以大大简化微分方程的求解过程；另外利用这一数学工具可以引出控制理论极为重要的基本概念 —— 传递函数。因此，这里对经典控制理论的数学基础 —— 拉氏变换作一简要介绍。

一、拉氏变换的定义

设函数 $f(t)$，t 为实变量，若满足：

(1) 当 $t < 0$ 时，$f(t) = 0$；

(2) 当 $t \geqslant 0$ 时，如果下面线性积分

$$\int_0^{\infty} f(t)\mathrm{e}^{-st}\mathrm{d}t \qquad (s\ 为复变量)$$

在 s 的某一邻域内收敛，则称其为函数 $f(t)$ 的拉氏变换，变换后的新函数是复变量 s 的函数，记为 $F(s)$ 或 $L[f(t)]$，即

$$F(s) = L[f(t)] = \int_0^{\infty} f(t)\mathrm{e}^{-st}\mathrm{d}t \tag{2.23}$$

通常称 $F(s)$ 为 $f(t)$ 的象函数，而 $f(t)$ 为 $F(s)$ 的原函数。

另外，又有拉氏反变换，定义为

$$f(t) = L^{-1}[F(s)] = \frac{1}{2\pi j}\int_{c-j\infty}^{c+j\infty} F(s)e^{st}ds \tag{2.24}$$

即已知象函数 $F(s)$ 可以通过式(2.24)运算求出原函数的时间表达式 $f(t)$。

表面看来，上述积分与反演积分运算很复杂，实际上，绝大多数典型函数都可以预先做成表格，函数变换只需查表即可，这与查对数运算表的过程十分类似。另外，从拉氏变换的定义来看，能利用拉氏变换的函数必须满足上述两个条件，这对于控制系统动态表达式中的变量时间函数一般是可以满足的。因为我们研究控制系统的动态过程，通常都是从加入某一扰动开始，令此时刻为零，即 $t<0$ 时，各变量时间函数值均为零，这一假设通常是符合工程实际情况的。另外，控制系统各变量的上述积分值也是有限值，即满足收敛条件，因此可以利用拉氏变换求解。

二、几个常用函数的拉氏变换

1. 阶跃函数

阶跃函数的表达式为 $f(t) = \begin{cases} A & t \geqslant 0 \\ 0 & t < 0 \end{cases}$ A 为常量，则拉氏变换

$$F(s) = L[A(t)] = \int_0^{\infty} Ae^{-st}dt = -\frac{A}{s}e^{-st}\Big|_0^{\infty} = \frac{A}{s}$$

当 $A=1$ 时，即为单位阶跃函数，记为 $u(t)$，有

$$u(t) = 1(t) = \begin{cases} 1 & t \geqslant 0 \\ 0 & t < 0 \end{cases}$$

$$F(s) = L[u(t)] = L[1(t)] = \frac{1}{s} \tag{2.25}$$

2. 单位斜坡函数

单位斜坡函数的数学表达式为

$$f(t) = t \cdot 1(t) = \begin{cases} t & t \geqslant 0 \\ 0 & t < 0 \end{cases}$$

则拉氏变换

$$F(s) = L[t \cdot 1(t)] = \int_0^{\infty} t \cdot 1(t)e^{-st}dt = -\frac{t}{s}e^{-st}\Big|_0^{\infty} + \int_0^{\infty}\frac{1}{s}e^{-st}dt = \frac{1}{s^2} \tag{2.26}$$

3. 等加速度函数

等加速函数的数学表达式为

$$f(t) = \frac{1}{2}t^2 \cdot 1(t)$$

则拉氏变换

$$F(s) = L\left[\frac{1}{2}t^2 \cdot 1(t)\right] = \int_0^{\infty}\frac{1}{2}t^2 \cdot 1(t)e^{-st}dt = \frac{1}{s^3} \tag{2.27}$$

4. 指数函数 e^{-at}

拉氏变换 $$F(s) = L[e^{-at}] = \int_0^{\infty} e^{-at} \cdot e^{-st}dt = \frac{1}{s+a} \tag{2.28}$$

5. 正弦函数和余弦函数 $\sin \omega t$、$\cos \omega t$

拉氏变换

$$F(s) = L[\sin \omega t] = \int_0^\infty \sin \omega t e^{-st} dt = \int_0^\infty \frac{1}{2j}(e^{j\omega t} - e^{-j\omega t})e^{-st} dt = \frac{\omega}{s^2 + \omega^2} \quad (2.29)$$

与此类似可求出余弦函数的拉氏变换

$$F(s) = L[\cos \omega t] = \int_0^\infty \cos \omega t e^{-st} dt = \frac{s}{s^2 + \omega^2} \quad (2.30)$$

其他一些函数的拉氏变换和反变换可查阅拉氏变换表。

三、拉氏变换的几个重要运算定理

1.线性定理

设 $F_1(s) = L[f_1(t)], F_2(s) = L[f_2(t)]$，$a$、$b$ 均为常数，则有

$$L[af_1(t) + bf_2(t)] = aL[f_1(t)] + bL[f_2(t)] = aF_1(s) + bF_2(s) \quad (2.31)$$

2.微分定理

设 $F(s) = L[f(t)]$，则有

$$L[\frac{df(t)}{dt}] = \int_0^\infty [\frac{df(t)}{dt}]e^{-st} dt = sF(s) - f(0)$$

式中，$f(0)$ 是当 $t = 0$ 时 $f(t)$ 的值。

证明　令

$$u = f(t), du = [\frac{df(t)}{dt}]dt$$

$$dv = e^{-st}dt \qquad v = -\frac{1}{s}e^{-st}$$

利用上述所令各值，按分部积分法公式，可得

$$F(s) = -\frac{1}{s}f(t)e^{-st}\Big|_0^\infty + \frac{1}{s}\int_0^\infty [\frac{df(t)}{dt}]e^{-st} dt = \frac{f(0)}{s} + \frac{1}{s}L[\frac{df(t)}{dt}]$$

故有

$$L[\frac{df(t)}{dt}] = sF(s) - f(0)$$

与此类似

$$L[\frac{d^2 f(t)}{dt^2}] = s^2 F(s) - sf(0) - f'(0)$$

$$L[\frac{d^n f(t)}{dt^n}] = s^n F(s) - s^{n-1}f(0) - s^{n-2}f'(0) - \cdots -$$

$$f^{(n-1)}(0) = s^n F(s) - \sum_{k=1}^{n} s^{n-k} f^{(k-1)}(0) \quad (2.32)$$

式中，$f(0), f'(0), \cdots, f^{(n-1)}(0)$ 为函数 $f(t)$ 及各阶导数在 $t = 0$ 时的值。当 $f(0) = f'(0) = \cdots = f^{(n-1)}(0) = 0$ 时，则有

$$L[\frac{d^n f(t)}{dt^n}] = s^n \cdot F(s) \quad (2.33)$$

3.积分定理

设 $F(s) = L[f(t)]$，则有

$$L[\int_0^t f(t)dt] = \frac{1}{s}F(s) + \frac{1}{s}f^{(-1)}(0)$$

$$L[\iint f(t)(dt^2)] = \frac{1}{s^2}F(s) + \frac{1}{s^2}f^{(-1)}(0) + \frac{1}{s}f^{(-2)}(0)$$

$$L[\int\cdots\int f(t)(dt)^n] = \frac{1}{s^n}F(s) + \frac{1}{s^n}f^{(-1)}(0) + \cdots + \frac{1}{s}f^{(-n)} \quad (2.34)$$

式中,$f^{(-1)}(0), f^{(-2)}(0), \cdots, f^{(-n)}(0)$ 为 $f(t)$ 的各重积分在 $t=0$ 的值。

若 $f^{(-1)}(0) = f^{(-2)}(0) = \cdots f^{(-n)}(0) = 0$,则有

$$L\left[\int \cdots \int f(t)(\mathrm{d}t)^n\right] = \frac{1}{s^n}F(s) \tag{2.35}$$

4. 位移定理

位移定理又分两个方面:一是在时间坐标中有一个位移;另一个是在复数 s 坐标中有一位移。下面分别予以说明。

(1) 实位移定理。若 $F(s) = L[f(t)]$,则

$$L[f(t-\tau)] = \mathrm{e}^{-\tau s} \cdot F(s) \tag{2.36}$$

此式说明,如果时域函数 $f(t)$ 平移 τ,则相当于复域中的象函数乘以 $\mathrm{e}^{-\tau s}$,利用变量置换法可以得到证明,该定理又称延迟定理。

(2) 复位移定理。若 $F(s) = L[f(t)]$,则

$$L[\mathrm{e}^{-at} \cdot f(t)] = F(s+a) \tag{2.37}$$

此式说明,一个指数函数乘以原函数 $f(t)$,其拉氏变换相当于象函数在复域中作位移 a,例如,若

$$L[\cos \omega t] = \frac{s}{s^2 + \omega^2}$$

则

$$L[\mathrm{e}^{-at} \cdot \cos \omega t] = \frac{s+a}{(s+a)^2 + \omega^2}$$

5. 终值定理

若 $L[f(t)] = F(s)$,且 $t \to \infty$ 和 $s \to 0$ 时,各有极限存在,则有

$$\lim_{t\to\infty} f(t) = \lim_{s\to 0} s \cdot F(s) \tag{2.38}$$

证明 由微分定理知

$$L\left[\frac{\mathrm{d}f(t)}{\mathrm{d}t}\right] = \int_0^\infty f'_{(t)}\mathrm{e}^{-st}\mathrm{d}t = sF(s) - f(0)$$

当 $s \to 0$,则 $\mathrm{e}^{-st} \to 1$,于是上式左边得

$$\lim_{s\to 0}\int_0^\infty f'(t)\mathrm{e}^{-st}\mathrm{d}t = \int_0^\infty f'(t)\mathrm{d}t = f(t)\Big|_0^\infty = \lim_{t\to\infty} f(t) - f(0)$$

上式右边得

$$\lim_{s\to 0}[sF(s) - f(0)] = \lim_{s\to 0} s \cdot F(s) - f(0)$$

故有

$$\lim_{t\to\infty} f(t) = \lim_{s\to 0} s \cdot F(s)$$

注意:当 $t \to \infty$ 时,若 $f(t)$ 不存在极限,不能使用终值定理。例如,$f(t) = \sin \omega t$,终值定理便不适用。

6. 初值定理

若 $L[f(t)] = F(s)$,且当 $t \to 0$、$s \to \infty$ 时,各有极限存在,则有

$$\lim_{t\to 0} f(t) = \lim_{s\to\infty} s \cdot F(s) \tag{2.39}$$

此式可仿照终值定理得到证明。

7. 卷积定理

若原函数 $x(t)$ 和 $g(t)$ 的卷积为

$$x(t) * g(t) = \int_0^\infty x(t-\tau)\cdot g(\tau)\mathrm{d}\tau = \int_0^\infty x(\tau)\cdot g(t-\tau)\mathrm{d}\tau$$

则它的拉氏变换为

$$L\left[\int_0^\infty x(t-\tau)\cdot g(\tau)\mathrm{d}\tau\right] = X(s)\cdot G(s) \tag{2.40}$$

证明

由于 $L\left[\int_0^\infty x(t-\tau)\cdot g(\tau)\mathrm{d}\tau\right] = \int_0^\infty\left\{\int_0^\infty x(t-\tau)\cdot g(\tau)\mathrm{d}\tau\right\}\cdot \mathrm{e}^{-st}\mathrm{d}t =$

$$\int_0^\infty x(t-\tau)\cdot \mathrm{e}^{-s(t-\tau)}\mathrm{d}t\int_0^\infty g(\tau)\mathrm{e}^{-s\tau}\mathrm{d}\tau$$

令 $t-\tau=\sigma$，当 $\sigma<0$ 时，$x(t-\tau)=x(\sigma)=0$，则有

$$L\left[\int_0^\infty x(t-\tau)\cdot g(\tau)\mathrm{d}\tau\right] = X(s)\cdot G(s)$$

定理得证。

若进一步考虑，当 $\tau > t$ 时，$x(t-\tau)=0$，则上式还可写为

$$L\left[\int_0^t x(t-\tau)\cdot g(\tau)\mathrm{d}\tau\right] = X(s)\cdot G(s)$$

卷积定理表明，时域 $x(t)$ 与 $g(t)$ 卷积的拉氏变换等于复域 $X(s)$ 和 $G(s)$ 的乘积。

四、拉氏反变换

拉氏反变换的定义式已由式(2.23)给出

$$L^{-1}[F(s)] = f(t) = \frac{1}{2\pi\mathrm{j}}\int_{c-\mathrm{j}\infty}^{c+\mathrm{j}\infty} F(s)\mathrm{e}^{st}\mathrm{d}s$$

这是复变函数积分，一般很难计算，故由 $F(s)$ 求出 $f(t)$，常用部分分式法。即首先将 $F(s)$ 分解成一些简单的有理公式函数之和，然后由拉氏变换表一一查出所对应的反变换函数，即得所求的原函数 $f(t)$。

$F(s)$ 通常是 s 的有理分式函数，其一般表达式为

$$F(s) = \frac{B(s)}{A(s)} = \frac{b_m s^m + b_{m-1}s^{m-1} + \cdots + b_1 s + b_0}{a_n s^n + a_{n-1}s^{n-1} + \cdots a_1 s + a_0} \tag{2.41}$$

式中，$a_n, a_{n-1}, \cdots, a_0$ 与 $b_m, b_{m-1}, \cdots, b_0$ 均为实数，m、n 为正数，且 $n > m$。

首先对 $F(s)$ 的分母多项式作因式分解，得

$$A(s) = (s-s_1)(s-s_2)\cdots(s-s_n)$$

式中，$s_1, s_2, \cdots, s_n$ 为 $A(s)=0$ 的根，下面分两种情况讨论：

1. $A(s)=0$ 无重根

将 $F(s)$ 换写为 n 个部分分式之和的形式，即

$$F(s) = \frac{c_1}{s-s_1} + \frac{c_2}{s-s_2} + \cdots + \frac{c_i}{s-s_i} + \cdots + \frac{c_n}{s-s_n} = \sum_{i=1}^{n}\frac{c_i}{s-s_i} \tag{2.42}$$

式中，c_i 是常数，为 $s=s_i$ 极点处的留数。

若确定了每个部分分式中的待定常数 c_i，则由拉氏变换表可查得 $F(s)$ 的反变换为

$$L^{-1}[F(s)] = f(t) = L^{-1}\left[\sum_{i=1}^{n}\frac{c_i}{s-s_i}\right] = \sum_{i=1}^{n} c_i \mathrm{e}^{s_i t} \tag{2.43}$$

c_i 可由下式求得，即

$$c_i = \lim_{s \to s_i}(s - s_i) \cdot F(s) \tag{2.44}$$

或

$$c_i = \left.\frac{B(s)}{A'(s)}\right|_{s=s_i} \tag{2.45}$$

例 2.7　求 $F(s) = \dfrac{s+3}{(s+1)(s+2)}$ 的反变换。

解　$F(s)$ 的部分展开式为

$$F(s) = \frac{s+3}{(s+1)(s+2)} = \frac{c_1}{s+1} + \frac{c_2}{s+2}$$

$$c_1 = [(s+1) \cdot F(s)]_{s=-1} = 2$$

$$c_2 = [(s+2) \cdot F(s)]_{s=-2} = -1$$

所以

$$f(t) = L^{-1}[F(s)] = L^{-1}[\frac{2}{s+1}] + L^{-1}[\frac{-1}{s+2}] = 2e^{-t} - e^{-2t}$$

例 2.8　求 $F(s) = \dfrac{s^2+5s+5}{s^2+4s+3}$ 的反变换。

解　由于 $F(s)$ 的分子、分母同阶，不能直接展成部分分式形式，故先分解为

$$F(s) = 1 + \frac{s+2}{s^2+4s+3}$$

故原函数为

$$f(t) = L^{-1}[F(s)] = L^{-1}[1] + L^{-1}[\frac{s+2}{s^2+4s+5}] =$$

$$\delta(t) + L^{-1}[\frac{\frac{1}{2}}{s+1} + \frac{\frac{1}{2}}{s+3}] = \delta(t) + \frac{1}{2}e^{-t} + \frac{1}{2}e^{-3t}$$

例 2.9　求 $F(s)$ 的原函数。

$$F(s) = \frac{s+3}{s^2+2s+2}$$

解　令分母多项式 $A(s)=0$，可求得分母多项式方程的根为

$$s_1 = -1 + j1, s_1 = -1 - j1$$

即共轭复根。

此时

$$F(s) = \frac{s+3}{(s-s_1)(s-s_2)} = \frac{s+3}{(s+1-j1)(s+1+j1)} = \frac{c_1}{s+1-j1} + \frac{c_2}{s+1+j1}$$

其中

$$c_1 = \lim_{s \to -1+j}(s+1-j1) \cdot F(s) = \frac{2+j}{2j}$$

$$c_2 = \lim_{s \to -1-j}(s+1+j1) \cdot F(s) = -\frac{2-j}{2j}$$

所以原函数为

$$f(t) = \frac{2+j}{2j}e^{(-1+j)t} - \frac{2-j}{2j}e^{(-1-j)t} =$$

$$\frac{1}{2j}e^{-t}[(2+j)e^{jt} - (2-j)e^{-jt}] =$$

$$\frac{1}{2j}e^{-t}[2\cos t + 4\sin t]j = e^{-t}[\cos t + 2\sin t]$$

2. $A(s)=0$ 有重根

设 s_1 为 m 重根，$s_{m+1}, s_{m+2}, \cdots, s_n$ 为单根，则 $F(s)$ 可展开如下

$$F(s)=\frac{c_m}{(s-s_1)^m}+\frac{c_{m-1}}{(s-s_1)^{m-1}}+\cdots+\frac{c_1}{s-s_1}+\frac{c_{m+1}}{s-s_{m+1}}+\cdots+\frac{c_n}{s-s_n}$$

式中，$c_{m+1},\cdots,c_n$ 为单根部分分式的待定常数，可按式(2.44)求得。重根待定系数 $c_1,\cdots,c_m$ 可按下面计算公式求得。

$$c_m=\lim_{s\to s_1}(s-s_1)^m\cdot F(s)$$

$$c_{m-1}=\lim_{s\to s_1}\frac{\mathrm{d}}{\mathrm{d}s}[(s-s_1)^m\cdot F(s)]$$

$$c_{m-j}=\frac{1}{j!}\lim_{s\to s_1}\frac{\mathrm{d}^j}{\mathrm{d}s^j}[(s-s_1)^m\cdot F(s)]$$

$$c_1=\frac{1}{(m-1)!}\lim_{s\to s_1}\frac{\mathrm{d}^{(m-1)}}{\mathrm{d}s^{(m-1)}}[(s-s_1)^m\cdot F(s)] \tag{2.46}$$

将各待定常数求出后代入式 $F(s)$，求反变换，得

$$f(t)=L^{-1}[F(s)]=L^{-1}[\frac{c_m}{(s-s_1)^m}+\frac{c_{m-1}}{(s-s_1)^{m-1}}+\cdots+\frac{c_1}{s-s_1}+\frac{c_{m+1}}{s-s_{m+1}}+\cdots+\frac{c_n}{s-s_n}]=$$

$$[\frac{c_m}{(m-1)!}t^{m-1}+\frac{c_{m-1}}{(m-2)!}t^{m-2}+\cdots+c_2t+c_1]\mathrm{e}^{s_1t}+\sum_{i=m+1}^{n}c_i\mathrm{e}^{s_it} \tag{2.47}$$

例 2.10　求 $F(s)=\dfrac{s^2+2s+3}{(s+1)^3}$ 的原函数。

解　将 $F(s)$ 展开部分分式得

$$F(s)=\frac{c_3}{(s+1)^3}+\frac{c_2}{(s+1)^2}+\frac{c_1}{(s+1)}$$

式中

$$c_3=[(s+1)^3\cdot F(s)]_{s=-1}=(s^2+2s+3)_{s=-1}=2$$

$$c_2=\left\{\frac{\mathrm{d}}{\mathrm{d}s}[(s+1)^3\cdot F(s)]\right\}_{s=-1}=[\frac{\mathrm{d}}{\mathrm{d}s}(s^2+2s+3)]_{s=-1}=0$$

$$c_1=\frac{1}{(3-1)!}\left\{\frac{\mathrm{d}^2}{\mathrm{d}s^2}[(s+1)^3\cdot F(s)]\right\}_{s=-1}=\frac{1}{2}[\frac{\mathrm{d}^2}{\mathrm{d}s^2}(s^2+2s+3)]_{s=-1}=1$$

$$f(t)=L^{-1}[F(s)]=L^{-1}[\frac{2}{(s+1)^3}]+L^{-1}[\frac{1}{s+1}]=(t^2+1)\mathrm{e}^{-t}\qquad t\geqslant 0$$

由上述例题可见，求 $F(s)$ 的原函数，关键要求出分母多项式方程的根。然后再用部分分式法。求高阶代数方程根的方法有两种：一种是用林士愕提出的“劈因法”近似求解；另一种是用计算机编程求解。

五、用拉氏变换求解微分方程

求解步骤为：

(1) 对微分方程进行拉氏变换，将微分方程转换为以 s 为变量的代数方程，又称象方程。

(2) 求解象方程，得到输出的象函数。

(3) 对输出象函数求拉氏反变换，得到微分方程的解。

例 2.11　设有微分方程

$$\ddot{y}+5\dot{y}+6y=6\quad 初始条件为\quad \dot{y}(0)=y(0)=2$$

解　首先对上述方程两边求拉氏变换，得

$$s^2y(s) - sy(0) - \dot{y}(0) + 5sy(s) - 5y(0) + 6y(s) = \frac{6}{s}$$

代入初始条件,求得 $y(s)$

$$Y(s) = \frac{2s^2 + 12s + 6}{s(s^2 + 5s + 6)} = \frac{2s^2 + 12s + 6}{s(s + 2)(s + 3)} = \frac{1}{s} - \frac{4}{s + 3} + \frac{5}{s + 2}$$

求反变换(查表)

$$y(t) = 1 - 4e^{-3t} + 5e^{-2t} \quad (t > 0)$$

该解由两部分组成:稳态分量即为终值 $y(\infty)$ 为1;瞬态分量为$(-4e^{-3t} + 5e^{-2t})$。可利用终值定理检验稳态解。

$$\lim_{t \to \infty} y(t) = \lim_{s \to 0} s \cdot y(s) = \lim_{s \to 0} \frac{2s^2 + 12s + 6}{(s + 2)(s + 3)} = 1$$

2.3 传递函数

一、传递函数的定义

设线性定常系统的微分方程为

$$y^{(n)}(t) + a_{n-1}y^{(n-1)}(t) + \cdots + a_1\dot{y}(t) + a_0y(t) =$$
$$b_mx^{(m)}(t) + b_{m-1}x^{(m-1)}(t) + \cdots + b_1\dot{x}(t) + b_0x(t) \quad (n \geqslant m) \tag{2.48}$$

式中,$y^{(n)}(t)$ 表示$\frac{d^ny(t)}{dt^n}$;a_i、b_i 是表示系统结构的常数。

在零初始条件下,对上式进行拉氏变换,得

$$(s^n + a_{n-1}s^{n-1} + \cdots + a_1s + a_0)Y(s) = (b_ms^m + b_{m-1}s^{m-1} + \cdots + b_1s + b_0)X(s)$$

即

$$\frac{Y(s)}{X(s)} = \frac{b_ms^m + b_{m-1}s^{m-1} + \cdots + b_1s + b_0}{s^n + a_{n-1}s^{n-1} + \cdots + a_1s + a_0} \quad n \geqslant m \tag{2.49}$$

对于线性定常系统,传递函数定义为零初始条件下,输出拉氏变换 $Y(s)$ 与输入拉氏变换 $X(s)$ 之比,记为

$$G(s) = \frac{Y(s)}{X(s)} \tag{2.50}$$

或

$$Y(s) = G(s) \cdot X(s) \tag{2.51}$$

传递函数是描述线性系统(或环节)的一种方法。它反映了系统(或环节)的内部结构特性。由式(2.50)看出,输入信号 $X(s)$ 与 $G(s)$ 相乘等于输出信号 $Y(s)$。这就好像 $X(s)$ 经过 $G(s)$ 的传递后变成了输出信号 $Y(s)$,故称 $G(s)$ 为传递函数。

如果输入信号 $x(t)$ 是一单位脉冲函数,即 $x(t) = \delta(t)$,则此时输出信号 $y(t)$ 称为单位脉冲响应,记作 $g(t)$。由于此时 $X(s) = L[\delta(t)] = 1$,所以 $G(s) = \frac{Y(s)}{X(s)} = Y(s)$,而 $Y(s) = L[g(t)]$,由此可见

$$G(s) = L[g(t)] \tag{2.52}$$

对 $G(s)$ 求拉氏反变换,有

$$g(t) = L^{-1}[G(s)] \tag{2.53}$$

式(2.52)表明,传递函数又可以定义为单位脉冲响应函数 $g(t)$ 的拉氏变换。而式(2.53)表明,传递函数 $G(s)$ 的原函数(拉氏反变换)即为单位脉冲响应。

上述结果说明,系统的单位脉冲响应 $g(t)$ 与传递函数 $G(s)$ 的关系是时域 t 到复域 s 的单值变换关系。如果已知系统的单位脉冲响应 $g(t)$,就可以根据卷积公式求解系统在任意输入 $x(t)$ 作用下的输出响应,即

$$y(t) = g(t) * x(t) = \int_0^t g(t-\tau)\cdot x(\tau)\mathrm{d}\tau = \int_0^t g(\tau)\cdot x(t-\tau)\mathrm{d}\tau \tag{2.54}$$

根据卷积定理

$$L[g(t) * x(t)] = G(s)\cdot X(s)$$

即时域中卷积 $y(t) = g(t) * x(t)$ 对应于复域中的乘积 $Y(s) = G(s)\cdot X(s)$。

二、传递函数的性质和含义

(1) 传递函数是线性定常系统数学模型的另一种表达形式。它与系统微分方程是一一对应的。传递函数的形式完全取决于系统本身的结构和参数。与输入信号的形式无关,它是系统的动态数学模型。

对同一系统,若谈到传递函数,必须首先指明输入量和输出量。否则,所得到的传递函数形式可能不同。传递函数主要适用于单输入单输出系统。对于多输入信号的系统,可以根据叠加原理对每个输入信号单独作用下的传递函数分别求取。

(2) 传递函数中分子多项式的阶次 m 不会大于分母多项式的阶次 n,即 $n \geqslant m$。这反映了一个物理系统的客观属性,任何系统都具有惯性。即任何系统的输出都不能立即完全复现输入信号,只有经过一段时间后,输出量才能达到输入量所希望的值。

(3) 传递函数是复变量 s 的有理分式,即

$$G(s) = \frac{b_m s^m + b_{m-1}s^{m-1} + \cdots + b_1 s + b_0}{s^n + a_{n-1}s^{n-1} + \cdots + a_1 s + a_0} \qquad n \geqslant m$$

其分子、分母都是 s 的有理多项式,即它们的系数均为实数。如果对分子、分母多项式作因式分解后,$G(s)$ 还可以写成如下两种形式,即

$$G(s) = \frac{k_1(s-z_1)(s-z_2)\cdots(s-z_m)}{(s-p_1)(s-p_2)\cdots(s-p_n)} \tag{2.55}$$

或

$$G(s) = k\cdot\frac{(\tau_1 s+1)(\tau_2^2 s^2 + 2\xi\tau_2 s + 1)\cdots(\tau_l s+1)}{s^r(T_1 s+1)(T_2^2 s^2 + 2\xi T_2 s + 1)\cdots(T_k s+1)} \tag{2.56}$$

式(2.55)是传递函数的零极点表达式,其特点是每个因式中 s 项的系数都是1。$z_1, z_2, \cdots, z_m$ 称做传递函数的零点,即当 $s = z_j(j = 1,2,\cdots,m)$ 时,均能使 $G(s) = 0$。$p_1, p_2, \cdots, p_n$ 称为传递函数的极点,即当 $s = p_j(j = 1,2,\cdots,n)$ 时,均能使 $G(s)$ 的分母为零,即使 $G(s)$ 取极值 $\lim\limits_{s\to p_j} G(s) = \infty$。

如果令分母多项式为零,则构成系统的特征方程,而极点即为微分方程的特征根。极点在复平面的分布决定了系统的稳定性和过渡特性,零点对系统稳定性没有影响,但它对暂态特性有一定影响。

式(2.55)中 k_1 又称为零极点增益或根轨迹增益。对于式(2.56),其特点是分子、分母各因式项中的常数项均为1(若不是零),式中 τ_i 和 T_i 称为各环节的时间常数,因此又称时间常

数表达式。k 为系统增益或放大系数。由表达式(2.56) 的形式可以看出，它由六种因子组合而成，构成了六种典型基本环节，即 ① 放大环节 k；② 一阶微分环节 $\tau s+1$；③ 二阶微分环节 $\tau^2s^2+2\xi\tau s+1$；④ 积分环节$\frac{1}{s}$；⑤ 惯性环节$\frac{1}{Ts+1}$；⑥ 振荡环节$\frac{1}{T^2s^2+2\xi Ts+1}$。此外，还有理想微分环节 s 和延迟环节 $e^{-\tau s}$。

三、典型环节的传递函数

任何复杂控制系统都可以看成是由若干基本环节组合而成，因此有必要对典型环节进行分析研究，但应指出，典型环节是按数学模型的共性划分的，它只代表一种特定的运动，与组成系统的元件没有对应关系。

1. 比例环节(放大环节)

比例环节的输出量与输入量成固定比例关系，其特点是输出量能够不失真、不延迟，成比例地复现输入信号，其运动方程为

$$y(t)=k\cdot x(t)$$

对应的传递函数为

$$G(s)=\frac{Y(s)}{X(s)}=k \tag{2.57}$$

例如，工作在线性区的电子放大器、比例运算放大器在忽略弹性变形的情况下，机械传动中的齿轮减速器都可视为比例环节，事实上在控制系统中的许多测量元件，如直流测速发电机、电位器、光栅、光电码盘等都作为比例环节来处理。当然，把这些环节看做比例环节要注意理想化的近似条件和适用范围，以便既能使分析过程简化，又不影响问题的实质。

2. 惯性环节(非周期环节)

惯性环节的运动方程是

$$T\frac{dy(t)}{dt}+y(t)=k\cdot x(t)$$

对应的传递函数为

$$G(s)=\frac{Y(s)}{X(s)}=\frac{k}{Ts+1} \tag{2.58}$$

式中，T 为时间常数；k 为比例系数。

惯性环节的特点是输出量不能立即跟随输入量的变化，存在时间上的延迟。这是由于环节的惯性造成的，通常惯性环节都有一个储能元件和一个耗能元件。延迟时间的长短可以用时间常数 T 衡量。

例如，无源阻容滤波电路，如图 2.9 所示，运动方程为

$$\begin{cases} u_r = iR+\frac{1}{C}\int i\mathrm{d}t \\ u_c(t)=\frac{1}{C}\int i\mathrm{d}t \end{cases}$$

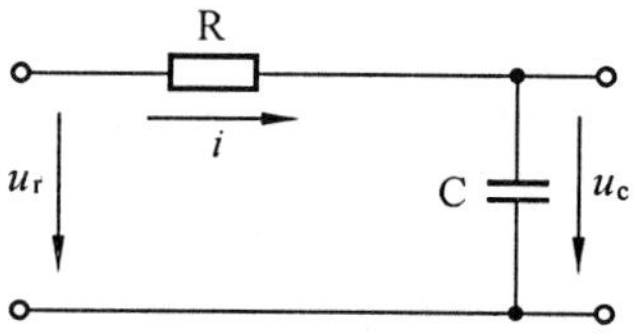

图 2.9　无源滤波电路

消去中间变量，得

$$RC\frac{du_c(t)}{dt}+u_c(t)=u_r(t)$$

经拉氏变换后，有

$$RCsU_c(s)+U_c(s)=U_r(s)$$

传递函数为

$$G(s)=\frac{U_c(s)}{U_r(s)}=\frac{1}{RCs+1}=\frac{1}{Ts+1}$$

式中，$T=RC$，为惯性时间常数。

本系统储能元件为电容 C，耗能元件为电阻 R。

3. 积分环节

积分环节的动态方程为

$$y(t)=\frac{1}{T}\int x(t)\mathrm{d}t$$

显然，其传递函数为

$$G(s)=\frac{Y(s)}{X(s)}=\frac{1}{Ts} \tag{2.59}$$

式中，T 为积分时间常数。

当输入 $x(t)$ 为单位阶跃函数时，即 $X(s)=\frac{1}{s}$，有

$$Y(s)=G(s)\cdot\frac{1}{s}=\frac{1}{Ts^2}$$

经拉氏反变换，可得单位阶跃响应 $y(t)=\frac{t}{T}$，如图 2.10 所示。

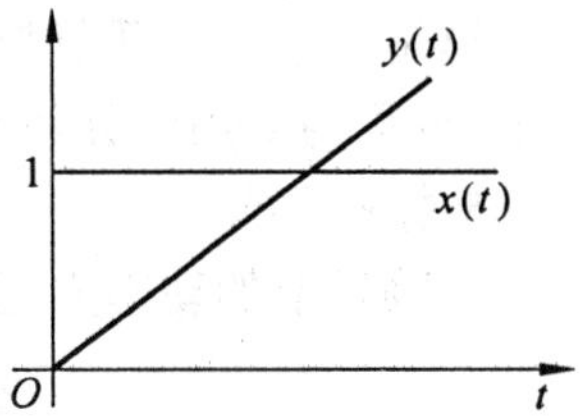

图 2.10　积分环节的阶跃响应

例如，由运算放大器组成的积分器，如图 2.11 所示，运动方程为

$$C\frac{\mathrm{d}}{\mathrm{d}t}u_c(t)=\frac{1}{R}u_r(t)$$

或

$$u_c(t)=\frac{1}{RC}\int u_r(t)\mathrm{d}t$$

传递函数为

$$G(s)=\frac{U_c(s)}{U_r(s)}=\frac{1}{RC}\cdot\frac{1}{s}=\frac{1}{Ts}$$

式中，$T=RC$ 为积分时间常数。

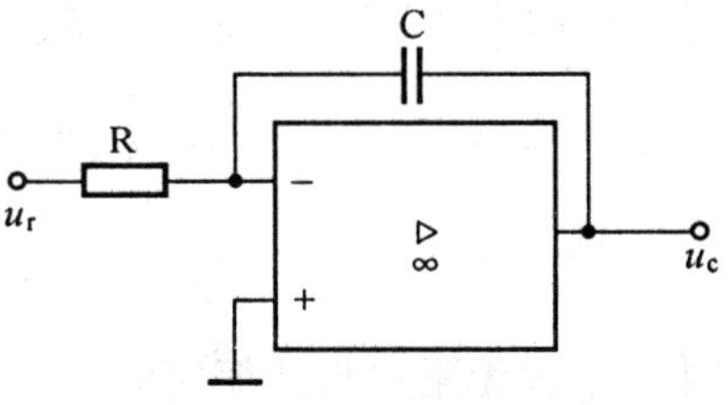

图 2.11　积分电路

考虑到运算放大器的饱和特性，积分器的输出电压在恒定输入电压作用下不能无限制地增长，因此只适用于输出值低于饱和限幅值的范围。

4. 微分环节

理想微分环节的特点是，其输出量与输入量对时间的导数成正比，即

$$y(t)=T\cdot\frac{\mathrm{d}x(t)}{\mathrm{d}t}$$

其传递函数为

$$G(s)=\frac{Y(s)}{X(s)}=T\cdot s \tag{2.60}$$

微分环节的单位阶跃响应为

$$y(t)=T\cdot\frac{\mathrm{d}}{\mathrm{d}t}1(t)=T\delta(t)$$

这是一个脉冲面积(强度)为 T、宽度为零、幅值为无穷大的理想脉冲,显然在实际中是无法实现的。下面我们看实际的例子。对图 2.12 所示的 RC 电路,用运算阻抗法求传递函数。

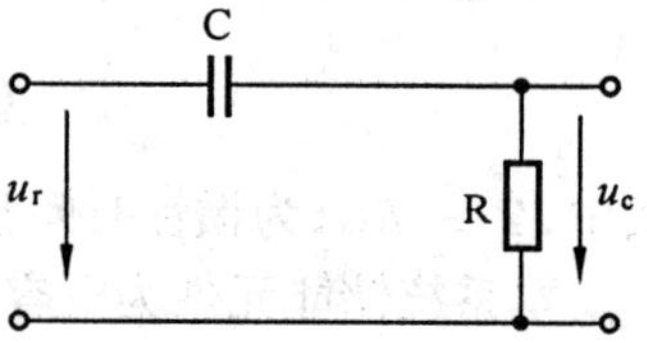

图 2.12　RC 电路

$$G(s)=\frac{U_c(s)}{U_r(s)}=\frac{R}{R+\frac{1}{Cs}}=\frac{RCs}{RCs+1}=\frac{Ts}{Ts+1}\qquad T=RC$$

上式表明,此电路相当于一个微分环节与惯性环节的串联组合。当 $T\ll 1$ 时,才能近似得到 $G(s)\approx T\cdot s$。

对于图 2.13 所示的 RC 电路,若以 $u(t)$ 为输入,$i(t)$ 为输出,则有

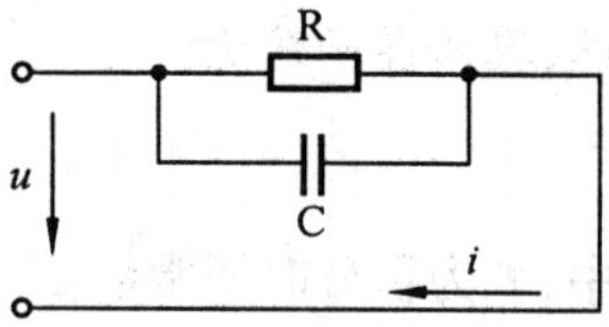

图 2.13　RC 并联电路

$$G(s)=\frac{I(s)}{U(s)}=\frac{R+\frac{1}{Cs}}{R\cdot\frac{1}{Cs}}=\frac{RCs+1}{R}=\frac{1}{R}(\tau s+1)\qquad \tau=RC$$

这是一个比例环节与微分环节的并联组合,称为一阶微分环节,或称为实用微分环节。

5. 振荡环节

振荡环节的动态方程为

$$T^2\frac{d^2}{dt^2}y(t)+2\xi T\frac{d}{dt}y(t)+y(t)=kx(t)$$

其传递函数为

$$G(s)=\frac{Y(s)}{X(s)}=\frac{k}{T^2s^2+2\xi Ts+1}\tag{2.61}$$

式中,T 为时间常数;ξ 为阻尼系数。

若令 $k=1,\omega_n=\frac{1}{T}$,则上式可写为

$$G(s)=\frac{\omega_n^2}{s^2+2\xi\omega_n s+\omega_n^2}\tag{2.62}$$

式中,ω_n 为无阻尼自然振荡频率。

振荡环节一般含有两个储能元件。

二阶振荡环节要求 $0\leqslant\xi<1$,若 $\xi\geqslant 1$ 则其阶跃响应呈单调上升,不再振荡了。此时相当于两个惯性环节的组合。

在例 2.1 中 R－L－C 电路已得出微分方程为

$$LC\frac{d^2u_c(t)}{dt^2}+RC\frac{du_c(t)}{dt}+u_c=u_r(t)$$

传递函数为

$$G(s)=\frac{U_c(s)}{U_r(s)}=\frac{1}{LCs^2+RCs+1}=\frac{1/LC}{s^2+\frac{R}{L}s+\frac{1}{LC}}$$

若与典型二阶系统 $G(s)=\frac{\omega_n^2}{s^2+2\xi\omega_n s+\omega_n^2}$ 相比,可知 $\omega_n^2=\frac{1}{LC}$,$\omega_n=\frac{1}{\sqrt{LC}}$,$\xi=\frac{R}{2}\cdot\sqrt{\frac{C}{L}}$。

在例 2.3$k-m-f$ 机械系统中,已得出微分方程为

$$m\frac{d^2y(t)}{dt^2}+f\frac{dy(t)}{dt}+ky(t)=x(t)$$

传递函数为

$$G(s)=\frac{Y(s)}{X(s)}=\frac{1}{ms^2+f\cdot s+k}=\frac{1/m}{s^2+\frac{f}{m}\cdot s+\frac{k}{m}}$$

显然

$$\omega_n=\sqrt{\frac{k}{m}}\qquad \xi=\frac{f}{2\sqrt{km}}$$

6. 纯滞后环节(又称时滞环节)

时滞环节的特点是,其输出信号比输入信号延迟一段时间,数学表达式为 $y(t)=x(t-\tau)$,单位阶跃响应曲线如图 2.14 所示。其传递函数为

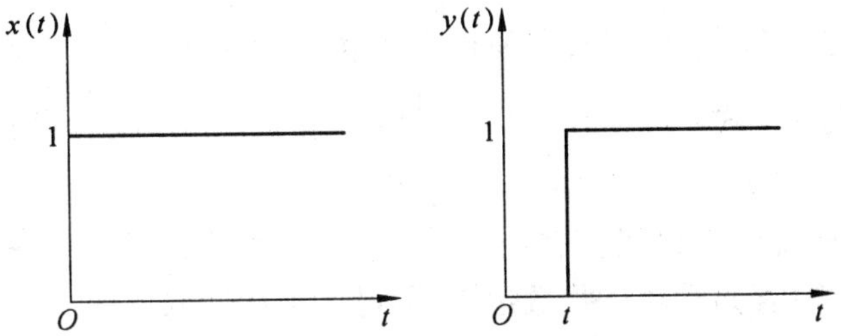

图 2.14　延时环节的单位阶级响应

$$G(s)=\frac{Y(s)}{X(s)}=e^{-\tau s}\tag{2.63}$$

在生产实际中,有许多系统具有纯延时的特征,特别是一些气压、液压传动系统中。在计算机控制系统中,由于运算需要时间,也会出现纯延时现象。作为时滞环节的实例,图 2.15 为带钢厚度检测环节。带钢在点 A 轧出时,产生厚度偏差 Δh_a,然而这一偏差直到在点 B 才被测厚仪检测到。若点 B 与点 A 距离为 L,带钢轧制速度为 v,则纯滞后时间 $\tau=\frac{L}{v}$。测厚信号 Δh_b 与厚度偏差信号 Δh_a 之间的关系为 $\Delta h_b=\Delta h_a(t-\tau)$。此式表示,当 $t<\tau$ 时,$\Delta h_b=0$;当 $t\geqslant\tau$ 时,$\Delta h_b=\Delta h_a$。若将 Δh_a 作为输入量 x,将 Δh_b 作为输出量 y,则有 $y(t)=x(t-\tau)$。$Y(s)=e^{-\tau s}\cdot X(s)$,故 $G(s)=\frac{Y(s)}{X(s)}=e^{-\tau s}$。

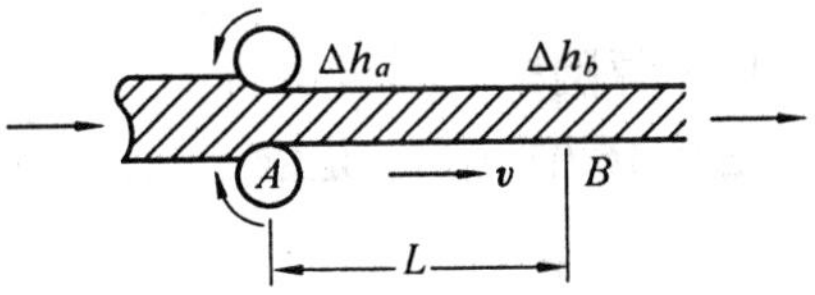

图 2.15　带钢厚度检测环节

上面讨论了几种典型基本环节的传递函数。将复杂的控制系统化成若干典型环节,再利用传递函数和下面要介绍的方框图来对系统进行分析与研究,是一种重要的基本研究方法。

不同的物理系统却可以得到相同形式的数学模型。我们把具有相同数学模型的各种物理系统称之为相似系统,将作用相同的变量称为相似变量。例如,电网络中的 u、L、R(电压、电感、电阻)与弹簧阻尼系统中的 F、m、f(力、质量、粘性系数)互为相似变量,利用相似系统的概念,可以将一种物理系统的研究结论推广到其他相似系统中,同时可以为计算机仿真提供仿真模型的依据,简化了问题的研究。表 2.1 给出两种不同物理系统中的相似变量。

表 2.1　相似系统中的相似变量

RLC 电网络系统		机械系统
电压	u	力 F(力矩 M)
电感	L	质量 m(转动惯量 J)
电阻	R	粘性阻尼系数 f
电容的倒数	$1/C$	弹簧系数 k
电量	q	线位移 y(角位移 θ)
电流	i	速度 v(角速度 ω)

四、复阻抗与传递函数

在电路课程中用拉氏变换解算网络时曾提出复阻抗的概念,对于电路中的电阻 R、电感 L 和电容 C,它们的复阻抗可以表示为 R、Ls、$\frac{1}{Cs}$,其中 s 为拉氏变换的复变量。利用复阻抗的概念和方法,可以不必列写微分方程,方便地求出相应的传递函数,即把电压 $u(t)$ 和电流 $i(t)$ 换成相应的拉氏变换式 $U(s)$、$I(s)$,把电阻 R、电感 L、电容 C 分别用复阻抗、R、Ls 和 $\frac{1}{Cs}$ 来表示,则电路中的电压 $U(s)$ 和电流 $I(s)$ 之间的关系完全满足各种电路定律。因此我们可以根据普通的电路定律(如欧姆定律、基尔霍夫定律等)经过简单的代数运算,即可求出相应的传递函数。

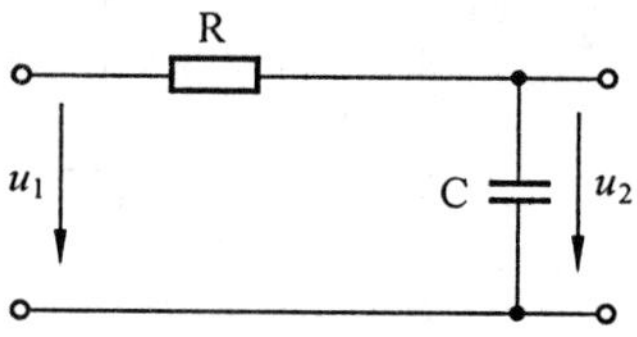

图 2.16　惯性环节

在控制系统设计中经常用到由电阻和电容组成的各种无源网络和有源网络,下面简单举例说明这些网络传递函数的求法。

1. 无源网络

图 2.16 中 $u_1(t)$ 是输入量,$u_2(t)$ 是输出量,则传递函数

$$G(s)=\frac{U_2(s)}{U_1(s)}=\frac{\frac{1}{Cs}}{R+\frac{1}{Cs}}=\frac{1}{RCs+1}$$

该网络是一惯性环节。

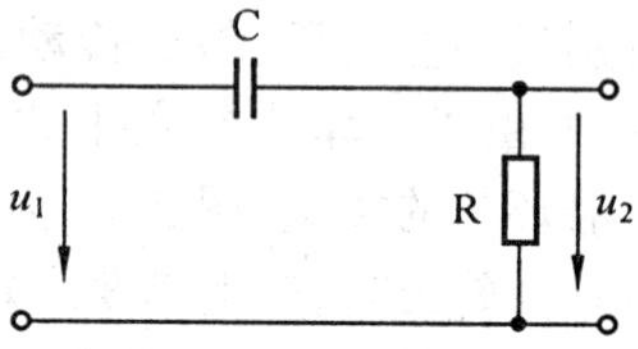

图 2.17　实际微分电路

图 2.17 中 $u_1(t)$ 是输入量,$u_2(t)$ 是输出量,则传递函数

$$G(s)=\frac{U_2(s)}{U_1(s)}=\frac{R}{R+\frac{1}{Cs}}=\frac{RCs}{RCs+1}$$

这是由比例环节 $k=RC$、微分环节、惯性环节串联组成,在一定条件下可以作为实际的微分环节使用。

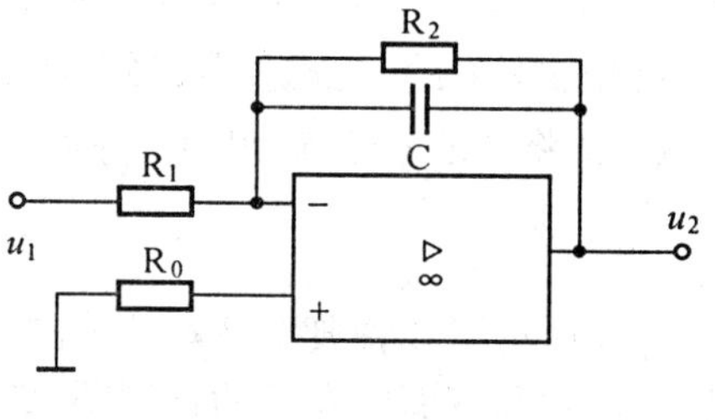

图 2.18　RC 运放电路

2. 有源网络

图 2.18 为一运放电路,设 R_2 与 C 并联阻抗为 z_1,则

$$z_1 = \frac{\frac{R_2}{Cs}}{R_2 + \frac{1}{Cs}} = \frac{R_2}{R_2 Cs + 1}$$

$$G(s) = \frac{U_2(s)}{U_1(s)} = -\frac{z_1}{R_1} = -\frac{R_2}{R_1(R_2 Cs + 1)}$$

该环节由比例环节与惯性环节串联组成。

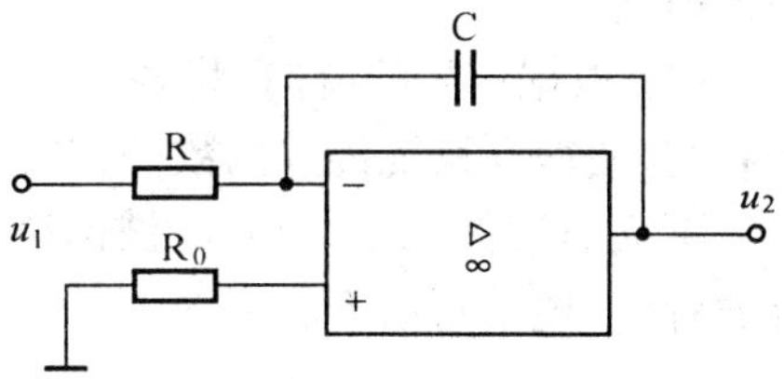

图 2.19　积分电路

图 2.19 中

$$G(s) = \frac{U_2(s)}{U_1(s)} = -\frac{\frac{1}{Cs}}{R} = -\frac{1}{RCs}$$

该电路是一个积分电路，又称积分器。

2.4　控制系统的传递函数方框图及其简化

一、方框图的概念和绘制

1. 方框图的概念及表示法

系统方框图实际上有两种表示方法：一种是根据控制系统结构中各元件的物理功能及它们之间的相互连接顺序和信号传递方向形成的“结构方框图”。这种框图物理概念明确，形象直观。但不能表示信号的动态过程：另一种是将系统元件或环节的传递函数写在相应的方框中，并用表示信号传递方向的箭头，将它们连接起来，构成了“函数方框图”，这种方框图可以具体形象地表示出系统内各环节的数学模型及各变量之间的相互关系和信号流向。因此，可以认为它是系统数学模型的一种图解表示方法，它提供了系统动态过程的有关信息。根据方框图，经过一定的变换和运算可以求得系统传递函数，从而避开较繁琐的方程组联立消元计算。因此，传递函数方框图是描述、分析系统的有利工具，在控制工程中得到广泛的应用。

方框图的结构要素主要有函数方框、相加点、引出点等，如图 2.20 所示。

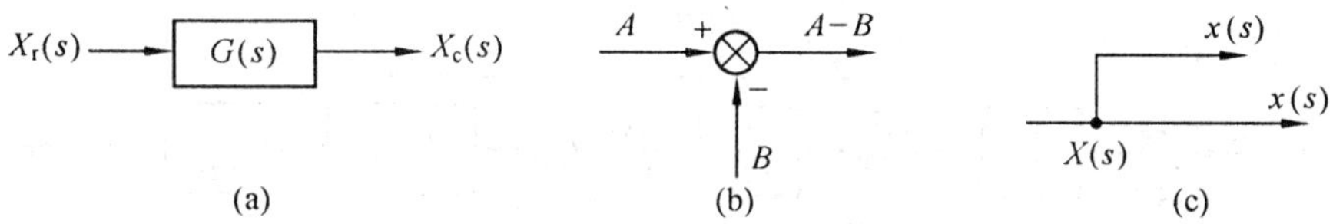

图 2.20　方框图结构要素

图(a) 表示方框的输出应为框中传递函数乘以输入，即 $X_c(s) = G(s)X_r(s)$。图(b) 中相加点表示信号之间完成代数求和运算。指向相加点的箭头前方的“+”号或“-”号表示输入信号在代数运算中的符号。相加点可以有多个输入，但输出是惟一的。图(c) 中分支点表示同一信号向不同的方向传递。

2. 系统方框图的绘制

绘制系统方框图的大致步骤如下：

(1) 列出系统的原始微分方程(组)。

(2) 对原始方程(组) 进行拉氏变换，并根据变换式的输入输出关系，绘出各个单元相应的方框图。

(3) 根据信号的流向，将各个方框图依次连接起来，并将输入量放置在左端，输出量置于右端，便得到系统传递函数的方框图。

下面通过例 2.2 中 RC 滤波网络说明系统方框图的绘制过程。在例 2.2 中已列出原始微分方程组，现重写如下。

$$\begin{cases} i_1R_1 + \dfrac{1}{C_1}\displaystyle\int(i_1 - i_2)\mathrm{d}t = u_r \\ i_2R_2 + \dfrac{1}{C_2}\displaystyle\int i_2\mathrm{d}t = \dfrac{1}{C_1}\displaystyle\int(i_1 - i_2)\mathrm{d}t \\ \dfrac{1}{C_2}\displaystyle\int i_2\mathrm{d}t = u_c \end{cases}$$

对应的拉氏变换式为

$$\frac{U_r(s) - U_{c1}(s)}{R_1} = I_1(s)$$

$$\frac{I_1(s) - I_2(s)}{C_1s} = U_{c1}(s)$$

$$\frac{U_{c1}(s) - U_c(s)}{R_2} = I_2(s)$$

$$\frac{I_2(s)}{C_2s} = U_c(s)$$

与上面四式对应的方框图如图 2.21(a) 所示。

按照信号的传递方向自左向右，依次将各个单元框图连接起来，就得到如图 2.21(b) 所示的系统框图。

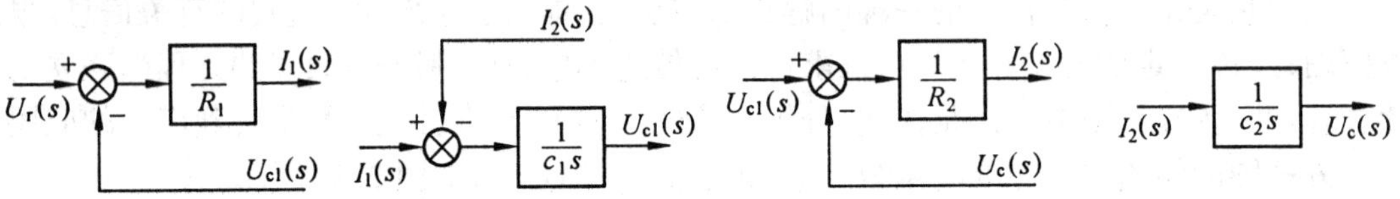

(a)

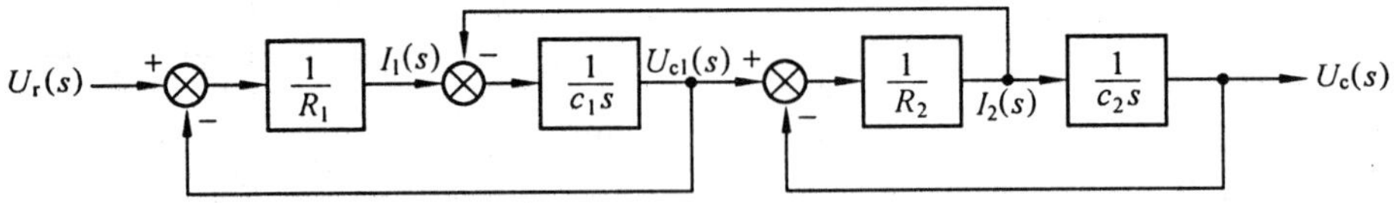

(b)

图 2.21　两级 RC 滤波网络方框图

由图可知，后一级 $R_2 - C_2$ 网络作为前一级 $R_1 - C_1$ 网络的负载对前级网络的输出电压 u_{c1} 产生影响，这就是负载效应。如果在两级 RC 网络中间接入一个高输入阻抗、低输出阻抗的隔离式放大器，则可消除两级网络之间的负载效应。

二、方框图的等效变换规则

一个实际的控制系统，其方框图通常比较复杂，如多回路嵌套形式。为了便于分析计算，总要对方框图在等效变换的原则下进行简化。所谓等效变换是指变换前后系统的输入输出关系保持不变。下面介绍几种常用的等效变换原则。

1. 环节的串联

在控制系统中,环节串联是最常见的一种结构形式,其特点是前一环节的输出量即为后一环节的输入量。对于图 2.22(a) 所示三个环节串联,可以用一个传递函数的等效环节代替,如图 2.22(b) 所示。

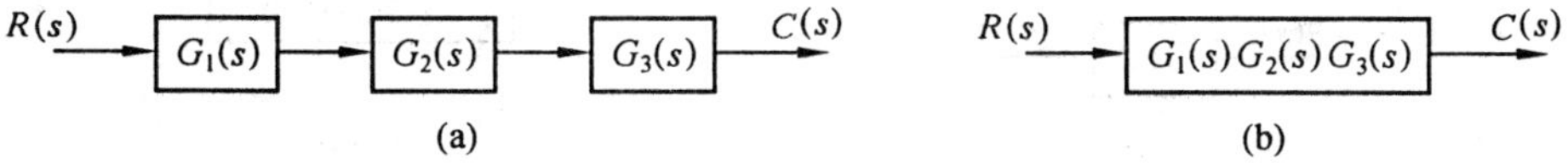

图 2.22　环节的串联

由图 2.22 可得

$$U_1(s) = G_1(s) \cdot R(s)$$
$$U_2(s) = G_2(s) \cdot U_1(s)$$

消去 $U_1(s)$、$U_2(s)$,可得

$$C(s) = G_3(s) \cdot U_2(s) \qquad C(s) = G_1(s) \cdot G_2(s) \cdot G_3(s) \cdot R(s)$$

显然,串联环节的等效传递函数等于各个串联的传递函数之积,即

$$G(s) = \prod_{i=1}^{n} G_i(s) \tag{2.64}$$

需要指出,上式只有当无负载效应,即前一环节的输出量不受后面环节的影响时才有效。

2. 环节的并联

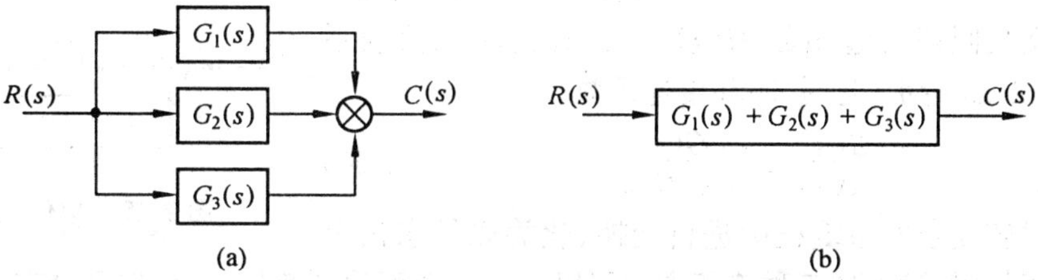

图 2.23　环节的并联

环节并联的特点是各环节的输入信号相同,输出信号相加(或相减),如图 2.23 所示。由图知

$$C(s) = C_1(s) + C_2(s) + C_3(s)$$
$$G_1(s) = \frac{C_1(s)}{R(s)}$$
$$G_2(s) = \frac{C_2(s)}{R(s)}$$
$$G_3(s) = \frac{C_3(s)}{R(s)}$$
$$G(s) = \frac{C(s)}{R(s)} = G_1(s) + G_2(s) + G_3(s)$$

将上式推广到一般情况，当有 n 个环节并联时，有

$$G(s)=\sum_{i=1}^{n}G_i(s) \tag{2.65}$$

3.反馈连接

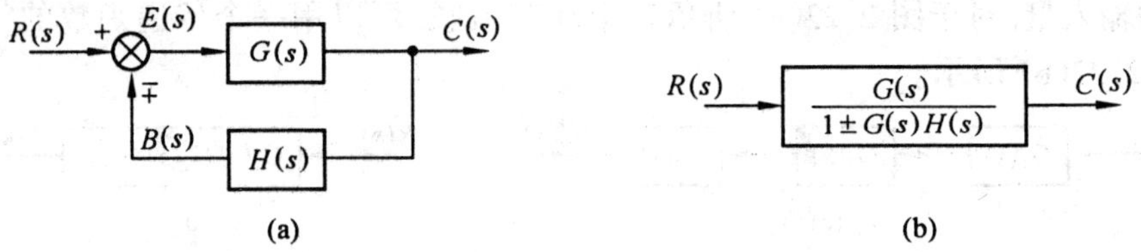

图 2.24 环节的反馈连接

图 2.24 是反馈连接的一般形式。图中反馈端的“-”号表示负反馈；若为“+”号，则表示正反馈。由图 2.24(a) 知

$$C(s)=G(s)\cdot E(s)$$
$$E(s)=R(s)-B(s)$$
$$B(s)=H(s)\cdot C(s)$$

消去式中 $E(s)$、$B(s)$，得

$$\frac{C(s)}{R(s)}=\frac{G(s)}{1+G(s)H(s)}$$

据此可画出负反馈连接的等效框图，如图 2.24(b) 所示。

若将负反馈连接改为正反馈连接，用上述方法可求得等效传递函数为

$$\frac{C(s)}{R(s)}=\frac{G(s)}{1-G(s)H(s)}$$

若反馈回路传递函数 $H(s)=1$，称为单位反馈系统，如图 2.25 所示。此时，闭环传递函数

$$\frac{C(s)}{R(s)}=\frac{G(s)}{1\pm G(s)} \tag{2.66}$$

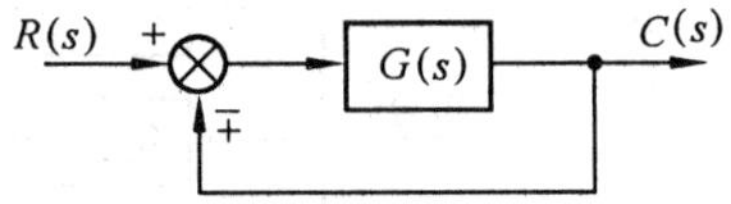

图 2.25 单位反馈系统

在对较复杂的系统框图进行变换、化简以便求出总的传递函数时，除上述三种连接方式可以化为一个等效环节外，还会遇到分支点与相加点的前后移动情况。为此，也有相应的移动规则，为简化描述，以下图中传递函数 $G(s)$ 均简写为 G。

4.分支点移动规则

若分支点由方框之后移到方框之前，为保持移动后信号不变，应在分支路上串入具有相同传递函数的方框，如图 2.26(a) 所示。

反之，若分支点由方框之前移到方框之后，应在分支路上串入具有相同传递函数倒数的方框，如图 2.26(b) 所示。

5.相加点移动规则

若相加点由方框之后移到该方框之前，应在移动支路上串入具有相同传递函数的倒数的方框。如图 2.26(c) 所示。

若相加点由方框之前移到该方框之后，应在移动支路上串入具有相同传递函数的方框。

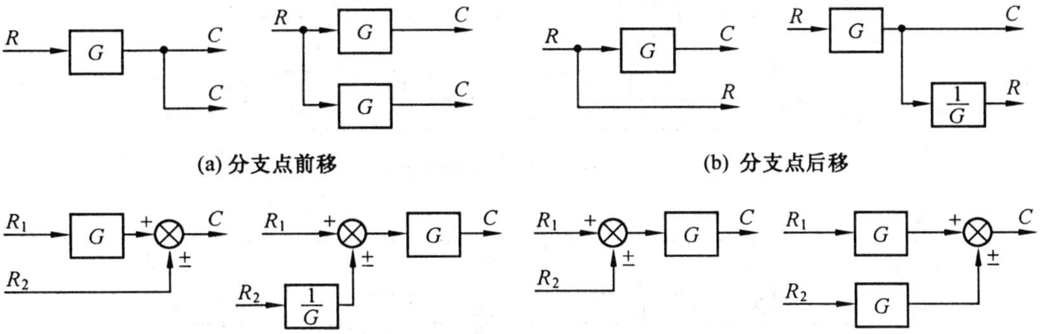

(a) 分支点前移　　(b) 分支点后移

(c) 相加点前移　　(d) 相加点后移

图 2.26　分支点与相加点的移动规则

6. 分支点之间、相加点之间的移动

分支点之间、相加点之间信号的移动,均不改变原有的数学关系,如图 2.27 所示,但是必须注意分支点与相加点之间不能相互移动。因为它们不存在等效关系。

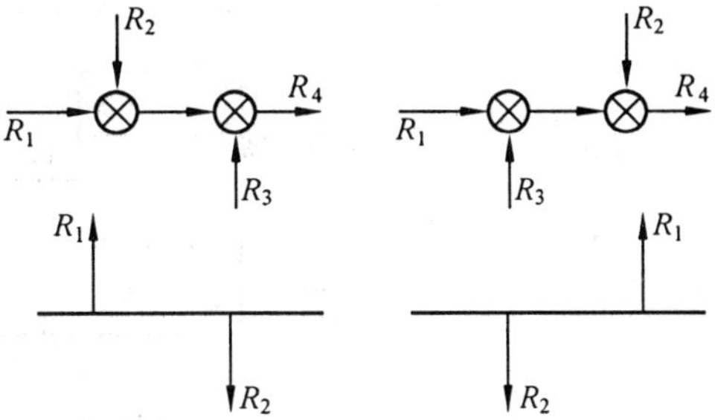

图 2.27　分支点之间、相加点之间的移动

下面举例说明方框图变换和简化过程。

例 2.12　试求如图 2.21 所示两级 RC 滤波电路的等效传递函数。

该框图是具有交叉反馈的多回路系统,即几个局部反馈的信号线互相交错。对于此类框图可以利用相加点或引出点移动规则求解。简化过程如图 2.28 所示。

最后得到总的等效传递函数为

$$\frac{U_c(s)}{U_r(s)} = \frac{1}{R_1R_2C_1C_2s^2 + (R_1C_1 + R_2C_2 + R_1C_2)s + 1}$$

例 2.13　复杂多回路框图如图 2.29(a) 所示。该系统乍看起来很难分清前向通道与反馈通道的情况,对于这种情况,我们可以把某些回路共同环节分开,使得主反馈回路与局部反馈回路能够各走自己的线路与环节。例如,将 G_2 通往 G_1、G_4 的线路分开来走,则变为图 2.29(b),这样一来就可以看清其主通道由 G_3、G_7、G_1、G_2 构成。而其他环节则构成反馈通道,如图 2.29(c) 所示。

设局部反馈通道传递函数为

$$G_5(G_2G_4 + G_6) = G_a$$

则内环等效传递函数如图 2.29(d) 所示。

$$G_b = \frac{G_7}{1 + G_7 \cdot G_a}$$

最后可得总的等效传递函数为

$$\frac{C(s)}{R(s)} = \frac{G_1G_2G_3G_b}{1 + G_1G_2G_3G_b}$$

如图 2.29(e) 所示。

应当指出,在上述方框图的化简中,必须遵循两条原则:① 变换前后,前向通道中传递

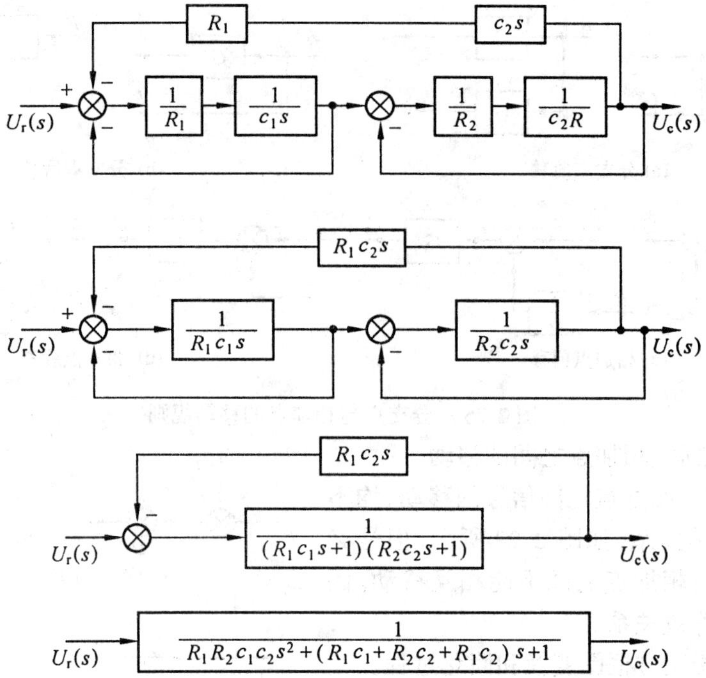

图 2.28　图 2.21 的方框图化简

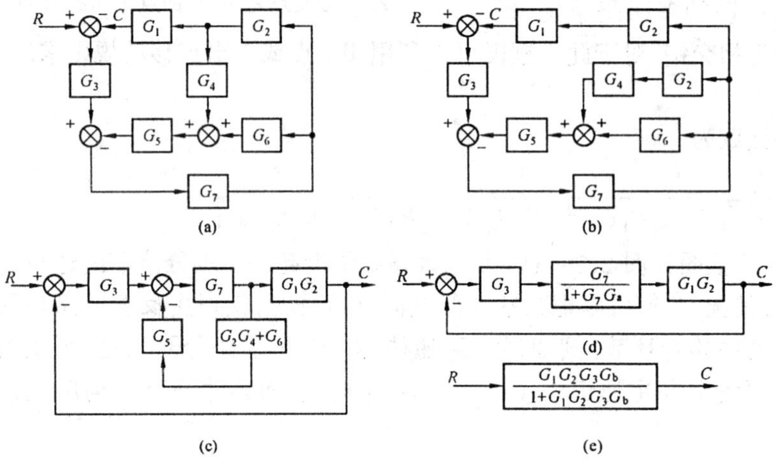

图 2.29　复杂多回路框图化简

函数的乘积必须保持不变;② 变换前后,回路中的传递函数乘积也必须保持不变。

需要说明,方框图简化的途径并不是惟一的,熟练掌握技巧,可以使化简过程更为简捷。

上面介绍的简化规则和化简方法可以在各种情况下使用,除此之外,对于含有多个局部反馈回路的系统也可以直接利用下面的公式求取等效闭环传递函数。

$$G_B(s)=\frac{G(s)}{1+\sum_{i=1}^{n}G_{Bi}(s)} \tag{2.67}$$

式中,$G(s)$ 为闭环系统前向通道传递函数的乘积;$G_{Bi}(s)$ 为闭环系统中各个局部反馈的开环传递函数，即每一个反馈回路的传递函数之积。

正负号视反馈的正负而定，正反馈用负号，负反馈用正号，但必须说明，应用式(2.67)必须同时具备两个条件：① 从闭环系统方框图的输入到输出只有一条前向通道；② 各局部反馈回路之间存在共用的传递函数方框。

式(2.67) 实际上是梅森公式用于上述情况下的简化形式。

例 2.14　现以图 2.30 具有交叉的多回路方框图为例，求系统的方框图，此例框图中只有一条前向通道，各反馈回路间存在公共方框，故可直接应用公式(2.67)，即

$$G_B(s) = \frac{G_1 G_2 G_3}{1 - G_1 G_2 H_1 + G_2 G_3 H_2 + G_1 G_2 G_3}$$

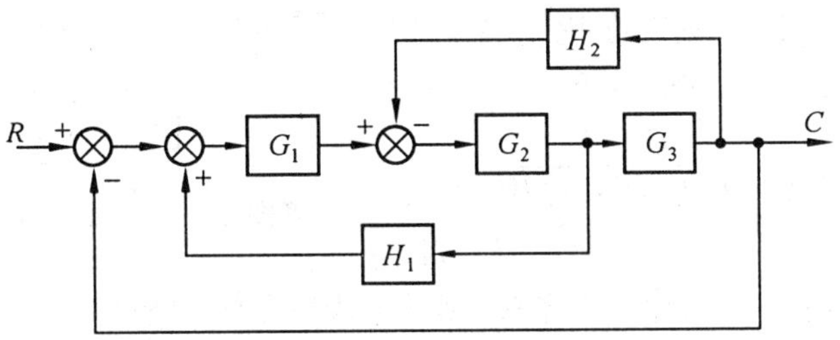

图 2.30　多回路系统框图

若用前面介绍的简化规则逐步去做，应得到相同结果，读者不妨试试。然而，对于图2.21两级 RC 滤波电路，则不能贸然使用式(2.67)，因为它不能同时满足公式所要求的两个条件，否则将会导致错误的结果。

三、典型闭环系统框图及其传递函数

控制系统一般有给定与干扰两种输入信号。在图 2.31 中它们分别为 $R(s)$ 和 $N(s)$。下面讨论控制系统中几种常用传递函数的定义和求法。

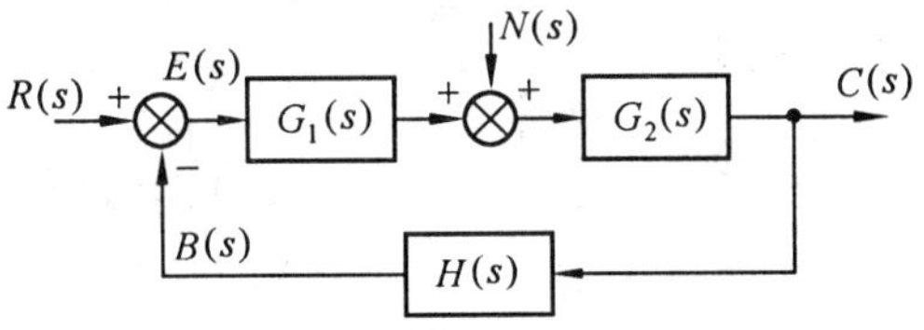

图 2.31　典型闭环系统框图

1. 开环传递函数

闭环系统的开环传递函数定义为前向通道传递函数与反馈通道传递函数之积，即 $G_1(s)\cdot G_2(s)\cdot H(s)$。显然，在图 2.31 中，若将反馈信号 $B(s)$ 在相加点处断开，反馈信号 $B(s)$ 与偏差信号 $E(s)$ 之比，就是该系统的开环传递函数，即

$$\frac{B(s)}{E(s)} = G_1(s)\cdot G_2(s)\cdot H(s) \tag{2.68}$$

2. 闭环传递函数

首先考虑在给定输入 $R(s)$ 单独作用下系统的闭环传递函数 $\phi(s)$，即令 $N(s) = 0$，此时系统框图如图 2.32 所示。

闭环传递函数

$$\phi(s) = \frac{C(s)}{R(s)} = \frac{G_1(s)G_2(s)}{1 + G_1(s)G_2(s)H(s)} = \frac{G(s)}{1 + G(s)H(s)} \tag{2.69}$$

式中，$G(s) = G_1(s)G_2(s)$ 为前向通道传递函数。

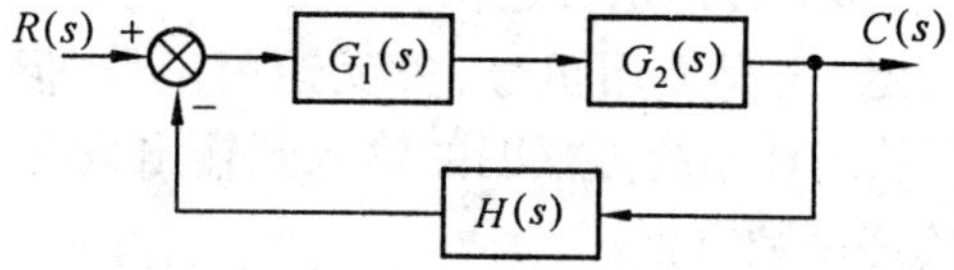

图 2.32　$N(s) = 0$ 时的系统框图

当 $H(s) = 1$ 时,称为单位反馈系统。此时有

$$\phi(s) = \frac{G_1(s)G_2(s)}{1 + G_1(s)G_2(s)} = \frac{G(s)}{1 + G(s)} \tag{2.70}$$

若令 $R(s) = 0$,即考虑在 $N(s)$ 单独使用下系统的传递函数 $\phi_n(s)$,则有在扰动输入下的传递函数框图如图 2.33 所示,此时

$$\phi_n(s) = \frac{C(s)}{N(s)} = \frac{G_2(s)}{1 + G_1(s)G_2(s)H(s)} \tag{2.71}$$

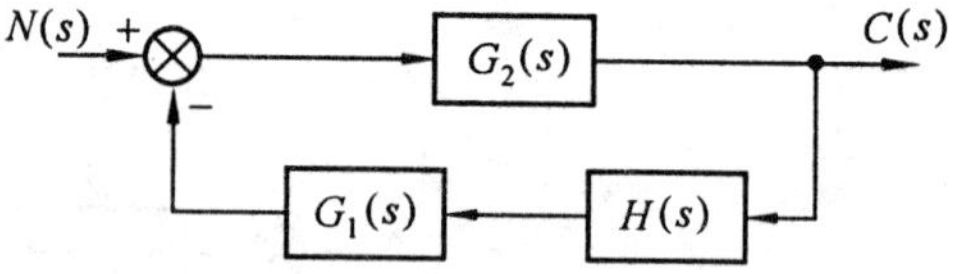

图 2.33　$R(s) = 0$ 时的系统框图

如果 $R(s)$ 与 $N(s)$ 同时作用于系统,则根据线性系统的叠加原理,系统的总输出应等于它们各自单独作用时输出之和,即

$$C(s) = \phi(s) \cdot R(s) + \phi_n(s) \cdot N(s) \tag{2.72}$$

3. 偏差信号 $E(s)$ 对于给定输入 $R(s)$ 与干扰输入 $N(s)$ 的闭环传递函数

当 $N(s) = 0$ 时,系统框图如图 2.34 所示,闭环传递函数

$$\phi_e(s) = \frac{E(s)}{R(s)} = \frac{1}{1 + G_1(s)G_2(s)H(s)} \tag{2.73}$$

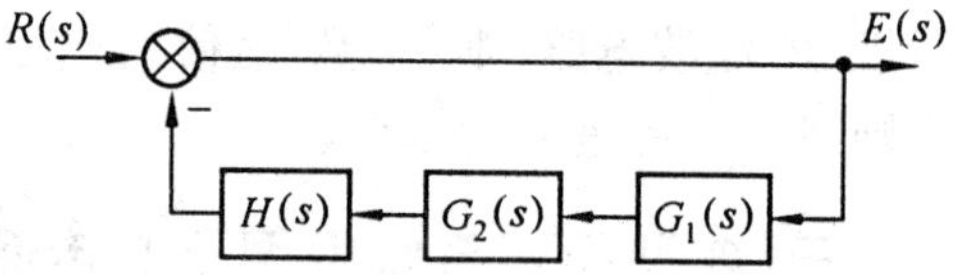

图 2.34　$E(s)$ 与 $R(s)$ 的框图

当 $R(s) = 0$ 时,系统框图如图 2.35 所示,闭环传递函数

$$\phi_{en}(s) = \frac{E(s)}{N(s)} = \frac{-G_2(s)H(s)}{1 + G_1(s)G_2(s)H(s)} \tag{2.74}$$

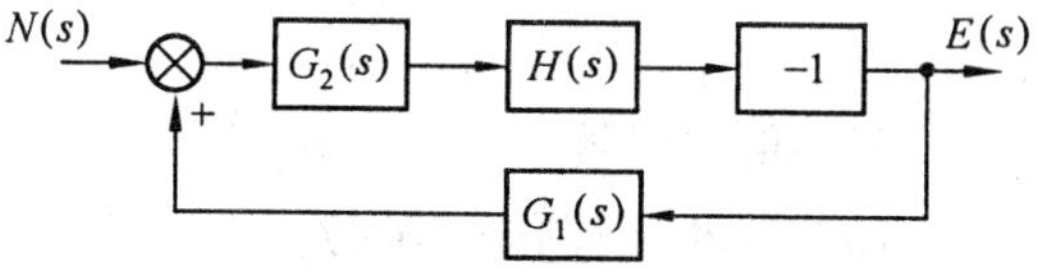

图 2.35　$E(s)$ 与 $N(s)$ 的框图

系统在 $R(s)$、$N(s)$ 同时作用下的总偏差为各自独立作用下的偏差之和,即

$$E(s) = \phi_e(s) \cdot R(s) + \phi_{en}(s) \cdot N(s) \tag{2.75}$$

在上面推导中,$\phi(s)$、$\phi_n(s)$、$\phi_e(s)$、$\phi_{en}(s)$ 都具有相同的分母,这反映了系统闭环传递函数的共同规律,即分母多项式反映了系统的固有特性。若令分母多项式为零,即 $1 + G_1(s)G_2(s)H(s) = 0$ 就是闭环系统的特征方程式。其根即为特征根或称为极点。根据极点在复平面上的位置分布,可以判断系统的稳定性(详见第三章)。

四、信号流图与梅森公式

复杂控制系统的方框图往往是多回路,而且是交叉的。用等效化简规则进行方框图简化很麻烦。如果把方框图变成信号流图,再利用梅森公式就可以不经化简而直接写出系统的传递函数。这样就比较方便了。

1.信号流图

信号流图是用来表达线性代数方程(组)结构的图示方法。它由节点和支路组成,节点代表系统中的变量,支路是连接两节点的定向线段,用箭头表示,其上标出两变量之间的增益值(传递函数)。因此,信号流图也是表示控制系统中各变量间相互关系及信号流向的另一种方法。下面举例说明信号流图的组成。

例 2.15　设有线性方程组

$$\begin{cases} x_1 = ax_0 + bx_2 \\ x_2 = cx_0 + dx_1 \end{cases} \tag{2.76}$$

它的信号流图如图 2.36 所示

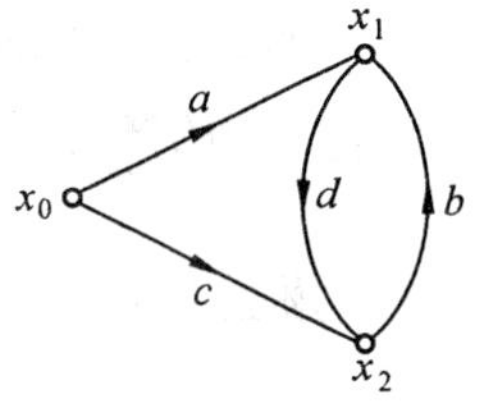

图 2.36　信号流图

在图 2.36 中,节点用"∘"表示变量,节点之间用有向线段连接称为支路。支路上标明前后两变量之间的传输关系,称为增益值(或称传递函数)

应当指出,由于线性方程组的因果表达式不是惟一的,因此,所对应的信号流图也不是惟一的。例如,式(2.76)可以改写为

$$\begin{cases} x_1 = -\dfrac{c}{d}x_0 + \dfrac{1}{d}x_2 \\ x_2 = -\dfrac{a}{b}x_0 + \dfrac{1}{b}x_1 \end{cases} \tag{2.77}$$

其对应的信号流图如图 2.37 所示

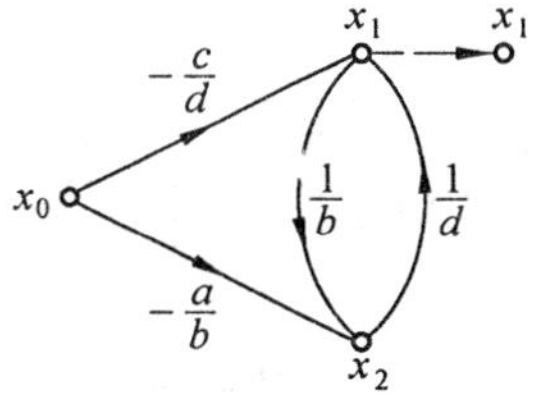

图 2.37　信号流图

在应用信号流图时,常用到如下术语:

(1) 源节点。只有输出支路的节点,又称为输入节点,对应于自变量或输入量。

(2) 汇节点。只有输入支路的节点,又称为输出节点,对应于因变量或输出量。

(3) 混合节点。既有输入支路,又有输出支路的节点。图 2.37 中 x_1、x_2 都是混合节点。对于混合节点,增加一条单位增益(即增益为 1)也可以变成输出节点,如图 2.37 虚线所示。

(4) 前向通道。从源节点到汇节点之间,与每个节点仅相交一次的通道。

(5) 回环。起始并终止于同一节点,且通道中每个节点只经过一次的通道称之为闭通道,或称回环。

(6) 不接触回环。相互之间没有公共节点的回环。

下面结合图 2.38 说明上述术语。

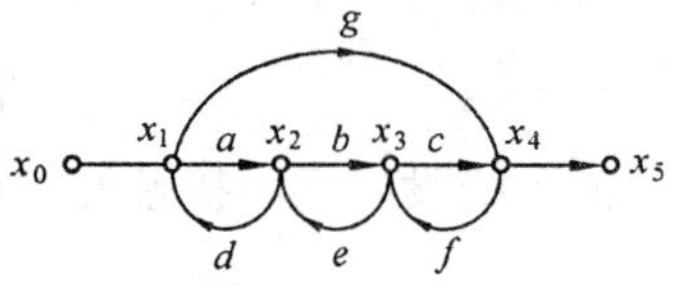

图 2.38　信号流图

图中 x_0 是源节点,x_5 是汇节点,x_1、x_2、x_3、x_4 是混合节点,前向通道有两条 g 和 abc,回路有 $gfed$、ad、be、cf 共四个,两个互不接触回路只有 ad 与 cf。没有三个或三个以上互不接触的回路。

信号流图可以由微分方程式绘制,也可以从系统的方框图按照对应关系得出。由系统的微分方程绘制信号流图时,首先要经拉氏变换将微分方程转化为代数方程。然后对每个变量指定一个节点,再按系统中变量的因果关系从左至右顺序排列,根据数学表达式把带有增益值的各支路正确连接起来,就得到了信号流图。如果从系统方框图绘制信号流图,可以将方框图信号传递中的变量变成信号流图中的节点,而将方框内的传递函数变为相应支路的增益。这样就得到与方框图相对应的信号流图。

2. 梅森(Mason)公式

在用信号流图代替方框图之后,可以利用梅森公式直接求出输入节点和输出节点之间的总增益。这个总增益值就是系统输入与输出间的传递函数。梅森公式为

$$T = \frac{1}{\Delta}\sum_{k=1}^{n} p_k \cdot \Delta_k \tag{2.78}$$

式中,T 为输入节点与输出节点之间的总增益(传递函数);p_k 为从输入节点到输出节点之间第 k 条前向通道的增益,前向通道往往不止一条,只要含有一条新支路,就可当做一条新的前向通道;Δ 为信号流图的特征式(是代数方程组的系数行列式)。

$$\Delta = 1 - \sum L_1 + \sum L_2 - \sum L_3 + \cdots$$

式中,$\sum L_1$ 为所有单独回环的增益之和;$\sum L_2$ 为所有两两互不接触的回环增益乘积之和;$\sum L_3$ 为所有三个互不接触的回环增益乘积之和;Δ_k 为余因子,即从 Δ 中去掉与第 k 条前向通道 p_k 相接触的回环后余下的部分(也就是不接触部分的系数行列式)。

例 2.16 将图 2.39(a) 所示框图化成信号流图,并利用梅森公式求系统的传递函数 $\dfrac{C(s)}{R(s)}$。

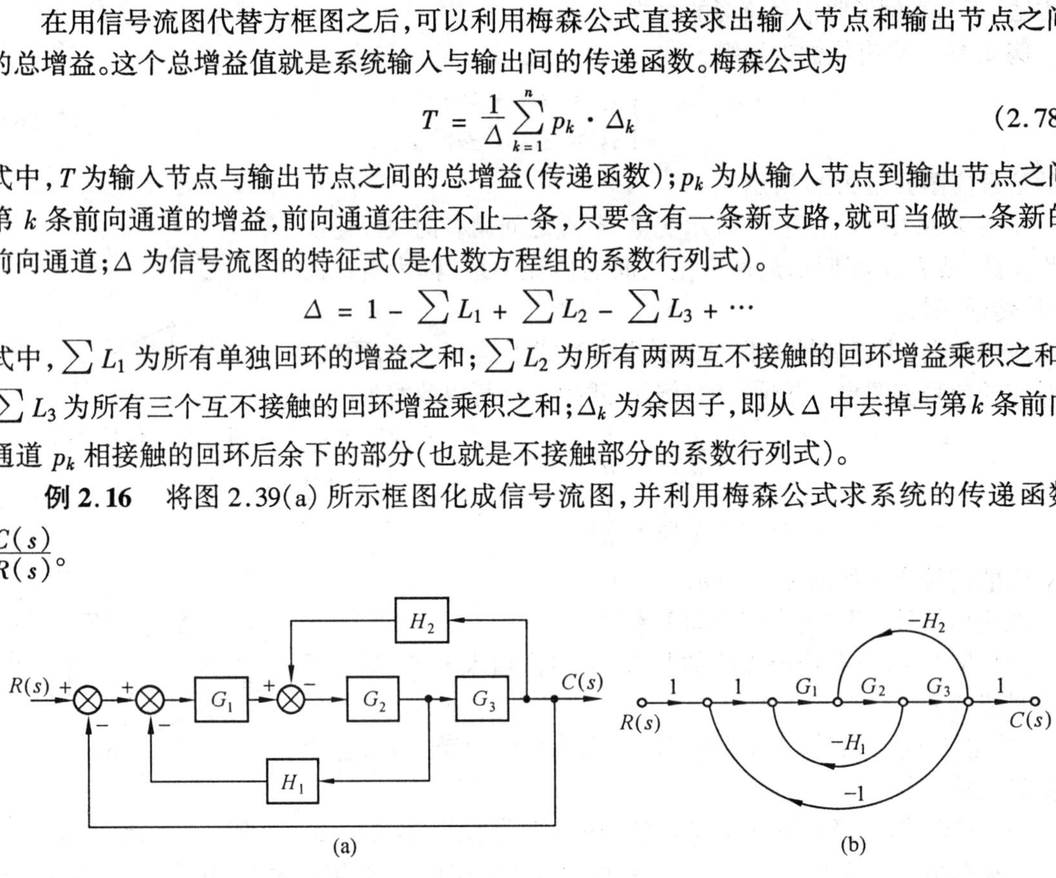

图 2.39 系统框图

解 与系统框图(a) 所对应的信号流图如(b) 所示,应注意的是,方框图中比较环节(相加点) 处的正负号在信号流图中反映在支路增益上。

在本系统中,$R(s)$ 与 $C(s)$ 之间只有一条前向通道,故传输增益为

$$P_1 = G_1 \cdot G_2 \cdot G_3$$

该系统有三个独立的回环,它们的增益之和为

$$\sum L_1 = -G_1G_2H_1 - G_2G_3H_2 - G_1G_2G_3$$

该系统没有互不接触的回环,故

$$\Delta = 1 - \sum L_1 = 1 + G_1G_2H_1 + G_2G_3H_2 + G_1G_2G_3$$

又因为前向通道 p_1 与三个回环都有接触,因而在 Δ 中去掉与 p_1 相接触的回环后剩下的余因子为 1,即 $\Delta_1 = 1$,故由梅森公式有

$$\frac{C(s)}{R(s)} = T = \frac{p_1\Delta_1}{\Delta} = \frac{G_1G_2G_3}{1 + G_1G_2H_1 + G_2G_3H_2 + G_1G_2G_3}$$

例 2.17　图 2.40 是一动态系统框图，若用框图化简求系统传递函数很麻烦，因此，可以先绘出与其对应的信号流图。当然，由于信号流图与系统框图之间有确定的对应关系，也可以由框图直接利用梅森公式求出系统的传递函数。本例中显然有两条前向通道，它们的增益分别为

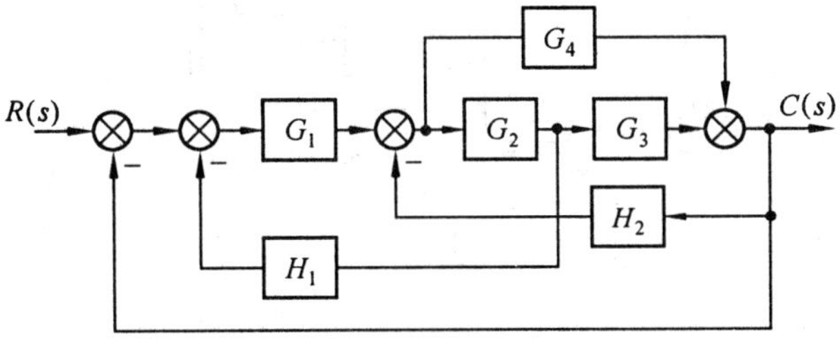

图 2.40　动态系统框图

$$P_1 = G_1 \cdot G_2 \cdot G_3 \qquad P_2 = G_1 \cdot G_4$$

不难看出，该系统有五个独立的回环，其增益和为

$$\sum L_1 = -G_1G_2H_1 - G_2G_3H_2 - G_1G_4 - G_1G_2G_3 - G_4H_2$$

由于五个回环共用了一条支路，故不存在互不接触的回环，故有

$$\Delta = 1 - \sum L_1 = 1 + G_1G_2H_1 + G_2G_3H_2 + G_1G_4 + G_1G_2G_3 + G_4H_2$$

又因为前向通道 p_1、p_2 与上述回环均有接触，故 $\Delta_1 = \Delta_2 = 1$，所以

$$\frac{C(s)}{R(s)} = T = \frac{G_1G_4 + G_1G_2G_3}{1 + G_1G_2H_1 + G_2G_3H_2 + G_1G_4 + G_1G_2G_3 + G_4H_2}$$

需要指出，在利用梅森公式时，要考虑周全，不要遗漏任何应当计算的回环和前向通道。

小　　结

本章介绍了控制系统数学模型的三种表达方式：

1. 微分方程是描述系统动态特性最基本的数学模型。在用机理法建立系统微分方程时，首先要了解系统各部分的工作原理，并依据有关的物理、化学定律，写出它们的运动方程。在列写微分方程时要注意舍去一些次要因素，并对某些非本质非线性因素用“微偏法”进行线性化处理。

2. 传递函数是在零初始条件下，线性定常系统或元件输出信号拉氏变换与输入信号拉氏变换之比。传递函数与微分方程一样，可以反映系统的固有特性。它只与系统的结构、参数有关，而与外加信号的大小和形式无关。

传递函数一般为 S 的有理分式形式。通过因式分解可以化成零、极点形式或时间常数因式形式。常见的典型环节有放大环节、积分环节、微分环节、惯性环节、振荡环节、一阶或二阶微分环节及延迟环节等。

3. 方框图化简与信号流图

方框图与信号流图是控制系统数学模型的两种图形表示方法，它们都可以直观地反映

系统中信号之间的传递关系、连接方式及结构特点。掌握方框图化简规则与梅森公式，可以较快地求出系统的传递函数。

典型例题分析

例 2.1 求例图2.1所示有源网络的传递函数 $U_c(s)/U_i(s)$

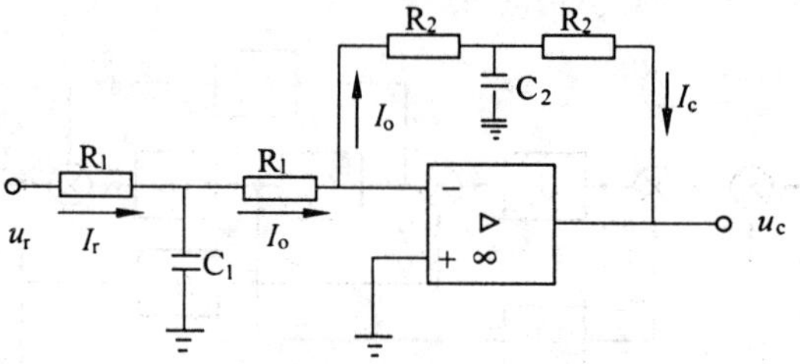

例图 2.1

解 本题可以基于电路的基本定律，用解析法求解；也可以用复阻抗法求取电路的传递函数，但其计算量远较第一种方法为小。因此宜采用第二解法。电流正方向如图所示。从输入端看去

$$I_o(s) = I_r(s)\frac{1/C_1s}{R_1+1/C_1s} = \frac{U_r(s)}{R_1+\dfrac{R_1/C_1s}{R_1+1/C_1s}}\frac{1/C_1s}{R_1+1/C_1s} = \frac{1/2R_1}{1/2R_1C_1s+1}U_r(s) =$$

$$\frac{1/2R_1}{1/2T_1s+1}U_r(s) \qquad T_1 = R_1C_1$$

同理，从输出端来看

$$I_o(s) = -I_c(s)\frac{1/C_2s}{R_2+1/C_2s} = -\frac{1/2R_2}{1/2T_2s+1}U_c(s)$$

$$T_2 = R_2C_2$$

所以

$$\frac{U_c(s)}{U_r(s)} = -\frac{R_2(1/2T_2s+1)}{R_1(1/2T_1s+1)}$$

例 2.2 试求例图2.2(1)所示系统等效传递函数 $C(s)/R(s)$。

解 本题有两种解法。

解法 1 解析法，由图可知

$$C = A + B \qquad E = R - C$$

$$\begin{cases} A = (B-E)G_1 \\ B = (E-A)G_2 \end{cases} \xrightarrow[\text{求解}]{\text{联立}} \begin{cases} A = \dfrac{E(G_1G_2-G_1)}{1+G_1G_2} \\ B = \dfrac{E(G_1G_2+G_2)}{1+G_1G_2} \end{cases}$$

$$C = A + B = \frac{E(G_2-G_1+2G_1G_2)}{1+G_1G_2}$$

将 $E = R - C$ 代入，整理后得

$$\frac{C}{R}=\frac{G_2-G_1+2G_1G_2}{1+G_2-G_1+3G_1G_2}$$

解法 2　应用梅森公式,首先将例图 2.2(1) 画成信号流图,如例图 2.2(2),图中共有四条前向通道

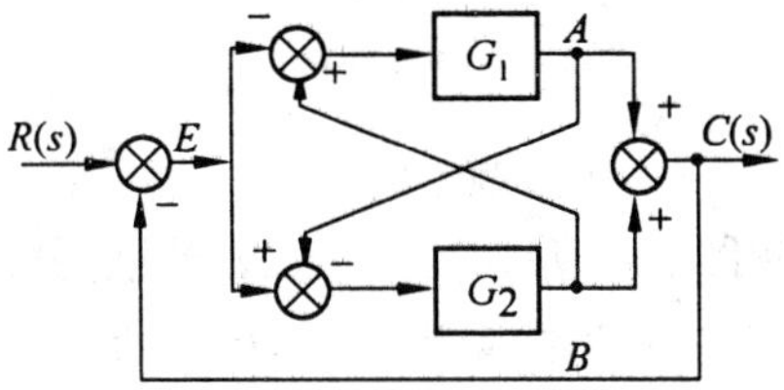

例图 2.2(1)

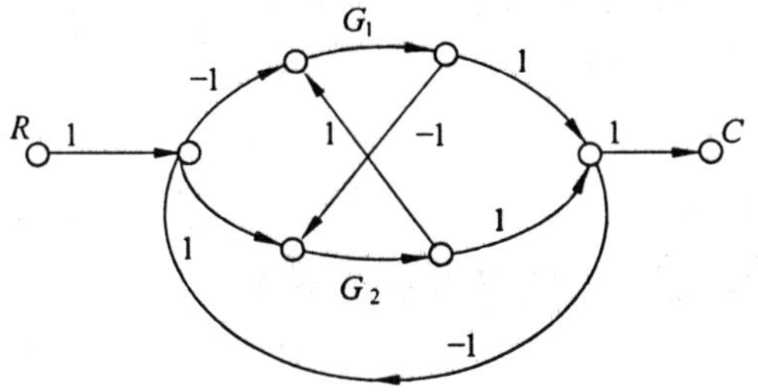

例图 2.2(2)

$$\sum_{K=1}^{4}P_K\Delta_K=G_2-G_1+2G_1G_2\qquad(\Delta_K=1)$$

共有 5 个单环

$$\Delta=1-\sum L_1=1-G_1+G_2+3G_1G_2$$

所以

$$T=\frac{C}{R}=\frac{G_2-G_1+2G_1G_2}{1-G_1+G_2+3G_1G_2}$$

显然用梅森公式求解较为方便。

习　　题

2.1　试求题图 2.1 中所示 RC 电路的传递函数。

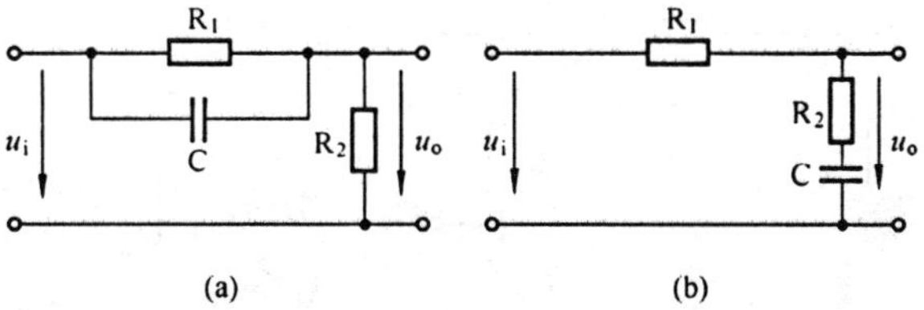

题图 2.1

2.2　求题图 2.2 中各有源网络的传递函数。

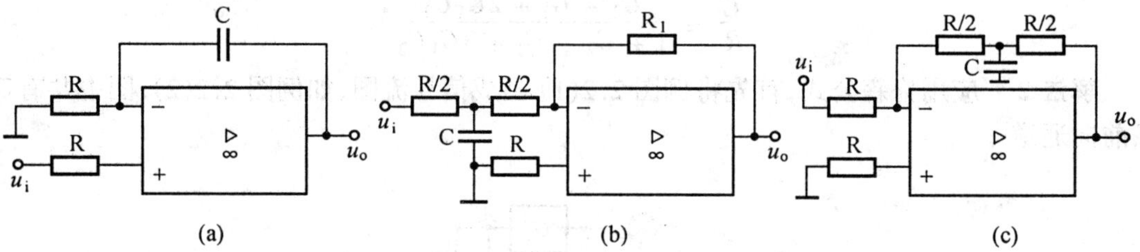

题图 2.2

2.3　直流他励电动机如题图 2.3 所示,图中 R、L 分别为电枢电路的总电阻和总电感,J 为折算到电机轴上的转动惯量,f 为黏性摩擦系数,试写出以电动机转角 θ 为输出量、以电枢电压 U_a 为输入量的微分方程和传递函数。

2.4　已知非线性系统 $y(t) = 2x(t) + 0.5x^3(t)$,静态工作点 $x_0 = 1$,试写出增量线性化方程。

2.5　某管道阀门通过的液体流量 Q,与阀门的前后压差 p 和开度 l 的关系式为 $Q = kl\sqrt{p}$,式中 k 为常量,试建立以 p 与 l 为输入量,Q 为输出量的增量线性化方程。

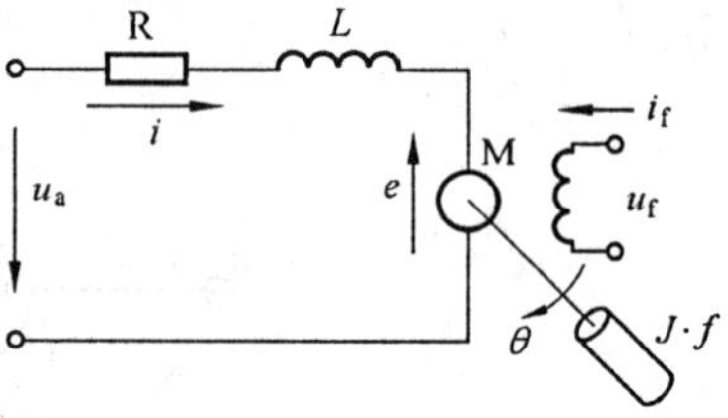

题图 2.3

2.6　试求下列函数的象函数。

(1) $f(t) = 1 - e^{-t/T}$

(2) $f(t) = 0.03(1 - \cos 2t)$

(3) $f(t) = \sin(5t + \frac{\pi}{3})$

(4) $f(t) = e^{-0.4t} \cdot \cos 12t$

2.7　使用拉氏变换求解下列微分方程,设初始条件均为零。

(1) $T\dot{c}(t) + c(t) = r(t)$　[$r(t)$ 分别为 $\delta(t)$、$1(t)$、t]

(2) $\ddot{c}(t) + \dot{c}(t) + c(t) = \delta(t)$

(3) $\ddot{c}(t) + 2\dot{c} + c(t) = 1(t)$

2.8　试证明题图 2.4 所示(a)与(b)具有相同形式的传递函数,即为相似系统。

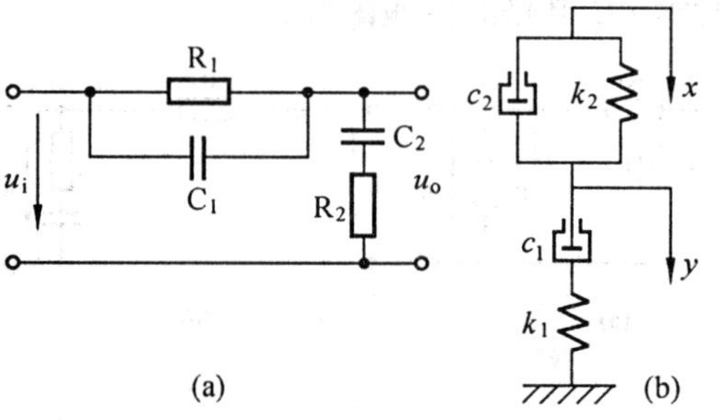

题图 2.4

2.9　用方框题图 2.5 所示化简或梅森公式求图示各系统的传递函数 $C(s)/R(s)$。

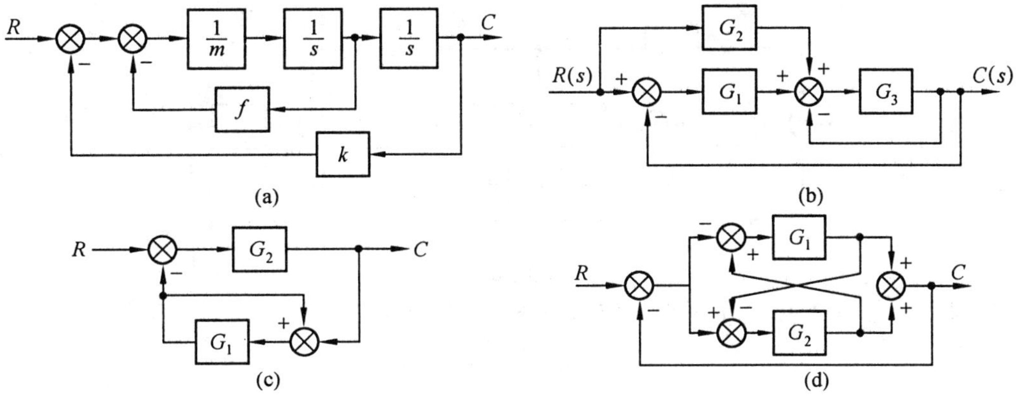

题图 2.5

2.10　求题图 2.6 系统的传递函数 $C(s)/R(s)$。

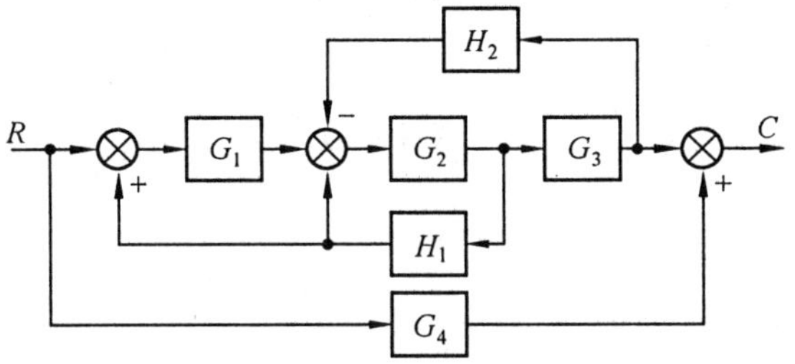

题图 2.6

2.11　已知某系统方框图如题图 2.7 所示，$N(s)$ 为干扰，试求 $G(s)$ 为何值时，系统可以消除干扰的影响。

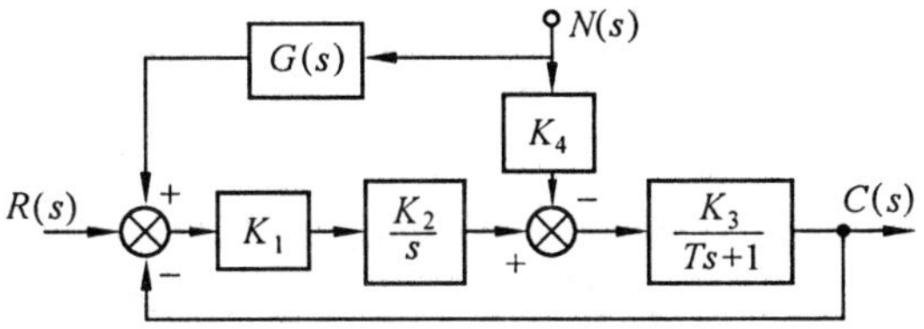

题图 2.7

2.12　求题图 2.8 所示系统的传递函数 $C(s)/R(s)$。

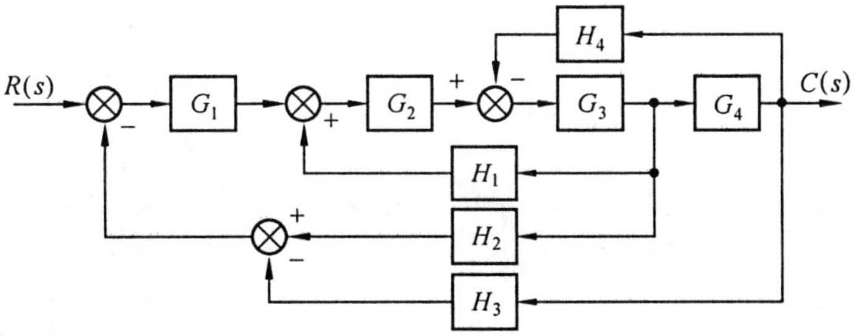

题图 2.8

2.13 求题图 2.9 所示系统的传递函数 $C(s)/R(s)$。

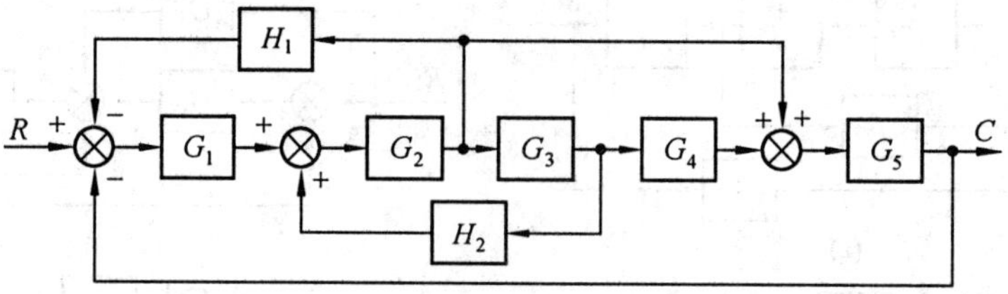

题图 2.9

2.14 求题图 2.10 所示系统的传递函数 $C(s)/R(s)$。

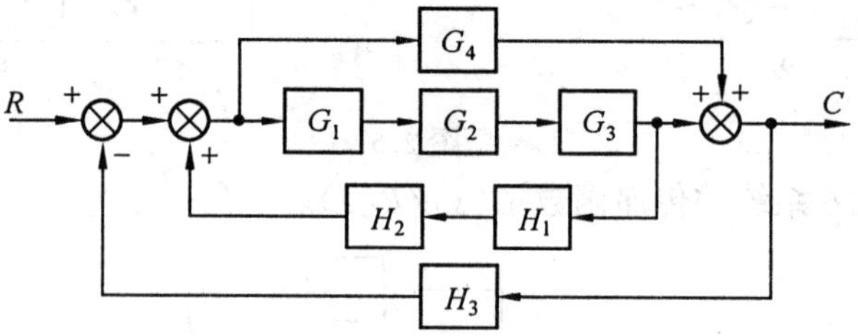

题图 2.10

第三章　时域分析法

前已述及,分析与设计控制系统首先要建立系统的数学模型。数学模型一旦建立,就可以采用各种不同的方法进行分析与设计。对于线性定常系统常用的分析方法有时域分析法频域分析法和复域分析法(根轨迹法)。时域分析法是一种最直接最基本的分析方法,所谓时域分析法就是以时间作为独立变量,对系统施加某一典型输入信号,通过研究系统的输入输出时间响应来分析和评价系统的性能,因此又称为时间响应法。

控制系统的时间响应即为描述系统微分方程的解,它取决于系统本身的参数和结构,同时还与系统的初始状态和输入信号的形式有关。为了便于系统的分析、比较与评价,在时域分析中常采用第一章介绍的几种典型信号(单位脉冲、单位阶跃、单位斜坡、单位加速度等)作为给定输入信号。这样做还可以由此推断更复杂输入情况下系统的性能。

时域分析主要包括稳定性分析、暂态特性分析(快速性)及稳态误差分析(准确性)。在分析系统的暂态特性(又称瞬态特性、动态特性、过渡过程等)时,时域分析可以给出系统输出的精确时间响应曲线和性能指标,具有明显的物理含义。但是从设计角度出发,当系统可变参数较多时,很难简便地确定参数变化(调整)与性能指标之间的关系,特别是对于高阶系统,计算繁冗,工作量大。通常在一定条件下,将高阶系统简化为二阶系统做近似处理与分析。

本章首先介绍时间响应的结构与组成,然后讨论系统的暂态特性,包括一、二阶系统的时间响应和高阶系统的时间响应分析。接着介绍系统的稳定性概念及其代数稳定判据。最后讨论控制系统误差的概念及稳态误差的分析计算方法。

3.1　线性定常系统的时间响应及暂态响应性能指标

一、时间响应

设线性定常系统的动态方程为

$$\begin{aligned}&a_n y^{(n)}(t) + a_{n-1}y^{(n-1)}(t) + \cdots + a_1\dot{y}(t) + a_0 y(t) = \\ &b_m x^{(m)}(t) + b_{m-1}x^{(m-1)}(t) + \cdots + b_1\dot{x}(t) + b_0 x(t)\end{aligned} \tag{3.1}$$

经过拉氏变换得

$$\begin{aligned}&(a_n s^n + a_{n-1}s^{n-1} + \cdots + a_1 s + a_0)Y(s) = \\ &(b_m s^m + b_{m-1}s^{m-1} + \cdots + b_1 s + b_0)X(s) + N_0(s)\end{aligned}$$

简写为

$$D(s)\cdot Y(s) = N(s)\cdot X(s) + N_0(s)$$

式中,$D(s) = a_n s^n + \cdots + a_0$ 为系统的特征多项式;$N(s) = b_m s^m + \cdots + b_0$ 为输入端的算子式;$N_0(s)$ 为与系统初始状态有关的多项式;$Y(s)$、$X(s)$ 分别为输出与输入的拉氏变换。

上式又可写为

$$Y(s) = \frac{N(s)}{D(s)}X(s) + \frac{N_0(s)}{D(s)} \tag{3.2}$$

设 $D(s) = 0$ 有 n 个互异的特征根 $s_i(i = 1,2,\cdots,n)$，则 $D(s) = a_n\prod_{i=1}^{n}(s - s_i)$，输入 $X(s)$ 有 l 个互异的极点 $s_j(j = 1,2,\cdots,l)$，即 $X(s)$ 的分母为 $\prod_{j=1}^{l}(s - s_j)$，则可将式(3.2)展开为如下部分分式

$$Y(s) = \sum_{i=1}^{n}\frac{A_i}{s - s_i} + \sum_{j=1}^{l}\frac{B_j}{s - s_j} + \sum_{i=1}^{n}\frac{C_i}{s - s_i} \tag{3.3}$$

式中，A_i、B_j、C_i 均为待定常数。

将式(3.3)进行拉氏反变换，可得时间响应表达式

$$y(t) = \sum_{i=1}^{n}A_i e^{s_i t} + \sum_{j=1}^{l}B_j e^{s_j t} + \sum_{i=1}^{n}C_i e^{s_i t}$$

或写为

$$y(t) = \sum_{i=1}^{n}C_i e^{s_i t} + \sum_{i=1}^{n}A_i e^{s_i t} + \sum_{j=1}^{l}B_j e^{s_j t} \tag{3.4}$$

式(3.4)中，第一项是由系统初始状态引起的自由响应，称为零输入响应；第二项是由输入引起的自由响应；第三项是由输入引起的强迫响应。由于二、三项均与初始状态无关，故又称为零状态响应。如此看来，动态系统的时间响应(即微分方程的解)反映出系统在初始状态和输入作用下运动的状态。因此，我们可以从两个方面对时间响应进行分类：按其运动的性质可分为自由响应和强迫响应；按引起响应的来源又分为零输入响应和零状态响应。零输入响应是指系统在无输入作用情况下完全由初始状态引起的响应；零状态响应是指系统在零初始状态下仅由输入引起的响应。对于实际的控制系统在未加输入作用信号之前，假设它的初始状态为零是完全合理的。因此控制工程中所研究的时间响应一般是指零状态响应。

在上面讨论中，我们假设系统特征根为互异时，其时间响应为 $e^{s_1 t}, e^{s_2 t}, \cdots, e^{s_n t}$ 型函数，称之为微分方程所描述的模态，或称为振型。若特征根存在重根 s_i 时，则在模态中将出现 $te^{s_i t}, t^2e^{s_i t}, \cdots$ 的函数。若特征根存在共轭复根 $s = \sigma \pm j\omega$ 时，则在模态中出现共轭复数模态 $e^{(\sigma+j\omega)t}, e^{(\sigma-j\omega)t}$，或写成实函数形式为 $e^{\sigma t}\cdot\sin t, e^{\sigma t}\cdot\cos\omega t$。

在上一章中，我们曾定义过传递函数是零初始条件下输出象函数与输入象函数之比。因此，根据系统的传递函数，通过拉氏反变换求得的时间响应就是零状态响应，即零输入响应项为零。此时式(3.4)可写为

$$y(t) = \sum_{i=1}^{n}A_i e^{s_i t} + \sum_{j=1}^{l}B_j e^{s_j t} \tag{3.5}$$

式中，第一项中由于 s_i 是传递函数的极点，因此，它是零状态响应中的暂态分量或称暂态响应；而第二项中由于 s_j 只与外界输入 $x(t)$ 有关，因此，它是零状态响应中的稳态分量或称为稳态响应。

需要指出，特征根 s_i 在复平面的位置决定了系统的稳定性。只有当 $\mathrm{Re}\ s_i < 0$ 时，即系统稳定时，式(3.5)中的第一项自由响应才能称为暂态响应。对于不稳定系统(即 $\mathrm{Re}\ s_i > 0$)，当 $t \to \infty$ 时，自由响应也趋于无穷大。因此，在这种情况下自由响应就不是暂态响应。所谓稳态

响应一般是指强迫响应。

二、暂态响应的性能指标

控制系统的暂态响应性能指标是在零初始条件下，通过系统的阶跃响应的特征来定义的。当然，暂态响应的分析只对稳定系统才有意义，因为不稳定系统其响应是一直增大而无法控制的。

在单位阶跃信号作用下，稳定控制系统的时间响应有衰减振荡和单调变化两种情况，如图 3.1 所示。下面我们首先对衰减振荡的情况定义系统的性能指标，如图 3.1(a) 所示。典型的性能指标通常有上升时间 t_r、峰值时间 t_p、最大超调量 M_p、调整时间 t_s，振荡次数 N。

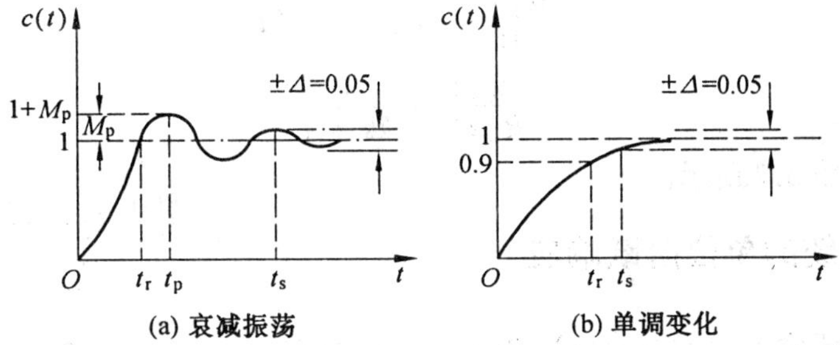

图 3.1　单位阶跃响应

下面我们来定义上述指标。

(1) 上升时间 t_r。系统的单位阶跃响应第一次达到稳态值的时间称为上升时间 t_r。

(2) 峰值时间 t_p。响应曲线达到第一个峰值的时间定义为峰值时间 t_p。

(3) 最大超调量 M_p。系统阶跃响应的最大值 c_{max} 与稳态值 $c(\infty)$ 的差值与稳态值比值的百分数定义为最大超调量 M_p(或 $\sigma\%$)

$$M_p = \frac{c_{max} - c(\infty)}{c(\infty)} \times 100\% \tag{3.6}$$

最大超调量 M_p 是衡量系统性能的重要指标。对于有些系统，不允许出现超调，例如，精加工过程中的进给控制。但对于一般的系统，常常希望有一点超调以增加系统的快速性，例如在电机调速系统中，容许调速过程有一点超调，以便提高电机速度的跟踪特性。最大超调量 M_p 的数值也用来度量系统的相对稳定性。

(4) 调整时间 t_s。当系统的输出衰减到给定误差带内，并且不再超出误差带的时间称为调整时间 t_s 即

$$|c(t) - c(\infty)| \leqslant \Delta \cdot c(\infty) \qquad (t \geqslant t_s) \tag{3.7}$$

式中，Δ 一般取 0.02 ~ 0.05。此式表明，在 $t = t_s$ 之后，系统的输出不会超出上述允许范围。

又因为输入为单位阶跃，故有 $c(\infty) = 1$，因此又可写为

$$|c(t) - 1| \leqslant \Delta \tag{3.8}$$

(5) 振荡次数 N。在过渡过程时间 $0 \leqslant t \leqslant t_s$ 内，输出 $c(t)$ 穿越 $c(\infty)$ 的次数的一半定义为振荡次数，记为 N。

以上是针对阶跃响应曲线衰减振荡情况下定义的性能指标。如果是单调上升的情况，如

图 3.1(b) 所示,在这种情况下已经没有超调量和调整时间这两个指标了。此时理论上只有当 $t\to\infty$ 时,阶跃响应才达到稳态值。因此上升时间也要作一些修正。在工程上,通常定义单调上升曲线达到稳态值的 90% 的时间为上升时间 t_r,即

$$c(t_r)=c(\infty)\cdot 90\% \tag{3.9}$$

对于调整时间 t_s,仍按式(3.7)定义。

3.2 一阶系统的暂态响应

一阶系统的微分方程及传递函数为

$$T\frac{\mathrm{d}c(t)}{\mathrm{d}t}+c(t)=r(t)$$

$$\frac{C(s)}{R(s)}=\frac{1}{Ts+1} \tag{3.10}$$

其系统方框图如图 3.2 所示。

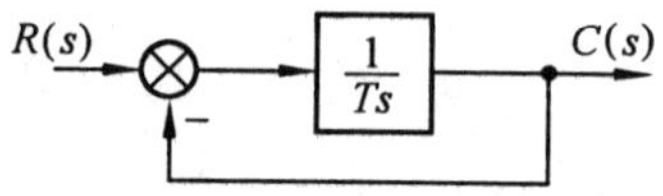

图 3.2 一阶系统方框图

一、一阶系统的单位阶跃响应

对于单位阶跃输入 $r(t)=1(t),R(s)=\frac{1}{s}$,故有

$$C(s)=\frac{1}{Ts+1}\cdot\frac{1}{s}$$

取拉氏反变换,得

$$c(t)=L^{-1}[C(s)]=L^{-1}\left[\frac{1}{s(Ts+1)}\right]=L^{-1}\left[\frac{1}{s}-\frac{1}{s+\frac{1}{T}}\right]=1-e^{-\frac{t}{T}}\quad t(\geqslant 0) \tag{3.11}$$

系统稳态值为 $c(\infty)=1$。单位阶跃响应如图 3.3 所示。这是一条指数曲线,其特点是在 $t=0$ 处曲线的斜率最大,其值为 $\left.\frac{\mathrm{d}c(t)}{\mathrm{d}t(t)}\right|_{t=0}=\frac{1}{T}$。若保持此斜率变化,则当 $t=T$ 时,输出就达到稳态值。实际上经过 T 的时间输出只上升到稳态值的 63.2%,具体响应过程如表 3.1 所示。

表 3.1

t	$c(t)$	$\dot{c}(t)$
0	0	$\frac{1}{T}$
T	0.632	$0.368\frac{1}{T}$
$2T$	0.865	$0.135\frac{1}{T}$
$4T$	0.982	$0.018\frac{1}{T}$
∞	1	0

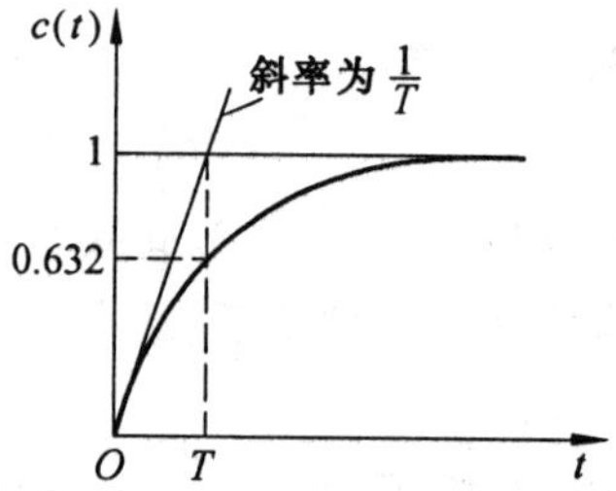

图3.3 一阶系统的单位阶跃响应

一阶系统不存在峰值时间和超调量。理论上讲,系统的上升时间和调整时间均为无穷

大。实际上,经过 $3T$ 或 $4T$ 的时间,响应值分别达到了稳态值的 95% 或 98%。时间常数 T 则反映了系统响应的速度,T 越小,响应速度越快。

若按式(3.9)定义,则上升时间 t_r 可由下式计算,即

$$1 - e^{-t_r/T} = 90\%$$

解得

$$t_r = T \cdot \ln \frac{1}{\Delta} = 2.3T$$

调节时间 t_s 仍按式(3.7)计算,即

$$| c(t_s) - c(\infty) | \leqslant \Delta c(\infty)$$

$$| 1 - e^{-t_s/T} - 1 | = e^{-t_s/T} \leqslant \Delta \cdot 1$$

解之得

$$t_s \geqslant T \cdot \ln \frac{1}{\Delta} \quad (\Delta = 0.02 \sim 0.05)$$

取

$$t_s = \begin{cases} 3T & \Delta = 0.05 \\ 4T & \Delta = 0.02 \end{cases}$$

二、一阶系统的单位脉冲响应

对于单位脉冲输入,$r(t) = \delta(t)$,$R(s) = 1$,则

$$C(s) = \frac{1}{Ts + 1}$$

相应的单位脉冲响应

$$c(t) = g(t) = \frac{1}{T}e^{-\frac{t}{T}} \tag{3.12}$$

响应曲线如图 3.4 所示,显然这是一单调下降的指数曲线。其具体响应过程如表 3.2 所示。比较图 3.3 和图 3.4 可见,在 $t = 0$ 时单位脉冲响应值为 $\frac{1}{T}$;它与单位阶跃响应在 $t = 0$ 时的变化率相等,这证明了单位脉冲响应 $g(t)$ 是单位阶跃响应的导数,而单位阶跃响应是单位脉冲响应的积分。

表 3.2

t	$g(t)$	$\dot{g}(t)$
0	$\frac{1}{T}$	$-\frac{1}{T^2}$
T	$0.368\frac{1}{T}$	$-0.368\frac{1}{T^2}$
$2T$	$0.135\frac{1}{T}$	$-0.135\frac{1}{T^2}$
$4T$	$0.018\frac{1}{T}$	$-0.018\frac{1}{T^2}$
∞	0	0

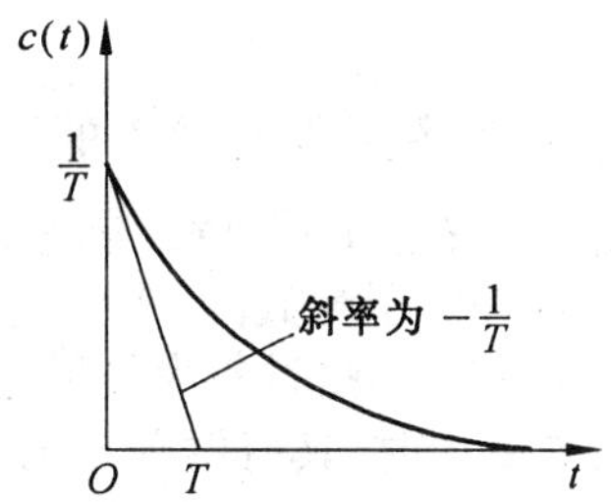

图 3.4　一阶系统单位脉冲响应

例 3.1　设温度计具有一阶惯性系统的暂态特性,现用温度计测量盛在容器中的水温,发现经过 1 min 温度计才能指示出实际水温的 98%,试问:

温度计指示出实际水温从 10% 变化到 90% 所需的时间 t_r 是多少?

解　设温度计的传递函数为 $\frac{1}{Ts + 1}$,其单位阶跃响应为

$$c(t) = 1 - e^{-t/T}$$

由题知,当 $t = 60$ s 时,$c(t) = 0.98$。代入上式,可算得

$$T = 60/\ln 50 = 15.34 \text{ s}$$

从 10% 变化到 90% 所需的时间可算出约为 $2.2T$,故实际上升时间

$$t_r = 2.2T = 33.75 \text{ s}$$

3.3 二阶系统的暂态响应

在控制工程中,一般的控制系统多数为高阶系统,但是它们有可能在一定条件下用二阶系统去近似。因此,对于二阶系统的分析具有重要的实际意义。在系统的分析与设计中,通常将二阶系统的响应特性作为一种基准。

典型二阶系统通常由一个惯性环节和一个积分环节串联组成,系统框图如图 3.5(a) 所示。对应的微分方程为

$$T\frac{d^2c(t)}{dt^2} + \frac{dc(t)}{dt} + K \cdot c(t) = K \cdot r(t)$$

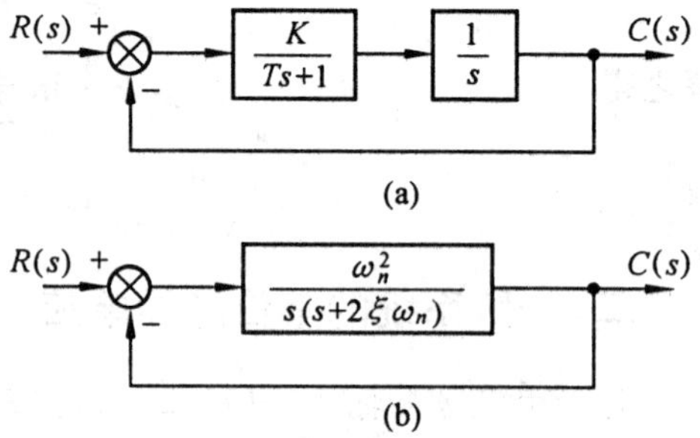

图 3.5 二阶系统框图

传递函数为

$$\frac{C(s)}{R(s)} = \frac{K}{Ts^2 + s + K}$$

如令

$$\frac{K}{T} = \omega_n^2, \frac{1}{T} = 2\xi\omega_n$$

则有

$$\frac{C(s)}{R(s)} = \frac{\omega_n^2}{s^2 + 2\xi\omega_n s + \omega_n^2} \tag{3.13}$$

式中,ω_n 称为无阻尼自然振荡角频率(固有频率);ξ 称为阻尼比;ω_n 与 ξ 是二阶系统的特征参数,它们表明了系统本身的固有特性。由式(3.13) 可得到二阶系统的特征方程

$$s^2 + 2\xi\omega_n s + \omega_n^2 = 0$$

此方程的特征根为

$$s_{1,2} = -\xi\omega_n \pm j\omega_n\sqrt{1-\xi^2} \tag{3.14}$$

由式(3.14) 可知,随着阻尼比 ξ 的取值不同,特征根也不同。

(1) 当 $0 < \xi < 1$ 时,特征根为共轭复数,即 $s_{1,2} = -\xi\omega_n \pm j\omega_n\sqrt{1-\xi^2}$,此时二阶系统传递函数极点是位于复数[$s$]平面左半部的共轭复数极点,其极点分布与单位阶跃响应曲线如图 3.6(a) 所示。此时称为欠阻尼系统。

(2) 当 $\xi = 1$ 时,具有两个相同的负实根,即 $s_{1,2} = -\omega_n$,此时称为临界阻尼系统,如图 3.6(b) 所示。

(3) 当 $\xi > 1$ 时,具有两个不等的负实根,即 $s_{1,2} = -\xi\omega_n \pm \omega_n\sqrt{\xi^2-1}$,此时称为过阻尼系统,如图 3.6(c) 所示。

(4) 当 $\xi = 0$ 时,两特征根为共轭纯虚根,即 $s_{1,2} = \pm j\omega_n$,此时称为无阻尼系统,如图 3.6(d) 所示,呈等幅振荡状态。

(5) 当 $-1 < \xi < 0$ 时,特征根是位于右半平面的共轭复根,呈发散振荡状态,如图 3.6(e) 所示。

(6) 当 $\xi < -1$ 时,呈单调发散状态,如图 3.6(f) 所示。

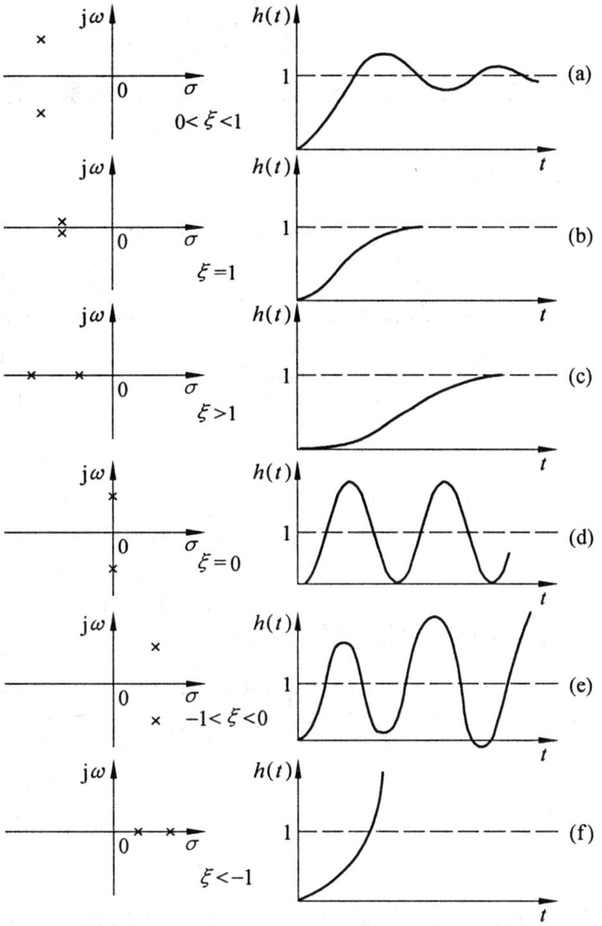

图 3.6 极点分布响应的关系

如果我们在[s]复平面以原点为圆心，以 ω_n 为半径作一个圆，则极点分布与 ω_n、ξ 的关系则一目了然，如图 3.7 所示

由图可见，当 $0 < \xi < 1$ 时，共轭复数极点 s_1、s_2 到原点的径向距离值等于 ω_n，而 $s_{1,2} = \sigma + j\omega_d$ 其实部等于 $-\xi\omega_n$，虚部 $\omega_d = \omega_n\sqrt{1-\xi^2}$，又称为阻尼振荡频率。而阻尼比则等于极点到原点的径向线与负实轴之间夹角的余弦，即 $\xi = \cos\beta$。由此可见，阻尼比是二阶系统的特征参量，β 角又称为阻尼角。

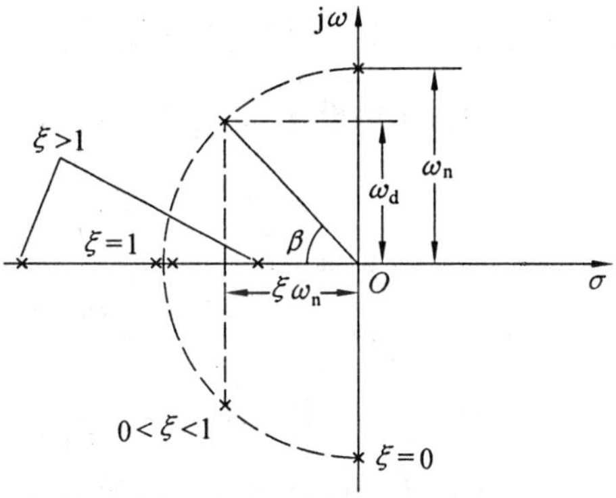

图 3.7 极点位置与 ω_n、ξ 的关系

一、二阶系统的单位阶跃响应

设系统的输入信号为单位阶跃函数，即 $r(t) = 1(t)$，$R(s) = \dfrac{1}{s}$，则由(式 3.13)可知

$$C(s) = \frac{\omega_n^2}{s^2 + 2\xi\omega_n + \omega_n^2} \cdot \frac{1}{s} \tag{3.15}$$

下面根据式(3.15)分别讨论阻尼比 ξ 为不同情况时,二阶系统的单位阶跃响应。

1.过阻尼($\xi > 1$)

此时系统的极点均为实极点,即

$$s_{1,2} = -(\xi \mp \sqrt{\xi^2 - 1}) \cdot \omega_n$$

$$C(s) = \frac{\omega_n^2}{s^2 + 2\xi\omega_n s + \omega_n^2} \cdot \frac{1}{s} = \frac{\omega_n^2}{s(s - s_1)(s - s_2)} =$$

$$\frac{A_0}{s} + \frac{A_1}{s - s_1} + \frac{A_2}{s - s_2} \tag{3.16}$$

式中

$$A_0 = [C(s) \cdot s]_{s=0} = 1$$

$$A_1 = [C(s) \cdot (s - s_1)]_{s=s_1} = \frac{-1}{2\sqrt{\xi^2 - 1}(\xi - \sqrt{\xi^2 - 1})}$$

$$A_2 = [C(s) \cdot (s - s_2)]_{s=s_2} = \frac{1}{2\sqrt{\xi^2 - 1}(\xi + \sqrt{\xi^2 - 1})}$$

对于式(3.16)求反变换,得系统的单位阶跃响应为

$$c(t) = L^{-1}[C(s)] = 1 - \frac{1}{2\sqrt{\xi^2 - 1}}\left[\frac{e^{-(\xi - \sqrt{\xi^2 - 1}) \cdot \omega_n t}}{\xi - \sqrt{\xi^2 - 1}} - \frac{e^{-(\xi + \sqrt{\xi^2 - 1}) \cdot \omega_n t}}{\xi + \sqrt{\xi^2 - 1}}\right] =$$

$$1 - \frac{\omega_n}{2\sqrt{\xi^2 - 1}}\left(\frac{e^{s_1 t}}{-s_1} - \frac{e^{s_2 t}}{-s_2}\right) \tag{3.17}$$

式中,$s_1 = -(\xi - \sqrt{\xi^2 - 1})\omega_n$;$s_2 = -(\xi + \sqrt{\xi^2 - 1})\omega_n$。

上式表明,暂态响应分量由两项指数函数之和组成,计算表明,当 $\xi > 1.5$ 时,式(3.17)两个衰减指数项中,$e^{s_2 t}$ 的衰减速度要比 $e^{s_1 t}$ 快得多(因 $\xi + \sqrt{\xi^2 - 1} \gg \xi - \sqrt{\xi^2 - 1}$)。因此过渡过程的变化 $e^{s_1 t}$ 起主要作用,而 $e^{s_2 t}$ 只是在 $t > 0$ 的前期有一定影响。

事实上,如果设 $s_1 = -\frac{1}{T_1}$,$s_2 = -\frac{1}{T_2}$,则式(3.16)又可写为

$$C(s) = \frac{\frac{1}{T_1 T_2}}{(s + \frac{1}{T_1})(s + \frac{1}{T_2})} \cdot \frac{1}{s} = \frac{1}{(T_1 s + 1)(T_2 s + 1)} \cdot \frac{1}{s} \tag{3.18}$$

式中,$\frac{1}{T_1} = (\xi - \sqrt{\xi^2 - 1}) \cdot \omega_n$;$\frac{1}{T_2} = (\xi + \sqrt{\xi^2 - 1}) \cdot \omega_n$;$\omega_n^2 = \frac{1}{T_1 T_2}$。

当 $T_1 > T_2$ 时,过阻尼二阶系统可以看成两个一阶系统的串联。对式(3.18)取反变换得

$$c(t) = 1 + \frac{1}{\frac{T_2}{T_1} - 1}e^{-\frac{t}{T_1}} + \frac{1}{\frac{T_1}{T_2} - 1}e^{-\frac{t}{T_2}} \tag{3.19}$$

式(3.17)与式(3.19)实质相同,只是表达方式不同。

过阻尼二阶系统的响应曲线如图 3.8 所示,它是一条单调上升的曲线,但又不同于一阶系统的响应曲线。考虑到 $\xi > 1.5$ 时,$e^{s_1 t}$ 对过渡过程起主要作用,故可忽略 $e^{s_2 t}$ 项,而近似将

过阻尼系统看做一阶系统。此时，调整时间 $t_s = (3 \sim 4)T_1 = (3 \sim 4) \times \dfrac{1}{(\xi - \sqrt{\xi^2 - 1})\omega_n}$。

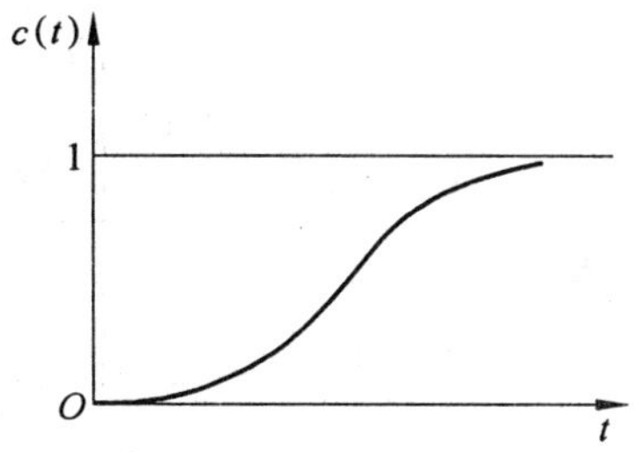

图 3.8　$\xi > 1$ 时二阶系统的阶跃响应

在工程上，在 $\xi \geqslant 1.5$ 情况下，按上式近似计算精度已经足够了。

2. 临界阻尼（$\xi = 1$）

当 $\xi = 1$ 时，$s_1 = s_2 = -\omega_n$，即 $\dfrac{1}{T_1} = \dfrac{1}{T_2} = \omega_n$，此时

$$C(s) = \frac{\omega_n^2}{s(s + \omega_n)^2} = \frac{1}{s} - \frac{\omega_n}{(s + \omega_n)^2} - \frac{1}{s + \omega_n}$$

单位阶跃响应

$$c(t) = 1 - (1 + \omega_n t) \cdot e^{-\omega_n t} \quad (t \geqslant 0) \tag{3.20}$$

上式中暂态响应部分随着 $t \to \infty$ 而趋于零，且响应曲线呈单调增长。调整时间 $t_s \approx 4.7\dfrac{1}{\omega_n}$（响应达到稳态值 95%）。

3. 欠阻尼（$0 < \xi < 1$）

此时闭环系统的特征根为共轭复根，即

$$s_{1,2} = -\xi\omega_n \pm j\omega_n\sqrt{1 - \xi^2} = \sigma \pm j\omega_d$$

式中，$\sigma = -\xi\omega_n$；$\omega_d = \omega_n\sqrt{1 - \xi^2}$。

单位阶跃响应的象函数为

$$C(s) = \frac{\omega_n^2}{(s^2 + 2\xi\omega_n s + \omega_n^2)} \cdot \frac{1}{s} = \frac{1}{s} - \frac{s + \xi\omega_n}{(s + \xi\omega_n)^2 + \omega_d^2} - \frac{\xi\omega_n}{(s + \xi\omega_n)^2 + \omega_d^2} \tag{3.21}$$

对上式求拉氏反变换，可得系统的阶跃响应为

$$c(t) = 1 - e^{-\xi\omega_n t}(\cos \omega_d t + \frac{\xi}{\sqrt{1 - \xi^2}}\sin \omega_d t) \tag{3.22}$$

或

$$c(t) = 1 - e^{-\xi\omega_n t} \cdot \frac{1}{\sqrt{1 - \xi^2}}\sin(\omega_d t + \arctan\frac{\sqrt{1 - \xi^2}}{\xi}) \tag{3.23}$$

由上式可见，欠阻尼时，暂态分量为振幅随时间按指数函数衰减规律变化的周期函数，其振荡频率为 $\omega_d = \omega_n\sqrt{1 - \xi^2}$，显然 ξ 越大，振幅衰减越快。

当 $\xi = 0$ 时，可得系统单位阶跃响应为

$$c(t) = 1 - \cos \omega_n t \tag{3.24}$$

系统响应为无阻尼等幅振荡，其振荡频率为 ω_n。图 3.9 给出 ξ 为不同值时二阶系统的单位阶跃响应曲线族。

下面讨论欠阻尼（$0 < \xi < 1$）时暂态响应性能指标参数的定量计算。

(1) 上升时间 t_r。根据定义，当 $t = t_r$ 时，$c(t_r) = 1$，代入式(3.22) 中，可求得

$$e^{-\xi\omega_n t_r}(\cos \omega_d t_r + \frac{\xi}{\sqrt{1 - \xi^2}}\sin \omega_d t) = 0$$

即

$$\tan \omega_d t_r = -\frac{\sqrt{1 - \xi^2}}{\xi}，令 \beta = \arctan\frac{\sqrt{1 - \xi^2}}{\xi}$$

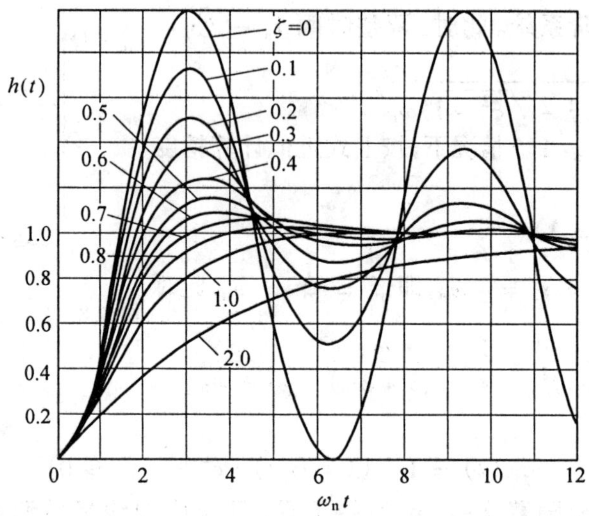

图 3.9　二阶系统的单位阶跃响应曲线

有
$$\omega_d t_r = \pi - \beta, 2\pi - \beta, 3\pi - \beta, \cdots$$
由于上升时间 t_r 是 $c(t)$ 第一次达到稳态值的时间，故取
$$\omega_d t_r = \pi - \beta \qquad \text{即} \qquad t_r = \frac{\pi - \beta}{\omega_d} \tag{3.25}$$
式中，$\omega_d = \omega_n\sqrt{1-\xi^2}$；$\beta = \arctan\dfrac{\sqrt{1-\xi^2}}{\xi}$。

可见欲减小 t_r，当 ξ 一定时，需增大 ω_n，若 ω_n 一定时，需减小 ξ。

(2) 峰值时间 t_p。当出现第一个峰值时，响应曲线随时间的变化率为零。为求 t_p，可将式(3.23)对时间求导，并令其为零，即
$$\left.\frac{\mathrm{d}c(t)}{\mathrm{d}t}\right|_{t=t_p} = 0$$
于是有
$$\omega_d \cos(\omega_d t_p + \beta) - \xi\omega_n \sin(\omega_d t_p + \beta) = 0$$
整理得
$$\tan(\omega_d t_p + \beta) = \frac{\sqrt{1-\xi^2}}{\xi} = \tan\beta$$
由此可知 $\omega_d t_p = n\pi(n = 0,1,2,\cdots)$，对于第一个峰值应有 $n = 1$，即 $\omega_d t_p = \pi$，故有
$$t_p = \frac{\pi}{\omega_d} = \frac{\pi}{\omega_n\sqrt{1-\xi^2}} \tag{3.26}$$
由式(3.26)可知，峰值时间是有阻尼振荡周期 $\dfrac{2\pi}{\omega_d}$ 的一半。同时欲减小 t_p，当 ξ 一定时需增大 ω_n，若 ω_n 一定时，需减小 ξ，这种变化关系与 t_r 的情况完全相同。

(3) 最大超调量 M_p。由于最大超调量发生在峰值时间，即
$$t = t_p = \frac{\pi}{\omega_d}$$
根据定义
$$M_p = \frac{c(t_p) - c(\infty)}{c(\infty)} \times 100\%$$
由于
$$c(t_p) = 1 - \frac{e^{-\xi\omega_n t_p}}{\sqrt{1-\xi^2}}\sin(\pi + \beta)$$

又因为 $\sin(\pi+\beta)=-\sin\beta$,根据阻尼角 β 的定义

$$\sin\beta=\sqrt{1-\xi^2}$$

因此 $c(t_p)=1+e^{-\xi\omega_n t_p}=1+e^{-\pi\xi/\sqrt{1-\xi^2}}$,将此式代入定义式,有

$$M_p=e^{-\pi\xi/\sqrt{1-\xi^2}}\times 100\% \tag{3.27}$$

上式表明,超调量 M_p 完全由阻尼比 ξ 决定,ξ 越小,M_p 越大,M_p 与 ξ 的关系曲线如图 3.10 所示。

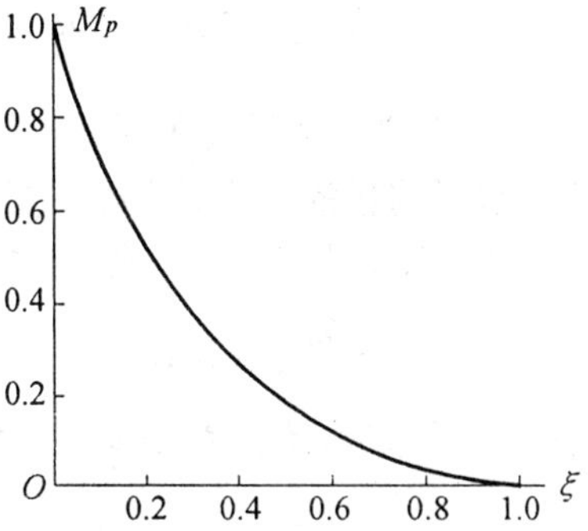

图 3.10　M_p 与 ξ 的关系

(4) 调整时间 t_s。根据调整时间 t_s 的定义,当 $0<\xi<1$,且在单位阶跃输入下,由式(3.8)有

$$1-\Delta\leqslant c(t)\leqslant 1+\Delta\qquad(\Delta=0.02\sim0.05)$$

现将式(3.23)代入上式,有

$$\left|\frac{e^{-\xi\omega_n t}}{\sqrt{1-\xi^2}}\sin\left(\omega_d t+\arctan\frac{\sqrt{1-\xi^2}}{\xi}\right)\right|\leqslant\Delta\qquad(t\geqslant t_s) \tag{3.28}$$

由于 $\pm\dfrac{e^{-\xi\omega_n t}}{\sqrt{1-\xi^2}}$ 是上式所表示的衰减正弦曲线的包络线,如图 3.11 所示,因此,可将上式条件改为

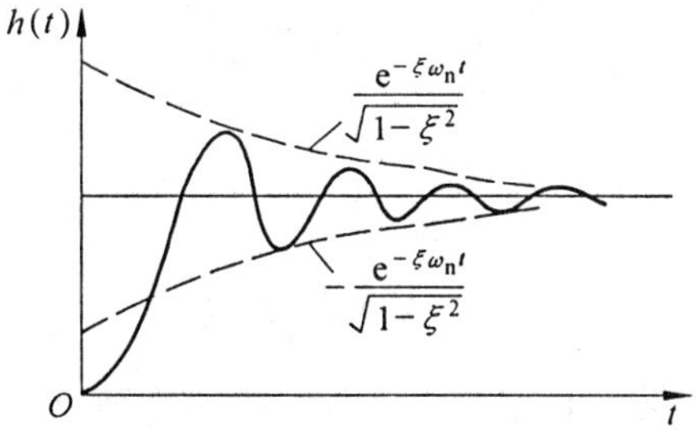

图 3.11　二阶系统时间响应的包络线

$$\frac{e^{-\xi\omega_n t}}{\sqrt{1-\xi^2}}\leqslant\Delta\quad(t\geqslant t_s)$$

解之得

$$t_s\geqslant\frac{1}{\xi\omega_n}\ln\frac{1}{\Delta\sqrt{1-\xi^2}}$$

当 Δ 取 0.02 时

$$t_s\geqslant\frac{1}{\xi\omega_n}\left(4+\ln\frac{1}{\sqrt{1-\xi^2}}\right) \tag{3.29}$$

当 Δ 取 0.05 时

$$t_s\geqslant\frac{1}{\xi\omega_n}\left(3+\ln\frac{1}{\sqrt{1-\xi^2}}\right) \tag{3.30}$$

当 $0<\xi<0.8$ 时,上面两式可近似取为 $t_s\approx\dfrac{4}{\xi\omega_n}$,$t_s\approx\dfrac{3}{\xi\omega_n}$。

根据式(3.29)、(3.30)还可以作出 $\omega_n t_s$ 与 ξ 的关系曲线,如图 3.12 所示。由图可见,当 $\xi=0.68$ 时(对应误差带为 $\Delta=0.05$),调节时间 t_s 最短。在设计二阶系统时,一般取 $\xi=$

0.707 为最佳阻尼比，此时系统不仅调节时间短，而且超调量 M_p 也不大。ξ 的取值一般在 0.5 ~ 0.8 之间为宜。曲线中的不连续性，是因为 ξ 的微小变化引起 t_s 的显著变化所造成的。

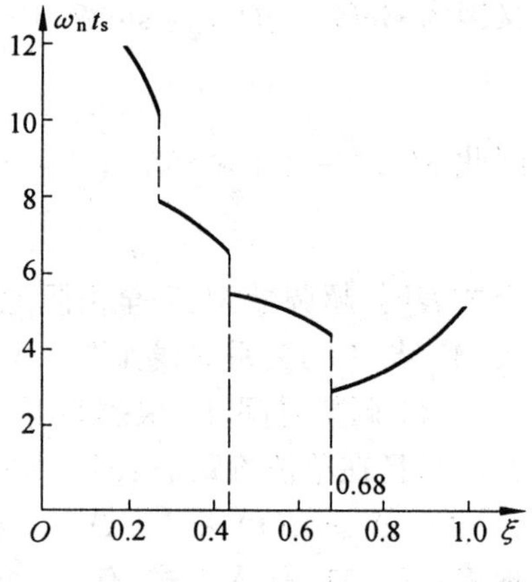

图 3.12　$\omega_n t_s$ 与 ξ 的关系曲线($\Delta = 0.05$)

由调整时间近似式

$$t_s \approx \frac{4}{\xi\omega_n} \qquad 或 \qquad t_s \approx \frac{3}{\xi\omega_n}$$

可知，t_s 与 $\xi\omega_n$ 成反比关系，在系统设计时，ξ 的确定主要是考虑超调量的要求，而 t_s 主要由 ω_n 决定。

(5) 振荡次数 N。由式(3.23) 可知，欠阻尼二阶系统的振荡周期为$\frac{2\pi}{\omega_d}$。根据振荡次数定义，N 为 $0 \leqslant t \leqslant t_s$ 时间内 $c(t)$ 穿越稳态值 $c(\infty)$ 的次数的一半，因此

$$N = \frac{t_s\omega_d}{2\pi}$$

当 $0 < \xi < 0.8$ 时，由近似式

$$t_s = \frac{4}{\xi\omega_n} \quad (\Delta = 0.02)$$

可得

$$N = \frac{2\sqrt{1-\xi^2}}{\pi\xi} \tag{3.31}$$

由近似式

$$t_s = \frac{3}{\xi\omega_n} \quad (\Delta = 0.05)$$

可得

$$N = \frac{1.5\sqrt{1-\xi^2}}{\pi\xi} \tag{3.32}$$

由上面两式可以看出，N 仅与阻尼比 ξ 有关。因此，振荡次数 N 的大小直接反映了系统的阻尼特性。

二、二阶系统的单位脉冲响应

由于单位脉冲响应是单位阶跃响应的导函数，因此，对式(3.17)、(3.20)、(3.23) 求导，即可得到不同 ξ 值的二阶系统单位脉冲响应。

(1) 当 $0 < \xi < 1$ 时

$$g(t) = \frac{\omega_n}{\sqrt{1-\xi^2}} e^{-\xi\omega_n t} \cdot \sin \omega_d t \qquad (t \geqslant 0) \tag{3.33}$$

(2) 当 $\xi = 1$ 时

$$g(t) = \omega_n^2 t e^{-\omega_n t} \tag{3.34}$$

(3) 当 $\xi > 1$ 时

$$g(t) = \frac{\omega_n}{2\sqrt{\xi^2 - 1}}\left[e^{-(\xi-\sqrt{\xi^2-1})\omega_n t} - e^{-(\xi+\sqrt{\xi^2-1})\omega_n t}\right] \quad (t \geqslant 0) \tag{3.35}$$

不同 ξ 值时的单位阶跃响应曲线如图 3.13 所示。

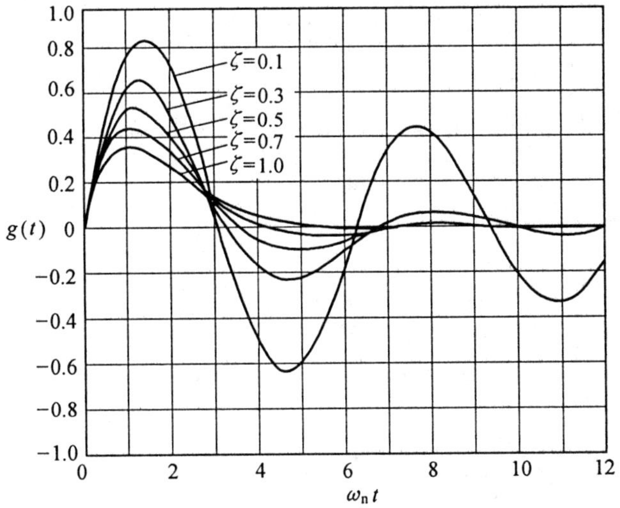

图 3.13　二阶系统单位脉冲响应

三、二阶系统参数计算实例

例 3.2　典型二阶系统框图如图 3.14 所示。试求当 $\xi = 0.6$、$\omega_n = 5\ s^{-1}$ 时，系统在单位阶跃信号作用下的暂态响应性能指标 t_p、M_p 和 t_s。

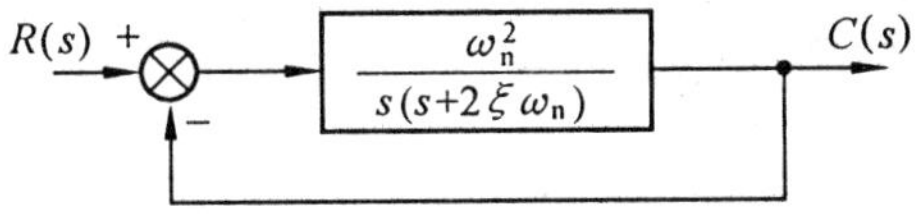

图 3.14　典型二阶系统框图

解　(1) 求 t_p。由式(3.26) 知

$$t_p = \frac{\pi}{\omega_d} = \frac{\pi}{\omega_n\sqrt{1-\xi^2}} = 0.785\ s$$

(2) 求 M_p。由式(3.27) 知

$$M_p = e^{-\pi\xi/\sqrt{1-\xi^2}} \times 100\% = 9.5\%$$

(3) 求 t_s。由近似式 $t_s \approx \dfrac{3}{\xi\omega_n}$ 可求得

$$t_s = \frac{3}{\xi\omega_n} = 1\ s \quad (\Delta = 0.05 时)$$

例 3.3　已知某单位反馈角度随动系统开环传递函数为 $G(s) = \dfrac{5K}{s(s+34.5)}$，试计算 $K = 200$ 时，闭环系统单位阶跃响应的性能指标 t_p、M_p 与 t_s。若将 K 提高到 1 500 或减小到 13.5，试问对系统性能指标的影响如何？

解　(1) $K = 200$，系统的闭环传递函数为

$$\phi(s) = \frac{C(s)}{R(s)} = \frac{5K}{s^2 + 34.5s + 5K}$$

将 $K = 200$ 代入，有

$$\phi(s) = \frac{1\,000}{s^2 + 34.5s + 1\,000}$$

对照典型二阶系统标准式,可得

$$\omega_n^2 = 1\,000, \omega_n = \sqrt{1\,000} = 31.6\ \text{s}^{-1}$$

$$\xi = \frac{34.5}{2\omega_n} = 0.545$$

由计算公式可求得

$$t_p = \frac{\pi}{\omega_n\sqrt{1-\xi^2}} = 0.12\ \text{s}$$

$$M_p = \exp\left(-\frac{\pi\xi}{\sqrt{1-\xi^2}}\right) = 0.13 = 13\%$$

$$t_s \approx \frac{3}{\xi\omega_n} = 0.174\ \text{s}\quad (\text{对应}\ \Delta = 0.05)$$

(2) $K = 1\,500$ 时,可同样算得

$$\omega_n = 86.2\ \text{s}^{-1}, \xi = 0.2$$

相应的性能指标为

$$t_p = 0.037\ \text{s}, M_p = 52.7\%, t_s = 0.174\ \text{s}$$

由此可见,提高增益,阻尼变小,超调增大,即初始阶段响应加快但振荡激烈,平稳性明显变差。但是由于 ξ 变小,ω_n 变大,因此调节时间 t_s 并无明显变化。

(3) $K = 13.5$ 时,可同样求得 $\omega_n = 8.22\ \text{s}^{-1}$,$\xi = 2.1$,显然系统处于过阻尼工作状态(参见式(3.19))。t_p、M_p 已不存在,而调节时间可将二阶系统近似为大时间常数 T_1 的一阶系统来估算,即

$$t_s \approx 3T_1 = 1.46\ \text{s}$$

例 3.4 质量 - 阻尼 - 弹簧系统如图 3.15(a)所示,在质量块上施加阶跃作用力 $F(t)$、m 的时间响应,即位移为 $y(t)$,系统框图如图 3.15(b)所示。试分析此动力学系统参数对阶跃响应性能指标的影响。并求出具有最佳阻尼比时参数应满足的条件。

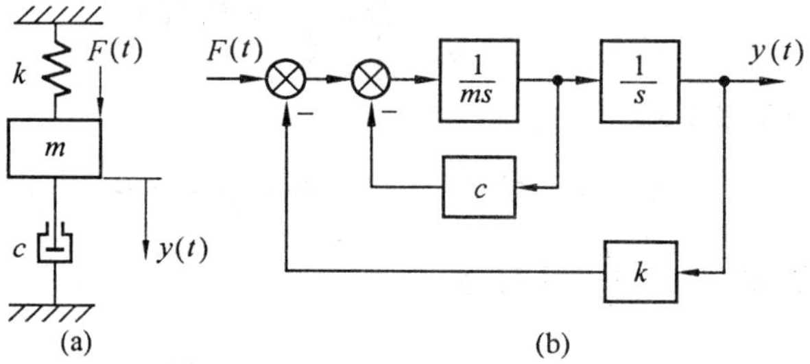

图 3.15 $m-c-k$ 系统

解 由框图简化原则可求出闭环等效传递函数为

$$\phi(s) = \frac{Y(s)}{F(s)} = \frac{1}{ms^2 + cs + k} = \frac{\frac{1}{m}}{s^2 + \frac{c}{m}s + \frac{k}{m}}$$

对照标准式,有

$$\omega_n = \sqrt{\frac{k}{m}}, \xi = \frac{c}{2\sqrt{km}}$$

由此可见，欲要求响应具有较好的平稳性，应使 ξ 加大，即加大阻尼 c，减小质量 m（k 一般由静态精度决定）；欲要求较好的快速性，应加大 ω_n，即减小质量 m。

总之，为了保持快速平稳的动态性能，应该减小质量，加大阻尼 c。对于工程上经常使用的部件（如阀门指针等），在外力作用下都可以看成是 $m-c-k$ 系统，故为了提高动态性能指标，在技术上经常采用轻型材料或空心结构，以减小部件的质量，而采用加大面积、安放各种阻尼片等措施提高阻尼系数。

当要求系统具有最佳阻尼比时，可取 $\xi = \frac{c}{2\sqrt{km}} = 0.707$，或写为 $c = 1.414\sqrt{km}$。

四、二阶系统响应性能的改进措施

从前面例题讨论中不难发现，为了使二阶系统具有满意的暂态性能，必须合理地选择阻尼比 ξ 和无阻尼振荡频率 ω_n，以便使系统具有较好的平稳性和快速性。然而系统的平稳性与快速性对参数的要求往往是矛盾的。例如，在例 3.3 随动系统的讨论中，增大增益 K 可以使 t_p、t_r 减小，提高了响应的快速性，但是超调量 M_p 随之增大，使平稳性下降；反之，若减小 K 值，可以改善系统的平稳性，但是过渡过程又变得缓慢。因此，只依靠调节系统的个别参数（如增益 K）有时很难满足较高性能指标的要求。那么能否这样设想，在原有系统中引入附加控制信号，即在靠原来增益调节保证快速的前提下，用附加信号控制来抑制强烈振荡，实现平稳性。这里我们介绍两种常用的改善系统动态性能的措施。

1. 比例 - 微分控制方法

图 3.16 表示引入比例 - 微分（PD）控制的二阶系统框图。

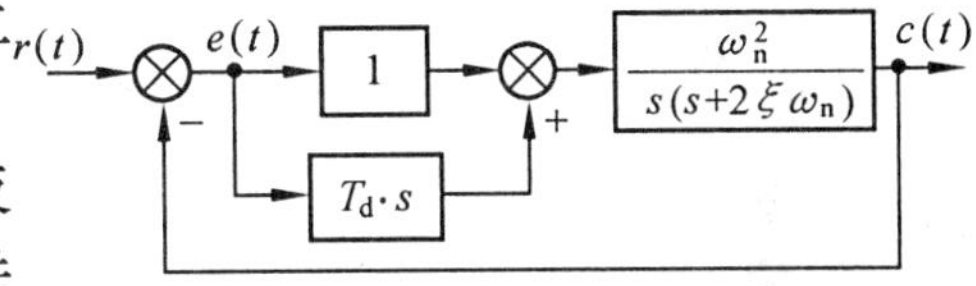

图 3.16 PD 控制的二阶系统

为了抑制振荡，改善平稳性，我们可以选用反映响应变化速度的反信号，如 $-\dot{c}$ 或与 $-\dot{c}(t)$ 有关的信号作为附加控制，适当地压低速度，从而提高系统的平稳性。图中利用偏差信号 $e(t) = r(t) - c(t)$ 作为附加控制信号，此时系统同时受到偏差信号和偏差微分信号的双重控制。T_d 称为微分时间常数。此时，系统的开环传递函数

$$G(s) = \frac{(T_d s + 1)\omega_n^2}{s(s + 2\xi\omega_n)} = \frac{k(T_d s + 1)}{s(\frac{s}{2\xi\omega_n} + 1)}$$

式中，$k = \frac{\omega_n}{2\xi}$ 称为开环增益。

闭环传递函数为

$$\phi(s) = \frac{C(s)}{R(s)} = \frac{(T_d s + 1)\omega_n^2}{s^2 + 2\xi\omega_n s + (T_d s + 1)\omega_n^2} =$$

$$\frac{(T_d s + 1)\omega_n^2}{s^2 + 2(\xi + \frac{1}{2}T_d\omega_n)\omega_n s + \omega_n^2} = \frac{(T_d s + 1)\omega_n^2}{s^2 + 2\xi_d\omega_n s + \omega_n^2} \tag{3.36}$$

式中，$\xi_d = \xi + \frac{1}{2}T_d\omega_n$，称为等效阻尼比。

由于 $\xi_d > \xi$，因此比例 - 微分控制可以在不改变开环增益的前提下增大系统的阻尼，同

时也不改变自然振荡频率。由式(3.36)可见，比例 - 微分控制使系统增加了一个闭环零点，这会加快响应，削弱阻尼，使超调略增。另外，采用比例 - 微分控制后允许采用较高的开环增益，以便提高系统精度。因此，适当地选择 T_d 可以同时兼顾快速性、平稳性及稳态性能的要求。

2.输出量的速度反馈控制

图 3.17 给出了采用速度反馈控制的二阶系统框图。图中将输出量的速度信号 $\dot{c}(t)$ 负反馈到输入端，与偏差信号叠加，便构成了输出速度反馈，k_t 称为速度反馈系数。

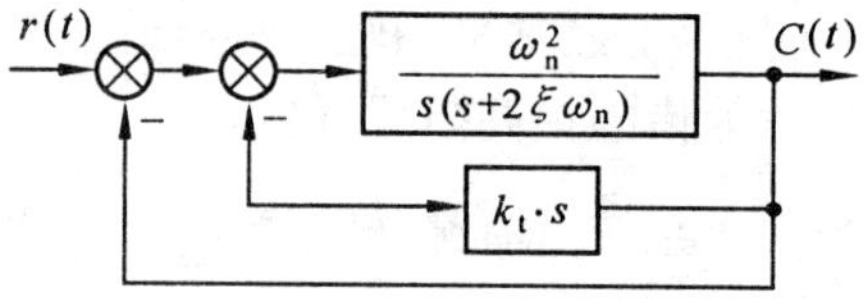

图 3.17　具有速度反馈的二阶系统

系统开环传递函数为

$$G(s) = \frac{\omega_n^2}{s(s + 2\xi\omega_n + k_t\omega_n^2)} = \frac{k}{s\left(\dfrac{s}{2\xi\omega_n + k_t\omega_n^2} + 1\right)}$$

式中，$k = \dfrac{\omega_n}{2\xi + k_t \cdot \omega_n}$，显然，引入速度反馈后，开环增益有所减小，因此降低了系统的稳态精度。

系统闭环传递函数

$$\phi(s) = \frac{C(s)}{R(s)} = \frac{\omega_n^2}{s^2 + 2(\xi + k_t\omega_n/2)\omega_n s + \omega_n^2} =$$

$$\frac{\omega_n^2}{s^2 + 2\xi_t\omega_n s + \omega_n^2} \tag{3.37}$$

式中

$$\xi_t = \xi + \frac{1}{2}k_t\omega_n$$

显然 $\xi_t > \xi$，因此速度反馈同样可以增大系统的阻尼比，而不改变系统的无阻尼振荡频率 ω_n，从而使超调变小，改善了系统的平稳性。比较式(3.37)和式(3.36)，速度反馈闭环传递函数分子没有增加零点，因此在同样条件下，速度反馈的平稳性要好于比例 - 微分反馈。但是在使用速度反馈时应适当增大原系统的开环增益，以便弥补速度反馈所引起的稳态精度下降，同时选择合适的 k_t 使阻尼比保持适当数值。

在工程实践中，上面介绍的两种改进措施各有特点。比例 - 微分控制结构简单，易于实现，成本低，但微分器容易引入输入信号中的噪声和高频干扰；而速度反馈通常从具有较大惯量的电机的输出引出，反馈元件通常采用测速机或其他传感器，成本较高，由于惯性环节具有滤波作用，因此速度反馈抗干扰能力较强。

3.4　高阶系统的暂态响应

实际的控制系统往往不是一阶、二阶的，而是高于二阶的高阶系统。对于高阶系统的分析一般比较复杂，为了简化问题的分析与研究，通常要求我们抓住主要矛盾，忽略次要因素，利用一、二阶系统的有关结论和计算方法对高阶系统作近似分析与估算。

高阶系统传递函数的普遍形式为

$$\frac{C(s)}{R(s)} = \frac{b_m s^m + b_{m-1}s^{m-1} + \cdots + b_1 s + b_0}{a_n s^n + a_{n-1}s^{n-1} + \cdots + a_1 s + a_0} \qquad (n \geqslant m)$$

对上式作因式分解,可得

$$\frac{C(s)}{R(s)} = \frac{k_1(s - z_1)(s - z_2)\cdots(s - z_m)}{(s - p_1)(s - p_2)\cdots(s - p_n)}$$

式中,z_j 为传递函数零点,$j = 1,2,\cdots,m$;p_i 为传递函数极点,$i = 1,2,\cdots,n$。

设系统中零点、极点互不相同,且设极点中有 n_1 个实极点,n_2 对共轭复数极点,则 $n = n_1 + 2n_2$,零点中只有实数零点。当输入为单位阶跃函数时,系统输出 $C(s)$ 为

$$C(s) = \frac{1}{s}\frac{k_1\prod\limits_{j=1}^{m}(s - z_j)}{\prod\limits_{i=1}^{n_1}(s - p_i)\prod\limits_{k=1}^{n_2}(s^2 + 2\xi_k\omega_{nk}s + \omega_n^2 k)} =$$

$$\frac{1}{s} + \sum_{i=1}^{n_1}\frac{A_i}{s - p_i} + \sum_{k=1}^{n_2}\frac{B_k(s + \xi_k\omega_{nk}) + C_k\omega_{nk}\sqrt{1 - \xi_k^2}}{s^2 + 2\xi_k\omega_{nk}s + \omega_{nk}^2}$$

式中,A_i、B_k、C_k 是由部分分式确定的常数。

对上式求反变换,得高阶系统单位阶跃响应

$$c(t) = 1 + \sum_{i=1}^{n_1}A_i e^{p_i t} + \sum_{k=1}^{n_2}D_k[\exp(-\xi_k\omega_{nk}t)]\cdot\cos(\omega_{nk}t\sqrt{1 - \xi_k^2} + \theta_k) \qquad (3.38)$$

式中

$$A_i = [C(s)\cdot(s - p_i)]_{s = p_i}$$

$$D_k = 2\left|C(s)\cdot(s - p_k)\right|_{s = p_k}$$

$$\theta_k = \angle[C(s)\cdot(s - p_k)]_{s = p_k}$$

$$p_k = -\xi_k\omega_{nk} \pm j\omega_{nk}\sqrt{1 - \xi_k^2}$$

式(3.38)中,第一项是稳态分量;第二项是指数曲线;第三项是振荡曲线。由此可见,高阶系统的响应可以视为一阶和二阶系统暂态分量的叠加。而系统的响应取决于一、二阶各环节的零极点分布,即 p_i、ξ_k、ω_{nk} 及系数 A_i 和 D_k。因此可以得出以下结论:

(1) 高阶系统暂态响应各分量衰减的快慢由指数衰减系数 p_i 和 $\xi_k\omega_{nk}$ 决定,表现为式(3.38)中的第二项和第三项,即取决于极点在[S]左半面距虚轴的远近,离虚轴越远,相应的暂态分量衰减越快。

(2) 衰减项中各项的幅值(系数)A_i、D_k 不仅与极点位置有关,而且与零点位置有关。由 A_i、D_k 的计算公式不难看出:

若某极点 p_i 离原点很远,则相应系数 A_i 就很小,幅值小,衰减快,对暂态响应影响就小。

若某极点靠近某一零点,远离其他极点与零点,则相应系数 A_i 比较小,极点与零点靠的越近,A_i 就越小。极端情况是,若一对极点与零点重合(偶极子),则该极点对暂态响应无任何影响。

反之,若某极点 p_i 远离零点,而与原点距离较近,则相应的系数 A_i 就越大,其暂态分量项不仅幅值大,而且衰减慢,对暂态响应影响就大。

(3) 若高阶系统中距离虚轴最近的极点,其实部比其他极点的实部小于 5 倍以上,并且附近没有零点,则可认为系统的响应主要由这一极点决定。这些对系统暂态响应起主导作用的极点称为**主导极点**。该极点经常以共轭复数形式出现。若能找到一对共轭复数主导极点,则高阶系统就可以近似地作为二阶系统来分析。其暂态特性指标都可以按二阶系统近似地估算。在高阶系统设计中经常利用主导极点的概念来选择系统参数,使系统具有预期的一对共轭复数主导极点。关于零极点的位置对系统暂态特性的影响及主导极点的应用问题在第六章中还要详细讨论。

3.5 线性控制系统的稳定性

一、稳定的基本概念

控制系统能否正常工作,首先取决于系统是否稳定。因为不稳定的系统是无法正常工作的。因此稳定性问题是控制理论研究的基本问题之一。

一个实际的控制系统在工作过程中总会受到外界的一些扰动因素的影响。如电动机的转速控制系统、负载和电网电压的波动。对于不稳定的控制系统,在这些扰动作用下,尽管扰动并不大,也会使系统中的各变量偏离原来的平衡工作点,并且随着时间的推移而逐渐发散。即使在扰动消失后,系统也不可能再恢复到原来的工作状态,这样的系统就是不稳定系统。

设线性定常控制系统处于某一平衡状态,若此系统在干扰作用下离开了原来的平衡状态。那么在干扰消失后,系统能否回到原来的平衡状态就是系统的稳定性问题。

关于动态系统稳定性的一般定义是俄国学者李亚普诺夫在统一考虑了线性系统稳定性问题之后于 1882 年提出的,一直沿用至今。李亚普诺夫定义的稳定概念如下。

设系统的平衡工作点为 0,若扰动使系统偏离平衡工作点的初始偏差不超过域 η,扰动引起的输出(由初始状态引起的零输入响应)的终态不超过允许的域 ε,则称为李亚普诺夫意义下的稳定,或简称稳定,如图 3.18 所示。显然,这里所指的是局部稳定性,或“小偏差”稳定性。当系统的数学模型是建立在小偏差线性化基础上时,就只能讨论局部稳定问题。

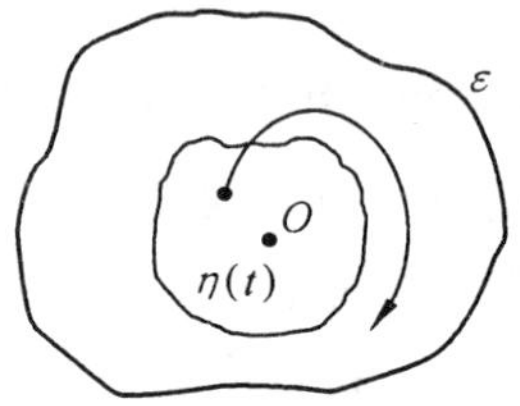

图 3.18 李亚普诺夫定义下的稳定

如果系统的输出在初始偏差(即初态)作用下,其终态能回到原始平衡工作点,则称为渐近稳定,如图 3.19 所示。渐近稳定是线性定常系统的一种特性,或者说如果线性定常系统是稳定的,则一定是渐近稳定。

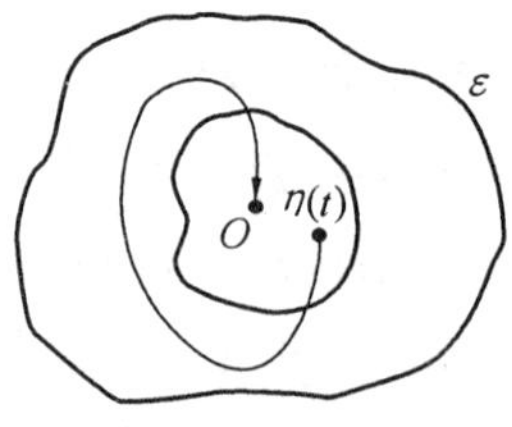

图 3.19 渐近稳定

如果系统在任意初始条件下都保持渐近稳定,则称系统为大范围渐近稳定。在控制工程中,一般都希望系统是大范围渐近稳定的。如果系统不是这样,就需要确定系统渐近稳定的最大范围,这往往是困难的。但是对于线性定常系统而言,由于只有一个平衡状态,因此,如果系统是稳定的,则一定是大范围渐近稳定。

有关稳定性严格的数学定义将在后续课程中介绍。

按上述观点,线性定常系统的稳定性表现为输出时间响应的收敛性。如果系统在扰动(初始状态)的作用下,其暂态响应随着时间的推移逐渐衰减并趋于零(即平衡工作点),则称该系统为渐近稳定,简称稳定。反之,若在初始扰动作用下,系统的暂态响应随着时间的推移而发散,则称系统为不稳定。

然而,线性定常系统的时间响应由零输入响应和零状态响应组成,见式(3.4)。上面我们只是讨论了系统在扰动作用下(即初始状态作用下)的零输入响应的稳定性。那么系统在输入信号作用下稳定性又会怎样呢?这实际上涉及到系统零状态响应的稳定性问题。

一般来说,如果系统的零输入响应和零状态响应都是收敛的,则认为系统是稳定的。可以证明,对于线性定常系统,零输入响应与零状态响应稳定性的条件是一致的。因此线性定常系统的稳定性是通过系统响应的稳定性来体现的,下面我们进一步讨论线性定常系统稳定的充要条件。

二、线性定常系统稳定的充要条件

设线性定常系统的微分方程为

$$a_0y^{(n)}(t)+a_1y^{(n-1)}(t)+\cdots+a_{n-1}\dot{y}(t)+a_ny(t)=$$
$$b_0x^{(m)}(t)+b_1x^{(m-1)}(t)+\cdots+b_{m-1}\dot{x}(t)+b_mx(t)\qquad(n\geqslant m)$$

式中,$y(t)$ 为输出响应;$x(t)$ 为输入函数。

由式(3.2)有

$$Y(s)=\frac{N(s)}{D(s)}X(s)+\frac{N_0(s)}{D(s)}$$

式中,$D(s)=0$ 为特征方程;$N(s)$ 为输入端的算子;$N_0(s)$ 为与初始状态有关的多项式。

由式(3.4)得输出响应为

$$y(t)=\sum_{i=1}^{n}C_ie^{s_it}+\sum_{i=1}^{n}A_ie^{s_it}+\sum_{j=1}^{l}B_je^{s_jt}$$

式中,第一项为初始状态作用下的暂态响应部分,即零输入响应

$$y_1(t)=\sum_{i=1}^{n}C_ie^{s_it}$$

显然欲使 $\lim y_1(t)=0$,要求

$$\mathrm{Re}[s_i]<0$$

式中,第二项为输入作用下引起的暂态响应,即零状态响应中的暂态分量

$$y_2(t)=\sum_{i=1}^{n}A_ie^{s_it}$$

同样欲使$\lim y_2(t)=0$,要求

$$\mathrm{Re}[s_i]<0$$

由此可得,线性定常系统稳定的充分必要条件是:系统传递函数的全部极点 $s_i(i=1,2,\cdots,n)$ 必须位于[S]平面的左半平面,或者说全部极点具有负实部,即 $R_e[s_i]<0$。反之,若系统只要有一个或一个以上的极点位于[S]平面的右半平面,即 $R_e[s_i]>0$,则系统必不稳定。若部分极点位于虚轴上,而其余的极点位于[S]平面的左半平面,则系统为临界稳定。

由于参数波动影响,临界稳定状态有可能使原来位于虚轴上的极点变动到[S]平面的

右半平面，致使系统不稳定。因此，工程上认为临界稳定状态往往属于不稳定。

3.6 代数稳定判据

根据3.5节系统稳定的充要条件，需要求出系统的全部极点，即特征方程 $D(s)=0$ 的全部特征根，这对于二阶以下系统是很方便的。但是对于三阶以上的高阶系统，根的求解就很困难。为了避开对特征方程直接求解，就需要寻求一种不经过解高阶代数方程而能够判定系统是否稳定的间接方法。下面要介绍的劳斯－赫尔维茨判据就是利用特征方程，即传递函数分母部分的各项系数，通过简单的代数运算，得出全部极点为负实部的条件，以此来判定系统的稳定性，故又称为代数稳定判据。

一、劳斯(Routh)稳定判据

设 n 阶系统特征方程写成如下标准形式

$$a_0 s^n + a_1 s^{n-1} + \cdots + a_{n-1} s + a_n = 0 \qquad (a_i > 0, i = 0.1, \cdots, n)$$

将各项系数组成如下排列的劳斯表

$$\begin{array}{cccccc}
s^n & a_0 & a_2 & a_4 & a_6 & \cdots \\
s^{n-1} & a_1 & a_3 & a_5 & a_7 & \cdots \\
s^{n-2} & b_1 & b_2 & b_3 & b_4 & \cdots \\
s^{n-3} & c_1 & c_2 & c_3 & c_4 & \cdots \\
\vdots & \vdots & \vdots & \vdots & \vdots & \\
s^2 & e_1 & e_2 & & & \\
s^1 & f_1 & & & & \\
s^0 & g_1 & & & &
\end{array}$$

表中有关系数为

$$b_1 = \frac{a_1 a_2 - a_0 a_3}{a_1} \qquad b_2 = \frac{a_1 a_4 - a_0 a_5}{a_1}$$

$$b_3 = \frac{a_1 a_6 - a_0 a_7}{a_1} \qquad \cdots$$

系数 b_i 的计算直到其余的 b 值全部等于零为止。

$$c_1 = \frac{b_1 a_3 - a_1 b_2}{b_1}$$

$$c_2 = \frac{b_1 a_5 - a_1 b_3}{b_1}$$

$$c_3 = \frac{b_1 a_7 - a_1 b_4}{b_1}$$

$$\vdots$$

上述计算过程一直到 n 行为止。为简化运算过程，可以用一正整数去乘以或除以某一行的各项。这样做并不改变稳定性的结论。

劳斯稳定判据：列出劳斯表之后，可能会出现以下几种情况：

(1) 劳斯表中第一列所有系数均不为零的情况。劳斯判据指出，表中第一列各系数符号改变的次数等于系统特征方程具有正实部特征根的个数,因此,系统稳定的充要条件是表中第一列各元素的符号均为正,且不等于零。

例 3.5　已知系统的特征方程为　$D(s) = s^5 + 2s^4 + s^3 + 3s^2 + 4s + 5 = 0$

劳斯表

s^5	1	1	4	
s^4	2	3	5	
s^3	-1	3	0	(各元素乘以 2)
s^2	9	5	0	
s^1	32			(各元素乘以 9)
s^0	5			

由上表可见,第一列各元素的符号改变了两次,即由2变为 -1,又由 -1变为9。因此,该系统有两个正实部的特征根,系统不稳定。

(2) 劳斯表中某一行首项系数为零,而其余各项不为零或不全为零的情况。此时在计算下一行第一个元素时,由于用该首项零作除法,该元素必将趋于无穷大,将使计算无法进行下去。为了克服这一困难,可以用一个有限小的正 ε 数来代替第一列中等于零的元素,然后按通常情况计算其他各项。

例 3.6　已知系统特征方程　$D(s) = s^4 + 2s^3 + s^2 + 2s + 1 = 0$

劳斯表

s^4	1	1	1
s^3	2	2	0
s^2	$\varepsilon(\approx 0)$	1	0
s^1	$2-\dfrac{2}{\varepsilon}$	0	
s^0	1		

表中,第一列系数中当 ε 趋于零时,$2-\dfrac{2}{\varepsilon}$ 项的值为一负数。因此可认为第一列中各项系数的符号改变了两次,即有两个特征根具有正实部,系统是不稳定的。若 $\varepsilon(\approx 0)$ 的上、下面的系数符号相同,则说明系统有一对共轭虚根存在,相应的系统也属于不稳定或临界稳定。

例 3.7　已知　$D(s) = s^3 + 2s^2 + s + 2 = 0$

劳斯表

s^3	1	1
s^2	2	2
s^1	$0(\varepsilon \approx 0)$	
s^0	2	

由第一列各元素符号看出没有变化,表示有一对共轭虚根存在。若将上述方程分解为因式相乘的形式,有

$$(s+2)(s^2+1) = 0$$

求得 $s_1 = -2, s_{2,3} = \pm \mathrm{j}$。

(3) 劳斯表中某一行各项系数全为零或只有等于零的一项。这种情况表明特征方程存在以原点为对称的实根，或以原点为对称的虚根，或以虚轴为对称的两对共轭复根。

为了能够继续计算下面各行，可以用全零行的上一行的各系数构造一个辅助方程 $F(s)=0$，方程中 s 总是偶次。辅助方程对 s 求导，用所得方程的系数代替全零行各项系数，然后继续按照通常做法写出以下各行。至于对某一行系数只有等于零的一项的情况可以按照情况 2，用 ε 代替零项，继续求解。

例 3.8　已知　$D(s)=s^6+2s^5+8s^4+12s^3+20s^2+16s+16=0$

劳斯表

$$
\begin{array}{llllll}
s^6 & 1 & 8 & 20 & 16 & \\
s^5 & 2 & 12 & 16 & & \\
s^4 & 1 & 6 & 8 & \longrightarrow & F(s)=s^4+6s^2+8=0 \\
s^3 & 0 & 0 & & & \downarrow \\
s^3 & 4 & 12 & & \longleftarrow & \dfrac{\mathrm{d}F(s)}{\mathrm{d}s}=4s^3+12s=0 \\
s^2 & 3 & 8 & & & \\
s^1 & 4/3 & 0 & & & \\
s^0 & 8 & & & &
\end{array}
$$

由上表第一列可以看出，各项符号没有变号，可以判定在右半平面没有特征根，但由于 s^3 行各项为零，表明系统可能有共轭虚数极点，这些极点可以由辅助方程求出。

辅助方程　　$s^4+6s^2+8=0$

解之得

$$s_{1,2}=\pm\mathrm{j}\sqrt{2}\quad 和 \quad s_{3,4}=\pm\mathrm{j}2$$

系统有两对虚根，处于临界稳定状态。

二、赫尔维茨(Hurwize)稳定判据

设 n 阶系统特征方程为

$$a_0s^n+a_1s^{n-1}+\cdots+a_{n-1}s+a_n=0$$

将特征方程各项系数写成如下行列式

$$
D_n=\begin{vmatrix}
a_1 & a_3 & a_5 & a_7 & \cdots & 0 & 0 & 0 \\
a_0 & a_2 & a_4 & a_6 & \cdots & 0 & 0 & 0 \\
0 & a_1 & a_3 & a_5 & \cdots & 0 & 0 & 0 \\
\vdots & \vdots & \vdots & \vdots & & \vdots & \vdots & \vdots \\
0 & 0 & 0 & 0 & \cdots & a_{n-2} & a_n & 0 \\
0 & 0 & 0 & 0 & \cdots & a_{n-3} & a_{n-1} & 0 \\
0 & 0 & 0 & 0 & \cdots & a_{n-4} & a_{n-2} & a_n
\end{vmatrix}
$$

行列式 D_n 组成为：主对角线上从特征方程第二项系数 a_1 开始到最末一项系数 a_n，在对角线以上各列元素下标号码依次增加，对角线以下各元素下标号码依次递减，当下标符号大于 a_n 或小于 a_0 时，则在相应位置上填零。

赫尔维茨稳定判据：系统稳定的充分必要条件是在 $a_0>0$ 的情况下，上述行列式的各阶

主子行列式均大于零，即

$$D_1 = a_1 > 0$$

$$D_2 = \begin{vmatrix} a_1 & a_3 \\ a_0 & a_2 \end{vmatrix} > 0$$

$$D_3 = \begin{vmatrix} a_1 & a_3 & a_5 \\ a_0 & a_2 & a_4 \\ 0 & a_1 & a_3 \end{vmatrix} > 0$$

$$\vdots$$

$$D_n > 0$$

例 3.9　系统的特征方程式为

$$D(s) = s^4 + 8s^3 + 18s^2 + 16s + 5 = 0$$

列行列式

$$D_1 = 8 > 0, D_2 = \begin{vmatrix} 8 & 16 \\ 1 & 18 \end{vmatrix} = 128 > 0$$

$$D_3 = \begin{vmatrix} 8 & 16 & 0 \\ 1 & 18 & 5 \\ 0 & 8 & 16 \end{vmatrix} = 1.728 > 0 \quad D_4 = \begin{vmatrix} 8 & 16 & 0 & 0 \\ 1 & 18 & 5 & 0 \\ 0 & 8 & 16 & 0 \\ 0 & 1 & 18 & 5 \end{vmatrix} = 5D_3 > 0$$

所以该系统是稳定的。

劳斯判据与赫尔维茨判据都是以线性特征方程的系数为依据，只是形式不同，判断结果完全一致。

三、代数判据的应用

应用代数判据不仅可以判定系统是否稳定，而且可以分析系统的稳定性与特征根分布的情况，还可以确定使系统稳定的参数取值范围。下面举例说明。

例 3.10　设单位反馈系统框图如图 3.20 所示，试求满足系统稳定所要求的 k 值。

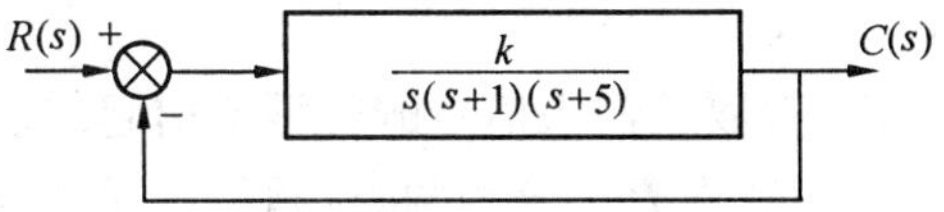

图 3.20　单位反馈系统

解　闭环传递函数

$$\frac{C(s)}{R(s)} = \frac{k}{s(s+1)(s+5)+k}$$

特征方程　$$D(s) = s^3 + 6s^2 + 5s + k = 0$$

劳斯表

s^3	1	5
s^2	6	k
s^1	$\frac{30-k}{6}$	
s^0	k	

根据劳斯判据，欲使系统稳定应有

$$k > 0, 30 - k > 0 \quad 即 \quad 0 < k < 30$$

保证系统稳定时 K 的临界值 $k_c = 30$。

例 3.11 设反馈控制系统的开环传递函数为

$$G(s)H(s) = \frac{k(s+1)}{s(Ts+1)(2s+1)}$$

试确定使系统稳定的 k、T 参数取值范围,并绘出以 k、T 为坐标轴的稳定域。

解 系统的特征方程为

$$D(s) = 2Ts^3 + (2+T)s^2 + (1+k)s + k = 0$$

劳斯表

s^3	$2T$	$1+k$
s^2	$2+T$	k
s^1	$1-\dfrac{k(T-2)}{(T+2)}$	0
s^0	k	

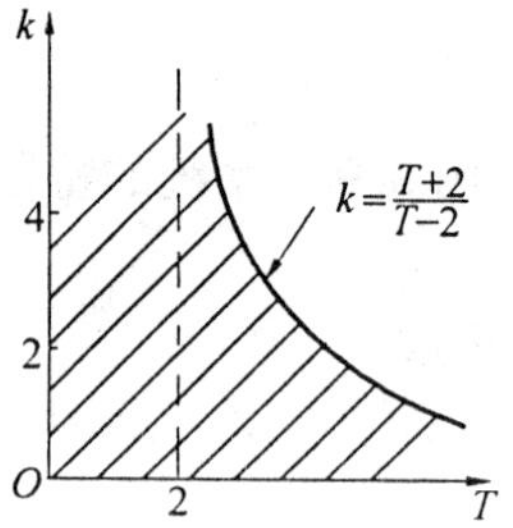

图 3.21 系统的稳定域

欲使系统稳定,需满足第一列各项均大于零,即

$$\begin{cases} T > 0 \\ 0 < k < \dfrac{T+2}{T-2} \end{cases}$$

绘出 $k-T$ 关系曲线,如图 3.21 所示。由图可见 $k-T$ 的稳定域如阴影部分所示。

3.7 控制系统的稳态误差

对于稳定的控制系统,其控制性能可以由暂态响应和稳态响应的性能指标来表征。稳态误差是表征系统稳态性能的重要指标。它表示系统对某种典型输入信号响应的准确程度。稳态误差越小,表明系统稳态时的实际输出值与期望输出值之间的差别越小,控制精度越高。

造成系统产生误差的原因很多,这里讨论的稳态误差不考虑由于系统中元件非线性(如死区、间隙、摩擦等)及参数漂移、元件老化等因素造成的永久性误差,而只讨论由于系统的结构、参数及输入信号的类型所引起的误差,即原理性误差。

稳态误差可分为两类,即给定误差与扰动误差,不同类型的系统误差分析的重点也有所不同。对于恒值调节系统,主要分析扰动对系统稳态误差的影响,其目的在于抑制扰动的影响。对于随动系统,由于给定参考输入是变化的,要求系统的输出响应能以足够的精度跟踪给定输入的变化。因此,经常以给定稳态误差去衡量随动系统的稳态性能。

本节介绍误差的基本概念,研究系统结构、输入信号类型与稳态误差的关系,讨论两类稳态误差的计算方法。

一、误差与稳态误差

误差有两种不同的定义方法,可以从输入端定义,也可以从输出端定义。如图 3.22 所示,若从输入端定义,误差信号 $E(s)$(又称偏差)是指输入信号 $R(s)$ 与主反馈信号之差,即

$$E(s) = R(s) - B(s) = R(s) - C(s)H(s) \tag{3.39}$$

若从输出端定义,则误差信号 $E'(s)$ 是指期望输出值 $C'(s)$ 与实际输出值 $C(s)$ 之差,

即

$$E'(s) = C'(s) - C(s) \qquad (3.40)$$

根据反馈控制原理，当 $E(s) = 0$ 时，意味着系统实际的输出值 $C(s)$ 与期望值 $C'(s)$ 相等，即 $C'(s) = C(s)$，此时式(3.39)变为

$$E(s) = R(s) - C(s)H(s) = R(s) - C'(s)H(s) = 0$$

于是有

$$C'(s) = \frac{1}{H(s)}R(s) \qquad (3.41)$$

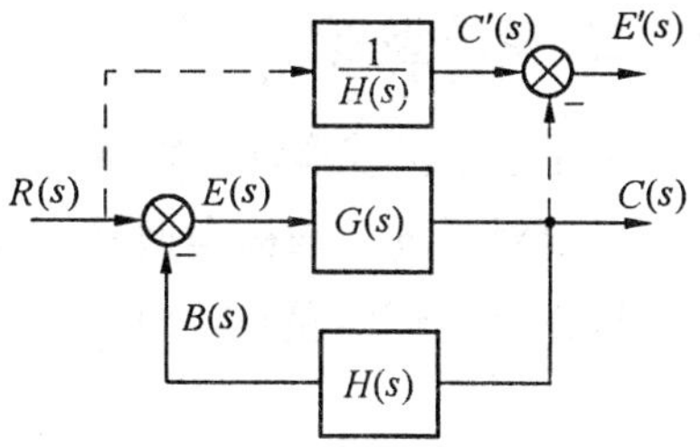

图 3.22 $E(s)$ 与 $E'(s)$ 的关系

将式(3.41)代入式(3.40)，可求得误差

$$E'(s) = \frac{R(s)}{H(s)} - C(s)$$

再将式(3.39)写成

$$\frac{E(s)}{H(s)} = \frac{R(s)}{H(s)} - C(s)$$

比较两式，可得

$$E'(s) = \frac{E(s)}{H(s)} \qquad (3.42)$$

式(3.42)就是 $E(s)$ 与 $E'(s)$ 的关系式，对于单位反馈系统 $H(s) = 1$ 两者完全相同。在控制系统误差分析中通常都是计算 $E(s)$，因为容易测量，便于理论分析。但是在工程设计中 $E'(s)$ 物理意义明确，因此，经常作为系统稳态性能指标使用，而在实际系统中有时无法测量，一般只有数学意义。

在以下叙述中均采用从输入端定义的误差 $E(s)$ 来进行分析和计算，如果有必要计算输出端的误差 $E'(s)$，可利用式(3.42)进行换算。

误差的时域表达式

$$e(t) = L^{-1}[E(s)] = L^{-1}[\phi_e(s) \cdot R(s)]$$

式中

$$\phi_e(s) = \frac{E(s)}{R(s)} = \frac{1}{1 + G(s)H(s)}$$

由于输出响应 $c(t)$ 由暂态分量和稳态分量组成，因此 $e(t) = r(t) - c(t)$ 也包含暂态分量 e_{ts} 和稳态 $e_{ss}(t)$ 分量，对于稳定系统当 $t \to \infty$ 时，$e_{ts}(t)$ 必趋于零。因此，控制系统的稳态误差定义为 $e(t)$ 的稳态分量 $e_{ss}(\infty)$，常以 e_{ss} 简单表示。

稳态误差可以借助于拉氏变换终值定理求得，即如果 $s \cdot E(s)$ 的极点均在左半平面(包括原点)，则有

$$e_{ss} = \lim_{t \to \infty} e(t) = \lim_{s \to 0} sE(s) = \lim_{s \to 0} \frac{sR(s)}{1 + G(s)H(s)} \qquad (3.43)$$

上式算出的值实际上是当 $t \to \infty$ 时稳态误差终值，故又称终值误差。它不能反映 $e_{ss}(t)$ 随时间变化的情况，因此有一定的局限性。

上式表明，系统的稳态误差取决于系统的结构(由开环传递函数体现)和输入函数 $R(s)$。因此有必要研究稳态误差与系统类型和输入信号形式之间的关系。

二、系统型别

由于系统的稳态误差在输入信号一定时，完全取决于描述系统结构的开环传递函数。因此有必要对系统的结构类型进行分析。

设系统开环传递函数为

$$G(s)H(s) = \frac{K \cdot \prod_{j=1}^{m}(T_j s + 1)}{s^v \prod_{i=1}^{n-v}(T_i s + 1)} \tag{3.44}$$

式中，K 为系统的开环增益；v 为系统中含有积分环节的个数，或称为系统的无差度，它可以表征系统的结构特征。对于 $v = 0$、1、2 的系统，分别称为0型、Ⅰ 型、Ⅱ 型系统；对于 $v > 2$ 以上的系统很难使之稳定。因此除特殊场合外，Ⅲ 型以上系统很少采用。

3.8 稳态误差分析与计算

一、给定误差终值及静态误差系数(误差常数)

在利用终值定理求给定稳态误差终值 e_{ss} 时，通常使用阶跃、斜坡、抛物线三种典型输入信号。

(1) 单位阶跃输入 $R(s) = \frac{1}{s}$。由式(3.43)有

$$e_{ss} = \lim_{s\to 0}\frac{s}{1 + G(s)H(s)} \cdot \frac{1}{s} = \frac{1}{1 + \lim_{s\to 0} G(s)H(s)} = \frac{1}{1 + K_p} \tag{3.45}$$

式中，$K_p = \lim_{s\to 0} G(s)H(s)$ 称为位置误差系数，或称阶跃误差常数。

(2) 单位斜坡输入 $R(s) = \frac{1}{s^2}$。由式(3.43)有

$$e_{ss} = \lim_{s\to 0}\frac{s}{1 + G(s)H(s)} \cdot \frac{1}{s^2} = \frac{1}{\lim_{s\to 0} G(s)H(s) \cdot s} = \frac{1}{K_v} \tag{3.46}$$

式中，$K_v = \lim_{s\to 0} s \cdot G(s)H(s)$ 称为速度误差系数，或称为斜坡误差常数。

(3) 单位抛物线输入 $R(s) = \frac{1}{s^3}$。由式(3.43)有

$$e_{ss} = \lim_{s\to 0}\frac{s}{1 + G(s)H(s)} \cdot \frac{1}{s^3} = \frac{1}{\lim_{s\to 0} G(s)H(s) \cdot s^2} = \frac{1}{K_a} \tag{3.47}$$

式中，$K_a = \lim_{s\to 0} s^2 \cdot G(s)H(s)$ 称为加速度误差系数，或称抛物线误差常数。

对于不同型别(0型、Ⅰ 型、Ⅱ 型)的系统，当给定为上述三种典型输入时，将式(3.44)分别代入式(3.45)、(3.46)、(3.47) 中，即可求出稳态误差终值分别为

1.对于0型系统($v = 0$)

$$e_{ss} = \begin{cases} \dfrac{1}{1 + \lim\limits_{s \to 0} G(s)H(s)} = \dfrac{1}{1 + K} = \dfrac{1}{1 + K_p} & r(t) = 1(t) \\ \dfrac{1}{\lim\limits_{s \to 0} s \cdot G(s)H(s)} = \infty & r(t) = t \\ \dfrac{1}{\lim\limits_{s \to 0} s^2 G(s)H(s)} = \infty & r(t) = \dfrac{t^2}{2} \end{cases}$$

由于0型系统开环传递函数中没有积分环节。因此,对三种典型输入信号,其稳态误差终值分别为有限位置误差、无限大速度误差和加速度误差。式中 K 为系统开环传递函数 $G(s)H(s)$ 用时间常数形式表示时的开环增益,即为位置误差系数 K_p。

2.对于Ⅰ型系统($v = 1$)

$$e_{ss} = \begin{cases} \dfrac{1}{1 + \lim\limits_{s \to 0} G(s)H(s)} = \dfrac{1}{1 + \infty} = 0 & r(t) = 1(t) \\ \dfrac{1}{\lim\limits_{s \to 0} s \cdot G(s)H(s)} = \dfrac{1}{K} = \dfrac{1}{K_v} & r(t) = t \\ \dfrac{1}{\lim\limits_{s \to 0} s^2 G(s)H(s)} = \infty & r(t) = \dfrac{t^2}{2} \end{cases}$$

由于Ⅰ型系统 $G(s)H(s)$ 中有一个积分环节,对于三种典型输入,其稳态误差终值分别为0、$\dfrac{1}{K_v}$、∞,$K_v = K$。Ⅰ型系统又称为一阶无差系统,即对阶跃输入稳态误差终值为零。

3.对于Ⅱ型系统($v = 2$)

$$e_{ss} = \begin{cases} \dfrac{1}{1 + \lim\limits_{s \to 0} G(s)H(s)} = \dfrac{1}{1 + \infty} = 0 & r(t) = 1(t) \\ \dfrac{1}{\lim\limits_{s \to 0} s \cdot G(s)H(s)} = 0 & r(t) = t \\ \dfrac{1}{\lim\limits_{s \to 0} s^2 G(s)H(s)} = \dfrac{1}{K} = \dfrac{1}{K_a} & r(t) = \dfrac{t^2}{2} \end{cases}$$

由于Ⅱ型系统 $G(s)H(s)$ 中有两个积分环节,因此对阶跃、斜坡输入,稳态误差均为零。对于加速度输入,稳态误差为常数$\dfrac{1}{K_a}$,且 $K_a = K$,Ⅱ型系统又称为二阶无差系统。将上述分析结果汇制成表,如表3.3所示。

表3.3　各种输入和各类型系统的稳态误差

输入形式 \ 系统型别	0型	Ⅰ型	Ⅱ型
$1(t)$	$\dfrac{1}{1+K_p}$	0	0
t	∞	$\dfrac{1}{K_v}$	0
$t^2/2$	∞	∞	$\dfrac{1}{K_a}$
	$K_p = \lim\limits_{s \to 0} G(s)H(s)$	$K_v = \lim\limits_{s \to 0} s \cdot G(s)H(s)$	$K_a = \lim\limits_{s \to 0} s^2 \cdot G(s)H(s)$

上述分析结果是根据从输入端定义误差(或偏差)推导出来的,若从输出端定义误差

$E'(s)$,则可利用式(3.42)进行换算,即 $E'(s) = \dfrac{E(s)}{H(s)}$,求反变换有 $e'_{ss} = \dfrac{e_{ss}}{H(0)}$。

若 $H(s) = 1$,即单位反馈系统,则两种定义结果完全一致,即 $e'_{ss} = e_{ss}$,应当指出,稳态误差系数(常数)K_p、K_v、K_a 只能取零、恒值、无穷大三种数值,即只能反映稳态误差的终值,并不能给出误差进入稳态后(进入允许误差带后)随着时间变化的情况,因此有一定的局限性。

必须注意,使用拉氏变换终值定理计算稳态误差终值的条件是:$s \cdot E(s)$ 在[S]平面右半部及虚轴上(坐标原点除外)必须解析,即 $s \cdot E(s)$ 的全部极点除坐标原点外应分布在[S]平面的左半部。例如,当输入为正弦函数时,就不能使用终值定理求稳态误差,因为 $R(s)$ 不符和上述条件。

二、给定误差级数及动态误差系数(广义误差系数)

当给定参考输入不是前面三种典型输入信号,或者需要提供稳态误差随时间变化的信息时,用稳态误差终值计算的方法将无法求得,为此下面引入误差级数和动态误差系数的概念。用这种方法可以研究输入信号为任意时间函数时系统的稳态误差。动态误差系数又称为广义误差系数,需要说明,这里动态误差系数中的"动态",并不是指误差动态分量随时间变化的规律,而是说明用这种方法可以完整地描述稳态误差随时间变化的规律。

前面已给出 $E(s) = \Phi_e(s) \cdot R(s) = \dfrac{1}{1 + G(s)H(s)}R(s)$

将误差传递函数 $\Phi_e(s)$ 在 $s = 0$ 的邻域内展开为泰勒级数

$$\Phi_e(s) = \frac{1}{1 + G(s)H(s)} = \Phi_e(0) + \dot{\Phi}_e(0)s + \frac{1}{2!}\ddot{\Phi}_e(0)s^2 + \cdots$$

这样误差 $E(s)$ 可以表示为如下级数

$$E(s) = \Phi_e(0) \cdot R(s) + \dot{\Phi}_e(0)s \cdot R(s) + \frac{1}{2!}\ddot{\Phi}_e(0)s^2R(s) + \cdots \tag{3.48}$$

式(3.48)称为误差级数,它是以 $s = 0$ 为收敛域的无穷级数,相当于在时域 $t \to \infty$ 时成立。若在零初始条件下对式(3.48)求拉氏反变换,便得到稳态误差的时域表达式

$$e_{ss}(t) = \Phi_e(0)r(t) + \dot{\Phi}_e(0)\dot{r}(t) + \frac{1}{2!}\ddot{\Phi}_e(0)\ddot{r}(t) + \frac{1}{3!}\Phi_e^{(3)}(0)r^{(3)}(t) + \cdots =$$

$$C_0r(t) + C_1\dot{r}(t) + C_2\ddot{r}(t) + C_3r^{(3)}(t) + \cdots = \sum_{i=0}^{\infty} C_ir^{(i)}(t) \tag{3.49}$$

式中 $C_i = \dfrac{1}{i!}\Phi_e^{(i)}(0) \qquad i = 0,1,2,\cdots$

$C_0, C_1, C_2, \cdots$ 称为动态误差系数,或分别称为动态位置、速度、加速度……误差系数。另外还需说明,由于式(3.49)在 $t \to \infty$ 时才成立,因此,输入函数中如果含有随时间增长而趋于零的分量,则这一分量不必包含在该式输入信号及其各阶导数之内。如 $r(t) = a_0 + b_0t + e^{-t}$,则当 $t \to \infty$ 时 e^{-t} 将衰减至零。因此在稳态误差级数式(3.49)中只保留不衰减部分 $r(t) = a_0 + b_0t$ 即可,或者说只保留 $r(t)$ 及其各阶导数的稳态分量部分。

在应用式(3.49)求稳态误差 $e_{ss}(t)$ 时,在已知输入信号稳态分量后,关键是要求出动态误差系数,即求 Φ_e 的各阶导数,当系统阶次较高时,是很麻烦的,为此下面介绍一种简便的求法——长除法。

首先将系统的开环传递函数按 s 的升幂排列成如下形式

$$G(s)H(s) = \frac{K\cdot(1 + b_1 s + b_2 s^2 + \cdots + b_m s^m)}{s^v\cdot(1 + a_1 s + a_2 s^2 + \cdots + a_{n-v}s^{n-v})} = \frac{M(s)}{N(s)}$$

则误差传递函数

$$\Phi_e(s) = \frac{1}{1 + G(s)H(s)} = \frac{N(s)}{N(s) + M(s)}$$

用上式分子多项式 $N(s)$ 除以分母多项式,可以得到 s 的升幂级数

$$\Phi_e(s) = C_0 + C_1 s + C_2 s^2 + C_3 s^3 + \cdots$$

于是可得误差信号表达式

$$E(s) = \Phi_e(s)\cdot R(s) = (C_0 + C_1 s + C_1 s^2 + \cdots)R(s) \tag{3.50}$$

比较式(3.50)与式(3.48)可知,C_0、C_1、C_2 正是要求出的动态误差系数。在一个特定的系统中,利用长除法可以证明静态误差系数与动态误差系数具有如下的简单关系。

$$C_0 = \frac{1}{1 + K_p} \qquad \text{(对于 0 型系统)}$$

$$C_1 = \frac{1}{K_v} \qquad \text{(对于 Ⅰ 型系统)}$$

$$C_2 = \frac{1}{K_a} \qquad \text{(对于 Ⅱ 型系统)}$$

在控制系统设计中,也可以把 C_0、C_1、C_2 作为一种性能指标,用来表达对系统稳态误差的要求。

例 3.12　已知单位反馈系统的开环传递函数 $G(s) = \dfrac{K}{s(Ts + 1)}$,其中 $K = 10, T = 1$,试求在 $r(t) = a_0 + a_1 t + a_2 t^2$ 作用下的稳态误差。

解　(1) 用静态误差系数法。由于该系统是 Ⅰ 型系统,$K_p = \infty, K_v = K, K_a = 0$,在 $r(t)$ 的作用下,稳态误差终值应为 a_0、$a_1 t$、$a_2 t^2$ 三种信号作用的叠加,由表 3.3 可知

$$e_{ss} = e_{1ss} + e_{2ss} + e_{3ss} = 0 + \frac{1}{K} + \infty = 0 + 0.1 + \infty = \infty$$

用这种方法只能求出稳态误差的终值,而无法得知系统进入稳态后($t > t_s$)稳态误差随着时间变化的规律。

(2) 用动态误差系数法。由已知开环传递函数 $G(s)$,可以求出误差传递函数

$$\Phi_e(s) = \frac{E(s)}{R(s)} = \frac{1}{1 + G(s)} = \frac{s + Ts^2}{K + s + Ts^2} = \frac{\frac{1}{K}s + \frac{T}{K}s^2}{1 + \frac{1}{K}s + \frac{T}{K}s^2}$$

作长除法

$$\frac{1}{K}s + \left(\frac{T}{K} - \frac{1}{K^2}\right)s^2 + \cdots$$

$$1 + \frac{1}{K}s + \frac{T}{K}s^2 \;\Big)\; \frac{1}{K}s + \frac{T}{K}s^2$$

$$-)\; \frac{1}{K}s + \frac{1}{K^2}s^2 + \frac{T}{K^2}s^3$$

$$\left(\frac{T}{K} - \frac{1}{K^2}\right)s^2 - \frac{T}{K^2}s^3$$

$$\vdots$$

所以 $$\Phi_e(s)=\frac{E(s)}{R(s)}=\frac{1}{K}s+(\frac{T}{K}-\frac{1}{K^2})s^2+\cdots$$
与式(3.50)比较,有
$$C_0=0\quad C_1=\frac{1}{K}=0.1\quad C_2=(\frac{T}{K}-\frac{1}{K^2})=0.09$$
所以 $$E(s)=(C_0+C_1s+C_2s^2+\cdots)R(s)$$
取拉氏反变换,有
$$e_{ss}(t)=0.1\dot{r}(t)+0.09\ddot{r}(t)\qquad t\geqslant t_s$$
由于 $r(t)=a_0+a_1t+a_2t^2$,可求出 $\dot{r}(t)=a_1+2a_2t,\ddot{r}(t)=2a_2,\dddot{r}(t)=0$,所以
$$e_{ss}(t)=0.1a_1+0.18a_2+0.2a_2t\qquad t\geqslant t_s$$
当 $t\to\infty$ 时,可得稳态误差终值,即
$$\lim_{t\to\infty}e_{ss}(t)=\infty$$
将两种算法进行比较可知,其结果是完全一致的,差别在于:第一种方法(静态误差系数法)只能给出终值稳态误差,其值只有0、常量、∞、三种选择;第二种方法不仅能给出终值稳态误差,而且可以给出自 $t\geqslant t_s$ 后稳态误差随时间变化的规律,因此,动态误差系数法比起静态误差系数法是一种更为全面、普遍的稳态误差计算方法。

例3.13 设单位反馈控制系统开环传递函数为 $G(s)=\dfrac{100}{s(0.1s+1)}$,试求在正弦函数 $r(t)=\sin 5t$ 输入下系统的稳态误差 $e_{ss}(t)$

解 由于输入是正弦函数,故无法用静态系数法求 $e_{ss}(t)$。现采用动态误差系数法求解,系统误差传递函数为
$$\Phi_e(s)=\frac{1}{1+G(s)}=\frac{s(0.1s+1)}{0.1s^2+s+100}=$$
$$0+10^{-2}s+9\times10^{-4}s^2-1.9\times10^{-5}s^3+\cdots$$
可见 $$C_0=0;C_1=10^{-2};C_2=9\times10^{-4};C_3=-1.9\times10^{-5}\cdots$$
故可得稳态误差
$$e_{ss}(t)=(C_0-C_2\omega_0^2+C_4\omega_0^4-\cdots)\sin\omega_0t+$$
$$(C_1-C_3\omega_0^3+C_5\omega_0^5-\cdots)\cos\omega_0t$$
式中,$\omega_0=5$ rad/s,用级数求和法将上式写成闭式,有
$$e_{ss}(t)=0.055\cos(5t-24.9°)$$
由此可见,此系统稳态误差为余弦函数,振幅最大值为0.055。

三、扰动作用下的稳态误差

前面介绍了系统在给定输入作用下的稳态误差及其计算问题。但是系统除了承受给定输入信号作用外,还经常受到各种干扰信号的作用。如电源电压的波动、负载力矩的变化、元件的噪声等。这些扰动使系统的输出值偏离期望值,造成误差,通常将扰动作用产生的误差称为系统扰动误差。控制系统在给定与扰动共同作用下的框图如图3.23所示。

系统在给定输入与扰动输入共同作用下误差信号的拉氏变换为
$$E(s)=\Phi_e(s)\cdot R(s)+\Phi_{en}(s)\cdot N(s)\tag{3.51}$$

式中　$\Phi_e(s)=\dfrac{1}{1+G_1(s)G_2(s)H(s)}$

称为给定误差传递函数

$\Phi_{en}(s)=\dfrac{-G_2(s)H(s)}{1+G_1(s)G_2(s)H(s)}$

称为扰动误差传递函数

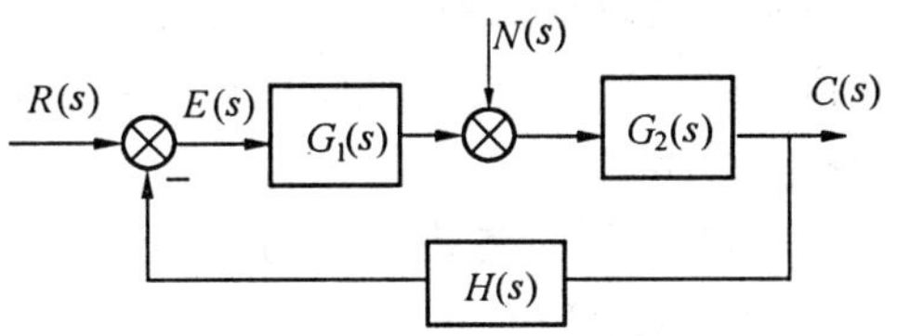

图 3.23　典型控制系统

由此可见，系统误差等于给定误差与扰动误差的代数和。当 $R(s)=0$ 时，单独在干扰信号作用下，系统的误差为

$$E_n(s)=R(s)-B(s)=-B(s)=-H(s)\cdot C(s) \tag{3.52}$$

从概念上讲，由于干扰引起的输出都是误差，而在干扰作用下，输出的拉氏变换为

$$C(s)=\frac{G_2(s)}{1+G_1(s)G_2(s)H(s)}N(s) \tag{3.53}$$

因此，由式(3.52)有

$$E_n(s)=\frac{-G_2(s)H(s)}{1+G_1(s)G_2(s)H(s)}\cdot N(s)=\Phi_{en}(s)\cdot N(s) \tag{3.54}$$

此式是用来确定扰动稳定误差的一个基本公式。它表明扰动稳态误差应取决于扰动量的性质和系统的结构类型及参量。

扰动稳态误差的计算方法与给定稳定误差类似，可以应用终值定理法求得扰动稳态误差终值，即 $s\cdot E_n(s)$ 满足终值定理条件时，有

$$e_{ssn}=\lim_{s\to 0}s\cdot E_n(s) \tag{3.55}$$

当扰动为单位阶跃函数且 $G_1(s)G_2(s)H(s)\gg 1$ 时，由式(3.54)、(3.55)可得

$$e_{ssn}=\frac{-G_2(0)H(0)}{1+G_1(0)G_2(0)H(0)}\approx-\frac{1}{G_1(0)} \tag{3.56}$$

上式表明，扰动作用下的稳态误差只与扰动作用点之前的传递函数 $G_1(s)$ 的积分环节数和传递系数 K 有关。K 越大，稳态误差越小，若 $G_1(s)$ 含有积分环节，可以使扰动误差为零。而给定输入下的稳态误差，则与开环传递函数 $G_1(s)G_2(s)H(s)$ 的积分环节和传递系数有关。因此，在系统设计中，通常在 $G_1(s)$ 中增加积分环节或增大传递系数。这样做可以同时抑制给定误差与扰动误差。

当扰动输入信号的形式不满足终值定理条件，或者需要提供扰动稳态误差随时间变化信息时，可以用误差级数法求取扰动作用下的稳态误差。具体作法是将扰动误差传递函数 $\Phi_{en}(s)$ 在 $s=0$ 的邻域内展开成泰勒级数，则有

$$\Phi_{en}(s)=\Phi_{en}(0)+\dot{\Phi}_{en}(0)s+\frac{1}{2!}\ddot{\Phi}_{en}(0)s^2+\cdots+\frac{1}{l!}\Phi_{en}^{(l)}(s)\cdot s^l+\cdots \tag{3.57}$$

设扰动信号 $n(t)$ 可表示为

$$n(t)=n_0+n_1t+\frac{1}{2!}n_2t^2+\cdots+\frac{1}{k!}n_kt^k \tag{3.58}$$

将式(3.58)代入式(3.54)并求拉氏反变换，可得扰动作用下系统的稳态误差表达式

$$e_{ssn}(t)=\sum_{i=0}^{k}C_{in}n^{(i)}(t) \tag{3.59}$$

式中

$$C_{in}=\frac{1}{i!}\Phi_{en}^{(i)}(0)\qquad i=0,1,2,\cdots \tag{3.60}$$

称为系统对扰动的稳态误差系数,利用长除法将 $\Phi_{en}(s)$ 的分子多项式和分母多项式按 s 的升幂排列,便可以方便地求出 C_{in}。由此可见,求取扰动作用下稳态误差的关键是求 $\Phi_{en}(s)$ 的各阶导数。

需要说明, 在式(3.54) 中扰动误差 $E_n(s)$ 是从输入端定义的, 式中 $\Phi_{en}(s) = \dfrac{-G_2(s)H(s)}{1+G_1(s)G_2(s)H(s)}$,如果从输出端定义,则扰动误差可以表示为在扰动作用下系统期望输出与实际输出之差,由于理想情况下,期望输出应等于零,所以扰动误差应为

$$E_n'(s) = -C(s) = \frac{-G_2(s)}{1+G_1(s)G_2(s)H(s)}N(s) = \Phi_{en}(s)\cdot N(s) \qquad (3.61)$$

比较式式(3.61) 与式(3.54),两种定义方法所形成的扰动误差传递函数是不同的。它们之间的关系与式(3.42) 所描述的情况,即 $E'(s) = E(s)/H(s)$ 是一致的。

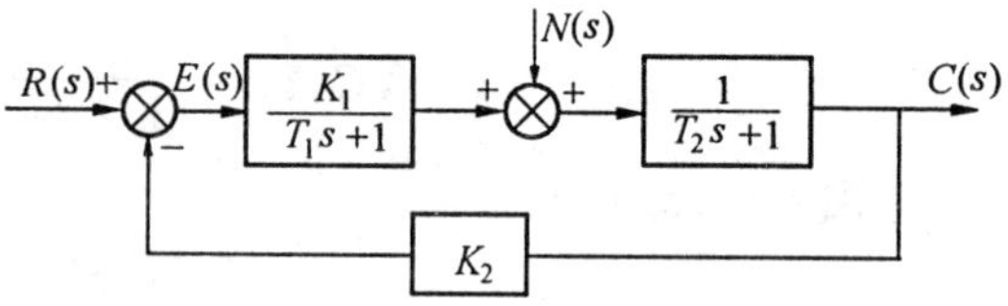

图 3.24 转速控制系统

例 3.14 某电动机转速控制系统如图3.24所示,已知 $r(t) = 0$,负载扰动输入 $n(t) = -t$,$N(s) = -\dfrac{1}{s^2}$,试计算该系统的稳态误差。

解 首先写出从输出端定义的扰动误差传递函数,由式(3.61) 有

$$\Phi_{en}(s) = \frac{-\dfrac{1}{T_2s+1}}{1+\dfrac{K_1K_2}{(T_1s+1)(T_2s+1)}} = -\frac{T_1s+1}{(T_1s+1)(T_2s+1)+K_1K_2}$$

由 $n(t) = -t$,即具有式(3.58) 的形式,其中 $n_0 = 0, n_1 = -1, k = 1$,根据式(3.60) 有

$$C_{on} = \Phi_{en}(0) = -\frac{1}{1+K_1K_2}$$

$$C_{1n} = \dot{\Phi}_{en}(0) = -\frac{T_1K_1K_2 - T_2}{(1+K_1K_2)^2}$$

$$\dot{n}(t) = -1$$

故由式(3.59) 有

$$e_{sn}(t) = \frac{1}{1+K_1K_2}\left[t + T_1 - \frac{T_1+T_2}{1+K_1K_2}\right]$$

此式表明,当负载扰动转矩以斜坡形式增大时,电机转速系统在稳态时,实际转速与期望值之差随时间推移而增大,其增长速度为常值$1/1+K_1K_2$。

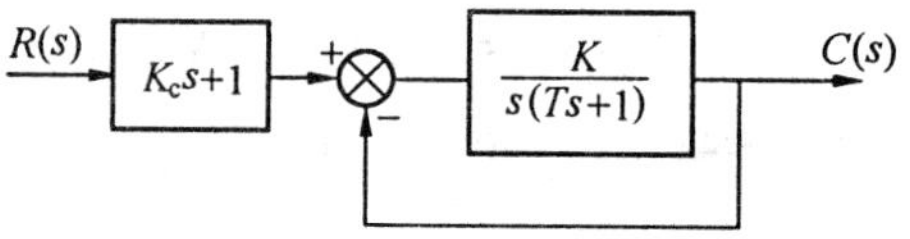

图 3.25 带输入环节的单位反馈系统

例 3.15 系统结构如图3.25 所示,设 $r(t) = t$,误差 $e(t) = r(t) - c(t)$,为使稳态误差为零,即 $e_{ss}(\infty) = 0$,K_c 应取何值?

解 该系统闭环传递函数为

$$\Phi(s) = \frac{C(s)}{R(s)} = \frac{K(K_cs+1)}{s(Ts+1)+K}$$

由于
$$R(s)=\frac{1}{s^2},E(s)=R(s)-C(s)$$

所以
$$\Phi_e(s)=E(s)/R(s)=1-\frac{C(s)}{R(s)}=1-\Phi(s)=\frac{s(Ts+1-K_cK)}{s(Ts+1)+K}$$

当 $T>0$、$K>0$ 时，系统稳定，符合终值定理条件，有

$$e_{ss}=\lim_{s\to 0}s\cdot E(s)=\lim_{s\to 0}s\cdot\Phi_e(s)\cdot R(s)=$$
$$\lim_{s\to 0}s\cdot\frac{s(Ts+1-K_cK)}{s(Ts+1)+K}\cdot\frac{1}{s^2}$$

令 $e_{ss}=0$，可得 $K_c=\dfrac{1}{K}$。

由此题可以看出，对于不同结构类型的系统，在求取稳态误差时，首先要明确误差的定义式，其次再求出误差传递函数，然后就可以根据需要采用误差终值法或者误差级数法进行求解了。

小　　结

本章通过对系统时间响应分析阐述了控制系统稳定性、暂态响应和稳态响应性能的有关问题，其主要内容是：

(1) 时域分析是通过系统的时间响应分析系统的稳态与暂态性能，时间响应（即微分方程的解）通常由自由响应与强迫响应或者说由零输入响应和零状态响应组成，对于线性定常系统而言，其时间响应是指零状态响应，它包含稳态分量和暂态分量两部分。

(2) 系统传递函数的结构与参量决定了它的零点与极点在 s 平面上的分布，而传递函数的零极点分布又决定了系统的时间响应。对于线性定常一、二阶系统，通常是以系统阶跃响应的超调量，调整时间和稳态误差来评价系统的性能，并且能够得出系统结构及参量与系统性能之间明确的解析关系。这种解析关系式不仅可以分析系统，而且也能用于系统的设计，工程上通常以二阶欠阻尼系统的时间响应（$\zeta=0.7$ 左右）作为系统设计的基准和依据。

(3) 线性定常高阶系统的时间响应可以看成是一、二阶系统响应的合成。如果高阶系统中含有一对主导极点，则系统的时间响应可以近似地用这对主导极点所描述的二阶系统来表征。

(4) 稳定性是系统正常工作的先决条件，线性定常系统稳定的充要条件是传递函数的极点全部位于 S 平面的左半部，为了判别系统的稳定性，可以不必求出这些极点，而是根据传递函数的分母多项式系数，应用代数稳定判据判别系统的稳定性。

(5) 稳态误差是系统控制精度的度量，稳态误差取决于系统的结构类型、参数及输入信号的形式和作用点。稳态误差的计算方法有终值定理法和误差级数法两种。

典型例题分析

例 3.1　某控制系统如例图3.1 所示，要求该系统单位阶跃响应具有超调量 $\sigma\%=16.3\%$ 和峰值时间 $t_p=1$ s，试确定前置放大器的增益 K 和内反馈系数 τ 之值。

解　首先由框图求出给定系统的闭环传递函数

$$\frac{C(s)}{R(s)}=\frac{10K}{s^2+(1+10\tau)s+10K}$$

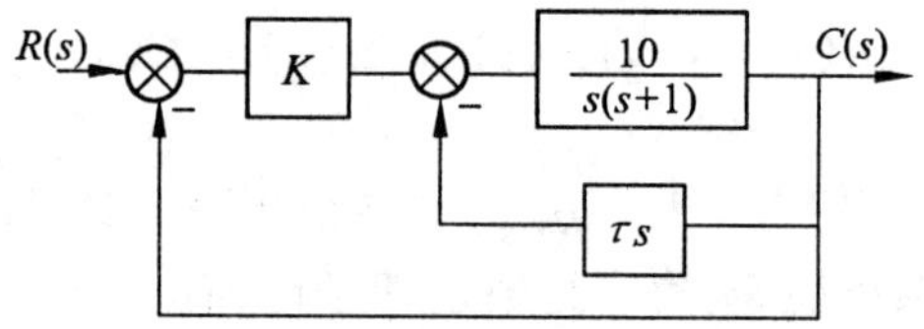

例图 3.1

再与标准二阶系统

$$\frac{C(s)}{R(s)} = \frac{\omega_n^2}{s^2 + 2\xi\omega_n s + \omega_n^2}$$

进行比较,得

$$10K = \omega_n^2 \qquad 1 + 10\tau = 2\xi\omega_n$$

由已知的 $\sigma\%$ 及 t_p 计算二阶系统参数 ξ 及 ω_n 之值。由

$$\sigma\% = e^{-\frac{\pi\xi}{\sqrt{1-\xi^2}}} = 16.3\%$$

求得

$$\xi = 0.5$$

$$t_p = \frac{\pi}{\omega_n\sqrt{1-\xi^2}} = 1$$

求得

$$\omega_n = 3.63 \text{ rad/s}$$

代入上面两式,解出参数值

$$K = 1.32 \qquad \tau = 0.263$$

例 3.2 单位反馈系统的开环传递函数为 $G(s) = \dfrac{1}{s(0.5s+1)(0.2s+1)}$,试确定其闭环主导极点及由主导极点所决定的 ξ、ω_n 值。

解 (1) 确定闭环主导极点。首先,需求系统的闭环传递函数

$$\phi(s) = \frac{G(s)}{1+G(s)} = \frac{1}{s(0.5s+1)(0.2s+1)+1} = \frac{10}{s^3+7s^2+10s+10}$$

由上式求得系统的特征方程为

$$D(s) = s^3 + 7s^2 + 10s + 10 = (s + 5.52)(s^2 + 1.48s + 1.830\,4) = 0$$

系统的三个闭环极点为

$$s_{1,2} = -0.74 \pm \mathrm{j}1.132\,6 \qquad s_3 = -5.52$$

其次,根据闭环主导极点的定义,求离虚轴最近的一对共轭复数极点 $s_{1,2}$ 的实部与负实数极点 s_3 实部的比值,即

$$\frac{\mathrm{Re}\, s_1}{\mathrm{Re}\, s_3} = \frac{-0.74}{-5.52} = 0.134 < \frac{1}{5}$$

因此,确定 $s_{1,2}$ 为该系统的主导极点。

(2) 确定由闭环主导极点所决定的 ξ、ω_n 值。由主导极点的标准形式 $s_{1,2} = -\xi\omega_n \pm \mathrm{j}\omega_n\sqrt{1-\xi^2}$ 与所求得的主导极点 $s_{1,2} = -0.74 \pm \mathrm{j}1.132\,6$ 相比较,得

$$\begin{cases} \xi\omega_n = 0.74 \\ \omega_n\sqrt{1-\xi^2} = 1.132\,6 \end{cases}$$

解得　$\xi = 0.547 \qquad \omega_n = 1.35$

例 3.3　仅靠调整参数无法稳定的系统，称为结构不稳定系统，例图 3.3(1) 为液位控制系统结构框图。试判断该系统是否为结构不稳定系统？若是，提出消除结构不稳定的有效措施。

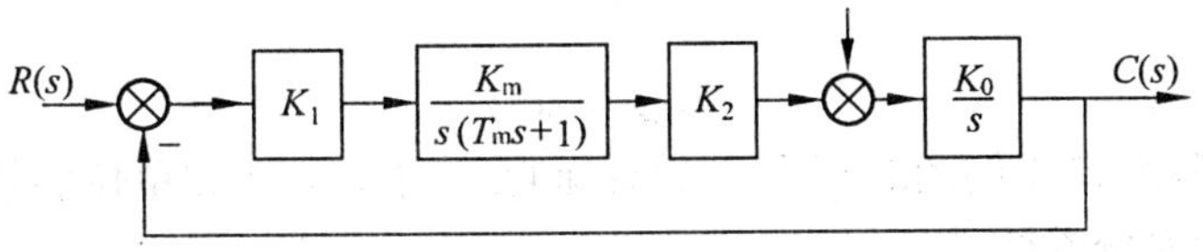

例图 3.3(1)

解　令 $K = K_1 K_m K_2 K_0$，可根据框图求得闭环特征方程

$$T_m s^3 + s^2 + K = 0$$

由稳定性必要条件知，无论怎样改变 T_m 和 K 均不能使系统稳定，故该系统为结构不稳定系统。

可考虑采用如下两种措施，如例图 3.3(2) 所示。

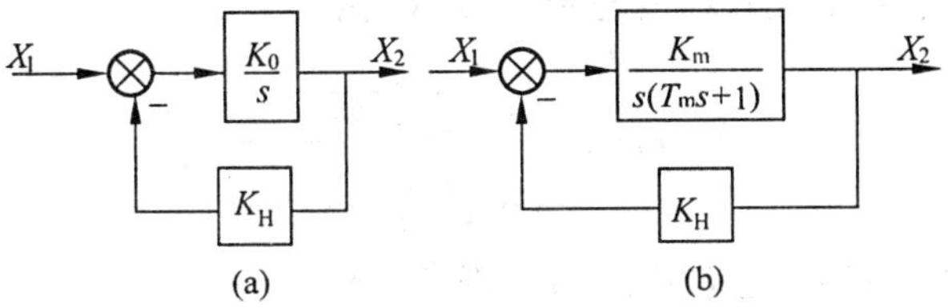

例图 3.3(2)

(1) 用反馈 K_H 包围有积分的环节，如例图 3.2(2) 所示。若采用方案(a)，则闭环特征方程变为

$$T_m s^3 + (1 + K_0 K_H T_m) s^2 + K_0 K_H s + K = 0$$

由劳斯稳定判据知，适当选择 $T_m, K、K_H$ 满足不等式

$$T_m > 0 \qquad K > 0 \qquad 1 + K_0 K_H T_m > 0$$

及　$$(1 + K_0 K_H T_m) K_0 K_H - T_m K > 0$$

可以使闭环系统稳定。若采用方案(b)，则闭环特征方程变为

$$T_m s^3 + s^2 + K_m K_H s + K = 0$$

参数选择满足不等式

$$T_m > 0 \qquad K > 0 \qquad K_m K_H > 0$$

及　$$K_m K_H - T_m K > 0$$

可以使闭环系统稳定。

(2) 引入比例 – 微分控制，如例图 3.3(3) 所示。此时，闭环特征方程为

$$T_m s^3 + s^2 + K\tau s + K = 0$$

由劳斯判据知，在各参数均为正的条件下，只要选择 $\tau > T_m$，就可使闭环系统稳定。

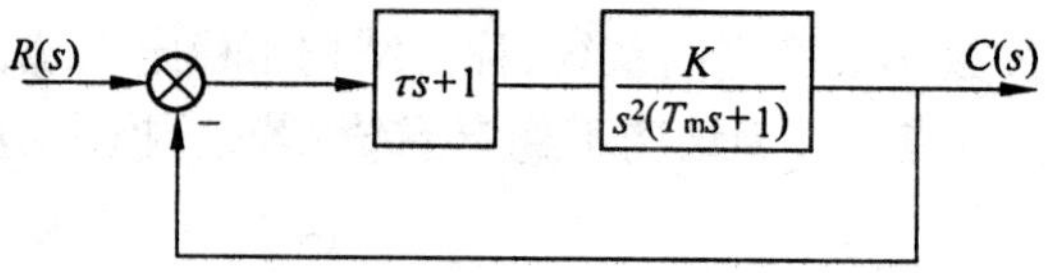

例图 3.3(3)

例 3.4 控制系统如例图3.4 所示。欲保证阻尼 $\xi = 0.7$ 和单位斜坡响应的稳态误差 $e_{ss} = 0.25$,试确定系统参数 K、τ。

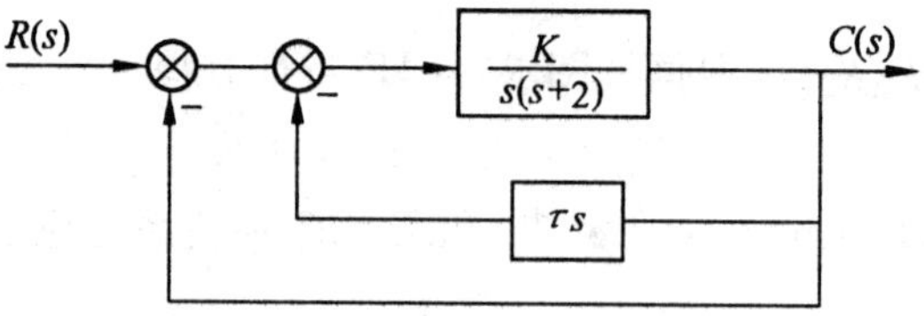

例图 3.4

解 (1) 由图可求得系统开环传递函数 $G(s)$ 为

$$G(s) = \frac{\dfrac{K}{2+K\tau}}{s\left(\dfrac{1}{2+K\tau}\cdot s+1\right)}$$

计算 $r(t) = t$ 作用下的稳态误差,由终值定理有

$$e_{ss} = \lim_{s\to 0} s\frac{1}{1+G(s)}R(s) = \frac{s\left(\dfrac{1}{2+K\tau}\cdot s+1\right)}{s\left(\dfrac{1}{2+K\tau}\cdot s+1\right)+\dfrac{K}{2+K\tau}}\frac{1}{s^2} =$$

$$\frac{2+K\tau}{K} = 0.25 \qquad ①$$

(2) 给定系统的闭环传递函数为

$$\frac{C(s)}{R(s)} = \frac{K}{s^2+(2+K\tau)s+K}$$

与二阶标准式对照,有

$$\omega_n = \sqrt{K} \qquad 2\xi\omega_n = 2+K\tau$$

根据题意 $\xi = 0.7$,可求得

$$1.4\sqrt{K} = 2+K\tau \qquad ②$$

将式 ①、② 联立,可求得

$$K = 31.36 \qquad \tau = 0.186$$

例 3.5 对例图3.5 所示系统,试求:

(1) 当 $r(t) = 0$、$n(t) = 1(t)$ 时,系统的稳态误差。

(2) 当 $r(t) = 1(t)$、$n(t) = 1(t)$ 时,系统的稳态误差。

(3) 若减小 e_{ss},应如何调整 K_1 和 K_2?

(4) 如果分别在扰动点之前或之后加入积分环节,对系统稳态误差有何影响?

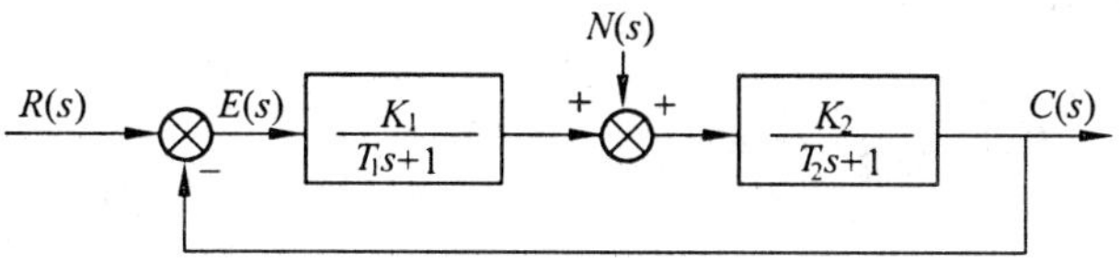

例图 3.5

解　由例图3.5可知,该系统是0型系统。可以证明,只要 K_1、K_2、T_1、T_2 均大于零,闭环系统即是稳定的。

(1) 求干扰引起的稳态误差,由例图 3.5 可求出干扰作用下的误差传递函数

$$\phi_{en}(s) = \frac{E(s)}{N(s)} = \frac{-K_2(T_1s+1)}{(T_1s+1)(T_2s+1)+K_1K_2}$$

由终值定理有

$$e_{ssn} = \lim_{s\to0} s\phi_{en}(s)\cdot N(s) = \lim_{s\to0} s\frac{-K_2(T_1s+1)}{(T_1s+1)(T_2s+1)+K_1K_2}\frac{1}{s} = \frac{-K_2}{1+K_1K_2}$$

(2) 求输入信号作用下的稳态误差

$$e_{ssr} = \frac{1}{1+K_p} = \frac{1}{1+K_1K_2}$$

总的稳态误差为两者之和,即

$$e_{ss} = e_{ssn} + e_{ssr} = \frac{1-K_2}{1+K_1K_2}$$

(3) 由 e_{ss}、e_{ssr}、e_{ssn} 的表达式可见:增大 K_1,可同时减小由 $r(t)=1(t)$ 和 $n(t)=1(t)$ 所产生的稳态误差;增大 K_2,只能减小由 $r(t)=1(t)$ 产生的稳态误差,对于干扰引起的稳态误差无明显作用。增大 K_1,同时减小 K_2,可以有效地抑制干扰对系统的作用。

(4) 如果在扰动点之前加入 v 个串联积分环节,则有

$$G_1(s) = \frac{K_1}{s^v(T_1s+1)}$$

于是输入 - 偏差的闭环传递函数为

$$\phi_e(s) = \frac{E(s)}{R(s)} = \frac{s^v(T_1s+1)(T_2s+1)}{s^v(T_1s+1)(T_2s+1)+K_1K_2}$$

此时分子中有 s^v 因子,系统对输入信号 $R(s)$ 的无差度由0变为 v,有效地减小或消除了稳态误差。干扰 - 偏差的闭环传递函数为

$$\phi_{en}(s) = \frac{E(s)}{N(s)} = \frac{-s^vK_2(T_1s+1)}{s^v(T_1s+1)(T_2s+1)+K_1K_2}$$

此式表明,系统对干优信号 $N(s)$ 的无差度也由0变为 v,有效地减小或消除了干扰引起的稳态误差。

如果在扰动点之后的前向通道中加入 v 个积分环节,则有

$$G_2(s) = \frac{K_2}{s^v(T_2s+1)}$$

则 $\phi_e(s)$ 和 $\phi_{en}(s)$ 分别为

$$\phi_e(s) = \frac{E(s)}{R(s)} = \frac{s^v(T_1s+1)(T_2s+1)}{s^v(T_1s+1)(T_2s+1)+K_1K_2}$$

$$\phi_{en}(s) = \frac{E(s)}{N(s)} = \frac{-K_2(T_1s+1)}{s^v(T_1s+1)(T_2s+1)+K_1K_2}$$

可见对输入信号 $R(s)$ 的无差度仍由 0 变为 v；而对干扰信号 $N(s)$ 的无差度仍为 0。因此在扰动点之前加入 v 个积分环节，可以同时减小由输入信号和干扰信号引起的稳态误差；在扰动点之后的前向通道加入积分环节，只能减小输入信号的稳态误差，而不能减小扰动信号引起的稳态误差。

习　　题

3.1　设温度计为一惯性环节，把温度计放入被测物体中，在 1 min 内能指示出稳态值的 98%，求此温度计的时间常数。

3.2　设系统的单位脉冲响应函数如下，试求这些系统的传递函数。

(1) $g(t) = 0.0125e^{-1.25t}$　(2) $g(t) = 5t + 10\sin(4t + \frac{\pi}{4})$

(3) $g(t) = 0.1(1 - e^{t/3})$　(4) $g(t) = 0.01t$

3.3　某控制系统的单位阶跃响应为 $c(t) = 1 + 0.2e^{-60t} - 1.2e^{-10t}$ 试求：

(1) 系统的闭环传递函数。

(2) 系统的阻尼比 ξ 和无阻尼自然频率 ω_n。

3.4　已知某元件的传递函数 $G(s) = \dfrac{10}{0.2s+1}$，若采用题图 3.1 中引入负反馈的办法，将调节时间 t_s 减至原来的 0.1 倍，但总放大系数保持不变，试选择 K_H、K 值。

3.5　典型二阶系统的单位阶跃响应曲线如题图 3.2，试求开环传递函数。

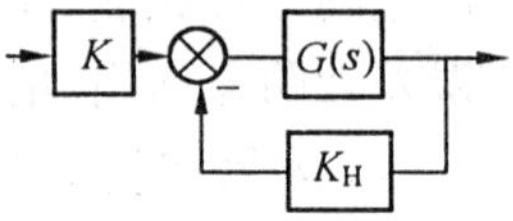

题图 3.1

3.6　已知单位反馈系统的开环传递函数为 $G(s) = \dfrac{K}{s(Ts+1)}$，试求在下列条件下系统单位阶跃响应的超调量和调节时间。

(1) $K = 4.5, T = 1$ s；(2) $K = 1, T = 1$ s；(3) $K = 0.16, T = 1$ s。

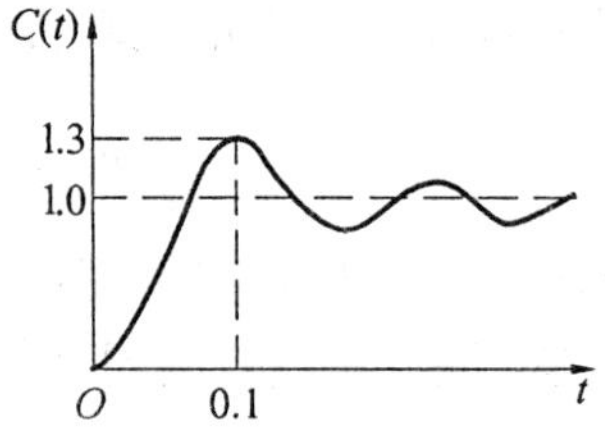

题图 3.2

3.7　某位置随动系统框图如题图 3.3 所示，试求：

(1) 阻尼比 ξ 和无阻尼自然频率 ω_n；(2) 求该系统的 M_p、t_p、t_s 和 N。

3.8　已知题图 3.4 示系统单位阶跃响应 $M_p = 25\%$，$t_p = 2$ s，试确立 K 和 K_f 值。

3.9　一单位反馈控制的三阶系统，其开环传递函数为 $G(s)$，若要求：

(1) 由单位阶跃函数输入引起的系统稳态

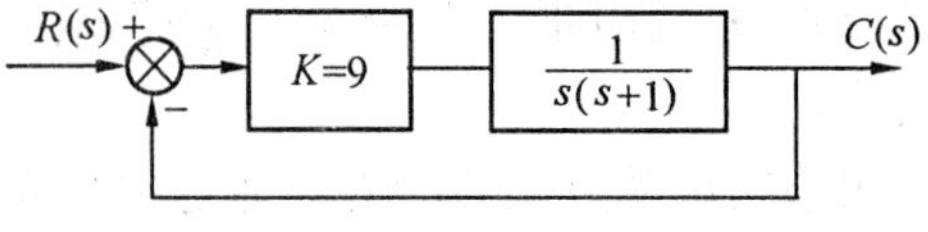

题图 3.3

误差为零。

(2) 系统闭环特征方程为 $s^3+4s^2+6s+4=0$。

试求开环传递 $G(s)$,使得同时满足上述要求。

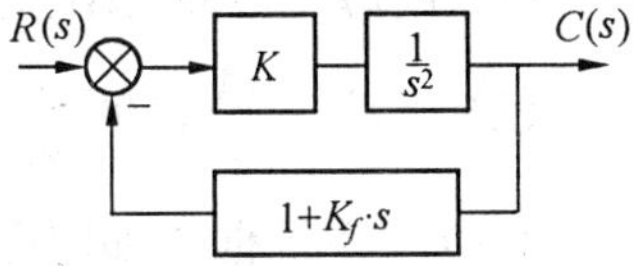

题图 3.4

3.10　系统框图如题图 3.5 所示,试求当 $a=0$ 时,系统的 ξ 及 ω_n 值;若要求 $\xi=0.7$,试确定 a 值。

3.11　已知系统的特征方程如下,试用代数稳定判据检验其稳定性。

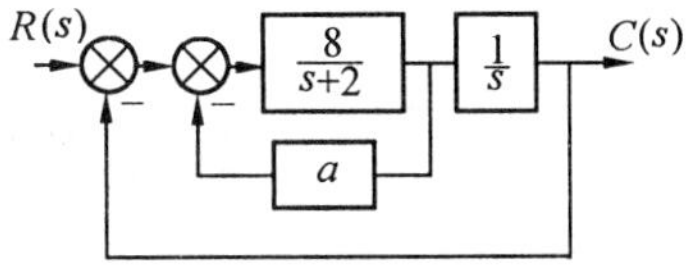

题图 3.5

(1) $s^4+2s^3+8s^2+4s+3=0$

(2) $s^4+2s^3+s^2+4s+2=0$

(3) $s^5+s^4+3s^3+9s^2+16s+10=0$

(4) $s^6+3s^5+5s^4+9s^3+8s^2+6s+4=0$

3.12　已知下列单位反馈系统的开环传递函数,确定使系统稳定的 K 值范围。

(1) $G(s)=\dfrac{K}{(s+1)(0.1s+1)}$　　(2) $G(s)=\dfrac{K}{s^2(0.1s+1)}$

(3) $G(s)=\dfrac{K}{s(s+1)(0.5s+1)}$

3.13　已知单位反馈系统的开环传递函数为 $G(s)=\dfrac{K(s+1)}{s^3+as^2+2s+1}$,试确定 K 和 a 取何值时,系统将维持以 $\omega=2$ rad/s 的持续振荡。

3.14　单位反馈系统的开环传递函数为 $G(s)=\dfrac{K}{s(1+T_1s)(1+T_2s)}$,$T_1=0.1$,$T_2=0.25$,试求:

(1) 使系统稳定时 K 的取值范围。

(2) 若要求系统的特征根位于 $s=-1$ 垂线的左侧,K 值的取值范围。

3.15　单位反馈系统的开环传递函数为 $G(s)=\dfrac{K(s+1)}{s(Ts+1)(2s+1)}$,试在 K 为横坐标、T 为纵坐标的平面上,确定系统为稳定的区域。

3.16　单位反馈系统的开环传递函数如下,试求稳态时的位置、速度和加速度误差系数。

(1) $G(s)=\dfrac{50}{(1+0.1s)(1+2s)}$　　(2) $G(s)=\dfrac{K}{s(1+0.1s)(1+0.5s)}$

(3) $G(s)=\dfrac{K(1+2s)(1+4s)}{s^2(s^2+2s+10)}$　　(4) $G(s)=\dfrac{K}{s(s^2+4s+200)}$

3.17　设单位反馈系统的开环传递函数为 $G(s)=\dfrac{10}{s(0.1s+1)}$,试求在下列输入信号下,系统的给定稳态误差。

(1) $r(t)=R_0$　(2) $r(t)=R_0+R_1t$

(3) $r(t)=R_0+R_1t+\dfrac{1}{2}R_2t^2$

3.18　已知单位反馈系统的闭环传递函数 $G_B(s)=\dfrac{a_1s+a_0}{a_ns^n+a_{n-1}s^{n-1}+\cdots a_1s+a_0}$,试求:

(1) $r(t) = t$ 时系统的稳态误差。

(2) $r(t) = \frac{1}{2}t^2$ 时系统的稳态误差。

3.19　系统框图如题图3.6所示，设$R(s) = N(s) = \frac{1}{s}$，试求给定与扰动作用下的稳态误差终值。

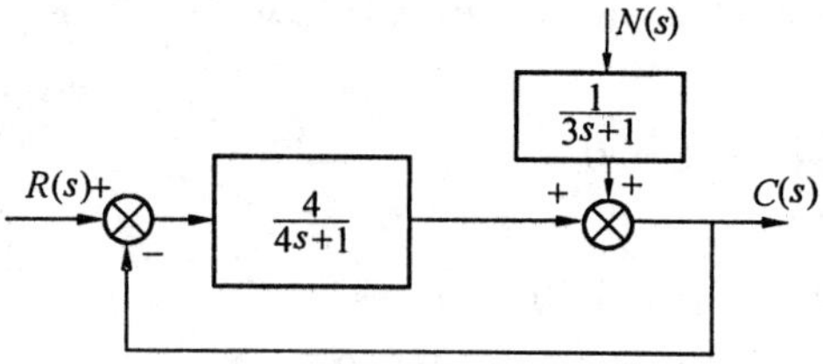

题图 3.6

3.20　系统的负载变化往往是系统的主要干扰，已知系统如题图3.7所示，试分析扰动$N(s)$对系统输出和稳态误差的影响。

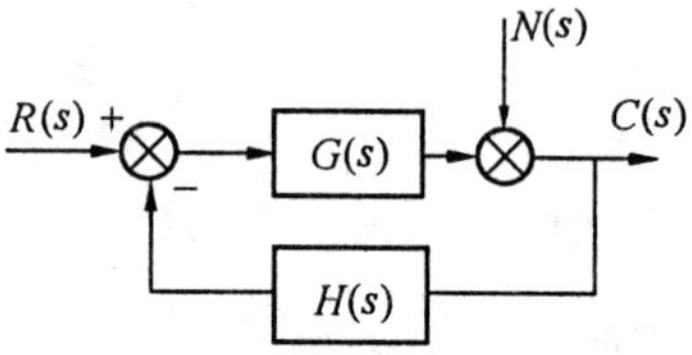

题图 3.7

第四章　频域分析法

在前一章里我们介绍了控制系统的时域分析方法，这种方法以传递函数为基础，通过系统的时间响应分析系统的性能，其特点是直观与逼真。然而，用解析方法求解系统的时间响应有时很不容易。对于高阶系统就更加困难。因此，人们又提出以频率特性为基础，通过系统的频率响应来分析系统性能的方法，称为频率特性法或频率响应法，简称频域法。

频域法是经典控制理论中分析与设计系统的主要方法，它是以频率特性为基础的一种图解方法，这种方法可以根据系统的开环频率特性图形去直接分析系统的闭环频率响应，同时还能判别某些环节及参数对系统性能的影响，进而指出改善系统性能的途径。频域分析与设计方法已经发展成为一种工程实用方法，应用十分广泛。

与其他方法相比，频域法还具有以下几个特点：

(1) 频率特性具有明确的物理意义，它可以用实验方法测定，这对于一些难于列写微分方程的元部件或系统来说，具有特别重要的意义。

(2) 频域法是一种图解方法，具有简单、形象、计算量少的特点。

(3) 频率特性的数学基础是傅里叶变换，它主要运用于线性定常系统，也可以有条件地推广应用到某些非线性系统中。

本章首先阐明频率特性的基本概念及其与传递函数的关系，接着介绍频率特性的图形表示方法、极坐标图(Nyquist 图)与对数坐标图(Bode 图)、典型环节的频率特性、乃奎斯特稳定判据和系统的相对稳定性以及系统性能的频域分析方法等。

4.1　频率特性

一、基本概念

对于稳定的线性定常系统，其传递函数为 $G(s)$，若输入量为一正弦信号 $r(t)=A_r\sin\omega t$，则其输出响应的稳态分量也是同频率的正弦信号，但幅值、相位与输入不同，如图 4.1 所示。

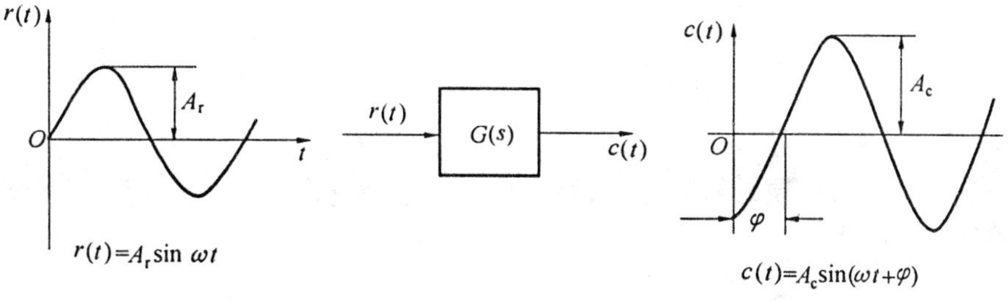

图 4.1　系统在正弦输入下的稳态响应(频率响应)

对于频率为一定的谐波输入信号，输出与输入的振幅比 $A=\frac{A_c}{A_r}$ 和相位差 φ 是一定的。保持输入信号的幅值 A_r 不变，逐次改变输入信号的频率 ω，则可测得一系列稳态输出的振幅 A_c 和相位差角 φ。如果以角频率 ω 为横坐标，以纵坐标分别表示输出对输入的振幅比 A 和相位差角 φ，则可绘出两条曲线 $A(\omega)$ 和 $\varphi(\omega)$，如图 4.2 所示。

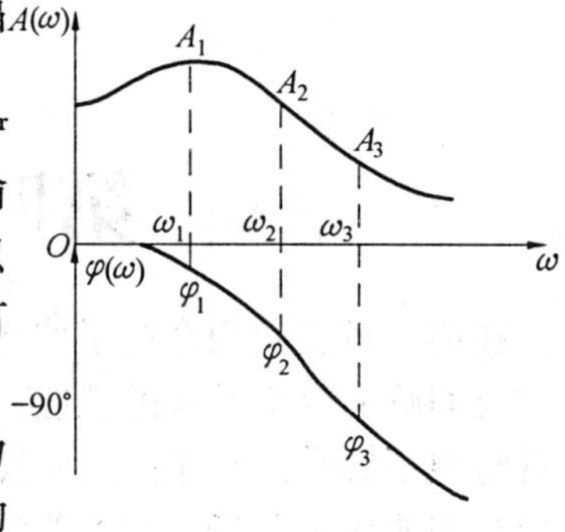

图 4.2　频率性曲线

$A(\omega)$ 称为幅频特性，$\varphi(\omega)$ 称为相频特性，两者统称为频率特性。因此，频率特性是线性系统在谐波信号作用下的稳态反映，其稳态输出与输入的幅值比 $A(\omega)$ 是输入信号的频率 ω 的函数，它反映出稳态时，系统幅值增益随 ω 变化的情况，即 $A(\omega)=\frac{A_c(\omega)}{A_r}$。稳态输出信号与输入信号的相位差 $\varphi(\omega)$ 描述了当 ω 变化时，系统的超前($\varphi(\omega)>0$)或滞后($\varphi(\omega)<0$)的特性，或称相移特性。

频率特性还可以将幅频特性 $A(\omega)$ 和相频特性 $\varphi(\omega)$ 合写为 $A(\omega)\angle\varphi(\omega)$ 或 $A(\omega)e^{j\varphi(\omega)}$ 的形式，因此频率特性又是 ω 的复变函数，其幅值为 $A(\omega)$，相位为 $\varphi(\omega)$。

下面我们通过一个具体的 RC 电路来进一步理解频率特性及其物理意义。

例 4.1　对于图 4.3 所示电路，可列出下列方程

$$u_r = Ri + u_c$$

$$u_c = \frac{1}{c}\int i\mathrm{d}t$$

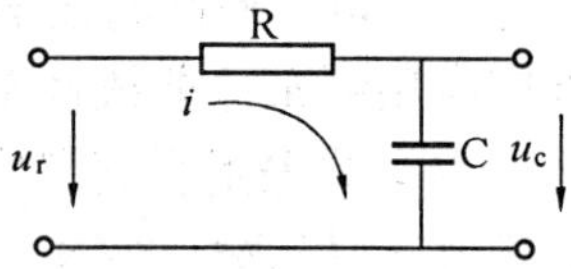

图 4.3

消去中间变量，可得

$$T\dot{u}_c + u_c = u_r$$

式中，$T=RC$，对上式求拉氏变换，可求得该电路的传递函数

$$G(s)=\frac{U_c(s)}{U_r(s)}=\frac{1}{Ts+1} \tag{4.1}$$

设输入电压为谐波正弦函数 $u_r=U_{rm}\sin\omega t$，其拉氏变换为

$$U_r(s)=\frac{U_{rm}\omega}{s^2+\omega^2}$$

将此式代入式(4.1)，可得 $U_c(s)=\frac{1}{Ts+1}\cdot\frac{U_{rm}\omega}{s^2+\omega^2}$，将此式进行拉氏反变换，可得该电路的频率响应

$$u_c=\frac{U_{rm}\cdot T\omega}{1+T^2\omega^2}e^{\frac{-t}{T}}+\frac{U_{rm}}{\sqrt{1+T^2\omega^2}}\sin[\omega t+\varphi(\omega)] \tag{4.2}$$

式中

$$\varphi(\omega) = -\arctan T\omega$$

频率响应式(4.2)中第一项是暂态分量，第二项是稳态分量，当 $t\to\infty$ 时暂态分量趋于零，故 RC 电路的稳态响应为

$$\lim_{t\to\infty}u_c=\frac{U_{rm}}{\sqrt{1+T^2\omega^2}}\sin[\omega t+\varphi(\omega)]=U_{rm}\left|\frac{1}{1+j\omega T}\right|\sin(\omega t+\angle\frac{1}{1+j\omega T}) \tag{4.3}$$

上述分析说明，当电路输入为正弦信号时，其输出稳态响应，即频率响应也是频率为 ω

的正弦信号，但幅值与相角发生了变化，其变化取决于 ω。

如果将输入正弦信号与输出稳态响应均用复数表示，并求得输出与输入的复数比，则有

$$G(j\omega)=\frac{1}{1+j\omega T}=A(\omega)e^{j\varphi(\omega)} \tag{4.4}$$

式中　幅频特性　$$A(\omega)=\left|\frac{1}{1+j\omega T}\right|=\frac{1}{\sqrt{1+T^2\omega^2}}$$

相频特性　$$\varphi(\omega)=\angle\frac{1}{1+j\omega T}=-\arctan\omega T$$

$G(j\omega)$是该电路的频率特性，它是频率响应与输入正弦信号的复数比，由式(4.4)可见，令传递函数 $G(s)$中的 $s=j\omega$，即可得到频率特性

$$G(j\omega)=G(s)\Big|_{s=j\omega} \tag{4.5}$$

另外，式(4.4)中的 $G(j\omega)$还可以分为实部和虚部，即

$$G(j\omega)=\frac{1}{1+j\omega T}=\frac{1}{1+\omega^2T^2}-j\frac{\omega T}{1+\omega^2T^2}=X(\omega)+jY(\omega)$$

式中，$X(\omega)$称为实频特性；$Y(\omega)$称为虚频特性。

二、频率特性与传递函数的关系

例 4.1 中的式(4.5)已经揭示了传递函数和频率特性之间的关系，现在我们考虑更为一般的情况，并从理论上对这一结论做进一步推证。

设线性定常系统的传递函数为 $G(s)$，输入量与输出量分别是 $r(t)$和 $c(t)$，则有

$$G(s)=\frac{C(s)}{R(s)}=\frac{N(s)}{D(s)}=\frac{N(s)}{(s-p_1)(s-p_2)\cdots(s-p_n)} \tag{4.6}$$

式中，$N(s)=b_ms^m+b_{m-1}s^{m-1}+\cdots+b_1s+b_0$；$D(s)=s^n+a_{n-1}s^{n-1}+\cdots+a_1s+a_0$；$p_1$，$p_2$，…，$p_n$是系统的极点，假设它们都具有负实部，并且互不相同，即系统是稳定的。

设输入量是正弦信号 $r(t)=R\sin\omega t$，其拉氏变换为

$$R(s)=\frac{R\omega}{s^2+\omega^2}$$

由式(4.6)可得

$$C(s)=\frac{N(s)}{(s-p_1)(s-p_2)\cdots(s-p_n)}\cdot\frac{R\omega}{s^2+\omega^2}$$

由于系统无重极点，故上式可写为

$$C(s)=\sum_{i=1}^{n}\frac{A_i}{s-p_i}+\left(\frac{B}{s-j\omega}+\frac{B^*}{s+j\omega}\right) \tag{4.7}$$

式中，p_i 为特征方程的根；A_i、B、B^*（B 与 B^* 为共轭复数）为待定系数。对上式求拉氏反变换，可得系统的输出响应为

$$c(t)=\sum_{i=1}^{n}A_ie^{p_it}+(Be^{j\omega t}+B^*\cdot e^{-j\omega t}) \tag{4.8}$$

式中，第一项是暂态分量，对于稳定系统由于 p_i 均具有负实部，因此当 $t\to\infty$时，将衰减为零，若系统有 k 重极点 p_j，则 $c(t)$中将含有 $t^ke^{p_jt}$（$k=1,2,\cdots,k-1$）这样一些项，当 $t\to\infty$时，这些项也趋于零。

因此系统的稳态响应为

$$\lim_{t\to\infty} c(t) = Be^{j\omega t} + B^* e^{-j\omega t} \tag{4.9}$$

待定系数 B 与 B^* 可确定为

$$B = G(s)\frac{R\omega}{(s-j\omega)(s+j\omega)}(s-j\omega)\bigg|_{s=j\omega} = G(s)\frac{R\omega}{s+j\omega}\bigg|_{s=j\omega} =$$

$$G(j\omega)\frac{R}{2j} = |G(j\omega)|e^{j\angle G(j\omega)}\cdot\frac{R}{2j}$$

同理可得
$$B^* = G(-j\omega)\frac{R}{-2j} = |G(j\omega)|e^{-j\angle G(j\omega)}\cdot\frac{R}{2j}$$

将 B、B^* 代入式(4.9)中，则系统稳态响应为

$$c(t) = |G(j\omega)|R\frac{e^{j[\omega t+\angle G(j\omega)]}-e^{-j[\omega t+\angle G(j\omega)]}}{2j} = |G(j\omega)|\cdot R\cdot\sin[\omega t+\angle G(j\omega)] \tag{4.10}$$

根据频率特性定义可知，系统的幅频特性与相频特性分别为

$$A(\omega) = |G(j\omega)|$$

$$\varphi(\omega) = \angle G(j\omega) \tag{4.11}$$

或写为 $G(j\omega) = |G(j\omega)|e^{j\angle G(j\omega)}$，显然，这就证明了 $G(j\omega) = G(s)\big|_{s=j\omega}$ 这一结论。

由于 $G(j\omega)$是一复变函数，故又可写成实部与虚部之和的形式，即

$$G(j\omega) = |G(j\omega)|e^{j\angle G(j\omega)} = A(\omega)e^{j\varphi(\omega)} =$$

$$A(\omega)\cos\varphi(\omega) + jA(\omega)\sin\varphi(\omega) = X(\omega) + jY(\omega) \tag{4.12}$$

式中，$X(\omega)$为实频特性；$Y(\omega)$为虚频特性。

另外，从数学意义上讲，拉氏变换与傅氏变换是等价的，因此，可以根据傅氏变换建立系统的数学模型——频率特性，这一结论可以在下面得到推证。

线性定常系统的传递函数定义为零初始条件下输出与输入拉氏变换之比

$$G(s) = \frac{C(s)}{R(s)}$$

对 $G(s)$求逆变换，可得单位脉冲响应函数 $g(t)$

$$g(t) = \frac{1}{2\pi j}\int_{\sigma-j\infty}^{\sigma+j\infty} G(s)e^{st}ds$$

式中，σ 为 $G(s)$的收敛域，若系统稳定，则 σ 可取为零，如果 $r(t)$的傅氏变换存在，可令 $s = j\omega$，于是

$$g(t) = \frac{1}{2\pi}\int_{-\infty}^{\infty} G(j\omega)e^{j\omega t}d\omega = \frac{1}{2\pi}\int_{-\infty}^{\infty}\frac{C(j\omega)}{R(j\omega)}e^{j\omega t}d\omega = F^{-1}[G(j\omega)]$$

因此
$$G(j\omega) = \frac{C(j\omega)}{R(j\omega)} = G(s)\bigg|_{s=j\omega} = F[g(t)] \tag{4.13}$$

上式表明，系统的频率特性 $G(j\omega)$就是 $g(t)$的傅氏变换，即 $F[g(t)] = G(j\omega)$，它等于输出信号与输入信号的傅氏变换之比，而 $g(t) = F^{-1}[G(j\omega)]$。因此频率特性与传递函数和微分方程一样，都表征了系统的固有特性，是数学模型在频域、复域、时域的三种表示形式，而且它们之间可以互相转换，如图 4.4 所示。

三、频率特性的求法及图示方法

1. 频率特性的求取方法

从前面的讨论中可以总结出频率特性的三种求法：

(1)根据系统的频率响应求取。已知系统的微分方程或传递函数，输入以正弦函数，求其输出响应的稳态分量，即可得到频率响应的幅值与相位，然后根据频率特性的定义即可得到频率特性的表达式。

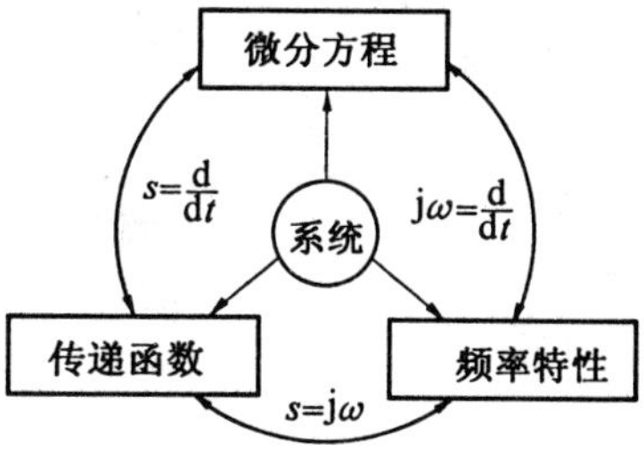

图 4.4 系统数学模型三种形式及相互关系

(2)根据传递函数令 $s=j\omega$，求取 $G(j\omega)$。

(3)通过实验测得。

2. 频率特性的图示方法

频率特性 $G(j\omega)$是复变函数，可以用幅值和相角来表示，而幅值 $A(\omega)$与相角 $\varphi(\omega)$又是频率 ω 的函数，如果令 ω 从 $0\to\infty$ 变化，则可以在坐标纸上绘制出幅值与相角随着 ω 变化的曲线，这种图示方法可以直观地反映出系统输出与输入之比随着频率变化的情况，还可以根据曲线的形状及特点来判断系统的稳定性和品质，以便对系统进行分析与综合，因此频率特性的图示方法是研究系统的一种重要方法。

频率特性的图示方法主要有以下三种：

(1) 幅相频率特性。当 ω 从 $0\to\infty$ 变化时，在极坐标上表示出 $G(j\omega)$幅值与相角的关系图，因此又称极坐标图或乃奎斯特(Nyquist)图。

(2)对数频率特性。对数频率特性是由两幅图组成，一幅是对数幅频特性，另一幅是对数相频特性，两幅图横坐标均以频率 ω 按对数分度，即 $\lg\omega$，纵坐标用线性分度，分别表示幅值与相角，其中幅频特性以分贝(dB)为单位，即 $L(\omega)=20\lg|G(j\omega)|$(dB)；相频特性 $\varphi(\omega)$以度或弧度表示。对数频率特性又称为伯德(Bode)图，是一种工程上广泛应用的频率响应图。

(3)对数幅相频率特性：在感兴趣的频率范围内，以 ω 为参变量来表示对数幅值与相角关系的图，它实际上是将 Bode 图的两幅图合成为一幅图，主要用于闭环频率特性的求取和分析，对数幅相图又称为尼柯尔斯(Nichols)图。

以上三种图在系统分析与设计中都很有用，此外在实验分析中还会运用到频率特性谱图，包括实频图、虚频图等。

在例 4.1 的 RC 电路中，我们通过频率响应法已经求得系统的频率特性。若已知电路传递函数 $G(s)$，则可令 $s=j\omega$ 代入，求得 $G(j\omega)$。这样更为简捷、方便，即

$$G(j\omega)=G(s)\Big|_{s=j\omega}=\frac{1}{Ts+1}\Big|_{s=j\omega}=\frac{1}{1+j\omega T}=A(\omega)e^{j\varphi(\omega)}$$

其中

$$A(\omega)=\left|\frac{1}{1+j\omega T}\right|=\frac{1}{\sqrt{1+T^2\omega^2}}$$

$$\varphi(\omega)=\angle\frac{1}{1+j\omega T}=-\arctan T\omega$$

如果以 ω 为横坐标，令 ω 从 $0\to\infty$ 变化，则可分别绘出 RC 电路的幅频和相频曲线，如图 4.5 所示。

由图可见，在低频段幅值衰减较小，相位滞后也很小，在高频段则相反，幅值衰减很大，

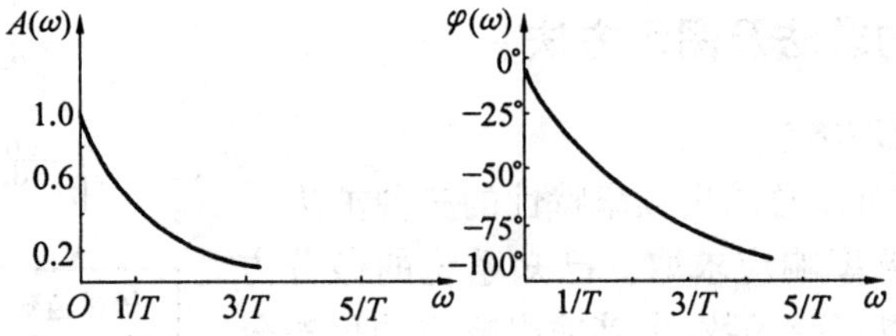

(a)幅频特性　　(b)相频特性

图 4.5　RC 电路的频率特性

相角滞后也很大，显然，该电路具有低通滤波特性。

如果将 $G(\mathrm{j}\omega)$写成实部和虚部的形式，根据实频和虚频特性则可在复平面上以 ω 为参变量绘制极坐标图，在本例中有

$$G(\mathrm{j}\omega)=\frac{1}{1+\mathrm{j}\omega T}=\frac{1}{1+\omega^2T^2}-\mathrm{j}\frac{\omega T}{1+\omega^2T^2}=X(\omega)+\mathrm{j}Y(\omega)$$

以 $X(\omega)$为横坐标，以 $Y(\omega)$为纵坐标，根据上式可画出 RC 电路的极坐标图，如图 4.6 所示，图中当 ω 从 $0\to\infty$ 变化时，$G(\mathrm{j}\omega)$的轨迹为一半圆，从原点到轨迹上任一点连线所构成的向量，表示对应某一频率下频率特性 $G(\mathrm{j}\omega)$的幅值 $A(\omega)$和相角 $\varphi(\omega)$，角度正方向规定逆时针为正，顺时针为负。

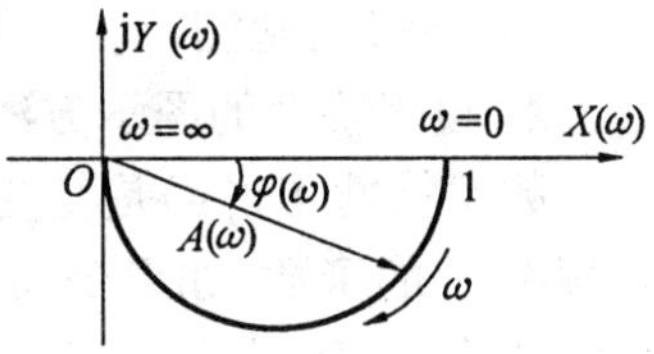

图 4.6　RC 电路的极坐标图

绘制 Bode 图要采用半对数坐标纸，在横坐标采用的对数分度中，当变量每增大或减小 10 倍，称为十倍频程(dec)，坐标距离变化一个单位长度，而十倍频程中的对数分度值如表 4.1 所示。

表 4.1　十倍频程中的对数分度

ω/ω_0	1	2	3	4	5	6	7	8	9	10
$\lg(\omega/\omega_0)$	0	0.301	0.477	0.602	0.699	0.788	0.845	0.903	0.954	1

对于 RC 电路，其对数幅频表达式为

$$L(\omega)=20\lg\frac{1}{\sqrt{1+T^2\omega^2}}=20\lg 1-20\lg\sqrt{1+T^2\omega^2} \tag{4.14}$$

相频特性为

$$\varphi(\omega)=-\arctan T\omega=-\arctan\frac{\omega}{\omega_1} \tag{4.15}$$

式中，$\omega_1=\frac{1}{T}$。

当 $\omega\ll\omega_1=\frac{1}{T}$时，或近似认为 $T\omega=0$，则

$$L(\omega)\approx 20\lg 1=0\ \mathrm{dB}$$

当 $\omega\gg\omega_1=\frac{1}{T}$时，$T\omega\gg 1$，则

$$L(\omega)\approx 20\lg 1-20\lg T\omega=-20\lg T\omega$$

在 $\omega=\omega_1=\frac{1}{T}$处

$$L(\omega)=20\lg 1-20\lg\sqrt{2}=-3\ \text{dB}$$

根据上述分析，RC 电路的对数幅频特性可以近似地用渐近线表示，$\omega<\frac{1}{T}$部分为水平线，在$\omega>\frac{1}{T}$部分为斜率等于 -20 dB/dec 的直线，在渐近线交接处的频率为 $\omega_1=\frac{1}{T}$，此处渐近线的幅值误差为 3 dB。

对数相频特性则只能给定若干 ω 值，根据式(4.15)逐点求出值 $\varphi(\omega)$，然后用平滑曲线连接，或用曲线模板绘制。RC 电路的 Bode 图如图 4.7 所示。

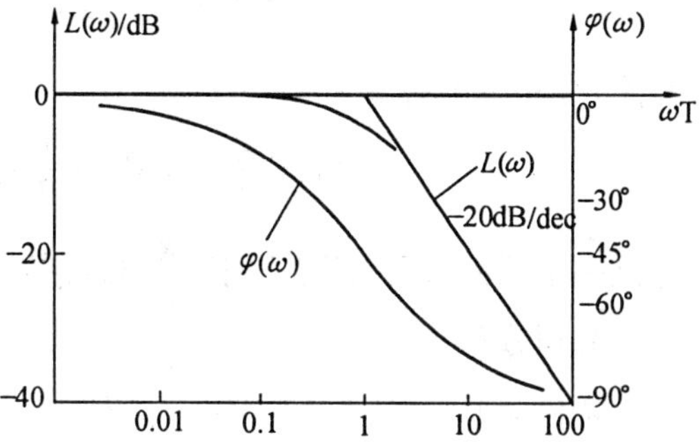

图 4.7　RC 电路的 Bode 图

Bode 图的优点主要是利用对数运算将频率特性幅值的乘除运算转化为加减运算，并通过渐近线用简便方法绘制近似的对数频率特性并且稍加修正即可得到实际曲线，大大简化了绘制过程。

4.2　幅相频率特性(极坐标图)

一、典型环节的极坐标图

1. 比例环节

传递函数　　$G(s)=K$

频率特性　　$G(j\omega)=K$

显然　幅频特性　$|G(j\omega)|=K$

　　　相频特性　$\angle G(j\omega)=0^\circ$

实频特性恒为 K，虚频特性恒为零，均与频率 ω 无关，因此比例环节的极坐标图为实轴上一个定点，坐标为(K, j0)，如图 4.8 所示。

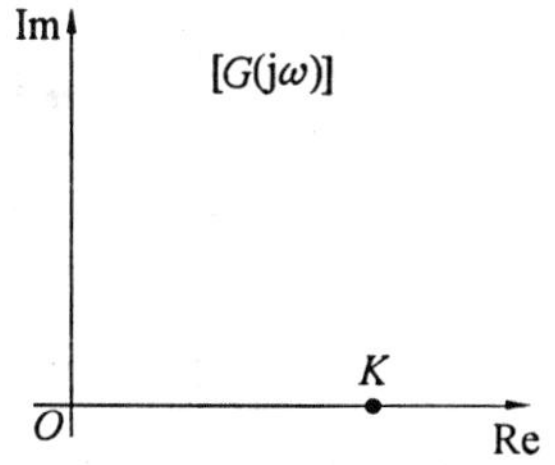

图 4.8　比例环节的极坐标图

2. 惯性环节

惯性环节的传递函数 $G(s)=\frac{K}{Ts+1}$

频率特性　$G(j\omega)=\frac{K}{1+jT\omega}=\frac{K}{1+T^2\omega^2}-j\frac{KT\omega}{1+T^2\omega^2}=u+jv$

$$|G(j\omega)|=\sqrt{u^2+v^2}=\frac{K}{\sqrt{1+T^2\omega^2}} \tag{4.16a}$$

$$\angle G(j\omega)=\arctan\frac{v}{u}=-\arctan T\omega \tag{4.16b}$$

可以证明，当 ω 从 $0\to\infty$ 变化时，惯性环节的极坐标图为一半圆，如图 4.9 所示，由上面推导得知$\frac{v}{u}=-T\omega$，将其代入实频特性表达式中，有

$$u=\frac{K}{1+T^2\omega^2}=\frac{K}{1+(\frac{v}{u})^2}$$

经简化配方，可得

$$(u-\frac{K}{2})^2+v^2=(\frac{K}{2})^2$$

这是一个圆的方程，圆心位于$(\frac{K}{2},\text{j}0)$，半径为$\frac{K}{2}$。

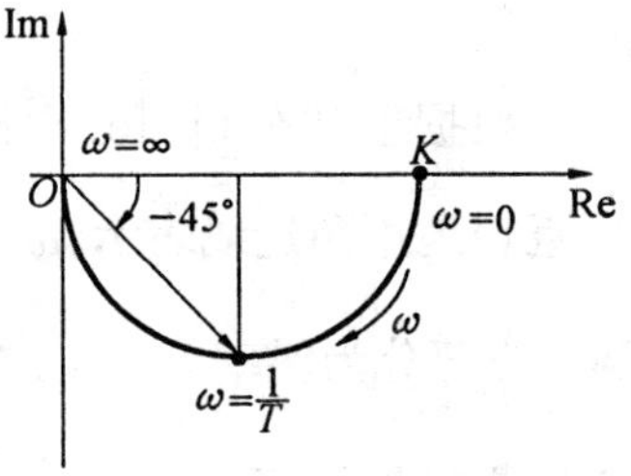

图 4.9　惯性环节的极坐标图

3. 积分环节

传递函数　　$G(s)=\frac{1}{s}$

频率特性　　$G(\text{j}\omega)=\frac{1}{\text{j}\omega}=-\text{j}\frac{1}{\omega}$

$$|G(\text{j}\omega)|=\frac{1}{\omega} \tag{4.17a}$$

$$\angle G(\text{j}\omega)=-90° \tag{4.17b}$$

由于$\angle G(\text{j}\omega)=-90°$为常数，而$|G(\text{j}\omega)|$随着$\omega$增大而减小，因此，积分环节的极坐标图是与负轴重合的直线。

4. 振荡环节

$$G(s)=\frac{1}{T^2s^2+2\xi Ts+1}=\frac{\omega_n^2}{s^2+2\xi\omega_n s+\omega_n^2}$$

式中，ω_n为自然振荡角频率，$\omega_n=\frac{1}{T}$。

幅相频率特性为

$$G(\text{j}\omega)=\frac{1}{1+\text{j}2\xi T\omega-T^2\omega^2}=A(\omega)e^{\text{j}\varphi(\omega)} \tag{4.18}$$

$$A(\omega)=|G(\text{j}\omega)|=\frac{1}{\sqrt{(1-T^2\omega^2)^2+(2\xi T\omega)^2}} \tag{4.19a}$$

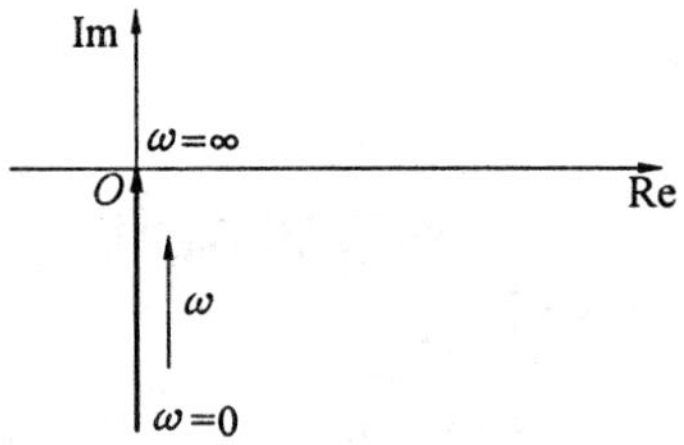

图 4.10　积分环节的极坐标图

$$\varphi(\omega)=\angle G(\text{j}\omega)=-\arctan(\frac{2\xi T\omega}{1-T^2\omega^2}) \tag{4.19b}$$

当ω从$0\to\infty$变化时，$G(\text{j}\omega)$极坐标图从$(1,\text{j}0)$开始，而终于点$(0,\text{j}0)$并与负实轴相切，曲线与虚轴交点可以由式(4.18)算出，当$\omega=\frac{1}{T}=\omega_n$时，得$G(\text{j}\omega_n)=-\text{j}\frac{1}{2\xi}$，即$|G(\text{j}\omega_n)|=\frac{1}{2\xi}$，$\xi$的值不同，曲线形状也不同，在阻尼比$\xi$较小时($\xi<0.707$)，$G(\text{j}\omega)$将随$\omega$变化而出现峰值，此时所对应的频率称为谐振频率$\omega_r$，其大小可由下式求出。

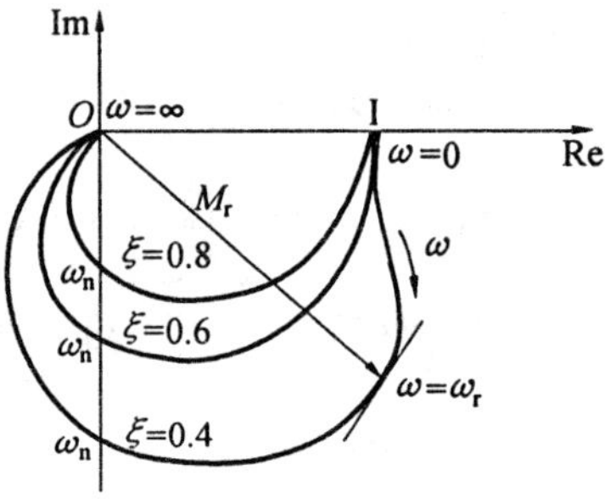

图 4.11　振荡环节的极坐标图

由$\frac{\text{d}|G(\text{j}\omega)|}{\text{d}\omega}=0$可得

$$\omega_r=\omega_n\sqrt{1-2\xi^2} \tag{4.20}$$

在$\omega=\omega_r$处出现的峰值，称为谐振峰值M_r，将ω_r代入式(4.19a)，可求得

$$M_r = |G(j\omega_r)| = \frac{1}{2\xi\sqrt{1-\xi^2}} \tag{4.21}$$

5. 微分环节

根据积分、惯性、振荡环节的绘制过程，同样可以绘制出微分 $G(s)=s$、一阶微分 $G(s)=1+\tau s$、二阶微分 $G(s)=\tau^2 s^2+2\xi\tau s+1$ 环节的幅相频率特性，显然它们之间成倒数关系，其极坐标图如图 4.12 所示

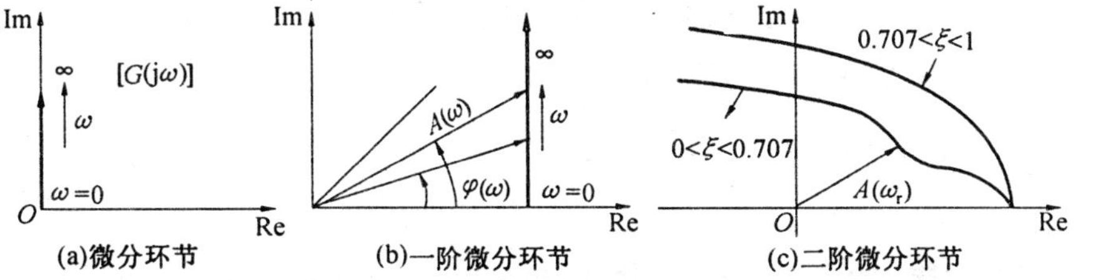

图 4.12　各种微分环节的极坐标图

6. 延滞环节

延滞环节为传递函数

$$G(s)=e^{-\tau s}$$

延滞环节的频率特性为

$$G(j\omega)=e^{-j\tau\omega}$$

显然，$|G(j\omega)=1$（常数），$\angle G(j\omega)=-\tau\omega$，因此延滞环节的极坐标图是一单位圆，如图 4.13 所示。

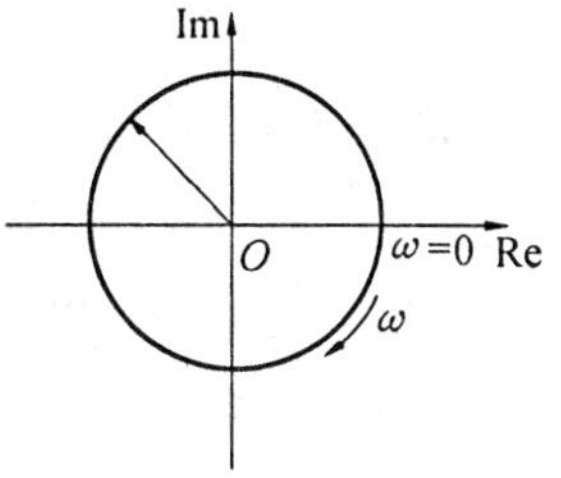

图 4.13　延滞环节的极坐标图

二、开环系统的极坐标图

开环频率特性通常都是由若干个典型环节串联组成。

设开环传递函数为

$$G(s)=G_1(s)\cdot G_2(s)\cdots G_n(s)$$

开环频率特性为

$$G(j\omega)=G_1(j\omega)\cdot G_2(j\omega)\cdots G_n(j\omega)=$$
$$A_1(\omega)e^{j\varphi_1(\omega)}\cdot A_2(\omega)e^{j\varphi_2(\omega)}\cdots A_n(\omega)e^{j\varphi_n(\omega)}=A(\omega)e^{j\varphi(\omega)}$$

显然

$$A(\omega)=A_1(\omega)A_2(\omega)\cdots A_n(\omega) \tag{4.22a}$$

$$\varphi(\omega)=\varphi_1(\omega)+\varphi_2(\omega)+\cdots+\varphi_n(\omega) \tag{4.22b}$$

令 ω 从 $0\to\infty$ 变化，则可以计算出各 ω 值下 $A(\omega)$ 和 $\varphi(\omega)$ 的数据，于是系统的幅相频率特性极坐标图即可绘出。

绘制准确的极坐标图是比较麻烦的，这里主要介绍根据工程需要绘制概略极坐标图的方法，绘制概略图形的一般步骤为：

(1) 由 $G(j\omega)$ 求出它的幅频特性 $|G(j\omega)|$ 和相频特性 $\angle G(j\omega)$，以及它的实频特性 $\mathrm{Re}[G(j\omega)]$ 和虚频特性 $\mathrm{Im}[G(j\omega)]$ 表达式。

(2) 求出特征点，包括：起点（$\omega=0$）、终点（$\omega=\infty$）、与实轴交点（$\mathrm{Im}[G(j\omega)]=0$）、与虚轴交点（$\mathrm{Re}[G(j\omega)]=0$），并标注在极坐标图上。

(3) 根据 $G(j\omega)$ 的变化趋势和所在象限及单调性，绘制出曲线的大致形状。

下面结合实例说明绘制过程。

例 4.2 已知开环传递函数为

$$G(s)=\frac{K}{s(Ts+1)}$$

解

$$G(j\omega)=\frac{K}{j\omega(jT\omega+1)}=K\frac{1}{j\omega(1+j\omega T)}=$$

$$\frac{-KT}{1+T^2\omega^2}-j\frac{K}{\omega(1+T^2\omega^2)}=u(\omega)+jv(\omega)$$

$$\angle G(j\omega)=-90^\circ-\arctan T\omega$$

$$|G(j\omega)|=\frac{K}{\omega\sqrt{1+T^2\omega^2}}$$

由上式可列出表，如表 4.2 所示。

由表中数据可绘出极坐标略图，如图 4.14(a)所示，若根据 $u(\omega)$、$v(\omega)$ 可绘出较准确的图形，如图 4.14(b)所示，图(a)与(b)略有差别，但特性是一致的。

例 4.3 已知 $G(s)=\dfrac{1}{(T_1s+1)(T_2s+1)(T_3s+1)}$，绘制极坐标图。

解 列表，如表 4.3 所示，根据表中数据绘制的极坐标图，如图 4.15 所示。

表 4.2 例 4.2 中表

ω	$\angle G(j\omega)$	$\|G(j\omega)\|$	$u(\omega)$	$v(\omega)$
0	-90°	∞	$-kT$	$-\infty$
∞	-180°	0	0	0

表 4.3 例 4.3 中表

ω	$\angle G(j\omega)$	$\|G(j\omega)\|$
0	0	1
∞	-270°	0

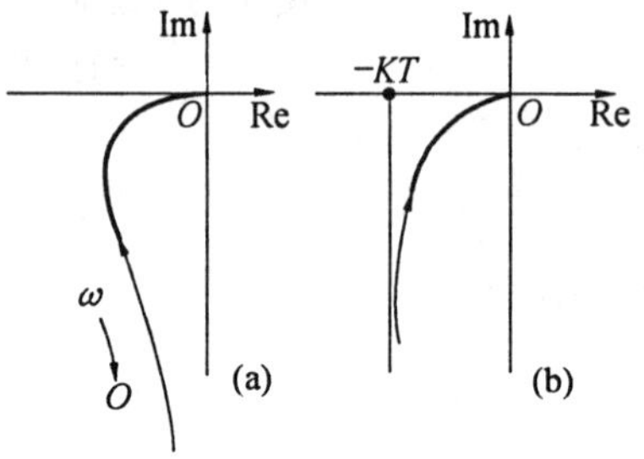

图 4.14 例 4.2 的极坐标图

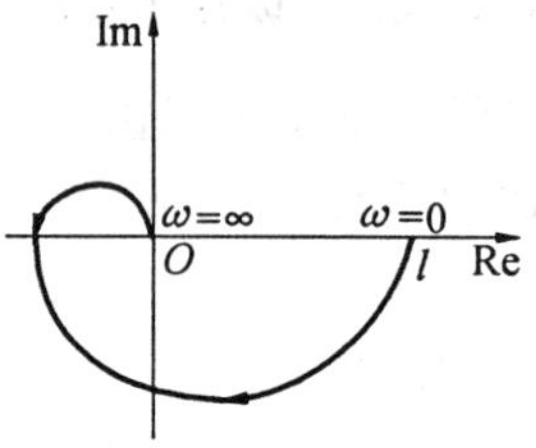

图 4.15 例 4.3 的极坐标图

例 4.4 已知

$$G(s)=\frac{\omega_n^2}{s(s^2+2\xi\omega_n s+\omega_n^2)}$$

解

$$令\ G_1(s)=\frac{1}{s}\qquad G_2(s)=\frac{\omega_n^2}{s^2+2\xi\omega_n s+\omega_n^2}$$

则

$$G(s)=G_1(s)\cdot G_2(s)$$

根据表 4.4，绘制频率特性极坐标略图，如图 4.16 所示。

本例中积分环节个数为 1，若分列取 $v=2,3,4$，则根据积分环节的相角，可将图 4.16 的曲线分别绕原点旋转 -90°、-180° 和 -270°，即可得到相应极坐标图，如图 4.17 所示。

例 4.5 已知 $G(s)=\dfrac{K(T_1s+1)}{s(T_2s+1)}(T_1>T_2)$，试绘制极坐标图。

解

$$G(\mathrm{j}\omega)=\frac{K(1+\mathrm{j}T_1\omega)}{\mathrm{j}\omega(1+\mathrm{j}T_2\omega)}=\frac{K(T_1-T_2)}{1+T_2^2\omega^2}-\mathrm{j}\frac{K(1+T_1T_2\omega^2)}{\omega(1+T_2^2\omega^2)}$$

$$|G(\mathrm{j}\omega)|=\frac{K\sqrt{1+T_1^2\omega^2}}{\omega\sqrt{1+T_2^2\omega^2}}$$

$\angle G(\mathrm{j}\omega)=\arctan T_1\omega-90°-\arctan T_2\omega$，而且 $T_1>T_2$，故 $\mathrm{Re}[G(\mathrm{j}\omega)]>0$，$\mathrm{Im}[G(\mathrm{j}\omega)]<0$ 曲线在第四象限，频率特性的极坐标图如图 4.18 所示，列表数据如表 4.5 所示。

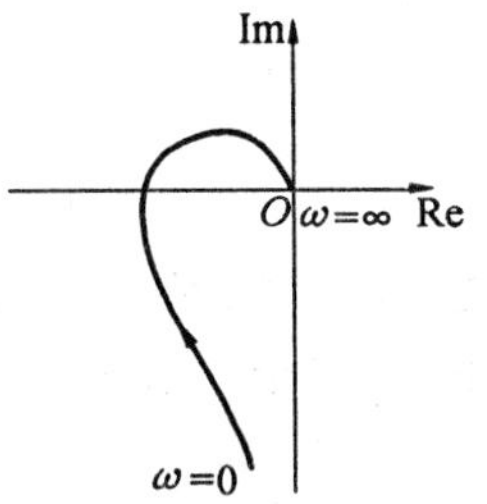

图 4.16　例 4.4 的极坐标图

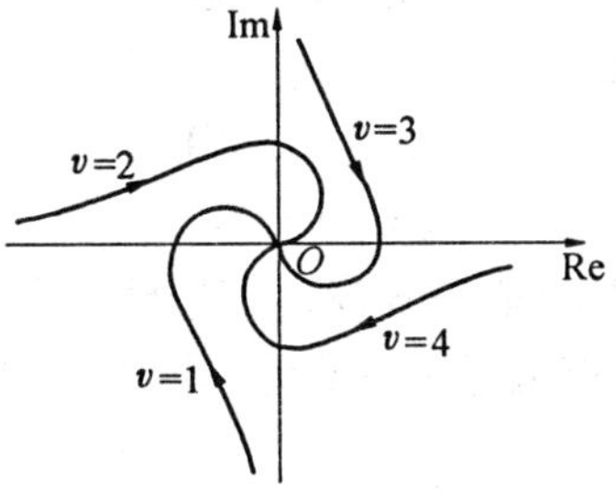

图 4.17　v = 2,3,4 时的极坐标略图

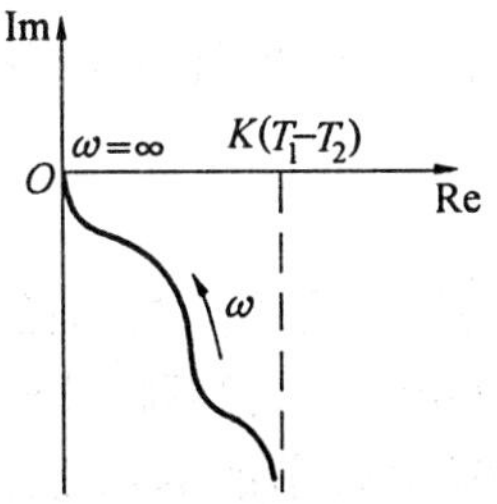

图 4.18　例 4.5 图

由图可见，若传递函数有零点（即有一阶微分环节），则曲线会发生弯曲，相位可能非单调变化。

由以上实例不难看出极坐标图的形状特点：

(1) 传递函数中积分个数决定了曲线的起始角 $(-v\frac{\pi}{2})$。

(2) 传递函数中增加一个非零极点，当 $\omega\to\infty$ 时，将使曲线终点相角多转 -90°。

(3) 传递函数中增加一个零点，使曲线的相角在高频部分逆时针转 90°。

表 4.4　例 4.4 中表

ω	$\angle G_1(\mathrm{j}\omega)$	$\angle G_2(\mathrm{j}\omega)$	$\angle G(\mathrm{j}\omega)$	$\|G(\mathrm{j}\omega)\|$
0	-90°	0°	-90°	∞
∞	-90°	-180°	-270°	0

表 4.5　例 4.5 中表

ω	$\angle G(\mathrm{j}\omega)$	$\|G(\mathrm{j}\omega)\|$
0	-90°	∞
∞	-90°	0

幅相频率特性可以在一张图上描绘出系统在整个频率域的特性，为分析系统性能提供方便，特别是为研究系统在频域内的稳定判据提供了基础，其缺点是无法由图形准确表示出系统由哪些环节组成，以及各环节的作用。另外，当环节较多时，绘制图形较繁琐。然而，计算机辅助设计软件将使绘制过程轻而易举。详见第八章。

4.3　对数频率特性(Bode 图)

一、典型环节的 Bode 图

1. 比例环节

比例环节的频率特性为

$$G(\mathrm{j}\omega)=K$$

显然，它与频率无关，其对应的幅频特性和相频特性为

$$L(\omega)=20\lg K$$
$$\varphi(\omega)=0^\circ$$

其 Bode 图如图 4.19 所示。

2. 积分、微分环节$(\mathrm{j}\omega)^{\mp 1}$

$\dfrac{1}{\mathrm{j}\omega}$的对数幅频与相频特性为

$$L(\omega)=-20\lg \omega$$
$$\varphi(\omega)=-90^\circ$$

$\mathrm{j}\omega$ 的对数幅频与相频特性为

$$L(\omega)=20\ \lg \omega$$
$$\varphi(\omega)=90^\circ$$

不难看出，两条曲线均在 $\omega=1$ 处通过 0 dB 线，斜率分别为 -20 dB/dec(-20 分贝/十倍频)和 20 dB/dec，相频特性分别为 -90°直线和 $+90^\circ$直线，如图 4.20 所示，图中①为积分环节，②为微分环节的 Bode 图。

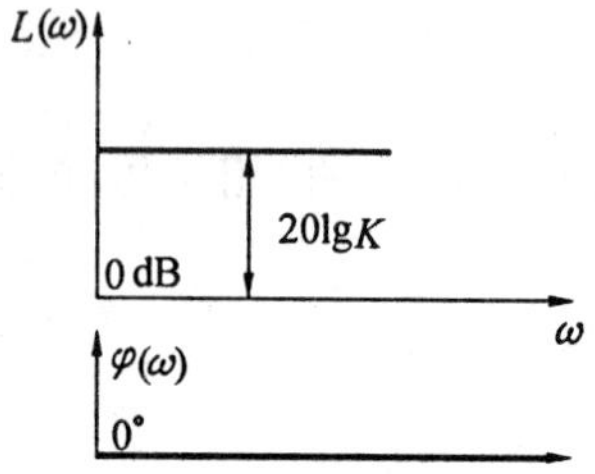

图 4.19　比例环节的 Bode 图

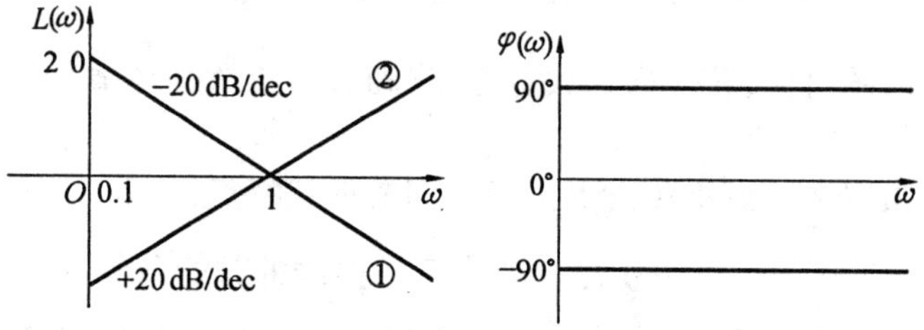

图 4.20　积分、微分环节的 Bode 图

3. 惯性环节与一阶微分环节$(1+\mathrm{j}\omega T)^{\mp 1}$

惯性环节$(1+\mathrm{j}\omega T)^{-1}$的对数幅频与相频特性表达式分别为

$$L(\omega)=-20\lg\sqrt{1+\left(\frac{\omega}{\omega_1}\right)^2} \tag{4.23a}$$

$$\varphi(\omega)=-\arctan\frac{\omega}{\omega_1} \tag{4.23b}$$

式中，$\omega_1=\dfrac{1}{T}$；$\omega T=\dfrac{\omega}{\omega_1}$。

当 $\omega \ll \omega_1$ 时，略去式(4.23a)中的$\left(\dfrac{\omega}{\omega_1}\right)^2$ 项，则有 $L(\omega)\approx -20\lg 1=0$ dB，这表示 $L(\omega)$的低频渐近线是 0 dB水平线。

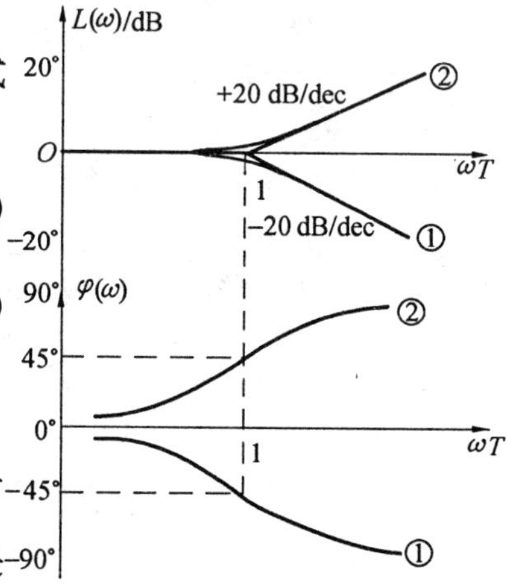

图 4.21　$(1+\mathrm{j}\omega T)^{\mp 1}$的 Bode 图

当 $\omega \gg \omega_1$ 时，略去式(4.23a)中的 1 项，则有 $L(\omega)=-20\lg\left(\dfrac{\omega}{\omega_1}\right)$，此式表示 $L(\omega)$高频部分的渐近线是斜率为 -20 dB/dec 的直线，两条渐近线的交点频率，称为转折频率 $\omega_1=\dfrac{1}{T}$，或称转角频率。图 4.21 中曲线①绘出对数幅频特性的渐

近线与精确曲线以及相频曲线。由图可见,最大幅值误差发生在 $\omega_1=\frac{1}{T}$处,它近似等于 -3 dB(见例 4.1RC 电路),可用图 4.22 所示的误差曲线来进行修正。由于一阶微分环节$(1+j\omega T)$与惯性环节$(1+j\omega T)^{-1}$互为倒数,即 $20\lg|1+j\omega T|=-20\lg\frac{1}{|1+j\omega T|}$;$\angle(1+j\omega T)=-\angle\frac{1}{1+j\omega T}$,因此,它们以横轴为对称,一阶微分环节的 Bode 图如图 4.21 中曲线②所示。

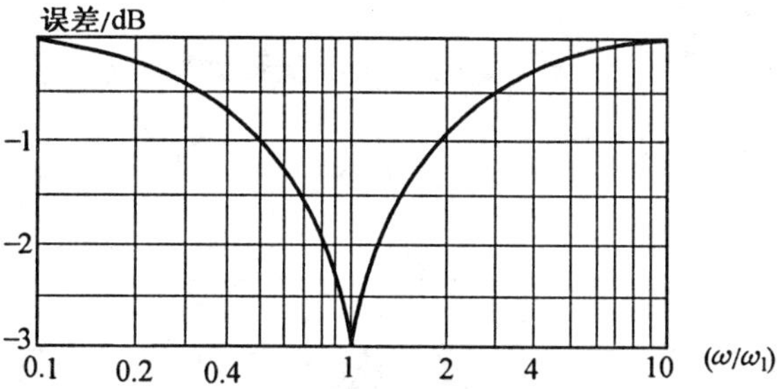

图 4.22　误差曲线

4.振荡环节与二阶微分环节$[1+2\xi Tj\omega+(j\omega T)^2]^{\mp1}$

振荡环节的频率特性

$$G(j\omega)=\frac{1}{1-(\frac{\omega}{\omega_n})^2+j2\xi(\frac{\omega}{\omega_n})}\qquad 其中\ \omega_n=\frac{1}{T}$$

它的对数幅频特性

$$L(\omega)=-20\lg\sqrt{\left[1-(\frac{\omega}{\omega_n})^2\right]^2+(2\xi\frac{\omega}{\omega_n})^2}\tag{4.24a}$$

相频特性

$$\varphi(\omega)=-\arctan\frac{2\xi\omega/\omega_n}{1-(\omega/\omega_n)^2}\tag{4.24b}$$

当$\frac{\omega}{\omega_n}\ll1$时,略去式(4.24a)中的$(\frac{\omega}{\omega_n})^2$和$2\xi\frac{\omega}{\omega_n}$项,则有

$$L(\omega)\approx-20\lg 1=0\ \text{dB}$$

此式表示 $L(\omega)$的低频渐近线是一条 0 dB 的水平线。

当$\frac{\omega}{\omega_n}\gg1$时,略去该式中的 1 和$2\xi\frac{\omega}{\omega_n}$项,则有

$$L(\omega)=-20\lg(\frac{\omega}{\omega_n})^2=-40\lg\frac{\omega}{\omega_n}$$

此式表示 $L(\omega)$的高频渐近线是一条斜率为 -40 dB 的直线。

显然,当$\frac{\omega}{\omega_n}=1$,即 $\omega=\omega_n$ 时是两条渐近线的相交点,而 ω_n 称为振荡环节的转折频率。

由于振荡环节的对数幅频特性不仅与$\frac{\omega}{\omega_n}$有关,而且与阻尼比 ξ 有关,因此在转折频率附近一般不能简单地用渐近线近似代替,否则会引起较大误差,图 4.23 给出当 ξ 为不同值

时对数幅频特性的准确曲线和渐近线，由图可见，在 $\xi<0.707$ 时，曲线出现峰值，ξ 值越小，峰值越大，它与渐近线之间的误差越大。在必要时，可以用图 4.24 所示的误差曲线进行修正。

由式(4.24b)可知，相角 $\varphi(\omega)$ 也是 $\frac{\omega}{\omega_n}$ 和 ξ 的函数，当 $\omega=0$ 时，$\varphi(\omega)=0$；当 $\omega\to\infty$ 时，$\varphi(\omega)=-180°$；当 $\omega=\omega_n$ 时，不管 ξ 值的大小，$\varphi(\omega)$ 总是等于 $-90°$，而且相频特性曲线以 $\omega=\omega_n$ 点(拐点)呈斜对称，如图 4.23 所示。

二阶微分环节的曲线形状与振荡环节的曲线以横轴为对称(表 4.6)。

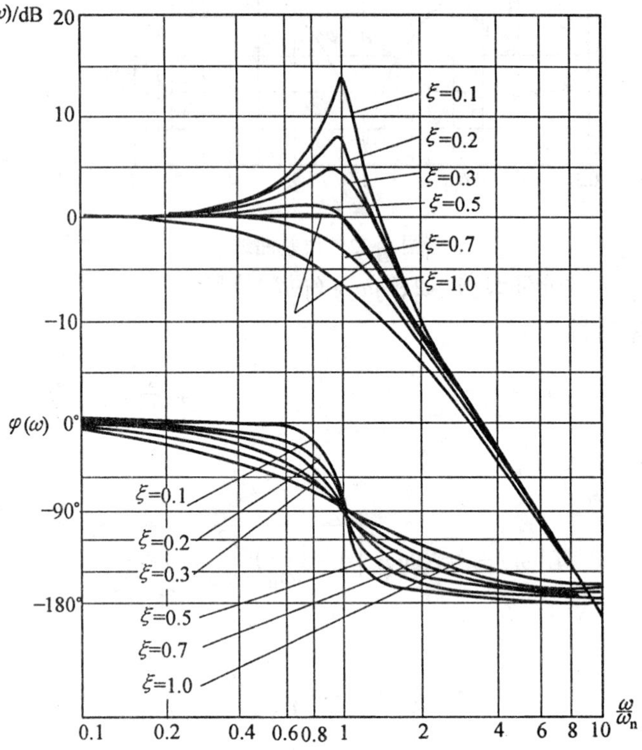

图 4.23 振荡环节的 Bode 图

5. 延滞环节

延滞环节的频率特性

$$G(j\omega)=e^{-j\tau\omega}=A(\omega)e^{j\varphi(\omega)}$$

式中

$$A(\omega)=1,\ \varphi(\omega)=-\tau\omega$$

因此

$$L(\omega)=20\lg|G(j\omega)|=0 \tag{4.25a}$$

$$\varphi(\omega)=-\tau\omega \tag{4.25b}$$

上式表明，延滞环节的对数幅频特性为 0 dB 线，而与 ω 无关，相频特性的滞后相角与 ω 成正比，当 $\omega\to\infty$ 时，滞后相角也 $\to\infty$，这对于系统的稳定性是不利的，延滞环节的 Bode 图如图 4.25 所示。

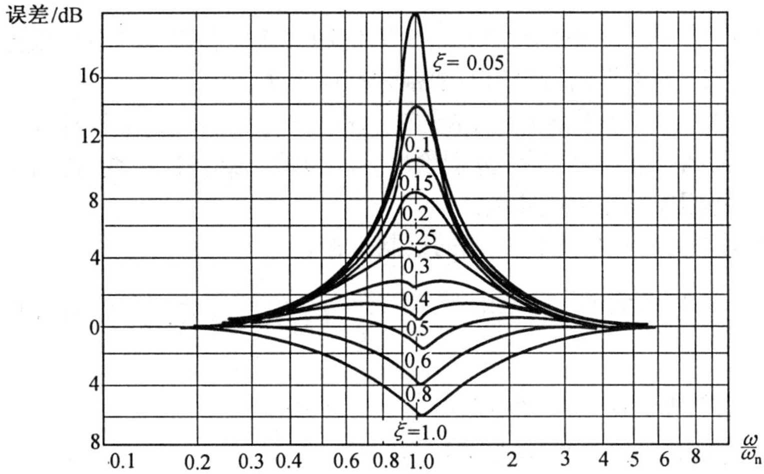

图 4.24　振荡环节的误差修正曲线

二、开环系统的 Bode 图

设开环系统由 n 个环节串联组成，系统频率特性为

$$G(j\omega) = G_1(j\omega)G_2(j\omega)\cdots G_n(j\omega) =$$

$$A_1(\omega)e^{j\varphi_1(\omega)}\cdot A_2(\omega)e^{j\varphi_2(\omega)}\cdots A_n(\omega)e^{j\varphi_n(\omega)} =$$

$$A(\omega)e^{j\varphi(\omega)}$$

式中　　$A(\omega) = A_1(\omega)\cdot A_2(\omega)\cdots A_n(\omega)$

取对数后，有

$$L(\omega) = 20\lg A_1(\omega) + 20\lg A_2(\omega) + \cdots + 20\lg A_n(\omega) \tag{4.26a}$$

$$\varphi(\omega) = \varphi_1(\omega) + \varphi_2(\omega) + \cdots + \varphi_n(\omega) \tag{4.26b}$$

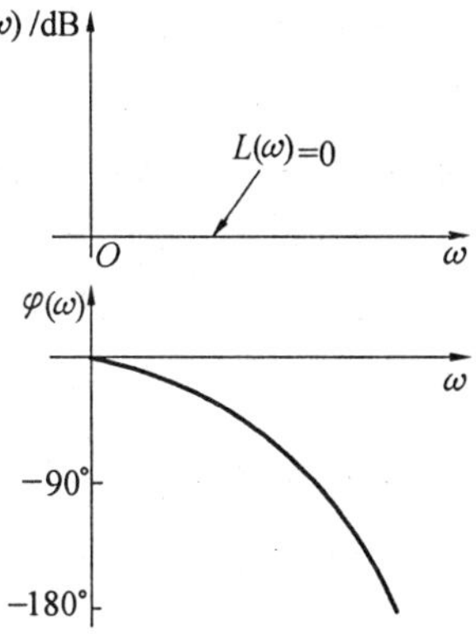

图 4.25　延滞环节的 Bode 图

$A_i(\omega)(i = 1,2,\cdots,n)$表示各典型环节的幅频特性，$L_i(\omega)$和 $\varphi_i(\omega)$分别表示各典型环节的对数幅频特性和相频特性，因此，只要我们能作出 $G(j\omega)$所包含的各典型环节的对数幅频和相频曲线，然后，按式(4.26)对它们分别进行代数相加，就可以求得开环系统的 Bode 图。实际上，在熟悉了对数幅频特性的性质后，可以采用更为简捷的办法直接画出开环系统的 Bode 图，具体步骤如下：

(1) 计算组成开环频率表达式各典型环节的转折频率，并将它们的频率值由小到大依次标在频率轴上。

(2) 绘制开环对数幅频特性的渐近线，由于系统在低频段的频率特性为$\frac{k}{(j\omega)^v}$，因此，低频起始段渐近线表现为过点$(1,20\lg K)$、斜率为 $-20v$ dB/dec 的直线，v 为积分环节数。

(3) 随后沿频率增大的方向每遇到一个转折频率就改变一次斜率，其规律是遇到惯性环节的转折频率，则斜率变化量为 −20 dB/dec；遇到一阶微分环节的转折频率，斜率变化量为 +20 dB/dec；遇到振荡环节的转折频率，斜率变化量为 −40 dB/dec 等，渐近线的最后一段(即高频段)的斜率为 $-20(n-m)$ dB/dec；其中 n 为开环传递函数 $G(s)$的极点数，m 为

$G(s)$的零点数。

(4) 作出用分段直线表示的渐近线后，如果需要，可按照各典型环节的误差曲线对相应段的渐近线进行修正，即可得到精确的对数幅频特性曲线。

(5) 绘制相频特性曲线，根据 $\varphi(\omega)$表达式，在低、中、高频区域中各选择若干频率点进行计算，然后连成曲线(或按典型环节分别绘出各环节的相频特性曲线，再沿频率增大的方向逐点相加，最后将相加点连接成曲线)。

下面通过实例说明开环系统 Bode 图的绘制过程。

例 4.6 已知 0 型系统开环传递函数 $G(s)=\dfrac{K}{(T_1s+1)(T_2s+1)}$，试绘制开环系统的 Bode 图。

解 此系统开环对数幅频和相频特性为

$$L(\omega)=20\lg K-20\lg\sqrt{1+T_1^2\omega^2}-20\lg\sqrt{1+T_2^2\omega^2}$$

$$\varphi(\omega)=-\arctan T_1\omega-\arctan T_2\omega$$

根据上式可以首先画出各环节的对数幅频和相频特性，如图 4.26 虚线所示，然后再相加，便可得到开环系统的 Bode 图，如实线所示，显然这样做太繁琐。事实上，由于惯性、振荡、一、二阶微分等环节对数幅频渐近线在小于转折频率时全为零分贝，因此开环对数幅频渐近线在最低转折频率之前完全由比例(开环增益 K)和积分环节决定，即低频起始段取决于$\dfrac{K}{(j\omega)^v}$，在本例中由于是 0 型系统，无积分环节($v=0$)，所以低频段为 $20\lg K$ 的水平线。

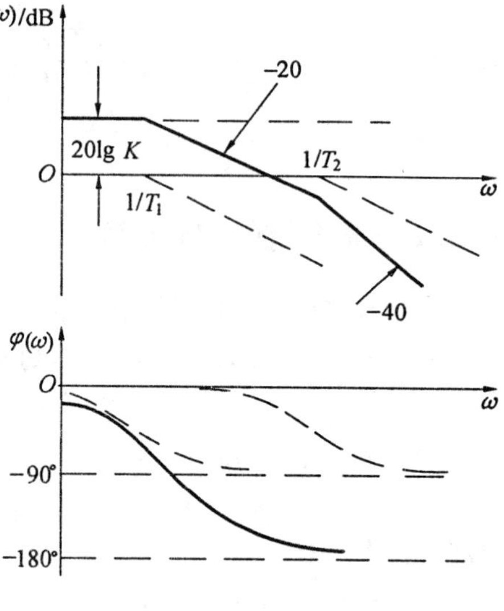

图 4.26　例 4.6 的 Bode 图

因此，只要能确定低频起始段的斜率和位置，以及线段的转折频率和转折后线段斜率的变化，就可以由低频到高频，将开环特性曲线一气呵成，而不必先一一画出各环节的特性，再逐段相加。如果按照简捷步骤绘制 Bode 图，将使绘制过程大为简化，这也是 Bode 图在工程上得到广泛应用的主要原因之一。

例 4.7 已知开环传递函数

$$G(s)=\frac{64(s+2)}{s(s+0.5)(s^2+3.2s+64)}$$

试绘制开环系统的 Bode 图。

解 为了便于绘制，首先将 $G(s)$化为时间常数表达式，即

$$G(s)=\frac{4\left(\dfrac{s}{2}+1\right)}{s(2s+1)\left(\dfrac{s^2}{64}+0.05s+1\right)}$$

此系统由比例环节、积分环节、惯性环节、一阶微分环节和振荡环节共 5 个环节组成。

确定转折频率：

惯性环节时间常数 $T_1=2$，转折频率 $\omega_1=\frac{1}{T_1}=0.5$；

一阶微分环节时间常数 $T_2=\frac{1}{2}$，转折频率 $\omega_2=\frac{1}{T_2}=2$；

振荡环节时间常数 $T_3=\frac{1}{8}$，转折频率 $\omega_3=\frac{1}{T_3}=8$。

本例是Ⅰ型系统，即有一个积分环节，低频起始段由 $\frac{K}{s}=\frac{4}{s}$ 决定

$$20\lg K=20\lg 4=12\ \text{dB}$$

在确定了转折频率和 $20\lg K$ 值之后，按下面步骤绘制 Bode 图，如图 4.27 所示。

(1) 过 $\omega=1$，$20\lg K$ 点作一条斜率为 -20 dB/dec 的直线，此即为低频段的渐近线。

(2) 在 $\omega_1=0.5$ 处，将渐近线斜率由 -20 dB/dec 变为 -40 dB/dec，这是惯性环节作用的结果。

(3) 在 $\omega_2=2$ 处，由于一阶微分环节的作用使渐近线斜率又增加 20 dB/dec，即由原来的 -40 dB/dec 变为 -20 dB/dec。

(4) 在 $\omega_3=8$ 处，由于振荡环节的作用，渐近线斜率改变 -40 dB/dec 形成了 -60 dB/dec 的线段。

(5) 若有必要，可利用误差曲线修正，此处省略。

(6) 相频特性，比例环节相角恒为零，积分环节相角恒为 $-90°$，一阶微分、振荡、惯性环节的相频曲线，如图 4.27 中①、②、③所示，开环系统的相频曲线由相加求代数和得到，如曲线④所示。

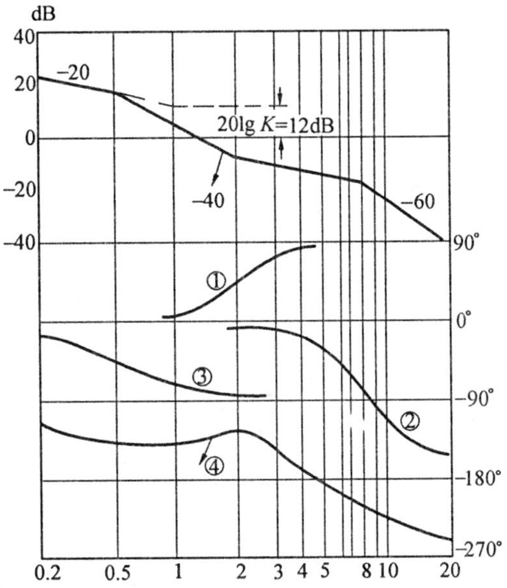

图 4.27　例 4.7 图

三、最小相位系统与非最小相位系统

“最小相位”的概念来源于网络，在频率特性分析中有时会出现这种情况，对于具有相同幅频特性的一些系统（或环节），相频特性却各异，其中具有最小相角位移可能值的称为最小相位系统，而非最小相位系统的相角位移必定大于最小相位系统。

从传递函数的角度看，如果一个系统或环节的传递函数的极点和零点全部在[S]平面的左半部，则称为最小相位传递函数。如果传递函数中具有[S]右半平面的极点和零点，或者有延滞环节 $e^{-\tau s}$ 则称为非最小相位传递函数。具有最小相位传递函数的系统称为最小相位系统，反之，具有非最小相位函数的系统称为非最小相位系统。

下面比较几个环节的 Bode 图。

(1) $G_1(s)=\frac{1}{Ts+1}$，$G_2(s)=\frac{1}{Ts-1}$，显然对数幅频特性相同，即

$$20\lg|G_1(j\omega)|=20\lg|G_2(j\omega)|=-20\lg\sqrt{1+T^2\omega^2}$$

相频特性

$$\angle G_1(j\omega) = -\arctan T\omega$$

$$\angle G_2(j\omega) = -180° + \arctan T\omega$$

两个环节的 Bode 图如图 4.28(a)所示。

(2) $G_1(s) = \dfrac{1+T_1s}{1+T_2s}$，$G_2(s) = \dfrac{1-T_1s}{1+T_2s}$，其中 $0<T_1<T_2$，对数幅频特性相同，即

$$20\lg|G_1(j\omega)| = 20\lg|G_2(j\omega)| = 20\lg\frac{\sqrt{1+T_1^2\omega^2}}{\sqrt{1+T_2^2\omega^2}}$$

相频特性

$$\angle G_1(j\omega) = \arctan T_1\omega - \arctan T_2\omega$$

$$\angle G_2(j\omega) = -\arctan T_1\omega - \arctan T_2\omega$$

两环节相应的 Bode 图如图 4.28(b)所示。

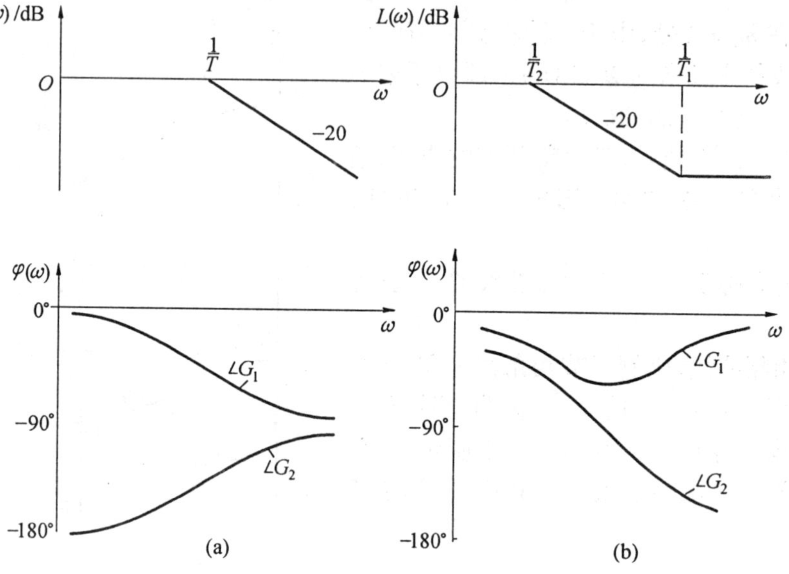

图 4.28　最小与非最小相位环节

由上可见，两组环节中 $G_1(s)$与 $G_2(s)$的对数幅频特性相同，而相频特性中$\angle G_1$ 的相角滞后均小于$\angle G_2$ 的相角滞后，因此 $G_1(s)$为最小相位环节，而 $G_2(s)$为非最小相位环节。

表 4.6 给出几种最小相位与非最小相位典型环节的 Bode 图与极坐标图，以便比较对照。

设系统(或环节)的传递函数分母多项式阶次为 n，分子多项式阶次为 $m(n \geqslant m)$，系统串有 v 个积分环节，则对于最小相位系统，当 $\omega\to\infty$ 时，对数幅频特性渐近线的斜率为 $-20(n-m)$dB/dec，相频特性的相位趋于 $-90°(n-m)$；而当 $\omega\to 0$ 时相角等于 $-v90°$，根据上述特征可以判断系统是否为最小相位系统。

对于最小相位系统，对数幅频特性与相频特性之间存在惟一确定的对应关系，就是说，根据系统的对数幅频特性就可以惟一地确定相应的相频特性和传递函数，反之亦然。因此，从系统建模与分析设计角度看，只要详细绘出幅频与相频两者中的一种就足够了，由于对数幅频特性很容易画，故对于最小相位系统通常只画它的对数幅频特性，而对相频特性可以只

画简图,或者不画。

表 4.6　最小与非最小相位典型环节的比较

	一阶环节	二阶环节
最小相位	(1) $\frac{1}{Ts+1}$　(3) $Ts+1$	(5) $\frac{1}{(\frac{s}{\omega_0})^2+2\xi(\frac{s}{\omega_n})+1}$　(7) $(\frac{s}{\omega_n})^2+2\xi(\frac{s}{\omega_n})+1$
非最小相位	(2) $\frac{1}{-Ts+1}$　(4) $-Ts+1$	(6) $\frac{1}{(\frac{s}{\omega_0})^2-2\xi(\frac{s}{\omega_n})+1}$　(8) $(\frac{s}{\omega_n})^2-2\xi(\frac{s}{\omega_n})+1$
极坐标图	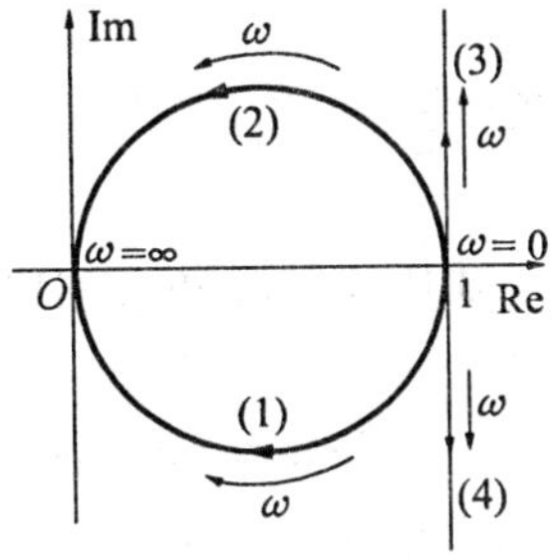	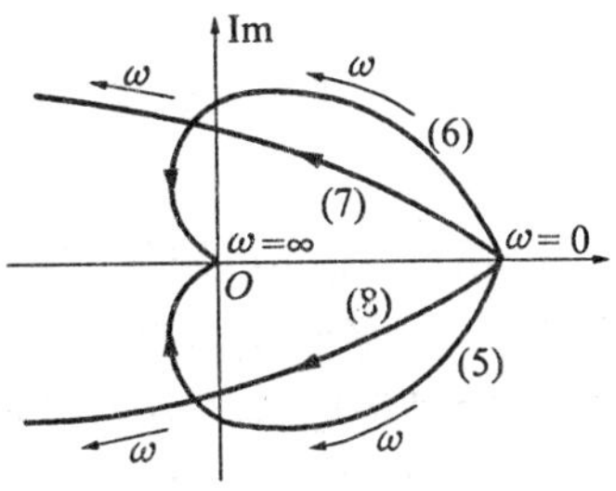
对数坐标图	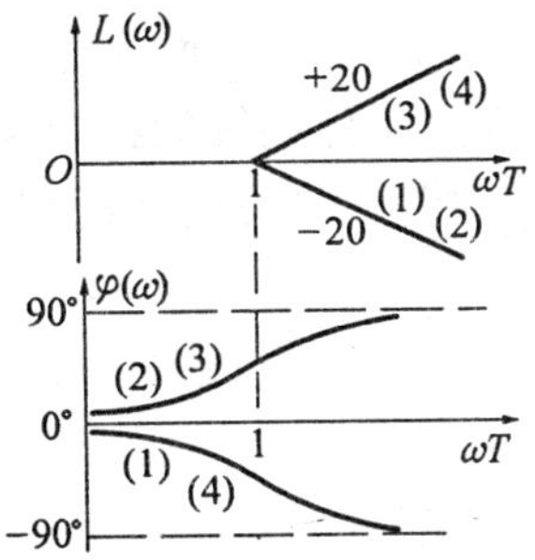	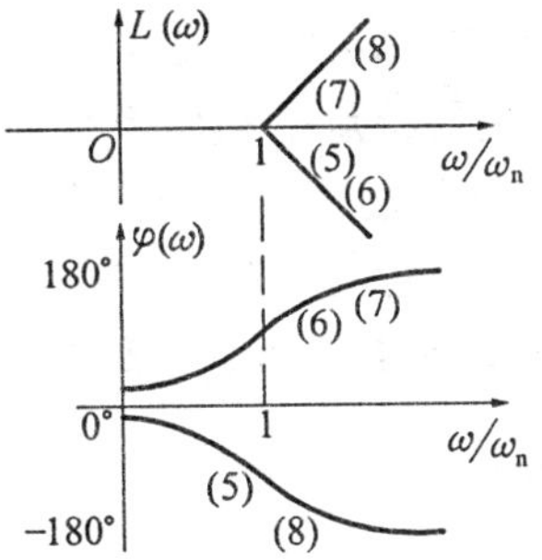
注	$T>0$	$0<\xi<1$

四、对数幅相图(Nichols 图)

描述系统频率特性的另一种方法是采用对数幅相图,又称为尼柯尔斯(Nichols)图,这种方法是将 Bode 图的两幅图合为一幅,它以频率 ω 为参变量,以相角 $\varphi(\omega)$为横坐标 (单位为 0°)、以对数幅频 $L(\omega)$为纵坐标(单位 dB)的直角坐标系中绘出随 ω 变化幅频特性与相频特性的关系。绘制这种图通常是先绘出 Bode 图,然后以 ω 为参变量取若干点,再绘出对数幅相图,这种图可以用于系统的校正或确定稳定裕度。

图 4.29 给出了惯性环节 $G(s)=1/Ts+1$ 和一阶微分环节 $Ts+1$ 的 Nichols 图,由图可见, $G(j\omega)$与 $1/G(j\omega)$的对数幅相图是斜对称的,这是因为

$$20\lg|G(j\omega)| = -20\lg\left|\frac{1}{G(j\omega)}\right|$$

$$\angle G(j\omega) = -\angle\frac{1}{G(j\omega)}$$

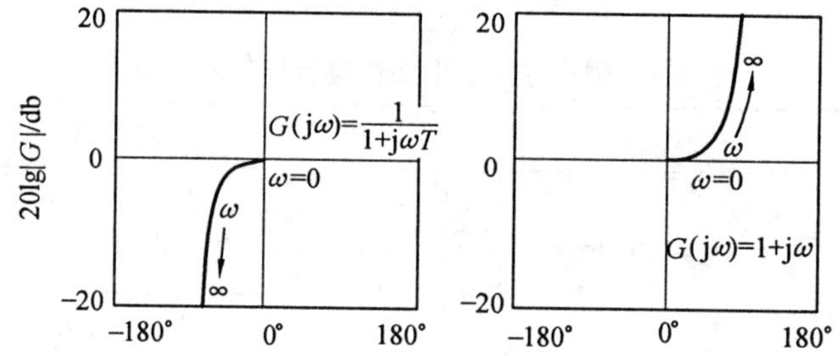

图 4.29　Nichols 图

4.4　乃奎斯特稳定判据

上一章已经指出,闭环系统稳定的充要条件是,其特征方程的全部根(闭环极点)都具有负实部,即都位于[S]平面左半部。

用代数判据法是根据特征方程根和系数的关系来判断系统的稳定性,它要求必须知道闭环系统的特征方程,而有些实际系统的特征方程是无法写出来的;另一方面代数判据无法指出系统的稳定程度。

乃奎斯特(H. Nyquist)稳定判据(以下简称乃氏判据)是另一种重要的判定闭环系统稳定性的方法,其主要特点是利用系统开环频率特性判定闭环系统的稳定性,开环频率特性易画,若不知传递函数,还可以通过实验测出开环频率特性。另外,乃氏判据还能指出系统的稳定程度,并提供进一步改善系统稳定性的方法。

乃氏判据的数学基础是复变函数中的映射定理,又称幅角定理。

一、幅角定理

设有一复变函数

$$F(s)=\frac{K_1(s-z_1)(s-z_2)\cdots(s-z_m)}{(s-p_1)(s-p_2)\cdots(s-p_n)} \tag{4.27}$$

s 为复变量,以[S]平面上的 $s=\sigma+\mathrm{j}\omega$ 表示,$F(s)$为复变函数,以[$F(s)$]平面上的 $F(s)=u+\mathrm{j}v$ 表示。

设 $F(s)$在[S]平面上除有限奇点外的任一点 s 为解析函数(即单值连续的正则函数),则对于[S]平面上的任一点,在 $F(s)$平面上必定有一个映射点与之对应。因此若在[S]平面任意选定一条封闭曲线 L_S 使其不通过 $F(s)$的任一奇点(即任何零点和极点),则在[$F(s)$]平面上必有一条封闭映射曲线 L_F 与之对应,如图 4.30 所示;若[S]平面上的封闭曲线 L_S 沿顺时针方向运动,则[$F(s)$]平面的封闭曲线 L_F 的运动方向有可能是顺时针,也有可能是逆时针,这取决于 $F(s)$本身的特性,在此我们关心的并不是映射曲线 L_F 的形状,而是它是否包围[$F(s)$]平面的坐标圆点,以及包围圆点的方向和周数,因为这与系统的稳定性密切相关。

根据式(4.27)复变函数 $F(s)$的相角可表示为

$$\angle F(s)=\sum_{i=1}^{m}\angle(s-z_i)-\sum_{j=1}^{n}\angle(s-p_j) \tag{4.28}$$

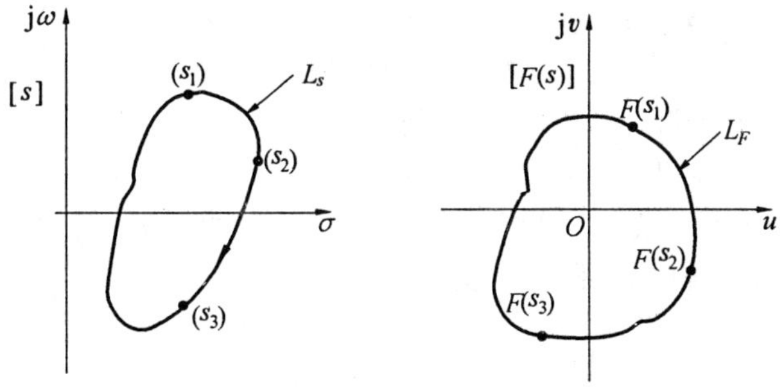

图 4.30　[S]平面与[F(s)]平面的映射关系

假设封闭曲线 L_S 内只包围了 $F(s)$的一个零点，而其他零、极点均位于 L_S 之外，当 s 沿 L_S 顺时针运动一周时，向量$(s-z_1)$的相角变化 -2π 弧度，而其他各向量的相角变化为零。即向量的 $F(s)$的相角变化也是 -2π。或者说 $F(s)$在[$F(s)$]平面沿 L_F 绕原点顺时针转了一周，如图 4.31 所示，依次类推，若 L_S 包围了的 p 个极点，则 s 当 L_S 沿顺时针运动一周时，在[$F(s)$]平面上 L_F 将按逆时针包围坐标原点 p 周。

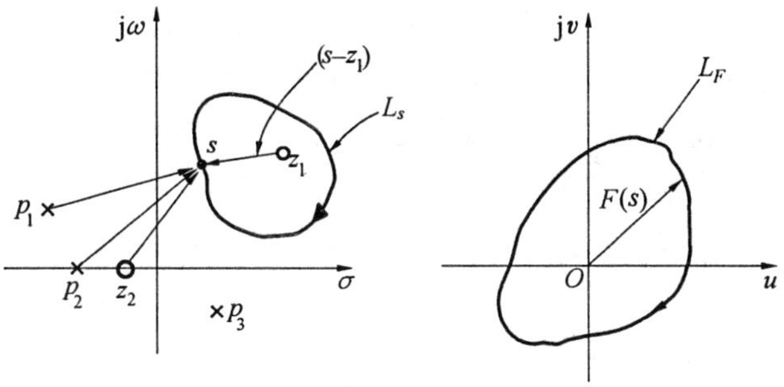

图 4.31　L_S 包围零点时的映射

综上所述，可得幅角定理：设[S]平面上的封闭曲线包围 $F(s)$的 z 个零点和 p 个极点，并且此曲线不经过 $F(s)$的任一零点和极点，则当复变量 s 沿封闭曲线按顺时针方向移动一周时，在[$F(s)$]平面上的映射曲线绕原点顺时针转过 N 周，这里 $N=z-p$，若 $N>0$，表示顺时针转 N 周，若 $N<0$，表示逆时针转 N 周。

二、乃奎斯特稳定判据

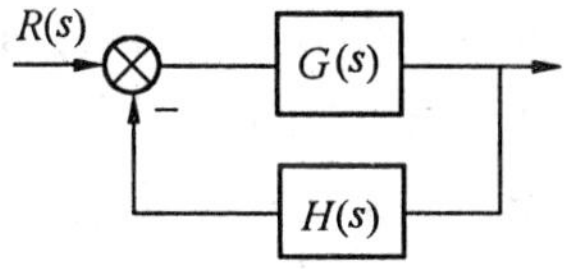

图 4.32　典型反馈系统

对于图 4.32 所示的闭环系统，闭环传递函数为

$$\Phi(s)=\frac{G(s)}{1+G(s)H(s)}$$

其特征多项式为　　$F(s)=1+G(s)H(s)$

设系统的开环传递函数

$$G(s)H(s)=\frac{K_1(s-z_1)(s-z_2)\cdots(s-z_m)}{(s-p_1)(s-p_2)\cdots(s-p_n)}\quad(n\geqslant m)\tag{4.29}$$

将式(4.29)代入 $F(s)$，有

$$F(s)=1+\frac{K_1(s-z_1)(s-z_2)\cdots(s-z_m)}{(s-p_1)(s-p_2)\cdots(s-p_n)}=$$

$$\frac{(s-p_1)(s-p_2)\cdots(s-p_n)+K_1(s-z_1)(s-z_2)\cdots(s-z_m)}{(s-p_1)(s-p_2)\cdots(s-p_n)}=$$

$$\frac{(s-s_1)(s-s_2)\cdots(s-s_n)}{(s-p_1)(s-p_2)\cdots(s-p_n)} \tag{4.30}$$

式中，$s_1,s_2,\cdots,s_n$ 是复变函数 $F(s)$ 的零点，也是闭环极点，即系统特征方程的根，$p_1,p_2,\cdots,p_n$ 是 $F(s)$ 的极点，即系统的开环极点，简单示意如下

$$F(s)-\left|\begin{array}{l}\text{零点}=\text{系统闭环极点}\\ \text{极点}=\text{系统开环极点}\end{array}\right.$$

线性定常系统稳定的充要条件是：闭环极点（特征方程的根）即 $F(s)$ 的零点全部位于[S]平面左半部，亦即 $F(s)$ 在[S]右半平面无零点。

为了判断 $F(s)$ 有无零点位于[S]平面的右半部，可以选择一条按顺时针方向包围整个[S]右半平面的封闭曲线，通常称为乃奎斯特轨线，简称乃氏轨线，如图 4.33 所示。

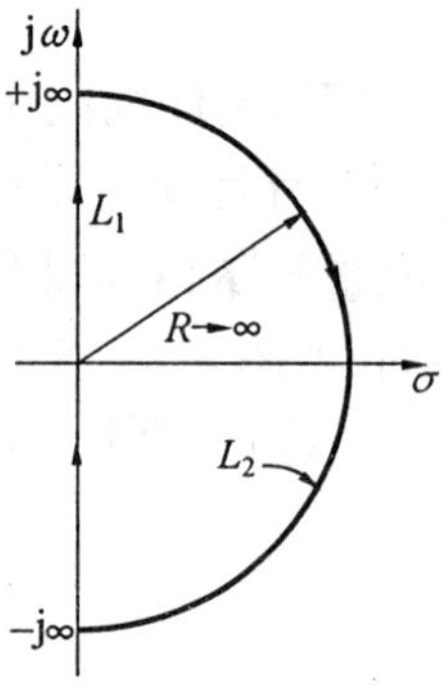

图 4.33　乃氏轨线

乃氏轨线由两部分组成：一部分是沿虚轴自下而上的直线段 L_1，在此段上 $s=\mathrm{j}\omega$，ω 由 $-\infty$ 变到 $+\infty$；另一部分是半径 $R\to\infty$ 的半圆弧 L_2，这样一来，由 L_1、L_2 组成的封闭曲线肯定包围了 $F(s)$ 在[S]右半平面的所有零点和极点。

设复变函数 $F(s)$ 在[S]的右半平面有 z 个零点和 p 个极点，根据幅角定理，当 s 在[S]平面沿乃氏轨线环绕一周时，在[$F(s)$]平面上的映射曲线 $L_F=1+G(\mathrm{j}\omega)H(\mathrm{j}\omega)$ 将按顺时针方向围绕坐标原点旋转 $N=z-p$ 周。

若在[S]平面上，s 沿乃氏轨线顺时针旋转一周时，在[$F(s)$]平面上的映射曲线 L_F 围绕坐标原点按顺时针旋转了 $N=-p$ 周（或者说按逆时针旋转了 p 周），则说明 $z=0$，即系统是稳定的。

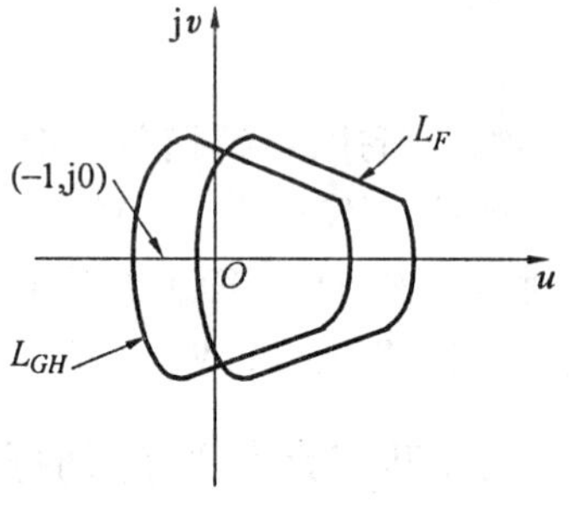

图 4.34　L_F 与 L_{GH} 的关系

由于　　　　$F(s)=1+G(s)H(s)$

故有　　　　$G(s)H(s)=F(s)-1$

此式说明 $F(s)$ 的映射曲线 L_F 围绕坐标原点旋转的情况，相当于 $G(s)H(s)$ 的映射曲线 L_{GH} 围绕点 $(-1,\mathrm{j}0)$ 旋转的情况，如图 4.34 所示。

为了绘制 L_{GH} 映射曲线，可以令 $s=\mathrm{j}\omega$ 代入 $G(s)H(s)$，可得到开环频率特性 $G(\mathrm{j}\omega)H(\mathrm{j}\omega)$，然后令 ω 从 $-\infty$ 变化到 $+\infty$，即可绘制出 $G(\mathrm{j}\omega)H(\mathrm{j}\omega)$ 的映射曲线 L_{GH}，至于对应于 $s=\lim\limits_{R\to\infty}R\mathrm{e}^{\mathrm{j}\theta}$ 的映射部分，由于任何物理上可实现的开环系统 $G(s)H(s)$，其分母阶次 n 必不小于分子阶次，即 $n\geqslant m$，故有

$$\lim_{s\to\infty}G(s)H(s)=\begin{cases}0 & \text{当 } n>m\\ \text{常量} & \text{当 } n=m\end{cases}$$

此处 $s\to\infty$ 是指其模而言，即 $R\to\infty$，因此[S]平面上半径为 ∞ 的半圆映射到[GH]平面上为原点或实轴上的一点，这对于 $G(s)H(s)$ 的映射曲线 L_{GH} 对某点包围的情况并无影响，所以只需考虑[S]平面 $\mathrm{j}\omega$ 轴（ω 从 $-\infty$ — $+\infty$）映射到[GH]平面上的开环乃氏轨线

$G(j\omega)H(j\omega)$即可。

综上所述，乃奎斯特稳定判据（乃氏判据）可表述如下：闭环控制系统稳定的充分必要条件是，当 ω 从 $-\infty$ 变化到 $+\infty$ 时，系统的开环频率特性 $G(j\omega)H(j\omega)$ 按逆时针方向包围点$(-1,j0)$ p 周，p 是位于[S]平面右半部的开环极点数。对于开环稳定的系统，即 $p=0$，闭环系统稳定的充要条件是，系统的开环频率特性不包围点$(-1,j0)$。

例 4.8　已知系统的开环传递函数为

$$G(s)H(s)=\frac{K}{(T_1s+1)(T_2s+1)}$$

试用乃氏判据判别系统的稳定性。

解　此开环系统的频率特性为

$$G(s)H(s)=\frac{K}{(j\omega T_1+1)(j\omega T_2+1)}$$

当 ω 从 $-\infty\to+\infty$ 变化时，$G(j\omega)H(j\omega)$的乃氏图（极坐标图）如图 4.35 所示，显然，当 $\omega=0$ 时，$G(j\omega)H(j\omega)=K$，当 $\omega=\infty$ 时，$G(j\omega)H(j\omega)=0$，因为 $G(s)H(s)$在[S]的右半平面没有极点，故 $p=0$。由图可见，$G(j\omega)H(j\omega)$不包围点$(-1,j0)$，这说明对于 K、T_1、T_2 为任意正值，该闭环系统总是稳定的。另外由于 $G(j\omega)H(j\omega)$的乃氏图总是对称于实轴的，因此，实际中往往只画 ω 从 $0\to\infty$ 的部分，此时乃氏判据中的 p 周，改为 $p/2$ 周。

例 4.9　已知系统的开环传递函数为

$$G(s)H(s)=\frac{K}{Ts-1}$$

试用乃氏判据确定闭环系统稳定的 K 值范围。

解　$G(j\omega)H(j\omega)=\dfrac{K}{j\omega T-1}$幅频与相频特性分别为

$$|G(j\omega)H(j\omega)|=\frac{K}{\sqrt{1+T^2\omega^2}}\qquad \angle G(j\omega)H(j\omega)=-180^\circ+\arctan T\omega$$

其乃氏图如图 4.36 所示。该系统 $p=1$，由图可见，若 $G(j\omega)H(j\omega)$按逆时针方向绕点$(-1,j0)$一周，则闭环系统稳定，为此要求 $K>1$；若 $K<1$，则闭环系统不稳定。由此可见，对于开环不稳定系统，闭环后有可能稳定，也有可能不稳定。

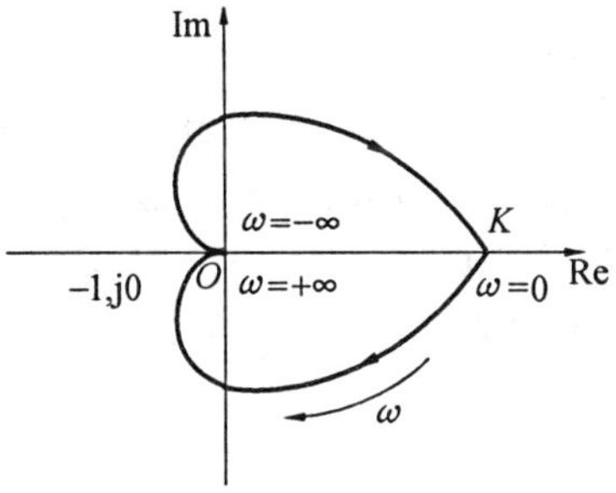

图 4.35　例 4.8 的乃氏图

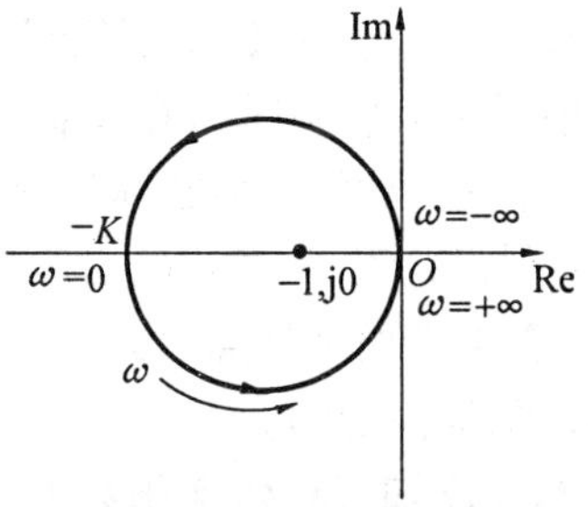

图 4.36　例 4.9 的乃氏图

三、虚轴上有开环极点时的乃氏判据

如果开环传递函数 $G(s)H(s)$在虚轴上有极点，则不能直接应用图 4.33 所示的乃氏轨线，因为幅角定理要求乃氏轨线不能经过 $F(s)$的奇点，为了在这种情况下应用乃氏判据，可以对乃氏轨线略作修改。使其沿着半径为无穷小($r\to 0$)的半圆绕过虚轴上的极点。当系统串联有积分环节时，则开环系统在坐标原点处有极点，此时相应的乃氏轨线可以修改为图 4.37 所示，图中的小半圆绕过了位于坐标原点的极点，当 $r\to 0$ 时 $F(s)$在[S]平面右半部的零点和极点仍被乃氏轨线所包围，只是将原点划到了左半部，以便适应乃氏判据的要求。

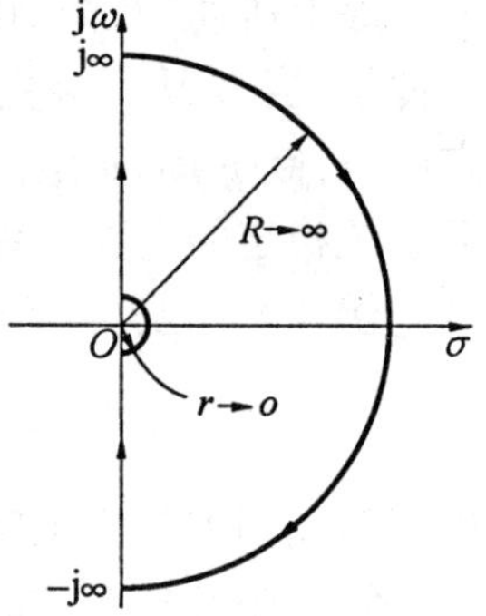

图 4.37　开环含有积分环节时的乃氏轨线

设系统开环传递函数为

$$G(s)H(s)=\frac{K\prod_{i=1}^{m}(T_is+1)}{s^v\prod_{j=1}^{n-v}(T_js+1)}$$

式中，v 为串联积分环节的数目，当沿着无穷小半圆逆时针方向移动时，有 $s=\lim_{r\to 0} re^{j\theta}$，映射到[GH]平面的曲线可以按下式求得

$$G(s)H(s)\Big|_{s=\lim_{r\to 0} re^{j\theta}}=\frac{K\prod_{i=1}^{m}(T_is+1)}{s^v\prod_{j=1}^{n-v}(T_js+1)}\Bigg|_{s=\lim_{r\to 0} re^{j\theta}}=\lim_{r\to 0}\frac{K}{r^v}e^{-jv\theta}=\infty e^{-jv\theta}$$

由上述分析可见，当 s 沿小半圆从 $\omega=0^-$ 变化到 $\omega=0^+$ 时，θ 角沿逆时针方向从 $-\frac{\pi}{2}$经 0°变化到$\frac{\pi}{2}$，这时[GH]平面上的映射曲线将沿着无穷大半径按顺时针方向从 $v\frac{\pi}{2}$转到 $-v\frac{\pi}{2}$。

上述结论是针对最小相位系统推导出来的，概括来讲，无论是对于最小相位系统还是非最小相位系统，若开环传递函数有 v 个积分环节(v 个 $s=0$ 的极点)，那么当 s 沿小半圆从$\omega=0^-$ 变化到 $\omega=0^+$ 时，其映射曲线是[GH]平面半径为无穷大，沿顺时针转过 $v180°$的圆弧。

例 4.10　已知开环传递函数为

$$G(s)H(s)=\frac{K}{s(Ts+1)}\qquad (K>1)$$

其中，$K>0$、$T>0$，绘制乃氏图并判别系统的稳定性。

解　该系统 $G(s)H(s)$在坐标原点处有一个极点，为 I 型系统，因此其乃氏轨线如图 4.38所示，当 s 沿无穷小半圆从 $\omega=0^-$ 到 $\omega=0^+$ 移动时，在[GH]平面上映射曲线为半径 $R\to\infty$ 的半圆，与 $G(s)H(s)$的乃氏图相连接后的封闭曲线如图 4.38 所示，此系统开环传递函数在[S]右半平面无极点，即 $p=0$，$G(s)H(s)$的乃氏曲线又不包围点$(-1,j0)$，即 $N=0$。所以闭环系统是稳定的。

例 4.11　已知开环传递函数为

$$G(s)H(s)=\frac{K(s+3)}{s(s-1)}\qquad (K>1)$$

试绘制乃氏图，并分析闭环系统的稳定性。

解　由于 $G(s)H(s)$在[S]平面上右半部有一极点，故 $p=1$，其乃氏图如图 4.39 所示，图中可见当 ω 从 $-\infty$ 到 $+\infty$ 变化时，乃氏曲线逆时针包围点$(-1,j0)$一周，因此闭环系统是稳定的。

由于本系统是非最小相位系统，因此当 ω 从 $\omega=0^-$ 经过原点到 $\omega=0^+$ 变化时，映射到 $[GH]$ 平面上是半径为无穷大按顺时针从 $-\frac{\pi}{2}$ 转到 $\frac{\pi}{2}$ 的圆弧，即顺时针转过 180°($v=1$)。

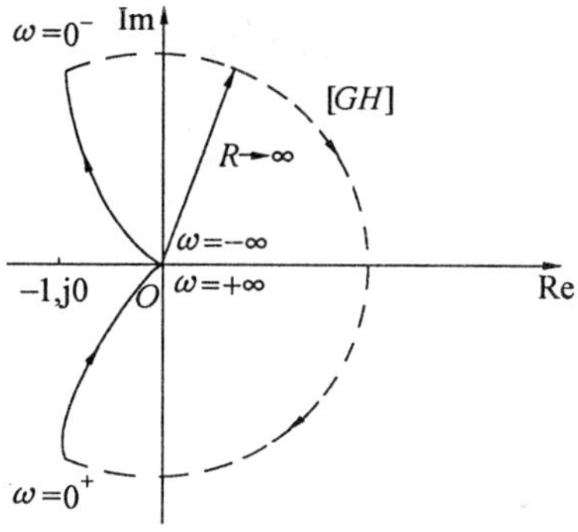

图 4.38　例 4.10 的乃氏图

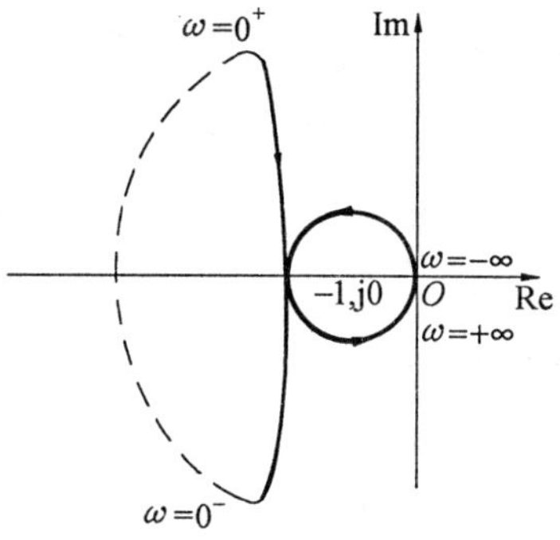

图 4.39　例 4.11 的乃氏图

例 4.12　已知系统的开环传递函数为

$$G(s)H(s)=\frac{K(T_2s+1)}{s^2(T_1s+1)}$$

试分析 T_1 和 T_2 的相对大小对系统稳定性的影响，并绘制相应的乃氏图。

解　开环频率特性

$$G(\mathrm{j}\omega)H(\mathrm{j}\omega)=\frac{K(\mathrm{j}\omega T_2+1)}{(\mathrm{j}\omega)^2(\mathrm{j}\omega T_1+1)}$$

由 $G(\mathrm{j}\omega)H(\mathrm{j}\omega)$ 可知

当 $\omega=0$ 时　　$|G(\mathrm{j}\omega)H(\mathrm{j}\omega)|=\infty$，$\angle G(\mathrm{j}\omega)H(\mathrm{j}\omega)=-180°$

当 $\omega=\infty$ 时　　$|G(\mathrm{j}\omega)H(\mathrm{j}\omega)|=0$，$\angle G(\mathrm{j}\omega)H(\mathrm{j}\omega)=-180°$

对于任意 ω，有

$$\angle G(\mathrm{j}\omega)H(\mathrm{j}\omega)=-180°-\arctan T_1\omega+\arctan T_2\omega$$

$$|G(\mathrm{j}\omega)H(\mathrm{j}\omega)|=\frac{K\sqrt{(T_2\omega)^2+1}}{\omega^2\sqrt{(T_1\omega)^2+1}}$$

根据以上两式可以绘制出当 $T_1<T_2$、$T_1=T_2$、$T_1>T_2$ 三种情况下的乃氏图，如图 4.40 所示。

(1) $T_1<T_2$，当 $\omega=0^+$ 时 $\angle G(\mathrm{j}\omega)H(\mathrm{j}\omega)$ 位于第三象限，大于 $-180°$，当 ω 从 $-\infty$ 到 $+\infty$ 变化时，$G(\mathrm{j}\omega)H(\mathrm{j}\omega)$ 曲线不包围点 $(-1,\mathrm{j}0)$，因此闭环系统稳定，如图 4.40(a) 所示。

(2) $T_1=T_2$，此时 $G(\mathrm{j}\omega)H(\mathrm{j}\omega)$ 曲线穿过点 $(-1,\mathrm{j}0)$，闭环系统临界稳定，如图 4.40(b)。

(3) $T_1>T_2$，当 $\omega=0^+$ 时，$\angle G(\mathrm{j}\omega)H(\mathrm{j}\omega)$ 位于第二象限，小于 $-180°$，当 ω 从 $-\infty$ 到 $+\infty$ 变化时，$G(\mathrm{j}\omega)H(\mathrm{j}\omega)$ 曲线顺时针包围点 $(-1,\mathrm{j}0)$ 两周，说明有两个闭环极点位于 $[S]$ 的右半平面上，闭环系统不稳定，如图 4.40(c) 所示。

例 4.13　已知系统开环传递函数为

$$G(s)H(s)=\frac{4s+1}{s^2(s+1)(2s+1)}$$

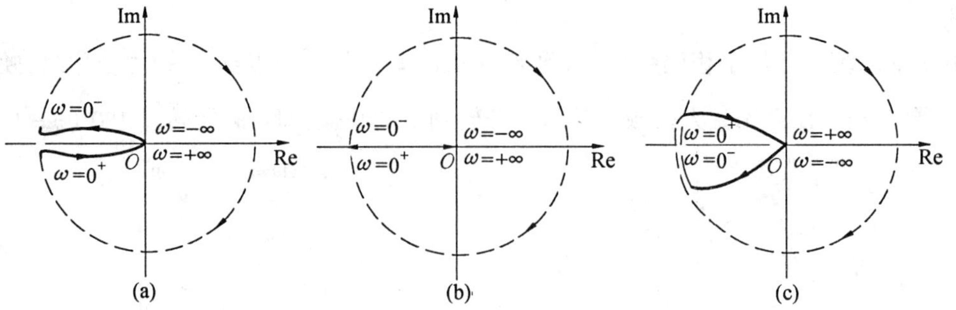

图 4.40　例 4.12 的乃氏图

试分析系统的稳定性。

解　当 $\omega=0$ 时　　　　$\angle G(\mathrm{j}\omega)H(\mathrm{j}\omega)=-180^\circ$

　　当 $\omega=+\infty$ 时　　　$\angle G(\mathrm{j}\omega)H(\mathrm{j}\omega)=-270^\circ$

因此，乃氏曲线穿过负实轴，在交点处

$$\angle G(\mathrm{j}\omega)H(\mathrm{j}\omega)=-180^\circ+\arctan 4\omega-\arctan\omega-\arctan 2\omega=-180^\circ$$

由此式求出交点处 $\omega=\dfrac{\sqrt{2}}{4}$ rad/s，而 $|G(\mathrm{j}\omega)H(\mathrm{j}\omega)|_{\omega=\frac{\sqrt{2}}{4}}=10.6$，开环系统乃氏图如图 4.41 所示。

此为Ⅱ型系统，当 ω 由 $\omega=0^-$ 经原点到 $\omega=0^+$ 移动时，乃氏曲线顺时针转过 2π 角度，当 ω 由 $-\infty$ 到 $+\infty$ 时，乃氏曲线顺时针包围点 $(-1,\mathrm{j}0)$ 两周，即 $N=2$，而 $P=0$。由 $N=Z-P$ 得 $Z=2$，故有两个极点在[S]平面的右半部分，闭环系统不稳定。

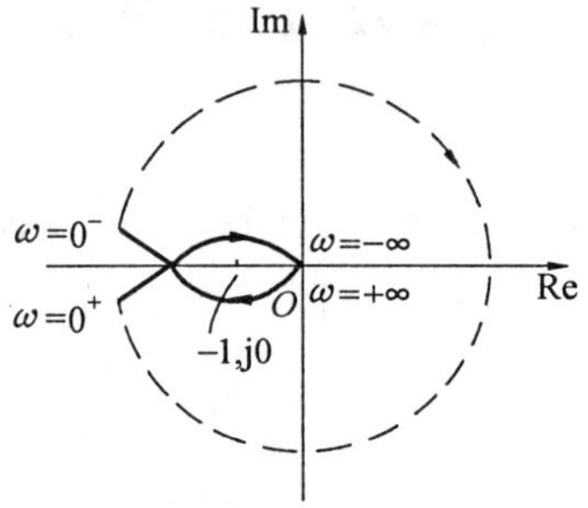

图 4.41　例 4.13 的乃氏图

关于乃氏判据的几点说明：

(1) 乃氏判据是基于幅角定理通过开环频率特性曲线(乃氏图)相对于点 $(-1,\mathrm{j}0)$ 的包围情况来判别闭环系统的稳定性。这是因为闭环特征多项式为 $F(s)=1+G(s)H(s)$，而 $F(s)$ 包围[F]平面原点的情况与 $G(s)H(s)$ 在[GH]平面包围点 $(-1,\mathrm{j}0)$ 的情况完全相同，因此用 $G(\mathrm{j}\omega)H(\mathrm{j}\omega)$ 曲线包围点 $(-1,\mathrm{j}0)$ 的情况同样可以反映闭环系统的固有特性。

(2) 用乃氏判据判别闭环系统稳定性的基本公式是 $N=z-p$，判别步骤如下：首先要确定开环是否稳定，即 p 为多少，然后要作出开环频率特性 $G(\mathrm{j}\omega)H(\mathrm{j}\omega)$ 的乃氏图，根据其围绕点 $(-1,\mathrm{j}0)$ 的情况确定包围周数 N，$N>0$ 表示顺时针旋转，$N<0$ 表示逆时针旋转，最后再根据 $N=z-p$(即 $z=N+p$)确定 z 是否为零，$z=0$ 表示闭环系统稳定，$z\neq0$ 表示闭环系统不稳定，z 的数值等于闭环极点在[S]右半平面的数目。

(3) 开环频率特性 $G(\mathrm{j}\omega)H(\mathrm{j}\omega)$ 的乃氏图是以实轴为对称的，因此一般只需给出 ω 由 O 到 $+\infty$ 变化的曲线即可判别闭环稳定性。

四、乃氏稳定判据在伯德图上的应用

Bode 图与乃氏图相比，其绘制过程更为简单、方便，在 Bode 图上同样可以利用乃氏判据来判别系统的稳定性，这种方法有时称为 Bode 判据，实际上它是乃氏判据在对数坐标图上的引申。

不难看出，系统开环频率特性的乃氏图与 Bode 图存在一定的对应关系，如图 4.42 所示。

(1) 乃氏图上 $|G(j\omega)H(j\omega)|=1$ 的单位圆与 Bode 图上的 0 dB 线相对应。单位圆外部对应于 $L(\omega)>0$，单位圆内部与对应于 $L(\omega)<0$。

(2) 乃氏图上的负实轴对应于 Bode 图上 $\varphi(\omega)=-180°$线。

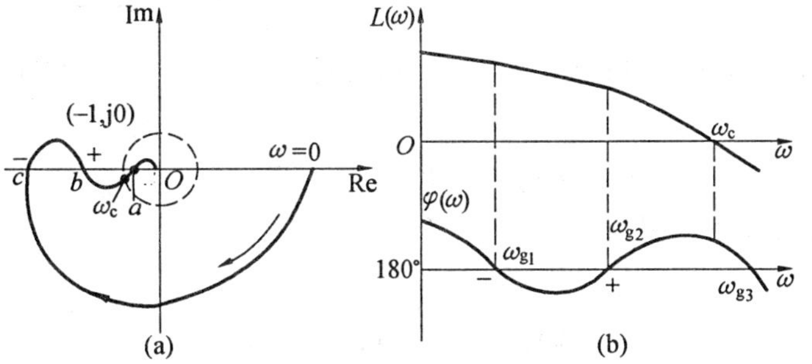

图 4.42　乃氏图与 Bode 图的对应关系

乃氏图与单位圆交点的频率，即对数幅频特性曲线与横轴交点的频率，称为剪切频率或幅值穿越频率、交界频率等，记为 ω_c。

乃氏图与负实轴的交点的频率，即对数相频特性曲线与 $-180°$线交点的频率，称为相位交界频率或相位穿越频率，记为 ω_g。

在乃氏图中，如果开环 $G(j\omega)H(j\omega)$ 曲线在点$(-1,j0)$以左穿过负实轴，称为“穿越”。若沿 ω 增加方向，曲线自上而下(相位增加)穿过点$(-1,j0)$以左的负实轴，则称为正穿越；反之沿 ω 增加方向，曲线自下而上(相位减小)穿过点$(-1,j0)$以左的实轴，则称为负穿越。如果沿 ω 增加方向，$G(j\omega)H(j\omega)$ 曲线自点$(-1,j0)$以左负实轴开始向下或向上，则分别称为半次正穿越和半次负穿越，如图 4.42(a)所示。

在 Bode 图上，对应 $L(\omega)>0$ 的频段内沿 ω 增加的方向，对数相频特性曲线自下而上穿过 $-180°$线称为正穿越；反之曲线自上而下穿过 $-180°$线为负穿越。同样若沿 ω 增加方向，对数相频曲线自 $-180°$线开始向上或向下，则分别称为半次正穿越和半次负穿越，如图 4.42(b)所示。

在乃氏图上，正穿越一次，对应于 $G(j\omega)H(j\omega)$ 曲线逆时针包围点$(-1,j0)$一周，而负穿越一次，对应于顺时针包围点$(-1,j0)$一周，因此 $G(j\omega)H(j\omega)$ 曲线包围点$(-1,j0)$的次数等于正、负穿越次数之差。

综上所述，在 Bode 图上采用乃氏判据可以表述如下：闭环系统稳定的充要条件是，当 ω 从 $0\to\infty$ 变化时，在 $L(\omega)>0$ 的频段内，相频特性 $\varphi(\omega)$穿越 $-180°$线的次数(正、负穿越次数之差)为 $p/2$，p 是[S]平面右半部开环极点数目。(注：由于 ω 由 $0\to\infty$，而不是由 $-\infty\to+\infty$，故穿越次数不是 p，而是 $p/2$)

若开环稳定，即 $p=0$，则上述正、负穿越之差应等于零，或者 $\varphi(\omega)$不穿越 $-180°$线。

由图 4.42(b)可见，在 $\omega=0\sim\omega_c$ 的频段内，相频特性 $\varphi(\omega)$正、负穿越之差应为 0，因此在 $p=0$ 时，系统稳定。该系统实际上是一条件稳定系统，即改变开环增益可以使闭环系统变成不稳定。当开环增益增加到足够大，或减到足够小，$G(j\omega)H(j\omega)$ 曲线都将包围点$(-1,j0)$两次，因而系统不稳定。为了使系统能稳定地工作，在图 4.42(a)中，点$(-1,j0)$不

能落在 Oa 和 bc 区间内，这种只有当开环增益在一定范围内取值，从而使点$(-1,\mathrm{j}0)$落在乃氏曲线的外面后才稳定的系统，称为条件稳定系统。

五、乃氏稳定判据用于滞后系统稳定性分析

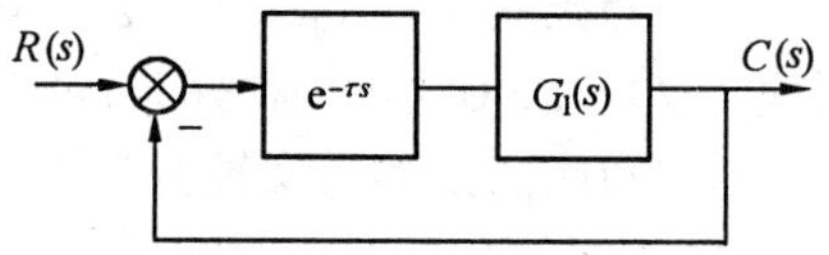

图 4.43　滞后系统方框图

滞后系统的方框如图 4.43 所示，系统开环传递函数为

$$G(s)=G_1(s)\mathrm{e}^{-\tau s} \tag{4.31}$$

开环频率特性为

$$G(\mathrm{j}\omega)=G_1(\mathrm{j}\omega)\mathrm{e}^{-\mathrm{j}\tau\omega} \tag{4.32}$$

开环幅频与相频特性分别为

$$|G(\mathrm{j}\omega)|=|G_1(\mathrm{j}\omega)| \tag{4.33a}$$

$$\angle G(\mathrm{j}\omega)=\angle G_1(\mathrm{j}\omega)-\tau\omega \tag{4.33b}$$

由式(4.33a)与式(4.33b)可见，滞后系统的开环幅频特性与不考虑滞后环节的开环幅频特性完全相同，而滞后系统的开环相频特性则是不考虑滞后环节时的开环相频特性 $G_1(\mathrm{j}\omega)$ 与 $\tau\omega$ 之差。因此，滞后环节对系统的影响主要表现在相移上。

现设 $G_1(s)=\dfrac{1}{s(s+1)}$，试分析滞后时间 τ 对稳定性的影响，图 4.44 绘出当 τ 取不同值时的乃氏图。

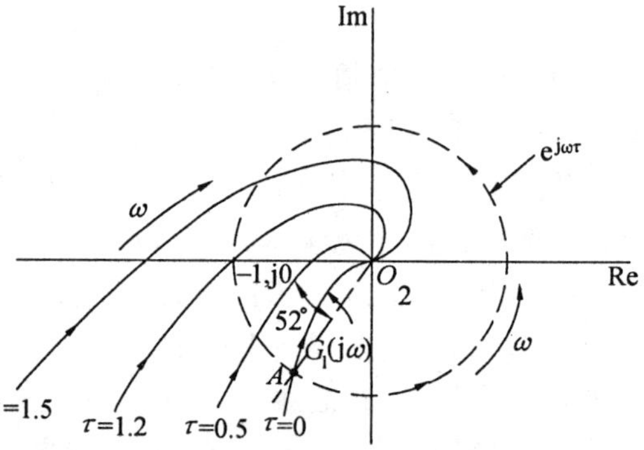

图 4.44　滞后系统的乃氏图

图中随着滞后时间常数 τ 由 0 逐渐增大，乃氏曲线的相位移也沿着顺时针方向逐渐增大，对于这种情况我们同样可以根据滞后系统的乃氏曲线对点$(-1,\mathrm{j}0)$的包围次数和方向来判定系统是否稳定，例如对本例，除了滞后环节外，$G(s)$的极点全部在[S]平面左半部，即 $p=0$，则对于某个 τ 值若使乃氏曲线正好通过点$(-1,\mathrm{j}0)$，则为临界稳定，若大于此 τ 值(如 $\tau=1.5$)，则为不稳定，若小于此 τ 值(如 $\tau=0.5$)，则系统稳定。

对于临界 τ 值的求取，可以采用如下办法。

该系统闭环特性方程为 $1+G_1(s)\mathrm{e}^{-\tau s}=0$，将 $G_1(s)$代入

可得

$$\frac{1}{s(s+1)}\mathrm{e}^{-\tau s}=-1$$

或写为

$$\frac{1}{s(s+1)}=-\mathrm{e}^{\tau s}$$

其频率特性为

$$G_1(\mathrm{j}\omega)=\frac{1}{\mathrm{j}\omega(\mathrm{j}\omega+1)}=-\mathrm{e}^{\mathrm{j}\omega\tau} \tag{4.34}$$

根据上式我们将 $G_1(\mathrm{j}\omega)$和 $-\mathrm{e}^{\mathrm{j}\omega\tau}$的乃氏图同时画在图 4.44 中，两条曲线交于点 A，根据 $|G_1(\mathrm{j}\omega)|=1$ 的条件求出点 A 对应的角频率 $\omega=0.786\ \mathrm{rad/s}$，而 $-\mathrm{e}^{\mathrm{j}\omega\tau}$ 曲线在该点对应的 $\tau\omega=52°=0.9\ \mathrm{rad}$，由于点 A 是两曲线交点，故它们应具有相同的角频率，即 $\omega\tau=0.786\tau=$

0.9,于是求得 $\tau = 1.2$ s。

由图可知,当 $\tau > 1.2$ s 时,系统不稳定;当 $\tau < 1.2$ s 时,系统稳定;当 $\tau = 1.2$ s 时,系统处于临界稳定状态,出现持续等幅振荡。

4.5 相对稳定性分析

前面介绍了根据开环频率特性判别闭环系统稳定性的乃氏判据,利用乃氏判据不仅可以定性地判断系统的稳定性,而且还可以定量地反映系统的相对稳定性,即稳定的程度。

乃氏判据指出,若开环系统稳定($p = 0$),则闭环稳定的充要条件是乃氏曲线不包围点$(-1, j0)$,如果曲线穿过点$(-1, j0)$,则系统处于临界稳定状态,曲线距离点$(-1, j0)$越远,稳定程度越高,这就是我们所说的相对稳定性,它通过开环频率特性曲线对点$(-1, j0)$的靠近程度来表征,其定量表示为相位裕度 γ 和幅值裕度 K_g。

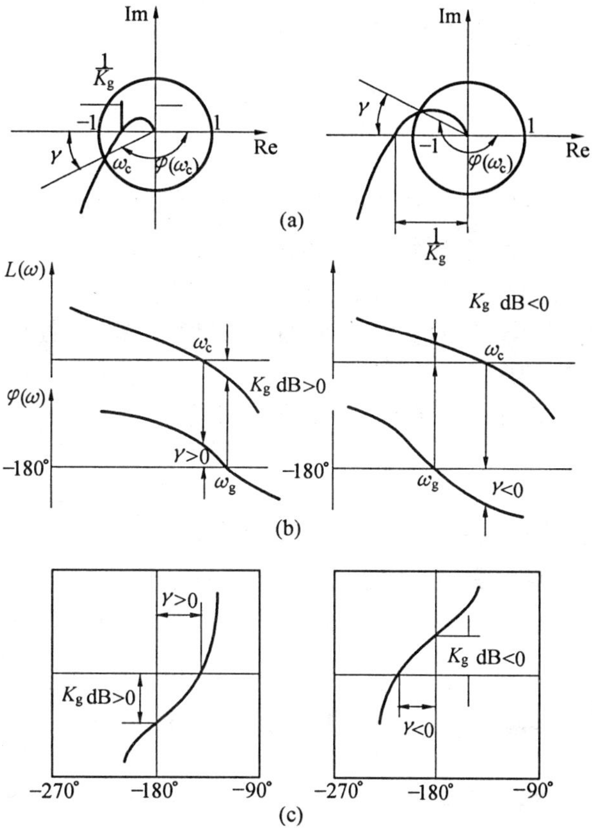

图 4.45 相角裕度与幅值裕度

1. 相位裕度 γ(或相角裕度)

在频率特性上,当$|G(j\omega)H(j\omega)| = 1$时所对应的角频率,称为剪切频率 ω_c,在剪切频率 ω_c 使系统达到临界稳定状态所需附加的相角滞后量,称为相位裕度 γ。有时又称为相角稳定性储备,定义为

$$\gamma = 180° + \varphi(\omega_c) \qquad (4.35)$$

式中 $\varphi(\omega_c)$为开环相频特性在 $\omega = \omega_c$ 时的相位,如图 4.45(a)所示。

根据定义,对于稳定系统,γ 为正相角裕度(极坐标图中 γ 角在负实轴以下,Bode 图 γ 角在 180°线以上);对于不稳定系统,γ 为负相角裕度(极坐标图 γ 角在负实轴以上,Bode 图 γ 角在 -180°线以下)。图4.45(a)、(b)、(c)分别用极坐标图(乃氏图)、对数坐标图(Bode 图)、对数幅相图(Nichols 图)给出相角裕度和增益裕度,请读者自己分析。

2. 幅值裕度 K_g(又称增益裕度)

在极坐标图上,等于 -180°线的交界频率 ω_g 处,开环幅频特性的倒数定义为幅值裕度,即

$$K_g = \frac{1}{|G(j\omega_g)H(j\omega_g)|} \qquad (4.36)$$

在 Bode 图上,幅值裕度改用分贝(dB)表示,记为 K_g(dB)。

$$K_g(\mathrm{dB}) = 20\lg K_g = 20\lg \frac{1}{|G(\mathrm{j}\omega_g)H(\mathrm{j}\omega_g)|} = -20\lg|G(\mathrm{j}\omega_g)H(\mathrm{j}\omega_g)| \tag{4.37}$$

对于稳定系统 $K_g > 1, K_g(\mathrm{dB}) > 0$,此时称为正幅值裕度,但在 Bode 图上,$K_g(\mathrm{dB})$必在 0 dB线以下,这是因为对数幅频特性的纵坐标为 $20\ \lg|GH|$,而 $K_g(\mathrm{dB})$定义为 $-20\lg|GH|$的缘故。

综上所述,对于开环稳定($p=0$)的系统来说,当 $G(\mathrm{j}\omega)H(\mathrm{j}\omega)$具有正幅值裕度和正相角裕度时,其闭环系统才是稳定的;反之,当 $G(\mathrm{j}\omega)H(\mathrm{j}\omega)$具有负幅值裕度和负相角裕度时,闭环系统是不稳定的。

幅值裕度 K_g 与相角裕度 γ 与系统的暂态特性密切相关,从工程实践角度上考虑,为了使系统具有满意的稳定储备,即相对稳定性,通常希望

$$\gamma = 30^\circ - 60^\circ$$

$$K_g(\mathrm{dB}) > 6\ \mathrm{dB}$$

$$K_g > 2$$

严格地讲,应当同时给出相角裕度和增益裕度,才能确定系统的相对稳定性,但是在粗略估计系统的暂态响应指标时,有时主要对相角裕度提出要求。对于最小相位系统,由于开环幅频与相频特性之间存在惟一的确定关系,因此上述相角裕度($\gamma = 30^\circ - 60^\circ$)的要求意味着系统开环对数幅频特性在剪切频率 ω_c 处的斜率应大于 -40 dB/dec,实际上常取 -20 dB/dec。

例 4.14 典型二阶系统开环传递函数

$$G(s) = \frac{\omega_n^2}{s(s+2\xi\omega_n)}$$

试计算其相角裕度与阻尼比的关系。

解 典型二阶系统的开环频率特性为

$$G(\mathrm{j}\omega) = \frac{\omega_n^2}{\mathrm{j}\omega(\mathrm{j}\omega + 2\xi\omega_n)}$$

幅频特性 $$A(\omega) = |G(\mathrm{j}\omega)| = \frac{\omega_n^2}{\omega\sqrt{\omega^2 + (2\xi\omega_n)^2}}$$

相频特性 $$\varphi(\omega) = \angle G(\mathrm{j}\omega) = -90^\circ - \arctan\frac{\omega}{2\xi\omega_n}$$

为计算相角裕度,必须先求出剪切频率 ω_c,由 $\dfrac{\omega^2}{\omega\sqrt{\omega^2 + (2\xi\omega_n)^2}} = 1$ 求出

$$\omega_c = \omega_n(\sqrt{1+4\xi^4} - 2\xi^2)^{1/2} \tag{4.38}$$

根据相角裕度定义

$$\gamma = 180^\circ + \varphi(\omega_c) = 90^\circ - \arctan\frac{\omega_c}{2\xi\omega_n} =$$

$$\arctan\frac{2\xi\omega_n}{\omega_c} = \arctan\left[2\xi\left(\frac{1}{\sqrt{1+4\xi^4} - 2\xi^2}\right)^{1/2}\right] \tag{4.39}$$

式(4.39)表示典型二阶系统的相角裕度与阻尼比之间的关系。根据这一关系绘出 γ 与 ξ 的关系曲线如图 4.46 所示。

由图可见,对二阶系统来说,相角裕度与阻尼比有确定的关系,当 $\gamma = 60^\circ$时相当于阻尼

比$\xi=0.6$。因此，根据相角裕度和根据阻尼比一样也可以分析系统的暂态特性，故相角裕度也可以视为控制系统的频域指标之一。

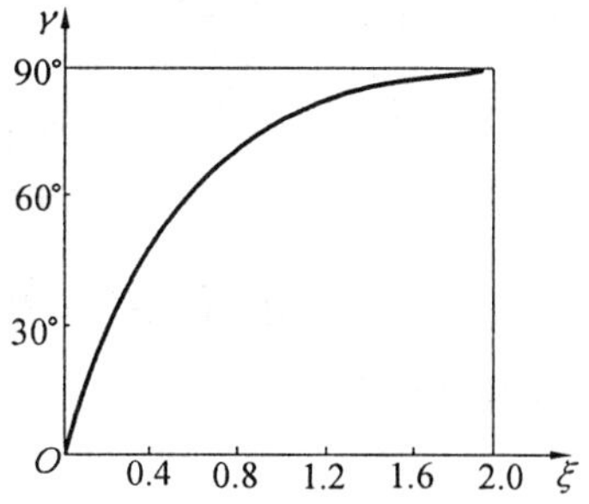

图 4.46　相角裕度与阻尼比的关系曲线

例 4.15　已知单位反馈系统的开环传递函数为

$$G(s)=\frac{K}{s(s+1)(0.1s+1)}$$

试分别确定 $K=5$ 和 $K=20$ 时系统的稳定性，并求出相角裕度和幅值裕度。

解　首先作出 $K=5$、$K=20$ 的 Bode 图，如图 4.47 所示。由图可见，它们的相频特性相同，幅频特性不同。当 $K=5$ 时，相角裕度 $\gamma_1=12°$，幅值裕度 $K_{g1}(\mathrm{dB})\approx 6\ \mathrm{dB}$ 闭环系统稳定。当 $K=20$ 时，相角裕度 $\gamma_2\approx-12°$，$K_{g2}(\mathrm{dB})\approx-6\ \mathrm{dB}$。因此闭环系统不稳定。对于从 Bode 图上读取的相角裕度和幅值裕度粗略值，也可以通过计算进行验证，计算过程请读者自行练习。

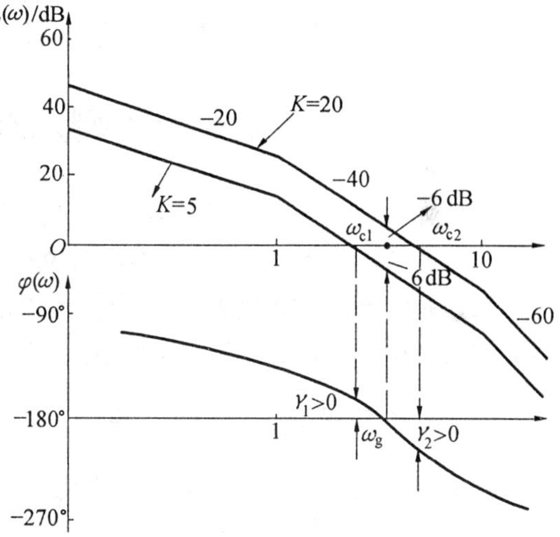

图 4.47　例 4.15 图

例 4.16　已知系统开环传递函数为

$$G(s)H(s)=\frac{K}{(Ts+1)^3}$$

要求：

(1) 用乃氏判据求系统临界稳定时的开环增益 K。

(2) 试分析当

$$G(s)H(s)=\frac{K}{(Ts+1)^2(aTs+1)}$$

即某一惯性环节时间常数由 T 改变为 $aT(a>0)$时，其临界开环增益有何变化？

解　系统开环频率特性为

$$G(\mathrm{j}\omega)H(\mathrm{j}\omega)=\frac{K}{(\mathrm{j}\omega T+1)^3}=\frac{K}{\sqrt{(T^2\omega^2+1)^3}}\mathrm{e}^{-\mathrm{j}3\arctan T\omega}$$

于是有对数幅频特性和相频特性为

$$L(\omega)=20\lg|G(\mathrm{j}\omega)H(\mathrm{j}\omega)|=20\lg K-20\lg(T^2\omega^2+1)^{3/2}$$

$$\varphi(\omega)=\angle G(\mathrm{j}\omega)H(\mathrm{j}\omega)=-3\arctan T\omega$$

(1) 欲求临界稳定时的开环增益值 K，首先令相位裕度 $\gamma=0$，即

$$\gamma=180°+\varphi(\omega)=180°-3\arctan T\omega=0$$

求得在稳定临界状态下之 ω_0 值，由上式可得

$$\arctan T\omega_0=60° \qquad \omega_0=\frac{\sqrt{3}}{T}$$

将 ω_0 的值代入 $L(\omega)$中，并令 $L(\omega)=0$，有

$$20\lg K-20\lg(T^2\omega_0^2+1)^{3/2}=0$$

求得临界增益为 $K=8$。

(2) 当 $G(s)H(s)=\dfrac{K}{(Ts+1)^2(aTs+1)}$ 时 $(a>0)$

$$\varphi(\omega)=-(\arctan T\omega+\arctan T\omega+\arctan aT\omega)$$

令 $\gamma=0$,可求得系统临界稳定时对应的 $\omega_0=\sqrt{\dfrac{a+2}{aT^2}}$,再代入 $L(\omega)$,令 $L(\omega_0)=0$,求得临界开环增益为

$$K=8+\frac{2(a-1)^2}{a}$$

当 $a>0$ 且 $a\neq 1$ 时,$K>8$。

由此可见,三个惯性环节串联的系统,只有当三个时间常数相等时临界开环增益最小,即 $K=8$。这个结论有时对改善系统的特性会有帮助。

4.6　闭环频率特性及其绘制方法

闭环频域性能指标是控制系统设计的主要指标形式之一,通过绘制闭环频率特性来估算和评价系统的动态性能,在一些科技文献中还经常使用这种方法。

根据系统开环频率特性可以绘制闭环频率特性,常用的方法有图解法与计算机绘制法,本节主要介绍图解法,主要有等 M 圆图、等 N 圆图和尼柯尔斯(Nichols)图,简称尼氏图。

一、闭环频率特性及特征量

设单位反馈系统的开环频率特性为 $G(j\omega)$,则闭环频率特性为

$$\Phi(j\omega)=\frac{C(j\omega)}{R(j\omega)}=\frac{G(j\omega)}{1+G(j\omega)}=M(\omega)e^{j\alpha(\omega)}$$

通过上式可以逐点取 ω 值算出相应幅频值 $M(\omega)$ 相频值 $\alpha(\omega)$,从而绘出闭环频率特性曲线。图 4.48 给出两种幅频曲线 1 和 2,曲线 2 表示闭环频率特性幅值随 ω 增加而单调减少。曲线 1 有波峰,我们主要结合曲线 1 讨论有关特征量。

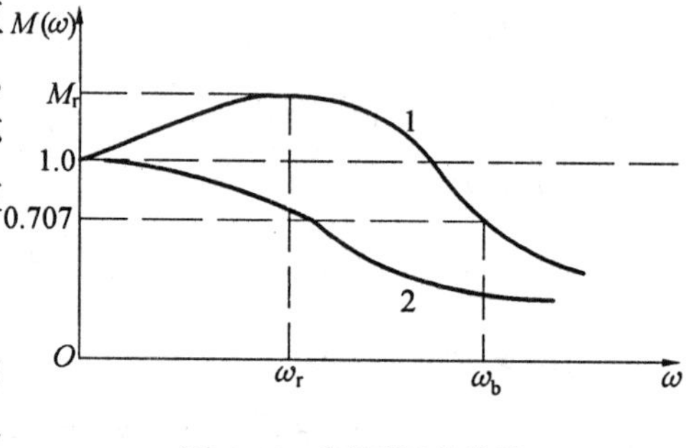

图 4.48　闭环频率特性

1. 零频值 $M(0)$

对于单位反馈系统,若系统为无静差系统,即积分环节 $v\geq 1$,则在阶跃输入下稳态时(即 $\omega\to 0$),有

$$M(0)=\lim_{\omega\to 0}|\Phi(j\omega)|=1$$

若系统为有差系统则稳态时,有

$$M(0)=\lim_{\omega\to 0}|\Phi(j\omega)|=\frac{K}{1+K}<1$$

式中,K 为系统开环增益。因此通过零频值 $M(0)$ 是否为 1 可以反映出系统跟随阶跃输入时稳态误差的不同。对于Ⅰ型及Ⅰ型以上的系统,$M(0)=1$,故为无差系统;对于 0 型系统,由于 $M(0)<1$,故为有差系统,$M(0)$ 值越接近于 1,稳态误差越小。

2. 带宽频率 ω_b(又称截止频率)

在幅频特性 $M(\omega)$ 曲线上,对应幅值等于 $0.707M(0)$ 的频率 ω_b 称为系统的带宽频率,而 $0 \leqslant \omega \leqslant \omega_b$ 称为系统的带宽。在闭环对数幅频特性 $20\lg M(\omega)$ 曲线上,幅值由 0 dB 下降到 -3 dB 时对应的频率为 ω_b。

ω_b 是闭环频率特性的一项重要指标,ω_b 大,表明系统频带宽,反应速度快,动态特性好,但易引入噪声干扰;ω_b 小,则频带窄,只能通过低频信号,动态特性缓慢,但抑制高频干扰能力强,因此 ω_b 的选择要综合考虑。

3. 谐振峰值 M_r 和峰值频率 ω_r

闭环幅频特性的最大值 M_r 称为谐振峰值,它反映系统的相对稳定性,一般说来,M_r 的值越大,系统阶跃响应的最大超调量也越大。通常希望 M_r 值在(1.0~1.4)范围内(0~3 dB),相当于 $0.4<\xi<0.7$。

谐振峰值出现时的频率称为谐振频率 ω_r,它在一定程度上可以反映系统的快速性,ω_r 越大,暂态响应越快,对于弱阻尼系统,ω_r 与 ω_b 的值很接近。

二、等 M 圆图和等 N 圆图

1. 等 M 圆图

设单位反馈系统开环频率特性

$$G(j\omega)=X(\omega)+jY(\omega) \tag{4.40}$$

则闭环频率特性

$$\Phi(j\omega)=\frac{G(j\omega)}{1+G(j\omega)}=M(\omega)e^{j\alpha(\omega)} \tag{4.41}$$

式中
$$M=\left|\frac{G(j\omega)}{1+G(j\omega)}\right|=\left|\frac{X+jY}{1+X+jY}\right|=\sqrt{\frac{X^2+Y^2}{(1+X)^2+Y^2}}$$

将上式两端平方,经整理,有

$$\left(X+\frac{M^2}{M^2-1}\right)^2+Y^2=\left(\frac{M}{M^2-1}\right)^2 \tag{4.42}$$

式(4.42)是一圆的方程,其圆心坐标和半径分别为

$$X_0=\frac{-M^2}{M^2-1},\ Y_0=0,\ r_0=\left|\frac{M}{M^2-1}\right|$$

取不同的 M 值,便可以得到一簇圆,如图 4.49 所示

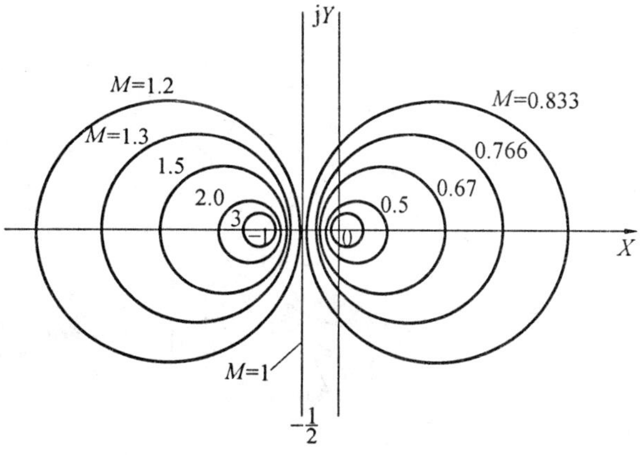

图 4.49　等 M 圆

由图可见,当 $M>1$ 时,圆心位于(-1,j0)点左面,随 M 增大,等 M 圆越来越小,$M\to\infty$ 时,$X_0=-1$,$r_0=0$,最后收敛于点(-1,j0),当 $M<1$ 时,圆心位于(-1,j0)点右面,随 M 值减小,M 圆的半径也越来越小,最后收敛于坐标圆点,当 $M=1$ 时,$r_0=\infty$,$X_0=-\infty$,这是一个圆心在无穷远、半径为 ∞ 的圆,实际上是一条

轴的交点可以由式(4.42)求得,即

$$X\Big|_{Y=0}=\left[-\frac{M^2}{M^2-1}+\frac{M}{M^2-1}\right]_{M=1}=-\frac{1}{2}$$

2. 等 N 圆图

根据式(4.41),闭环频率特性的相角

$$\alpha(\omega)=\angle\frac{G(\mathrm{j}\omega)}{1+G(\mathrm{j}\omega)}=\angle\frac{X+\mathrm{j}Y}{1+X+\mathrm{j}Y}=$$

$$\arctan(\frac{Y}{X})-\arctan(\frac{Y}{1+X})=\arctan(\frac{Y}{X^2+X+Y^2})$$

或写为 $N=\tan\alpha=\frac{Y}{X^2+X+Y^2}$,经整理可改写为

$$(X+\frac{1}{2})^2+(Y-\frac{1}{2N})^2=\frac{1}{4}\ \frac{N^2+1}{N^2} \tag{4.43}$$

当 N 为常数时,上式为一个圆的方程,圆心为

$$X_0=-\frac{1}{2},Y_0=\frac{1}{2N},\text{半径 } r_0=\frac{1}{2N}\sqrt{N^2+1}$$

若给出不同的 N 值,可以画出一簇等 N 圆,如图 4.50 所示。

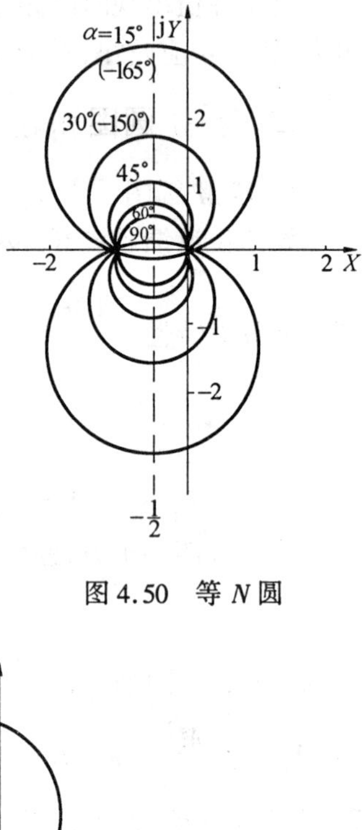

图 4.50　等 N 圆

等 M 圆图和等 N 圆图作为样板曲线通常绘在透明纸上,这样可以根据已知开环频率特性极坐标图与等 M 圆图和等 N 圆图的交点,求得各交点处频率所对应的 M 值和 N 值,从而绘出闭环频率特性曲线。

例 4.17　某开环系统的频率特性 $G(\mathrm{j}\omega)$ 极坐标曲线分别叠在一族 M 圆上和一族 N 圆上。如图 4.51(a)、(b)所示,试确定闭环系统的幅频 $M(\omega)$ 和相频 $\alpha(\omega)$ 曲线。

解　将 $G(\mathrm{j}\omega)$ 分别与等 M 圆图和等 N 圆叠加后,可以得到对应于不同频率值 $\omega_1,\omega_2,\cdots,\omega_5$ 的相交点,根据两幅图的交

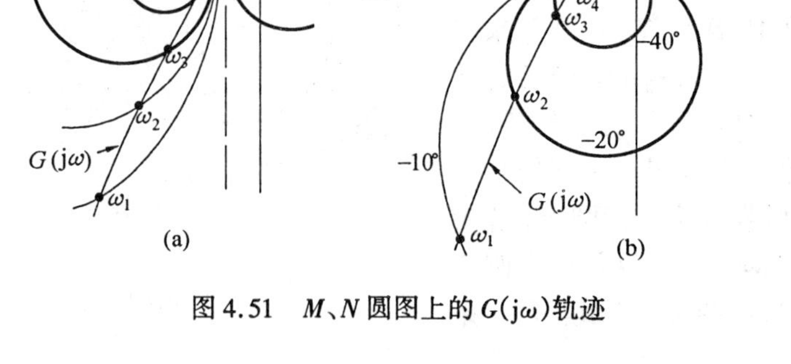

图 4.51　M、N 圆图上的 $G(\mathrm{j}\omega)$ 轨迹

点值，可以分别绘出系统闭环幅频特性 $M(\omega)$ 和相频特性 $\alpha(\omega)$，如图 4.52 所示。图中可见，在谐振频率 $\omega_r=\omega_4$ 处，有谐振峰值 $M_r=2$，在图 4.51(a)中，$M=2$ 的圆恰好与 $G(j\omega)$ 曲线相切，在图 4.51(b)中 $\alpha=60°$（与 $\alpha=-120°$ 相同）的 N 圆与 $G(j\omega)$ 曲线交于点 ω_4。

需要指出，对于给定的 α 值和 $\alpha\pm180°n$（$n=1,2,\cdots$）时，N 圆是相同的，这是因为一个角度 $\pm180°n$ 后，其正切值保持不变，因此在根据 N 圆图确定相角时，必须恰当地选取 α 的具体数值。

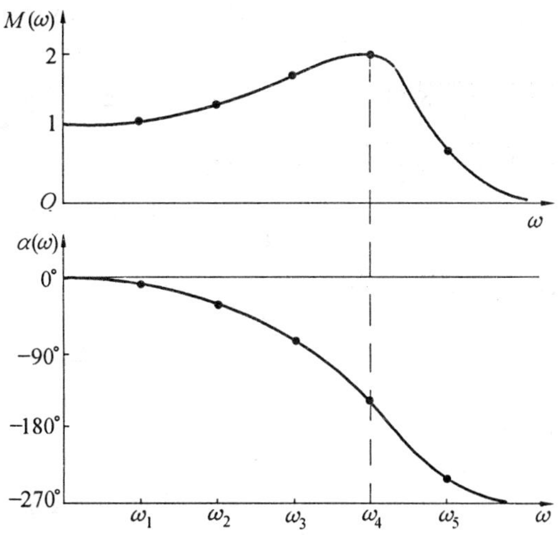

图 4.52　闭环频率响应曲线

三、尼柯尔斯图（对数幅相图）

1. 尼柯尔斯图线

由于 Bode 图绘制比较简便，因此有时希望根据开环对数频率特性去求闭环频率特性，尼柯尔斯将等 M 圆图和等 N 圆图移植到对数幅相平面上，便形成了尼柯尔斯图线。下面说明尼氏图线的绘制原理。

设单位反馈系统的开环频率特性为

$$G(j\omega)=A(\omega)e^{j\varphi(\omega)}$$

则闭环频率特性为

$$\Phi(j\omega)=M(\omega)e^{j\alpha(\omega)}=\frac{A(\omega)e^{j\varphi(\omega)}}{1+A(\omega)e^{j\varphi(\omega)}} \tag{4.44}$$

以下为书写简便，将 $M(\omega)$、$\alpha(\omega)$、$A(\omega)$、$\varphi(\omega)$ 简化为 M、α、A、φ。

式由(4.44)可得

$$Me^{j(\alpha-\varphi)}+MAe^{j\alpha}=A$$

用欧拉公式展开，得

$$M\cos(\alpha-\varphi)+jM\sin(\alpha-\varphi)+MA\cos\alpha+jMA\sin\alpha=A$$

由上式两边虚部相等可得

$$\sin(\alpha-\varphi)+A\sin\alpha=0$$

由此可得

$$A=\frac{\sin(\varphi-\alpha)}{\sin\alpha}$$

或写为

$$L(\omega)=20\lg A=20\lg\frac{\sin(\varphi-\alpha)}{\sin\alpha} \tag{4.45}$$

取 $\alpha(\omega)$ 为某一常数，则可得 $L(\omega)$ 和 $\varphi(\omega)$ 之间的单值函数，若令 $\varphi(\omega)$ 从 0°～360° 变化，则在 $L(\omega)-\varphi(\omega)$ 平面上可得到一条与该 α 值相对应的曲线，称为等 α 线；给定不同的 α 值，则得到一组等 α 线。

式(4.44)还可以改写为

$$Me^{j\alpha}=(\frac{e^{-j\varphi}}{A}+1)^{-1}=(\frac{\cos\varphi}{A}-j\frac{\sin\varphi}{A}+1)^{-1}$$

闭环幅频特性

$$M=(1+\frac{1}{A^2}+\frac{2\cos\varphi}{A})^{-\frac{1}{2}}$$

经整理后可得关于 A 的二次方程

$$A^2-2A\frac{M^2}{1-M^2}\cos\varphi-\frac{M^2}{1-M^2}=0$$

求解可得 A 的两个根

$$A_{1,2}=\frac{\cos\varphi\pm\sqrt{\cos\varphi^2+M^{-2}-1}}{M^{-2}-1}$$

或写为

$$L(\omega)=20\lg A=20\lg\frac{\cos\varphi\pm\sqrt{\cos\varphi^2+M^{-2}-1}}{M^{-2}-1}$$

取 $M(\omega)$为某常数,令 $\varphi(\omega)$从 0°～－360°变化,则可在 $L(\omega)-\varphi(\omega)$平面上得到一条等 M 线,给定不同的 M 值,则得到一组等 M 线,将等 M 线簇与等 α 线簇组合在对数幅相图(即 $L(\omega)-\varphi(\omega)$平面)上,则构成尼柯尔斯图线。如图 4.53 所示,纵坐标为 $20\lg A=20\lg|G|$,横坐标为 $\varphi(\omega)=\angle G$。

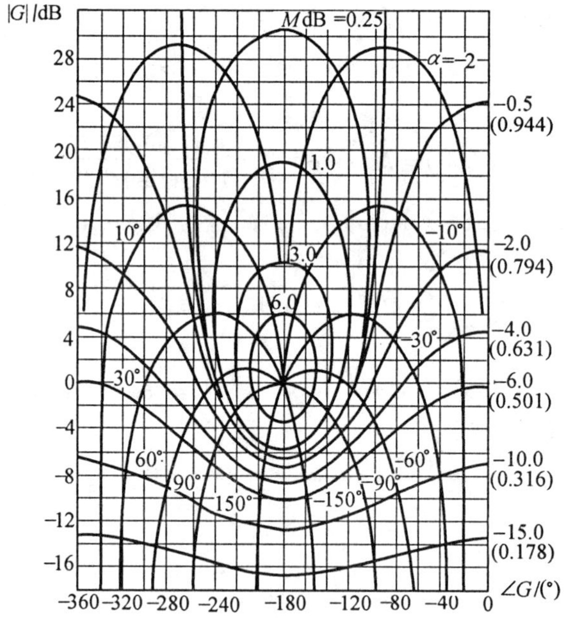

图 4.53　Nichols 图线

由图可知,等 α 线簇和等 M 线簇均以 $\varphi=-180°$轴为对称,另外由式(4.44)可见,当 $A\gg1$时,$M\approx1$,$\alpha\approx0°$;当 $A\ll1$ 时,$Me^{j\alpha}\approx Ae^{j\varphi}$,即开、闭频率特性近似重合,因此在尼柯尔斯图线上 $20\lg|G|$的取值范围在 30 dB > $20\lg|G|$ > －20 dB 之间,因为当 $20\lg|G|$ > 30 dB 时,$M\approx1$;当 $20\lg|G|$ < －20 dB 时,$M\approx0$。

2. 尼柯尔斯图线的应用

在乃氏图上点(-1,j0),映射到尼氏图上就是(0 dB,-180°)这一点,利用尼氏图线,设计者可以根据开环 $G(\mathrm{j}\omega)$用图解法确定闭环系统的相位裕度、增益裕度、谐振峰值、谐振频率与带宽。

例 4.18　考虑一个单位反馈系统,其开环频率特性为

$$G(\mathrm{j}\omega)=\frac{1}{\mathrm{j}\omega(\mathrm{j}\omega+1)(0.5\mathrm{j}\omega+1)}$$

试分析闭环频率特性。

解　首先根据开环 $G(\mathrm{j}\omega)$的伯德图绘制开环对数幅相频率特性图(即尼氏图),将开环尼氏图叠加在尼柯尔斯图线上,根据 $G(\mathrm{j}\omega)$曲线与等 M 线和等 a 线的交点即可求出闭环频率特性,如图 4.54 所示。由图可见,$G(\mathrm{j}\omega)$曲线与等 M 线中 $M=5$ dB 线相切。因此 $M_\mathrm{r}=5$ dB,相应的谐振频率 $\omega_\mathrm{r}=0.8$ rad/s。相位裕度可以根据 $G(\mathrm{j}\omega)$曲线与 0 dB 线交点(对本例交点频率为 $\omega=0.76$ rad/s)到 -180°轴线的水平距离值来度量。增益裕度可以根据 $G(\mathrm{j}\omega)$到 -180°轴线交点(对本例交点频率 $\omega=1.4$ rad/s)到 0 dB 线的垂直距离值来度量。正、负号可参照图 4.45(c)选取。

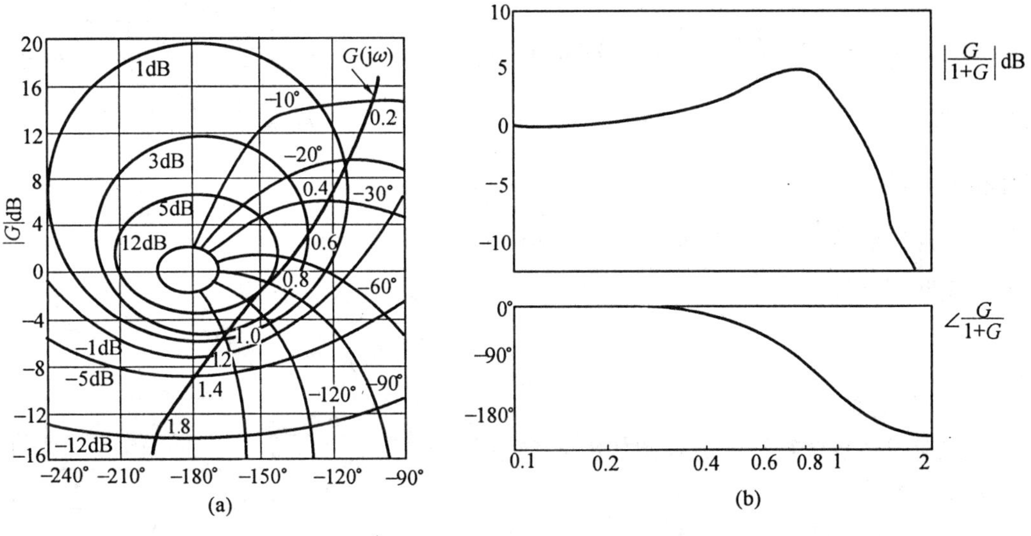

图 4.54　(a)叠加在尼氏图线上的 $G(\mathrm{j}\omega)$图　(b)闭环频率特性曲线

四、非单位反馈系统的闭环频率特性

设非单位反馈系统的闭环频率特性为

$$\Phi(\mathrm{j}\omega)=\frac{C(\mathrm{j}\omega)}{R(\mathrm{j}\omega)}=\frac{G(\mathrm{j}\omega)}{1+G(\mathrm{j}\omega)H(\mathrm{j}\omega)}=\frac{1}{H(\mathrm{j}\omega)}\left[\frac{G(\mathrm{j}\omega)H(\mathrm{j}\omega)}{1+G(\mathrm{j}\omega)H(\mathrm{j}\omega)}\right]$$

显然,上式右边的后一项相当于前向通道为 $G(\mathrm{j}\omega)H(\mathrm{j}\omega)$的单位反馈系统,因此可以按单位反馈系统先求出此项,然后再乘以$\frac{1}{H(\mathrm{j}\omega)}$,即可得到 $\Phi(\mathrm{j}\omega)$。

4.7 系统频域指标与时域指标之间的关系

控制系统性能的好坏是用性能指标来衡量的，由于研究的方法和领域的不同，性能指标也有多种形式，通常可分为频域指标和时域指标两大类。

时域指标又分为稳态指标和暂态指标两种，稳态指标主要有稳态误差 e_{ss}、无差度 v 和开环增益 K。暂态指标主要包括上升时间 t_r、峰值时间 t_p、超调量 M_p、调节时间 t_s、振荡次数 N 等。

频域指标又分为开环指标和闭环指标两种，开环指标有相角裕度 γ、幅值裕度 K_g 和剪切频率 ω_c，闭环指标主要有谐振峰值 M_r、谐振频率 ω_r 和带宽频率 ω_b。

一、二阶系统频域指标与时域指标的关系

1. 一阶系统

设一阶单位反馈系统如图 4.55 所示。

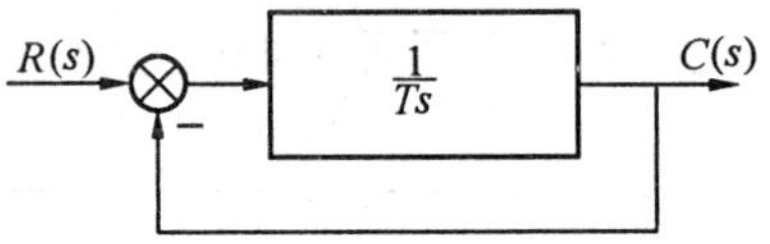

图 4.55 一阶系统

一阶系统的闭环频率特性（即惯性环节的频率特性）为

$$\Phi(j\omega)=\frac{C(j\omega)}{R(j\omega)}=\frac{1}{1+jT\omega}=M(\omega)e^{j\alpha(\omega)}$$

闭环幅频特性 $M(\omega)=\dfrac{1}{\sqrt{1+T^2\omega^2}}$

闭环相频特性 $\alpha(\omega)=-\arctan T\omega$

显然，闭环频域指标 $M(0)=1,M_r=1,\omega_r=0,\omega_b=\dfrac{1}{T}$

阶跃响应时域指标

$$t_r=2.2T=2.2/\omega_b,M_p=0,t_s=3T=\frac{3}{\omega_b}(\Delta=0.05)$$

2. 二阶系统

设二阶单位反馈系统的方框图如图 4.56 所示。

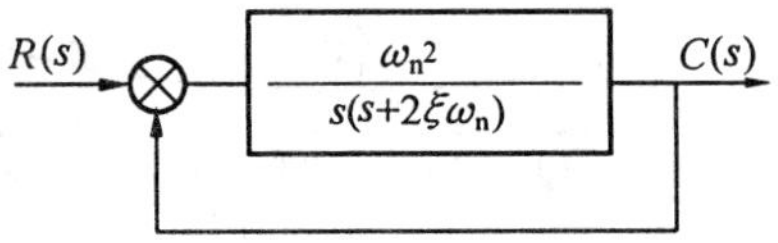

图 4.56 典型二阶系统

闭环频率特性为

$$\Phi(j\omega)=\frac{C(j\omega)}{R(j\omega)}=\frac{1}{(1-\frac{\omega^2}{\omega_n^2})+j2\xi\frac{\omega}{\omega_n}}=M(\omega)e^{j\alpha(\omega)}$$

式中
$$M(\omega)=\frac{1}{\sqrt{(1-\frac{\omega^2}{\omega_n^2})^2+(2\xi\frac{\omega}{\omega_n})^2}};\alpha(\omega)=-\arctan\frac{2\xi\frac{\omega}{\omega_n}}{1-\frac{\omega^2}{\omega_n^2}}$$

当阻尼比 $0\leqslant\xi\leqslant0.707$ 时，在谐振频率 ω_r 处出现峰值 M_r

$$\omega_r=\omega_n\sqrt{1-2\xi^2}\tag{4.46a}$$

$$M_r=\frac{1}{2\xi\sqrt{1-\xi^2}}\tag{4.46b}$$

式(4.46)结果与4.2节中分析振荡环节所得出的式(4.20)、(4.21)完全相同，根据带宽频率 ω_b 的定义，可令

$$M(\omega_b)=\frac{1}{\sqrt{(1-\frac{\omega_b^2}{\omega_n^2})^2+(2\xi\frac{\omega_b}{\omega_n})^2}}=\frac{\sqrt{2}}{2}$$

求得

$$\omega_b=\omega_n[(1-2\xi^2)+\sqrt{2-4\xi^2+4\xi^4}]^{1/2} \tag{4.47}$$

式(4.46)与式(4.47)反映了二阶闭环系统频域指标与二阶系统参数 ξ、ω_n 之间的关系，对于常见的 $\xi=0.4$ 值有 $\omega_b=1.6\ \omega_c$。

在第三章中已介绍过二阶系统的时域指标与参数 ζ、ω_n 的关系，有阻尼振荡频率为

$$\omega_d=\omega_n\sqrt{1-\xi^2}$$

阶跃响应最大超调量 $M_p=e^{-\pi\xi/\sqrt{1-\xi^2}}\times100\%$，此外还有 t_r、t_p、t_s 等。

由以上各式不难看出，闭环频域指标 ω_r、M_r、ω_b 与时域指标都是由二阶系统参数 ξ、ω_n 决定的，因此只要给出频域指标中的任意两个就可能通过求解 ξ、ω_n 计算出时域指标，反之亦然，这样就可以实现两类指标的相互转换了。

根据上述各式还可以绘出 M_r、M_p 与 ξ 关系曲线，如图4.57所示。

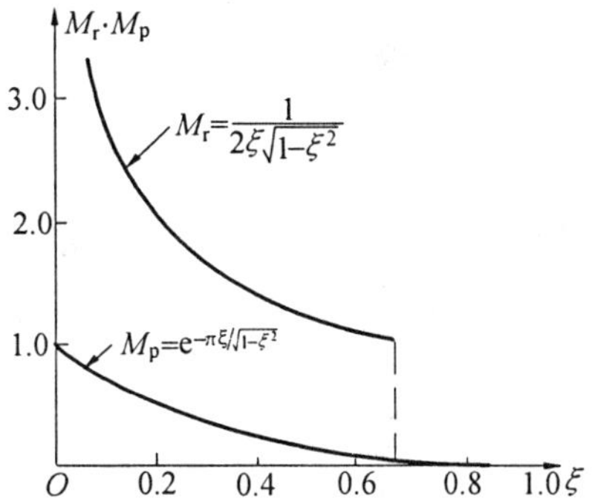

图4.57　M_r，M_p 与 ξ 的关系曲线

由图可见，ξ 的值越小，M_p 与 M_r 的值越大，当 ξ 很小时，M_r 将变得很大($M_r\gg1$)，而 M_p 的值却不会超过1，当 $\xi>0.707$ 时，谐振峰值 M_r 不再存在，当 $0.707>\xi>0$ 时，M_r 与 M_p 值有一一对应的关系，对二阶系统而言 $M_r=1.0\sim1.40$，对应的超调量 M_p 在4%～30%之间。

谐振频率 ω_r 和有阻尼振荡频率 ω_d 与阻尼比 ξ 的关系为

$$\frac{\omega_r}{\omega_d}=\sqrt{\frac{1-2\xi^2}{1-\xi^2}}$$

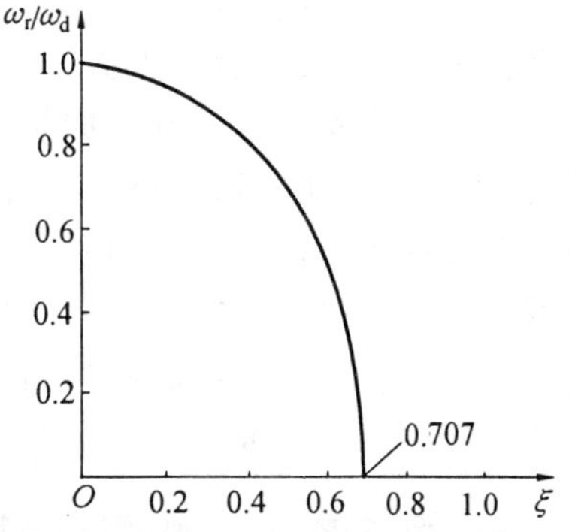

图4.58

其关系曲线，如图4.58所示，图中可见，当 ξ 很小时 $\omega_r=\omega_d$，另外，开环频率特性指标有相角裕度、增益裕度及剪切频率 ω_c 等，其中比较常用的指标 ω_c、γ 与二阶系统参数 ξ、ω_n 的关系在4.5节相对稳定性分析中已经给出[见式(4.38)、(4.39)]，即

$$\omega_c=\omega_n(\sqrt{1+4\xi^4}-2\xi^2)^{1/2} \tag{4.48}$$

$$\gamma=\arctan2\xi[(\sqrt{1+4\xi^4}-2\xi^2)]^{-\frac{1}{2}} \tag{4.49}$$

其中，式(4.39)表示了相位裕度 γ 与阻尼比之间的函数关系(图4.46)，在 $\xi\leqslant0.7$ 的范围内，它们的近似关系为 $\gamma=100\ \xi$(或 $\xi=0.01\xi$)，因此当相角裕度为30°～60°时，可近似认为

二阶系统阻尼比 ξ 为 0.3～0.6。

二、高阶系统

高阶系统性能指标间的关系比较复杂，直接应用十分困难，但是当高阶系统具有一对共轭复数主导极点时，可以近似地化为二阶系统来分析处理。上面给出的一系列关系式均可使用。在一般情况下，可以采用下面的经验公式近似地表达高阶系统性能指标间的关系。

$$M_r \approx \frac{1}{\sin\gamma} \tag{4.50}$$

此式建立了系统闭环与开环频域指标间的近似关系，当相角裕度 γ 较小时，式(4.50)的近似程度较高，一般来说 γ 角应小于 45°。

在系统设计中一般是先根据控制要求提出闭环频域指标 ω_b 和 M_r，再由上式确定相角裕度 γ 和选择合适的剪切频率 ω_c，然后根据 ω_c 和 γ 来确定校正装置的结构与参数。

对于高阶系统，开环频域指标与时域指标之间不存在解析关系式，但通过大量研究，可借助于式(4.50)归纳出以下两个近似估算公式。

$$M_p = 0.16 + 0.4(M_r - 1) \qquad (1 \leqslant M_r \leqslant 1.8) \tag{4.51}$$

$$t_s = \frac{K\pi}{\omega_c}$$

式中

$$K = 2 + 1.5(M_r - 1) + 2.5(M_r - 1)^2 \tag{4.52}$$

若将式(4.50)代入以上两式，则可将相角裕度 γ 与时域指标 M_p、t_s 联系起来。

应用上述公式估算高阶系统的时域指标，一般偏于保守，即可以保证系统达到性能指标且留有一定余地。

4.8 频率特性的实验确定法

第二章已经提到，建立数学模型有机理分析法和实验辨识法。当系统难于用解析法从机理上去建立它的传递函数或频率特性时，可以考虑采用实验方法。用实验的方法来确定数学模型，又称为系统辨识。

系统辨识就是给系统施加某种输入信号，并观测其响应，然后对输入、输出数据进行处理，便可得到系统的数学模型。常用的典型输入信号有几种，数据处理方法也各有不同，这里主要介绍频域辨识法，在频域内通过实验获取系统频率特性通常有两种作法：一是根据频率特性的定义，用正弦信号作为输入信号去求得频率特性；另一种是根据频率特性和时间响应的关系，对被测系统施加单位脉冲、三角波或其他形式输入信号，然后应用傅氏变换求得频率特性。本节主要介绍第一种方法。

一、用正弦信号测试频率特性的原理

图 4.59 给出采用相关分析法测试频率特性的原理图。图中，被测系统在正弦信号激励下，产生正弦谐波输出信号，通过相关分析器将正弦波的一次谐波检出，同时抑制直流分量、高次谐波和噪声。

相关分析法的滤波原理是，如果以幅值为一个单位的基准信号 $\sin(\omega t)$ 和 $\cos(\omega t)$ 分别

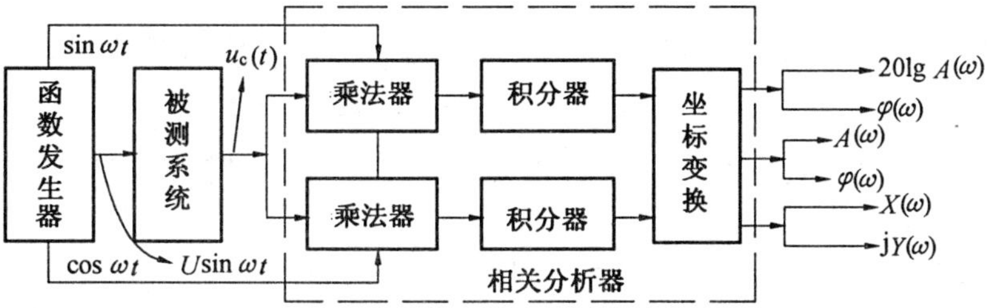

图 4.59　相关分析法测试频率特性原理图

与输出信号 $u_c(t)$ 相乘，然后在基波的整数倍周期内取平均值，则可得到基波分量的实部和虚部(X，jY)，而抑制掉其他分量，再经过坐标变换，便可得到对数坐标、极坐标、直角坐标三种形式下的实验数据。根据上述原理已经研制出专门的频率特性测试仪，例如国产 BT－6A 超低频频率特性测试仪，其主要技术参数如下：

测量频率范围：0.000 01～479.7 Hz

测量方式：直角坐标中实部与虚部；极坐标中幅值与相角；对数坐标中对数幅值与相角。

分辨率：0.1 mV(对 100 mV 量程)

谐波抑制能力：40 dB

幅值测量精度：0.5%

相角测量精度：0.2°

另外，BT－6A 型频率特性测试仪还备有计算机接口，可与计算机连接使用，直接打印出测试数据或绘出曲线。

二、根据频率特性(Bode 图)确定传递函数

首先根据频率特性测试仪记录的数据绘制系统的开环对数幅频特性的渐近线及相频特性，即 Bode 图，再根据 Bode 图确定系统的传递函数，具体步骤如下：

(1) 根据低频段对数幅频特性渐近线的斜率。确定系统开环传递函数中含有积分环节的个数，若低频段渐近线的斜率为 $-20\ v$dB/dec($v=0,1,2,\cdots$)时，系统即为 v 型系统，v 是系统中串联积分环节的个数。

(2) 系统增益 K 的确定。系统开环增益 K 可以根据 0 dB 线以上部分的对数幅频特性的形状、斜率及有关频率值来确定，图 4.60 给出几种常见的情况，它们对应的开环增益 K 可分别求得。

① 表示 $v=0$，低频渐近线是一条高度为 20 lg K 的水平线，K 值可以由该水平线的高度求出，即 $L(\omega)=20\lg K$，$K=10^{L/20}$。

② 表示 $v=1$，$L(\omega)=20\lg K-20\lg\omega$，当 $L(\omega)=0$ 时，即与 0 dB 线相交时

$$\omega_c=K$$

③ 表示 $v=2$，$L(\omega)=20\lg K-40\lg\omega$，当 $L(\omega)=0$ 时，$K=\omega_c^2$ 或 $\omega_c=\sqrt{K}$。

④ $v=1$，增益 K 在数值上等于低频渐近线延长线与 0 dB 线的交点，由图可见，$20\lg\dfrac{K}{\omega_1}=40\lg\dfrac{\omega_c}{\omega_1}$，故有 $K=\omega_c^2/\omega_1$。

对于图(e)有，$20\lg\dfrac{K}{\omega_1}=40\lg\dfrac{\omega_2}{\omega_1}+60\lg\dfrac{\omega_c}{\omega_2}$，故有 $K=\dfrac{\omega_c^3}{\omega_1\omega_2}$。

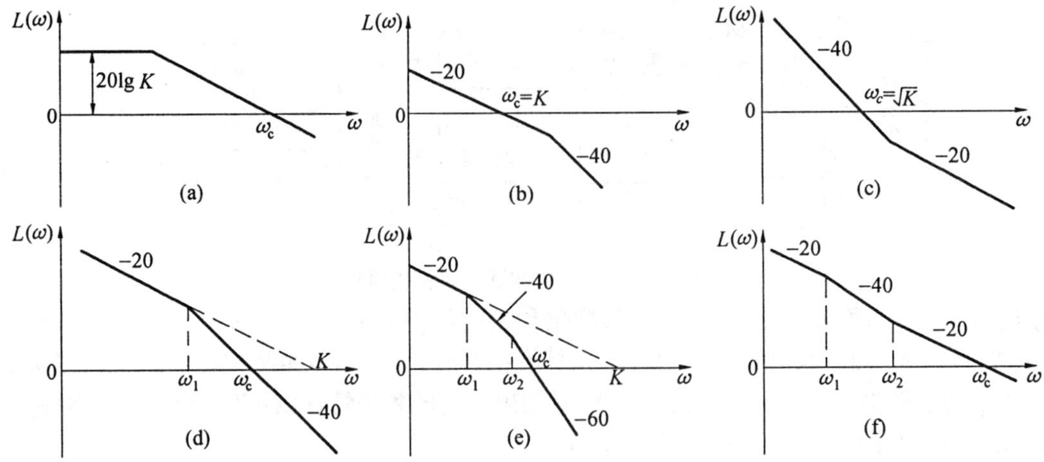

图 4.60　几种常见的开环对数幅频特性

对于图(f)有，$20\lg\dfrac{K}{\omega_1}=20\lg\dfrac{\omega_c}{\omega_2}+40\lg\dfrac{\omega_2}{\omega_1}$，故有 $K=\dfrac{\omega_2\omega_c}{\omega_1}$。

(3) 系统环节的确定。根据对数幅频特性渐进线在交接频率处斜率的变化，确定系统串联的环节，如在交接频率 ω_1 处渐进线斜率变化了 −20 dB/dec，则说明系统中串有一个惯性环节 $\dfrac{1}{T_1s+1}$，而且 $T_1=\dfrac{1}{\omega_1}$；若在 ω_2 处变化了 +20 dB/dec，则说明系统串联有一个一阶微分环节 T_2s+1，而且 $T_2=\dfrac{1}{\omega_2}$；若 ω_3 在处变化了 −40 dB/dec，则说明串联有振荡环节 $(T_3^2s^2+2\xi T_3s+1)^{-1}$，而且 $T_3=\dfrac{1}{\omega_3}$，阻尼比 ξ 可以通过测量实验对数幅频特性在转折频率 ω_3 附近的谐振峰值，并与标准二阶振荡环节伯德图比较后确定，这样从低频到高频，根据斜率的变化情况，就可以把系统的全部串联环节确定下来。

(4)根据最小相位系统对数幅频的斜率与相频特性之间的单值对应关系，检验系统中是否串联有滞后环节，并计算滞后环节的参量。

三、由实验频率特性求系统传递函数的实例

图 4.61 为根据实验测得的数据绘制的系统开环 Bode 图，试确定系统的开环传递函数。

图中实线表示实验曲线，根据实验曲线求取传递函数的步骤如下：

(1) 首先根据实验曲线绘出其相应的渐近线，如图中虚线所示，其在各频段上的斜率分别为 −20、−40、−20、−60 dB/dec，这表明系统中含有一个积分环节，一个惯性环节，一个微分环节和一个振荡环节，转折频率分别为 $\omega_1=1$、$\omega_2=2$、$\omega_3=8$；剪切频率 $\omega_c=5$，从 $\omega<\omega_c$ 频段中渐近线的形状及参量可知，系统的开环增益 $K=\dfrac{\omega_2\omega_c}{\omega_1}=10$。

(2) 根据渐近线的形状及转折频率初步按最小相位系统写出该系统的传递函数。

$$G(s)=\frac{10(\frac{1}{2}s+1)}{s(s+1)\left[(\frac{s}{8})^2+2\xi(\frac{s}{8})+1\right]}$$

式中二阶振荡环节的阻尼比，可以根据实验曲线产生谐振峰值时的谐振频率 $\omega_r \approx 6$ rad/s，再由式(4.46a)求出，即

$$\omega_r = \omega_n\sqrt{1-2\xi^2} = 6, \omega_n = \omega_3 = 8 \text{ rad/s}$$

$$\xi = 0.47 \approx 0.5$$

(3) 根据初步写出的传递函数 $G(s)$，按最小相位系统绘出相频曲线(虚线所示)与实验所得相频曲线相差甚大，这说明该系统并不是最小相位系统，而是非最小相位系统。图中可见，实验所得相频特性随 ω 增大，相角滞后量迅速增大，而且高频段与理论曲线之差的变化率为一常数，这正是滞后系统具有的特征，说明系统中还包含延滞环节 $e^{-\tau s}$。

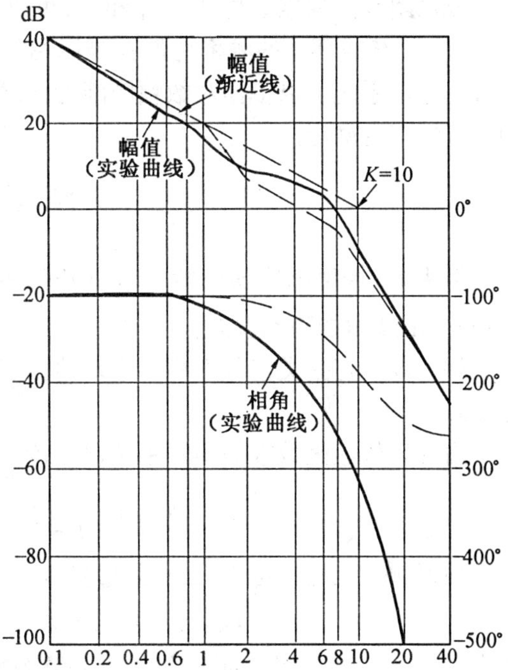

图 4.61　实验测得的 Bode 图

由于$\angle G(j\omega)e^{-j\tau\omega} - \angle G(j\omega) = 57.3°\tau\omega$，所以延迟时间 τ 可按下式求取，即

$$\tau = \frac{\angle G(j\omega)e^{j\tau\omega} - \angle G(j\omega)}{57.3°\omega}$$

例如，当 $\omega = 10$ rad/s 时，可求得

$\angle G(j\omega)e^{j\tau\omega} = -333°, \angle G(j\omega) = -212°, \tau = 0.21$ s

当 $\omega = 20$ rad/s 时，仍能算得 $\tau = 0.21$ s，故延迟时间 $\tau = 0.21$ s，另外延迟时间 τ 也可以令角频率 $\omega \to \infty$ 按实验曲线相对于 ω 的变化率求得，即

$$\lim_{\omega\to\infty}\frac{d}{d\omega}\angle G(j\omega)e^{j\tau\omega} = -\tau$$

综上所述，被测系统的开环传递函数为

$$G(s) = \frac{10(0.5s+1)}{s(s+1)\left[\left(\frac{s}{8}\right)^2 + 2\xi\left(\frac{s}{8}\right) + 1\right]}e^{-0.21s}$$

小　结

频域分析法是一种图解分析法，其特点是根据系统的开环频率特性去分析闭环系统的性能，并能指出改善系统性能的途径，其主要内容是：

(1) 根据典型环节的频率特性，可以绘制出开环系统的 Bode 图，由于 Bode 图通过对数运算将幅值的乘除化为加减运算，而且可用简单的渐近线段近似地绘出对数幅频特性，因此 Bode 图应用最广。

(2) 根据乃氏稳定判据，可以用开环频率特性来判别闭环系统的稳定性，同时还可以依据开环频率特性定量地反映系统的相对稳定性，其定量表示为相角裕度 γ 和增益裕度 K_g。

(3) 对于最小相位系统，其幅频与相频特性之间存在着惟一的对应关系，而对于非最小相位系统则不然。

(4) 将系统的开环频率特性绘在等 M 圆图和等 N 圆图上(或尼柯尔斯图线上)，可以求得闭环频率特性。

根据闭环的频域参量 M_r、ω_r 和 ω_b 可以粗略地估算系统的时域响应指标，如 M_p、t_s 等。

(5) 系统或环节的频率特性在难以用解析法确定的情况下，可以用实验方法测定。对于最小相位系统可以根据对数幅频渐近线确定，对于非最小相位系统，则要根据对数幅频与相频特性综合确定。

典型例题分析

例 4.1 设单位反馈系统的开环传递函数为 $G(s)=\dfrac{100}{s(0.1s+1)}$，试求在输入信号为 $r(t)=\sin 5t$ 时的稳态误差。

解 计算正弦类信号作用下系统的稳态误差时，运用频率响应的基本概念是最简捷的方法之一。

由开环传递函数求的闭环系统误差传递函数为

$$\phi_e(s)=\frac{1}{1+G(s)}=\frac{s(0.1s+1)}{0.1s^2+s+100}$$

根据频率响应的定义，当正弦信号 $A\sin(\omega t+\varphi)$作用于系统时，其稳态误差为

$$e_{ss}(t)=|\phi_e(j\omega)|A\sin(\omega t+\varphi+\angle\phi_e(j\omega))$$

式中，$|\phi_e(j\omega)|$及$\angle\phi_e(j\omega)$分别为误差频率响应 $\phi_e(j\omega)$的幅频、相频特性。其中

$$|\phi_e(j\omega)|=\frac{\omega\sqrt{1+(0.1\omega)^2}}{\sqrt{(100-0.1\omega^2)^2+\omega^2}}$$

$$\angle\phi_e(j\omega)=90^\circ+\arctan 0.1\omega-\arctan\frac{\omega}{100-0.1\omega^2}$$

由已知 $r(t)=\sin 5t$ 知

$$A=1,\varphi=0^\circ,\omega=5$$

故

$$e_{ss}(t)=|\phi_e(j5)|\sin(5t+\angle\varphi_e(j5))=0.057\sin(5t+113.62^\circ)$$

本题也可以用动态误差系数法求得(详见本书例 3.13)。

注意：在求正弦信号作用下系统的稳态误差时，由于 $sE(s)$在 s 平面右半部及虚轴上不解析，从而不符合 $sE(s)$的极点全部在 s 左半面的条件，故不能用终值定理计算。若贸然使用终值定理计算稳态误差，则有

$$e_{ss}=\lim_{s\to 0}sE(s)=\lim s\frac{s(0.1s+1)}{0.1s^2+s+100}\frac{5}{s^2+25}=0$$

显然这个结果是错误的。

例 4.2 已知某控制系统的开环传递函数为

$$G(s)H(s)=\frac{K(1+0.5s)(s+1)}{(1+10s)(s-1)}$$

要求：(1)画出 $G(j\omega)H(j\omega)$的乃氏曲线。

(2)确定使系统稳定的 K 值范围。

解 当 $\omega=0$ 时，$G(j0)H(j0)=-K$；

当 $\omega\neq 0$ 时，$G(j\omega)H(j\omega)$的幅值为

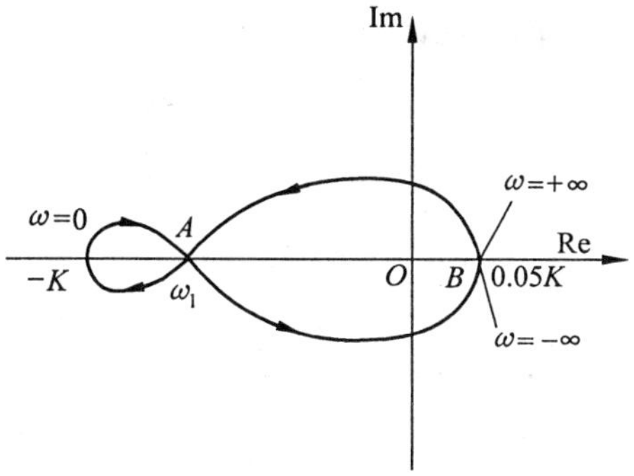

例图 4.2

$$|G(j\omega)H(j\omega)|=\frac{K\sqrt{1+(0.5\omega)^2}}{\sqrt{1+(10\omega)^2}}$$

由上式可见，随 ω 的增加，$|G(j\omega)H(j\omega)|$呈单调下降；

当 $\omega\to\infty$ 时，$|G(j\omega)H(j\omega)|_{\omega\to\infty}=\frac{0.5K}{10}$。

$G(j\omega)H(j\omega)$的相频特性为

$$\varphi=-180°+\arctan\omega-\arctan 10\omega+\arctan 0.5\omega+\arctan\omega$$

在 $0<\omega<\omega_1$ 的低频段内，由于

$$\arctan 10\omega>2\arctan\omega+\arctan 0.5\omega$$

因此，在这一频段内 $\varphi<-180°$，即 $G(j\omega)H(j\omega)$先穿过 GH 平面的负实轴进入第二象限。当 $\omega>\omega_1$ 时，上述不等式变为

$$2\arctan\omega+\arctan 0.5\omega>\arctan 10\omega$$

于是 $G(j\omega)H(j\omega)$曲线又进入第三象限，并最终到达正实轴上的点 B。例图 4.2 给出 $G(j\omega)H(j\omega)$完整的乃氏图。由于本题 $p=1$，若使系统稳定，需 $G(j\omega)H(j\omega)$曲线按逆时针围绕点$(-1,j0)$一周，即要求点$(-1,j0)$落在 A、B 两点之间，即在点 A 处，$|GH|>1$。设点 A 处的频率为 ω_g，则有

$$\varphi(\omega_g)=-180°+\arctan\omega_g+\arctan 0.5\omega_g-\arctan 10\omega_g+\arctan\omega_g=-180°$$

即

$$\arctan\omega_g+\arctan 0.5\omega_g=\arctan 10\omega_g-\arctan\omega_g$$

对上式两边取正切，得

$$\frac{1.5\omega_g}{1-0.5\omega_g^2}=\frac{9\omega_g}{1+10\omega_g^2}$$

解之得

$$\omega_g=0.62$$

因此

$$|GH|=\frac{K\sqrt{1+(0.5\times0.62)^2}}{\sqrt{1+(6.2)^2}}=0.167K>1$$

即得

$$K>\frac{1}{0.167}=6$$

即当 $K>6$ 时，系统稳定。

例 4.3　某单位反馈系统的开环对数幅频特性如例图4.3所示（最小相位系统），试求：

(1)系统闭环传递函数。

(2)若 $r(t)=\mathrm{e}^{-5t}$,求系统的输出响应 $c(t)$。

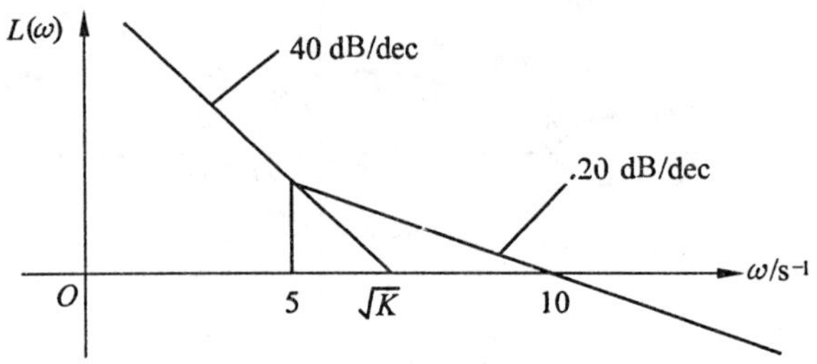

例图 4.3

解　由图可知

$$G(\mathrm{j}\omega)=\frac{K(1+\mathrm{j}\frac{\omega}{5})}{(\mathrm{j}\omega)^2}\qquad \omega_c=10$$

由于 $20\lg\frac{\omega_c}{5}=40\lg\frac{\sqrt{K}}{5}$,将 $\omega_c=10$ 代入

$$K=50$$

于是系统的开环传递函数为

$$G(s)=\frac{50(1+0.2s)}{s^2}$$

对应的闭环传递函数为

$$\frac{C(s)}{R(s)}=\frac{G(s)}{1+G(s)}=\frac{50(1+0.2s)}{s^2+10s+50}=\frac{10(s+5)}{s^2+10s+50}$$

因为 $R(s)=\frac{1}{s+5}$,所以系统的输出响应为

$$C(s)=\frac{G(s)}{1+G(s)}\cdot R(s)=\frac{10}{s^2+10s+50}=\frac{2\times5}{(s+5)^2+5^2}$$

$$C(t)=2\mathrm{e}^{-5t}\sin 5t$$

例 4.4　设控制系统框图如例图4.4所示。已知该系统响应 10 rad/s 的匀速信号时的稳态误差为 30°,据此要求确定前置放大器的增益 K,并计算该系统的相角裕度和幅值裕度,判断系统的稳定性。

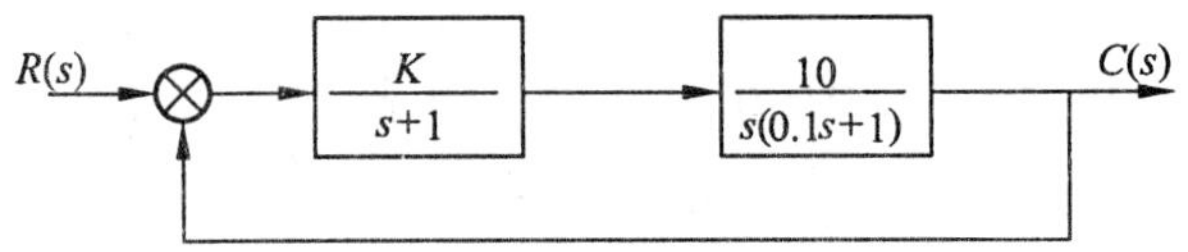

例图 4.4

解　由图可见,该系统是Ⅰ型系统,对于给定信号 $r(t)=10t$ rad 时的稳态误差为

$$e_{ss}=\frac{10}{10K}=30\times\frac{\pi}{180}\ \text{rad}$$

解之得　　$K=1.91$

系统的开环传递函数

$$G(s)=\frac{19.1}{s(0.1s+1)(s+1)}$$

由
$$|G(j\omega_c)|=\frac{19.1}{\omega_c\sqrt{1+(0.1\omega_c)^2}\sqrt{1+\omega_c^2}}=1$$

求得
$$\omega_c=4.15\ \mathrm{rad/s}$$

相角裕度

$$\gamma=180°+\angle G(j\omega_c)=180°-90°-\arctan(0.1\omega_c)-\arctan\omega_c$$

将 $\omega_c=4.15$ 代入,求得

$$\gamma=-9°$$

再由
$$\angle G(j\omega_g)=90°-\arctan(0.1\omega_g)-\arctan\omega_g=-180°$$

解得
$$\omega_g=3.2\ \mathrm{rad/s}$$

计算
$$|G(j\omega_g)|=\left|\frac{19.1}{\omega_g\sqrt{1+(0.1\omega_g)^2}\sqrt{1+\omega_g^2}}\right|_{\omega_g=3.2}=1.7$$

根据 $20\lg K_g=20\lg\frac{1}{|G(j\omega_g)|}$,计算出

$$K_g=20\lg K_g=-4.6\ \mathrm{dB}$$

由于 $\gamma<0$, $K_g(\mathrm{dB})<0$,故闭环系统是不稳定的。

例 4.5 某单位反馈系统开环传递函数为

$$G(s)=\frac{K}{s(0.01s+1)(0.1s+1)}$$

试:(1)计算满足闭环系统 $M_r\leqslant1.5$ 时的开环增益 K。

(2)根据相角裕度和幅值裕度分析闭环系统的稳定性。

(3) 应用经验公式计算 $\sigma\%$ 和 t_s。

解 (1)由近似公式 $\gamma=\arcsin\frac{1}{M_r}$,按 $M_r\leqslant1.5$ 的要求,计算出 $\gamma\geqslant42°$,绘制 $K=1$ 时给定系统的 Bode 图,如例图 4.5 所示。由图可见,当 $\omega=9$ rad/s 时,开环系统的相角$\angle G(j9)=-137.2°$,即 $\gamma=42.8°$。显然应将 $K=1$ 时的对数幅频渐近特性平行上移,使其在 $\omega=9$ rad/s 处经过横轴,即令 $\omega_c=9$ rad/s,则可满足 $\gamma\geqslant42°$的要求。由于在 $K=1$ 的渐近对数幅频特性上对应 $\omega=9$ rad/s 的对数幅值为 −19 dB,所以对于 $\omega_c=9$ rad/s 来说,渐近对数幅频特性应向上平移 19 dB,因此在 $\omega=1$ 处,有

$$20\lg K=19\ \mathrm{dB}$$

即

$$K=8.9\ \mathrm{s}^{-1}$$

(2) 由图可见,在满足 $M_r\leqslant1.5$ 的 $\omega_c=9$ rad/s 及 $\gamma=42.8°$时求得 $\omega_g=32$ rad/s, $\angle G(j\omega_g)=-180°$,由此可求得给定系统的幅值裕度 $20\lg K_g=+21.2$ dB。因 $\gamma>0°$, $20\lg K_g>0$,所以闭环系统稳定。

(3) 应用经验公式

$$\sigma\%=0.16+0.4(M_r-1)$$

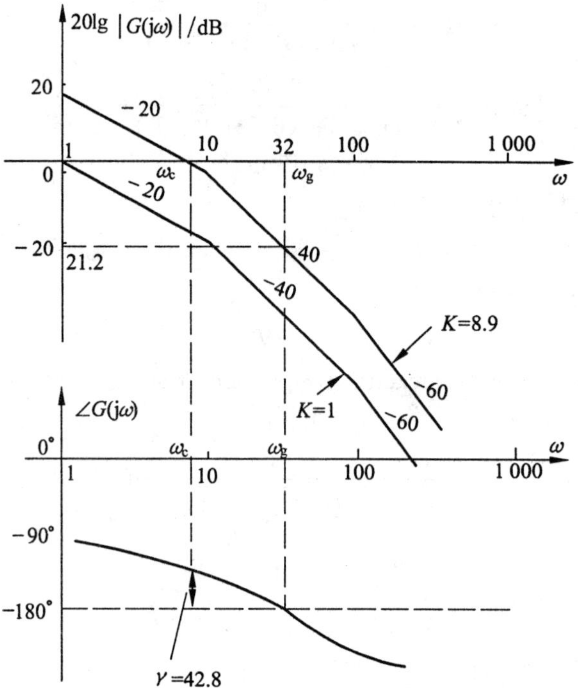

例图 4.5

$$t_s=\frac{\pi}{\omega_c}[2+1.5(M_r-1)+2.5(M_r-1)^2]$$

根据　　　　$M_r=1.5$　　　$\omega_c=9$ rad/s

可求得　　　$\sigma\%=36\%$　　　$t_s=1.18$ s

习　题

4.1　已知系统输入为不同频率的正弦函数 $A\sin\omega t$，其稳态输出响应为 $B\sin(\omega t+\phi)$，试求该系统的频率特性。

4.2　质量、弹簧、阻尼系统如题图 4.1 所示。已知 $m=1$ kg，k 为弹簧刚度；c 为阻尼系数。若外力 $f(t)=2\sin 2t$ N，由实验测得稳态响应 $y(t)=\sin(2t-\frac{\pi}{2})$，试确定 k 和 c。

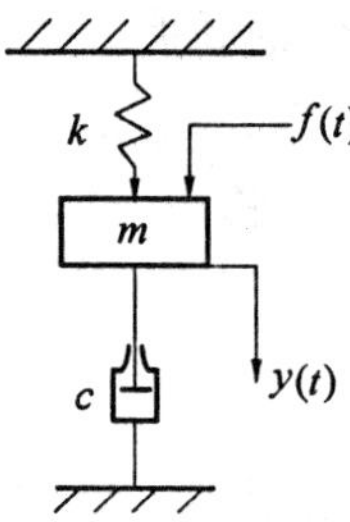

题图 4.1

4.3　设单位反馈系统开环传递函数为 $G(s)=\frac{10}{s+1}$，当系统作用有以下输入信号时，求系统的稳定输出。

(1) $r(t)=\sin(t+30°)$

(2) $r(t)=2\cos(2t-45°)$

(3) $r(t)=\sin(t+30°)-2\cos(2t-45°)$

4.4　系统框图如题图 4.2 所示，现作用有输入信号 $r(t)=\sin 2t$，试求系统的稳态输出，系统传递函数为

(1) $G(s)=\dfrac{5}{s+1},H(s)=1$

(2) $G(s)=\dfrac{5}{s},H(s)=1$

(3) $G(s)\dfrac{5}{s+1},H(s)=2$

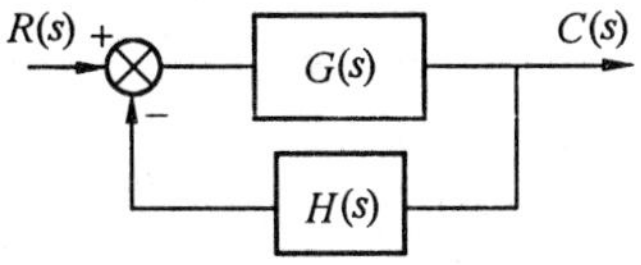

题图 4.2

4.5　已知单位反馈系统开环传递函数，试绘制其极坐标图和对数坐标图(Bode 图)。

(1) $G(s)=\dfrac{1}{s(s+1)}$　　(2) $G(s)=\dfrac{1}{(1+s)(1+2s)}$

(3) $G(s)=\dfrac{1}{s(1+s)(1+2s)}$　　(4) $G(s)=\dfrac{1}{s^2(1+s)(1+2s)}$

4.6　已知单位反馈系统的开环传递函数为 $G(s)=\dfrac{10}{s(0.1s+1)(0.5s+1)}$，试绘制系统的乃氏图(极坐标图)和 Bode 图，并求相角裕度和增益裕度。

4.7　绘制 $G(s)=\dfrac{1}{s-1}$环节的 Bode 图，并与惯性环节 $G(s)=\dfrac{1}{s+1}$的 Bode 图，进行比较。

4.8　画出下列系统的极坐标图与 Bode 图并进行比较。

(1) $G(s)=\dfrac{T_1s+1}{T_2s+1}\quad (T_1>T_2>0)$　　(2) $G(s)=\dfrac{T_1s-1}{T_2s+1}\quad (T_1>T_2>0)$

(3) $G(s)=\dfrac{-T_1s+1}{T_2s+1}\quad (T_1>T_2>0)$

4.9　根据下列开环频率特性判断闭环的稳定性。

(1) $G(\mathrm{j}\omega)H(\mathrm{j}\omega)=\dfrac{10}{(1+\mathrm{j}\omega)(1+2\omega)(1+\mathrm{j}3\omega)}$

(2) $G(\mathrm{j}\omega)H(\mathrm{j}\omega)=\dfrac{10}{(\mathrm{j}\omega)(1+\mathrm{j}0.1\omega)(1+\mathrm{j}0.2\omega)}$

(3) $G(\mathrm{j}\omega)H(\mathrm{j}\omega)=\dfrac{2}{(\mathrm{j}\omega)^2(1+\mathrm{j}0.1\omega)(1+\mathrm{j}10\omega)}$

4.10　最小相位系统开环对数幅频渐近线如题图 4.3 所示，试写出各系统的开环传递函数，并绘出相应的对数相频特性的大致图形。

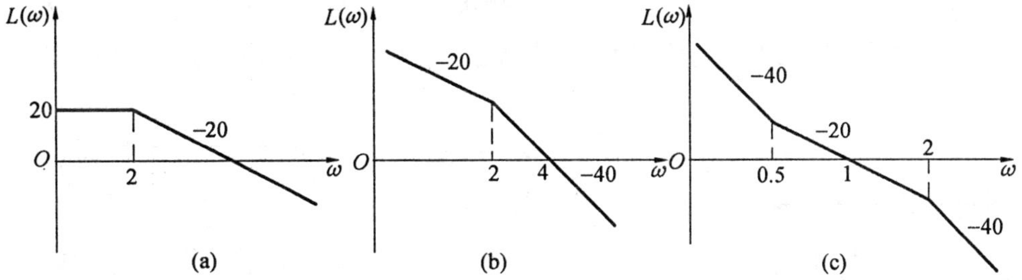

题图 4.3

4.11　设开环频率特性极坐标图如题图 4.4 所示，试判断其稳定性。

4.12　根据系统的开环传递函数 $G(s)H(s)=\dfrac{2e^{-\tau s}}{s(1+s)(1+0.5s)}$，绘制系统的 Bode 图，并确定使系统稳定之最大 τ 值的范围。

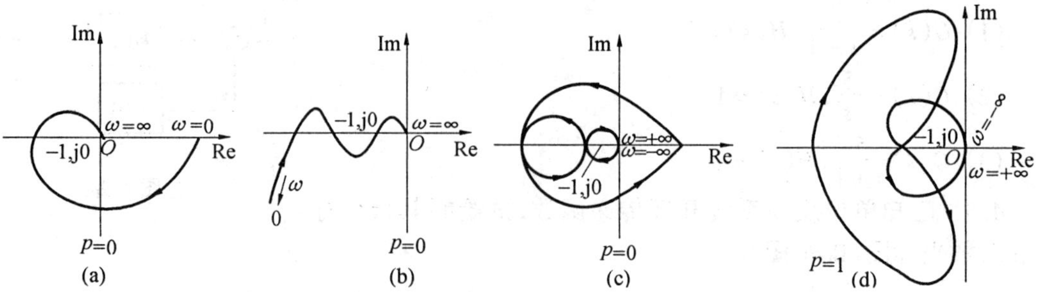

题图 4.4

4.13　已知单位反馈系统的开环传递函数 $G(s)=\dfrac{10}{s(0.05s+1)(0.1s+1)}$,试绘制系统的 Bode 图,并求系统闭环频率特性谐振峰值 M_r 和谐振频率 ω_r。

4.14　设单位反馈系统的开环传递函数

$$G(s)=\frac{K}{s(0.1s+1)(s+1)}$$

试确定:

(1) 使系统相位裕度 $\gamma=60°$时的 K 值。

(2) 使系统增益裕度 K_g dB = 20 dB 时的 K 值。

(3) 使系统谐振峰值 $M_r=1.4$ 时的值 K。

4.15　RC 电路传递函数

$$G(s)=\frac{1}{\alpha}\frac{\tau s+1}{Ts+1}$$

式中

$$\alpha=\frac{R_1+R_2}{R_2}>1 \qquad \tau=CR_1$$

$$T=\frac{R_1R_2}{R_1+R_2}C$$

(1) 试绘制 $\alpha=10,30$ 和 $T=1$ s 时的 Bode 图,RC 电路如题图 4.5 所示。

(2) 求该电路中最大相位角 φ_{max}与对应的角频率 ω_m。

(3) 在该电路中,若 $\omega=20\ s^{-1}$时,对应的相角 $\varphi_{max}=60°$,试求网络参数 α、τ、T。

4.16　根据题图 4.6 中所示的系统框图绘制系统的 Bode 图,并求使系统稳定的 K 值范围。

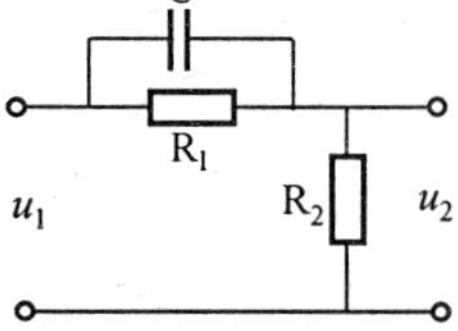

题图 4.5

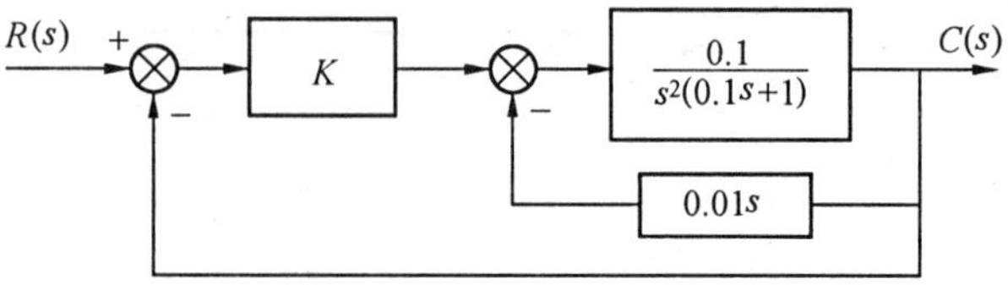

题图 4.6

第五章　控制系统的校正

前几章讨论了控制系统的分析,即在已知系统结构与参数条件下,采用时域法或频域法去分析系统的稳态特性和暂态特性,以及参数变化对系统性能的影响。本章主要讨论有关控制系统的设计问题,即在给定系统性能要求的条件下如何设计校正装置的结构与参数,使系统能够满足性能指标的要求,这就是系统的校正。

校正装置的设计可以在时域进行,也可以在频域进行,本章主要介绍校正装置的频域设计方法,此外还有根轨迹设计法,将在下一章介绍。

5.1　系统校正的概念

一、控制系统设计的一般步骤

1. 确定性能指标

性能指标是控制系统的设计依据,在提出性能指标时应从生产实际出发,既要考虑到任务的完成,又要顾及到实现的条件和经济性,切勿盲目追求高指标,如果在设计过程中发现确定的性能指标很难满足或者设计出的系统造价太高,则需要对给定的指标作必要的修改。

性能指标的提法有多种,主要有时域指标和频域指标,由于控制系统的很多校正方法是在频域里进行的,因此需要频域指标,但是频域指标是间接指标,与其相比,时域指标更为直观,而且便于测量,因此,在许多设计场合,两种指标经常同时采用,关于这些指标前面有关章节已做过介绍,在此对设计中经常用到的指标简单归纳如下。

(1) 时域指标又分为稳态指标和暂态指标两种。稳态指标是对系统控制精度提出的,它用稳态误差 e_{ss}来表示,有时又以误差系数形式提出,如 k_p、k_v、k_a 等。

暂态指标主要反映系统的相对稳定性和快速性,常用的有调节时间 t_s 和超调量 M_p 等。

(2)频域指标主要有开环指标和闭环指标两种。开环频域指标:剪切频率又称增益交界频率或截止频率 ω_c、相位裕度 γ、幅值裕度(增益裕度)K_g 等;闭环频域指标:常用的有谐振峰值 M_r、谐振频率 ω_r、闭环截止频率 ω_b 或带宽等。

2. 初步设计

自动控制系统一般由控制器及被控对象所组成,被控对象是指要求实现自动控制的机器设备或生产过程,控制器是指对被控对象起控制作用的装置总体,它包括信号检测装置,信号及功率放大装置,执行机构等基本组成部分,在明确了被控对象并制定出合理性能指标及相应的限制条件后,就可以着手系统的初步设计工作了。

初步设计是控制系统设计中最重要的一环,其主要任务有以下几项内容:

(1)根据控制任务和性能指标确定控制系统的基本组成,选择控制装置的元器件,画出系统的原理框图。

(2)建立元器件及系统的数学模型,其中包括模型简化及线性化工作,在此基础上对系统进行初步的稳定性分析和暂态特性分析，一般来说，这时的系统虽然在原理上能完成控制任务，但通常不能达到要求的性能指标。

(3)确定校正方案。对于不能满足性能指标的系统，在采用简单的增益调整不能奏效时，则必须在系统中引入一些附加装置来校正系统的稳态和暂态性能。这些为校正系统性能而有目的地引入的装置称为校正装置，校正装置是控制器的一部分，它与其他基本组成部分一起构成完整的控制器，在研究校正方案时，为了方便，将系统中除校正装置以外的部分，包括被控对象及控制器的基本组成部分一起，称为系统的不可变部分(或称原有部分或固有部分)。所谓系统的校正，就是按照给定的原有部分和性能指标，设计校正装置，它是系统设计中的一个重要组成部分，也是本章要介绍的主要内容。

对于同一个性能指标，能够满足要求的校正方案不是惟一的，因此要对得到的各种方案进行比较、论证，并不断修改、完善，最后确定一种较好的方案。

3. 原理性试验与样机生产

根据初步设计确定的方案，建立仿真模型或物理实验模型进行原理性试验，根据试验结果，对原方案进行修改或调整，使初步方案进一步完善。

在原理性试验基础上，可进行样机生产，通过试验调整可以进行实际运行和环境考验，根据运行结果，进一步改进设计，在完全达到设计指标和生产要求后，可将设计定型并交付生产。

由上述可见，控制系统的设计过程要经过多次反复和修改，才能逐步完善，其设计的好坏在很大程度上取决于设计者的经验。

二、校正方式及校正方法

1. 校正方式

根据校正装置在系统中的位置不同，可以有多种校正方式，如图 5.1 所示，当校正装置 $G_c(s)$ 与不可变部分 $G_0(s)$ 串联时，称为串联校正，如图 5.1(a)。如果校正装置设在局部反馈回路里，参见图 5.1(b)。则称为反馈校正或并联校正。为提高系统性能也经常采用图 5.1(c)所示的串联反馈校正。图 5.1(d)称为前馈补偿或前馈校正，图中前馈与反馈并用，因此又称为复合控制系统。

在上面列出的四种校正结构方式中，一般来说，串联校正简单，较易实现，反馈校正可以改造被包围部分的特性，抑制这些环节的参数波动或者非线性因素对系统的不利影响，但反馈校正需要检测元件及环节，会增加系统成本和复杂性。为了提高系统的性能也可以将两种方式组合起来，如图 5.1(c)，复合控制主要用于稳态和暂态性能要求都很高的系统。

综上所述，可以满足性能指标要求的校正方案有多种，但最终确定校正方案是综合考虑技术、工艺、成本以及附加限制等因素而得出的。

2. 校正方法

在确定了校正方案之后，接下来的问题就是要进一步确定校正装置的结构与参数，即校正装置的设计问题，目前对于这一问题有两类不同的校正方法：分析法与综合法。

分析法又称为试探法，这种方法将校正装置按照其相移特性划分成几种简单容易实现的类型，如相位超前校正、相位滞后校正、相位滞后超前校正等。这些校正装置的结构已定，而参数可调。分析法要求设计者首先根据经验确定校正方案，然后根据性能指标的要求，有

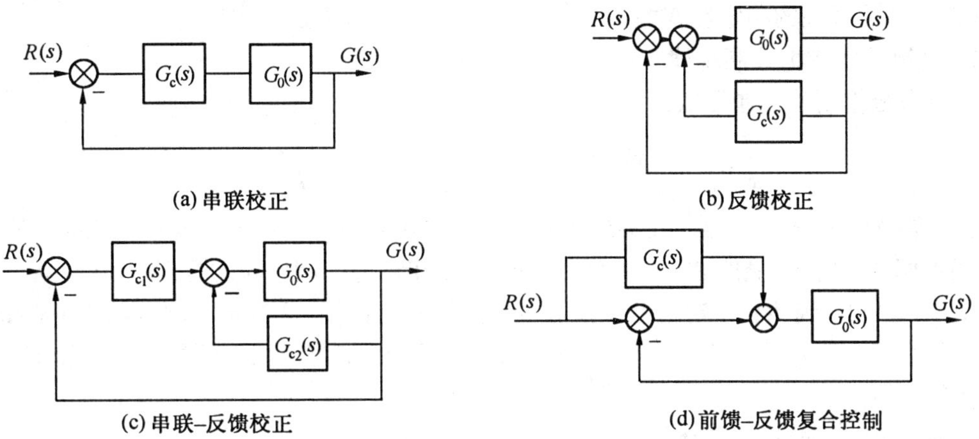

图 5.1　校正装置在系统中的不同位置

针对性地选择某一种类型的校正装置，再通过系统的分析和计算求出校正装置的参数，这种方法的设计结果，必须经过验算。若不能满足全部性能指标，则需重新调整参数，甚至重新选择校正装置的结构，直至校正后全部满足性能指标为止。因此分析法本质上是一种试探法。

分析法的优点是校正装置简单、容易实现，因此在工程上得到广泛应用。

综合法又称为期望特性法，它的基本思路是根据性能指标的要求，构造出期望的系统特性，如期望频率特性，然后再根据固有特性和期望特性去选择校正装置的特性及参数，使得系统校正后的特性与期望特性完全一致。

综合法思路清晰，操作简单，但是所得到的校正装置数学模型可能很复杂。在实现中会遇到一些困难，然而它对校正装置的选择有很好的指导作用。应当指出，无论是分析法还是综合法，其设计过程一般仅适用于最小相位系统。

5.2　基本控制规律及常用校正装置

一、基本控制规律

对于闭环控制系统，将给定信号与反馈信号相比较，可得到误差信号，对误差信号进行一定的运算，便得到控制器的控制规律，基本的控制规律有比例(P)、微分(D)和积分(I)。应用这些基本控制规律或者它们的组合构成的校正装置附加在系统中，以便对被控对象实现有效地控制。

1. 比例(P)控制规律

比例控制的传递函数为

$$G_c(s)=\frac{U(s)}{E(s)}=K_p \tag{5.1}$$

式中，$G_c(s)$是校正装置的传递函数；$E(s)$与 $U(s)$分别为输入误差信号 $e(t)$和输出控制信号 $u(t)$的拉氏变换。

这里 $G_c(s)=K_p$ 是比例放大器，若提高放大系数 K_p，可以减小稳态误差，提高系统的快速性,但同时使系统的稳定性变差。

2. 比例微分(PD)控制规律

比例微分控制的传递函数为

$$G_c(s)=\frac{U(s)}{E(s)}=K_p+T_d\cdot s=K_p(1+\frac{T_d}{K_p}s) \tag{5.2}$$

式中,T_d 是微分时间常数,当 $K_p=1$ 时 $G_c(s)$ 的频率特性为 $G_c(j\omega)=1+jT_d\omega$。对应的 Bode 图如图 5.2 所示,显然 PD 校正使相位超前,由于微分控制反映的是误差 $e(t)$ 随时间的变化率 $de(t)/dt$,因此在一定程度上具有“预先”控制的作用,这对于抑制阶跃响应的超调,缩短调节时间等均有效果,因此 PD 控制可以提高系统的动态性能,但高频增益上升,会使抗干扰能力下降。

3. 比例积分(PI)控制规律

比例积分控制的传递函数为

$$G_c(s)=\frac{U(s)}{E(s)}=K_p+\frac{1}{T_is}=\frac{K_pT_is+1}{T_is} \tag{5.3}$$

式中,T_i 为积分的时间常数,当 $K_p=1$ 时 $G_c(s)$ 的频率特性为 $G(j\omega)=\frac{1+jT_i\omega}{jT_i\omega}$,对应的 Bode 图如图 5.3 所示,显然 PI 校正使相位滞后,由式(5.3)可见,PI 控制引入了积分环节和一个开环零点,积分环节的引入使系统稳态性能得到提高。即提高了系统的无差度,另外由于同时引入了负实数开环零点,这样可以在一定程度上弥补积分环节对系统稳定性带来的不利影响。

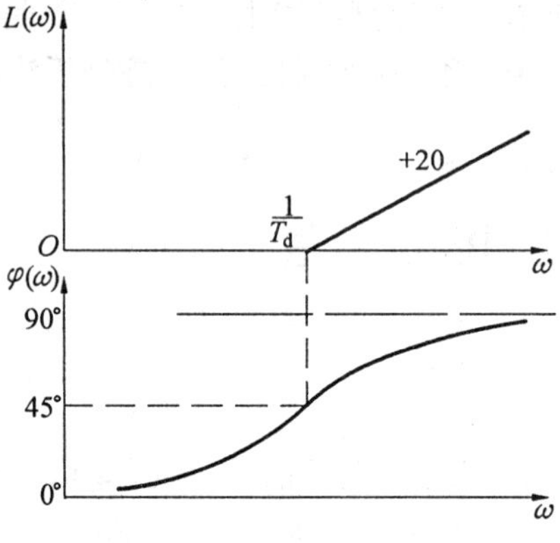

图 5.2　PD 控制的 Bode 图

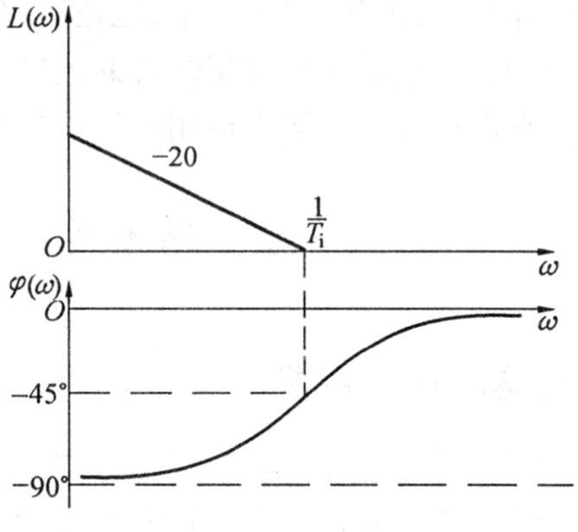

图 5.3　PI 控制的 Bode 图

4. 比例积分微分(PID)控制规律

PID 控制的传递函数为

$$G_c(s)=K_p+\frac{1}{T_is}+T_ds=\frac{T_iT_ds^2+K_pT_is+1}{T_is}=\frac{(T_1s+1)(T_2s+1)}{T_is} \tag{5.4}$$

式(5.4)对应的 Bode 图如图 5.4 所示。

由图可见,当 $T_1>T_2$ 时,PID 控制在低频段起积分作用,改善系统的稳态特性,在中段起微分作用,改善系统的动态特性。从式(5.4)还可以看出 PID 校正使系统增加了一个零极点和两个负实数的零点，零极点使系统的无差度提高一级，稳态精度得以提高；两个负实零点，通过适当地调节，可以改善系统的动态性能，因此PID控制在工程中得到了广泛的应用。

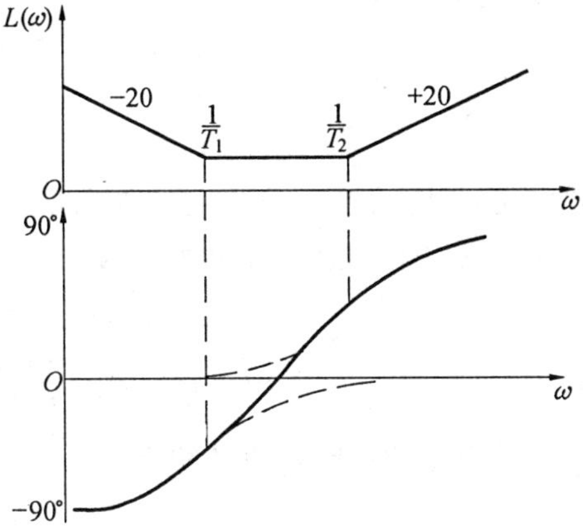

图 5.4 PID 控制的 Bode 图

二、无源校正装置

从滤波器的观点看，PD校正装置是一个高通滤波器，而PI校正装置是一个低通滤波器，PID校正装置无疑是由其参量决定的带通滤波器，由于上述三种校正装置对系统产生的相移作用不同，因此又分别称为相位超前、相位滞后、相位滞后－超前校正装置。

采用由电阻、电容构成的无源校正装置，其传递函数的最简形式为

$$G_c(s)=\frac{s-z_c}{s-p_c}$$

式中，若 $p_c<z_c$，则为高通滤波器或相位超前校正装置；若 $p_c>z_c$，则为低通滤波器或相位滞后校正装置。

1. 相位超前校正装置

相位超前校正装置可以用图5.5所示的RC网络实现，设该电路输入信号源内阻为零，输出端负载阻抗为无穷大，则其传递函数为

$$G_c(s)=\frac{s-z_c}{s-p_c}=\frac{s+1/T}{s+1/\alpha T}=\alpha\ \frac{Ts+1}{\alpha Ts+1} \tag{5.5}$$

式中，$\alpha=\dfrac{R_2}{R_1+R_2}<1$；$T=R_1C$。

在 S 平面上，$G_c(s)$ 的零点总是在极点的右侧如图5.6所示，零、极点之间的比值为 α，改变 α、T 值，可以使零极点在负实轴上移动。

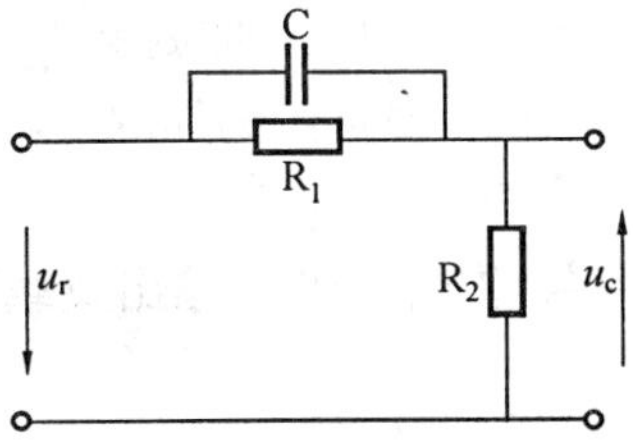

图 5.5 超前校正网络

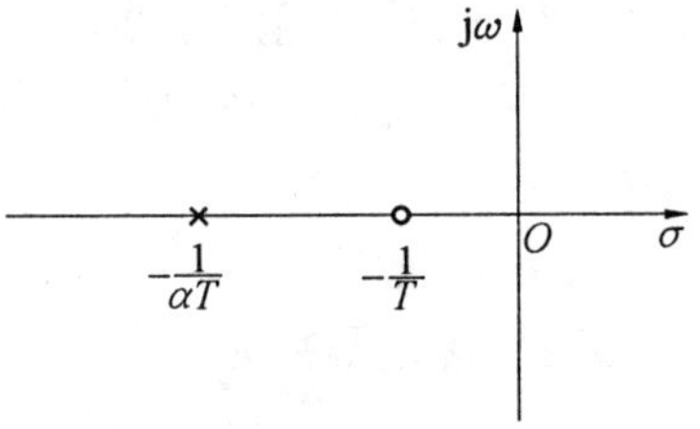

图 5.6 超前网络的零极点

由于 $\alpha<1$，因此在采用该超前网络校正时，系统开环增益要衰减 α 倍，对此要附加放大倍数为 $1/\alpha$ 的放大器予以补偿。以保证校正后系统的稳态精度不受影响，这样一来，由校正网络和附加放大器组成的超前校正装置传递函数和频率特性分别为

$$G_c(s)=\frac{Ts+1}{\alpha Ts+1}$$

$$G_c(j\omega)=\frac{1+jT\omega}{1+j\alpha T\omega} \tag{5.6}$$

与式(5.6)相应的 Bode 图如图 5.7 所示。

超前网络的相频特性可表示为

$$\varphi(\omega)=\arctan T\omega-\arctan \alpha T\omega \tag{5.7}$$

或写为 $\varphi(\omega)=\arctan\dfrac{(1-\alpha)T\omega}{1+\alpha(T\omega)^2}$，令$\left.\dfrac{d\varphi(\omega)}{d\omega}\right|_{\omega=\omega_m}=0$

可求出最大超前角所对应的频率 ω_m

$$\omega_m=\frac{1}{T\sqrt{\alpha}}=\sqrt{\left(\frac{1}{T}\right)\cdot\left(\frac{1}{\alpha T}\right)} \tag{5.8}$$

由式(5.8)可知，ω_m 是$\frac{1}{T}$和$\frac{1}{\alpha T}$的几何平均值，在对数坐标 $\lg\omega$ 上，ω_m 是 $\lg\frac{1}{T}$和 $\lg\frac{1}{\alpha T}$的代数平均值，即 $\lg\omega_m=\frac{1}{2}\left(\lg\frac{1}{T}+\lg\frac{1}{\alpha T}\right)$。将式(5.8)代入式(5.7)中，可得到

$$\varphi_m=\arctan\frac{1-\alpha}{2\sqrt{\alpha}}$$

或写为 $\tan\varphi_m=\frac{1-\alpha}{2\sqrt{\alpha}}$，根据此式作直角三角形，如图 5.8，据此图可求得

$$\sin\varphi_m=\frac{1-\alpha}{1+\alpha} \tag{5.9}$$

或改写为

$$\alpha=\frac{1-\sin\varphi_m}{1+\sin\varphi_m} \tag{5.10}$$

由以上两式可见，最大超前角 φ_m 仅与 α 有关，图 5.9 给出 φ_m 与 $1/\alpha$ 的关系曲线。由图可见，当相位超前角大于 60°时，α 值随相角增加而急剧减小，说明网络增益衰减很快，因此这种超前校正网络的最大超前角一般不大于 65°，如果需要更大的超前角，可以用二级超前网络串联来实现，但两串联网络之间应加隔离器，以消除它们之间的负载效应。超前校正网络为系统提供一个相位超前角度，使系统带宽加宽，改善系统的动态特性，可以近似地看成比例微分环节，它是高通滤波器。由图 5.9 曲线可以看出，α 过小，对抑制噪声不利，α 过大，超前校正效果不显著，通常取 $5\leqslant 1/\alpha\leqslant 15$，即 $0.07<\alpha<0.2$ 为宜。例如取 $\alpha=0.1$。

2. 相位滞后校正装置

图 5.10 给出实现滞后校正的 RC 无源网络，设输入信号源内阻为零，输出负载阻抗为无穷大，可求得网络传递函数为

$$G_c(s)=\frac{s-z_c}{s-p_c}=\frac{1}{\beta}\cdot\frac{s+1/T}{s+1/\beta T}=\frac{Ts+1}{\beta Ts+1} \tag{5.11}$$

式中，$T=R_2C$；$\beta=\frac{R_1+R_2}{R_2}>1$。

在 S 平面上，传递函数极点在零点右侧，如图 5.11 所示，零、极点之比值为 β，改变 β，T 可以使零、极点在负实轴上移动。

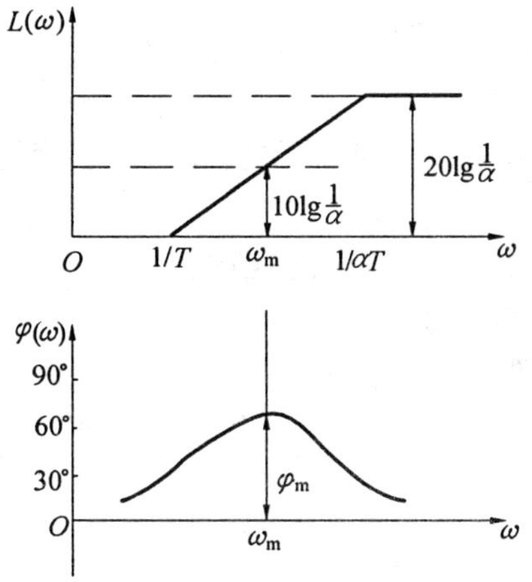

图 5.7　超前网络的 Bode 图

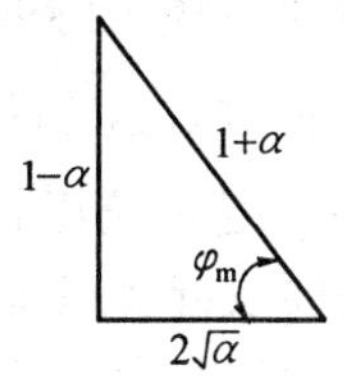

图 5.8　φ_m 与 α

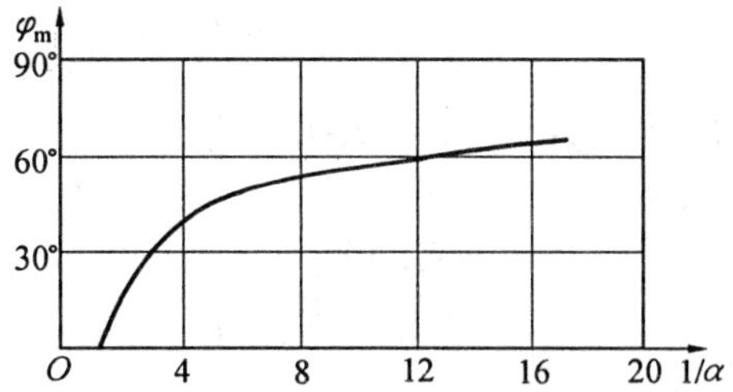

图 5.9　φ_m 与 $1/\alpha$ 的关系曲线

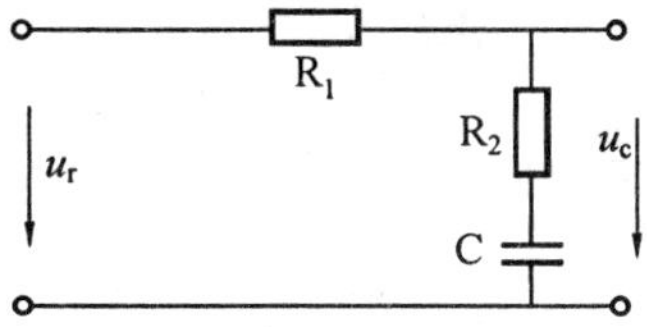

图 5.10　滞后校正网络

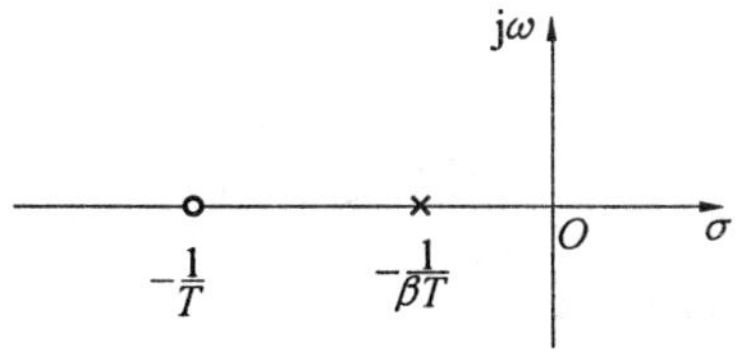

图 5.11　滞后网络的零、极点分布

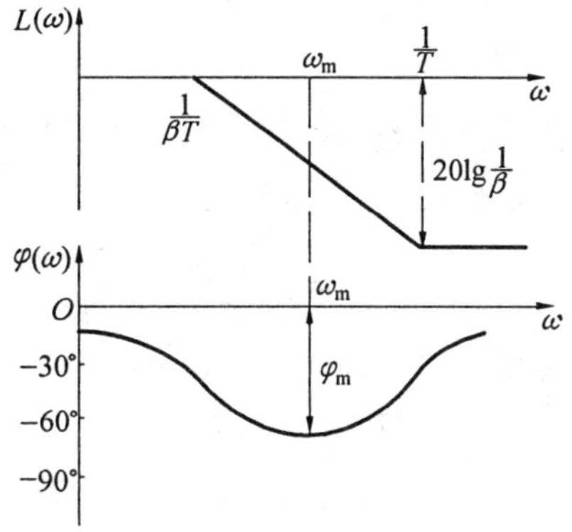

图 5.12　滞后网络的 Bode 图

滞后校正网络频率特性为

$$G_c(j\omega)=\frac{1+jT\omega}{1+j\beta T\omega} \tag{5.12}$$

根据上式,作出图 5.12 所示的 Bode 图,其转角频率分别为 $1/\beta T$ 和 $1/T$,与超前校正网络类似,滞后校正网络的最大滞后角 φ_m 位于 $1/T$ 和 $1/\beta T$ 的几何中心。

图中显示,滞后校正网络实际上是一低通滤波器,对高频信号有衰减作用,β 值越大,抑制高频噪声的能力越强,通常选 $\beta=10$ 较为适宜。

利用滞后校正网络的高频衰减特性,可以对开环系统对数幅频特性的中、高频部分加以衰减,使剪切频率 ω_c 左移,以提高系统的稳定裕度,或者通过增大增益值,抬高对数幅频特性的低频部分,提高系统的稳态精度。应当注意避免最大滞后相角发生在校正后系统的频率 ω_c 的附近,以免对暂态特性产生不良影响,为此一般可选 $\frac{1}{T}=(\frac{1}{5}\sim\frac{1}{10})\omega_c$。

3. 相位滞后－超前校正装置

当系统既需要改善暂态特性,又需要提高稳态精度,即同时需要提高增益和带宽时,可采用滞后－超前校正装置,如图 5.13 所示。

设网络输入信号源内阻为零,输出负载阻抗为无穷大,则其传递函数为

$$G_c(s)=\frac{(T_1s+1)(T_2s+1)}{T_1T_2s^2+(T_1+T_2+T_{12})s+1} \tag{5.13}$$

式中,$T_1=R_1C_1$;$T_2=R_2C_2$;$T_{12}=R_1C_2$。

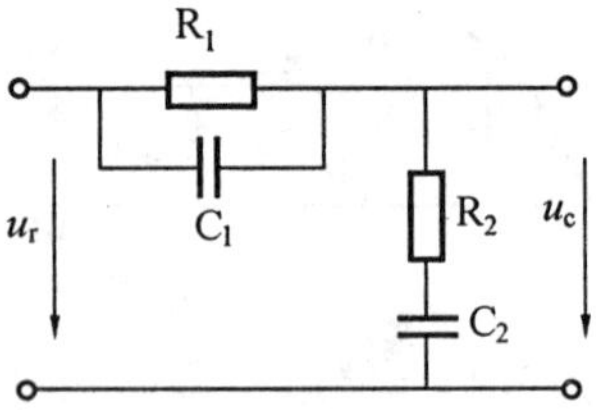

图 5.13　滞后－超前校正网络

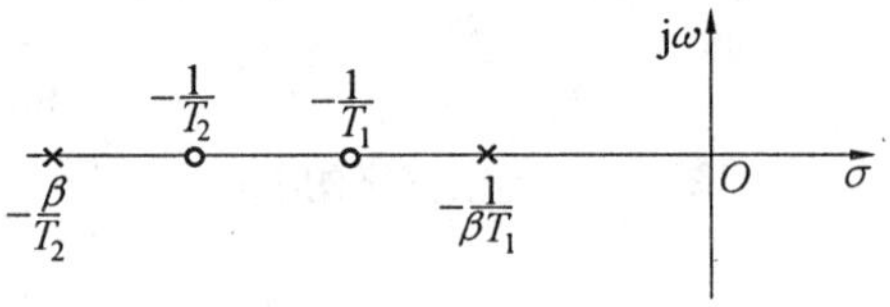

图 5.14　滞后－超前校正网络的零极点分布

适当选择参量,使式(5.13)具有两个不等的负实数极点,则式(5.13)又可以写为

$$G_c(s)=\frac{(T_1s+1)(T_2s+1)}{(T_as+1)(T_bs+1)} \tag{5.14}$$

比较式(5.13)和式(5.14)可得

$$T_aT_b=T_1T_2$$

$$T_a+T_b=T_1+T_2+T_{12}$$

选择参量,使 $T_a>T_1>T_2>T_b$,并设

$$\frac{T_a}{T_1}=\frac{T_2}{T_b}=\beta>1 \tag{5.15}$$

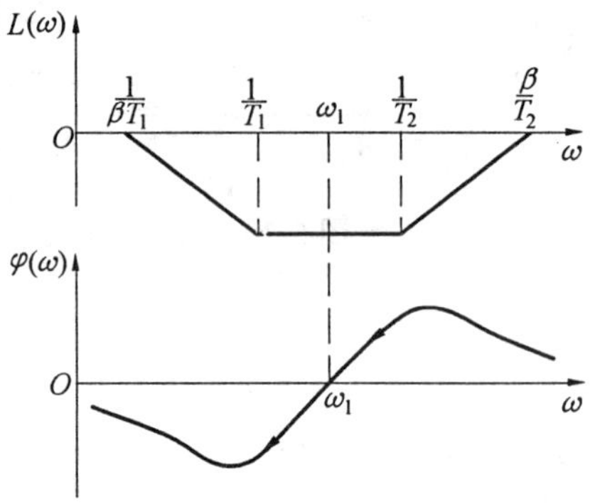

图 5.15　滞后－超前校正网络的 Bode 图

$$G_c(s)=\frac{(s-z_{c1})(s-z_{c2})}{(s-p_{c1})(s-p_{c2})}=\frac{(s+1/T_1)(s+1/T_2)}{(s+1/\beta T_1)(s+\frac{\beta}{T_2})}=$$

$$\frac{(T_1s+1)(T_2s+1)}{(\beta T_1s+1)(\frac{T_2}{\beta}s+1)} \tag{5.16}$$

在 S 平面上,滞后－超前校正网络传递函数的零、极点分布如图 5.14 所示,相应的 Bode 图如图 5.15 所示。由图可见,在 $\omega<\omega_1$ 的频段内,校正网络具有相位滞后特性,而 $\omega>\omega_1$的频段内却具有相位超前特性,可以计算,相位过零的频率为

$$\omega_1=1/\sqrt{T_1T_2} \tag{5.17}$$

三、有源校正装置

目前在串联校正中多采用由集成运算放大器和阻容元件组合而成的有源校正装置，这是因为与无源阻容网络相比，运算放大器增益高且可变，输入阻抗很大，很容易通过输入、输出端配接不同的阻抗得到各种性能的校正装置，又称为调节器。图 5.16 给出有源校正装置的一般形式，其传递函数为

$$G_c(s) = -\frac{z_f(s)}{z_r(s)}$$

设有一校正装置如图 5.17 所示，根据复阻抗概念，输入阻抗和输出阻抗分别为

$$z_r(s) = \frac{R_1 \dfrac{1}{C_1 s}}{R_1 + \dfrac{1}{C_1 s}} \qquad z_f(s) = R_2 + \frac{1}{C_2 s}$$

因此

$$G_c(s) = -\frac{z_f(s)}{z_r(s)} = -\frac{(\tau_1 s + 1)(\tau_2 s + 1)}{Ts}$$

式中，$\tau_1 = R_1 C_1$；$\tau_2 = R_2 C_2$；$T = R_1 C_2$。

或改写为

$$G_c(s) = -K_p\left(1 + \frac{1}{T_i s} + T_d s\right)$$

式中，$K_p = (\tau_1 + \tau_2)/T$；$T_i = \tau_1 + \tau_2$；$T_d = \dfrac{\tau_1 \tau_2}{\tau_1 + \tau_2}$。

上式表明，这是一个 PID 校正装置(或称 PID 调节器)，与此类似还可以构成 PD、PI 等各种调节器。常用校正网络见附录Ⅱ。

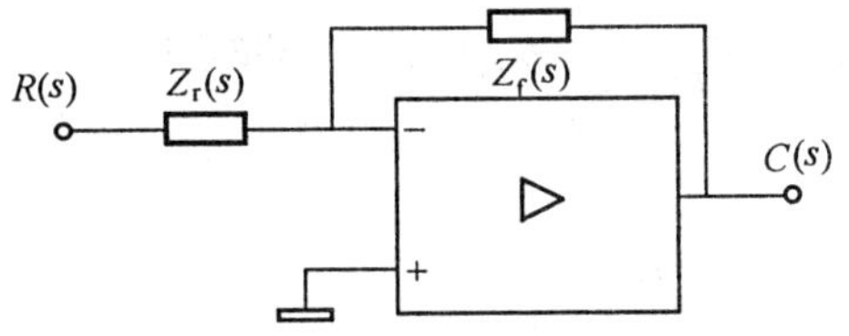

图 5.16　有源校正装置

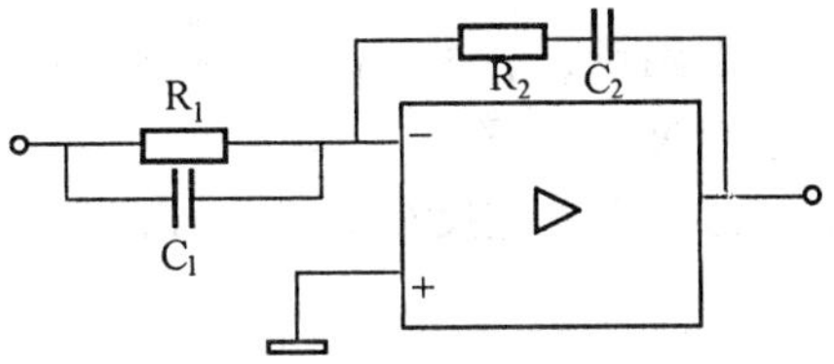

图 5.17　有源 PID 校正装置

5.3　串联校正装置的频域设计

在频域内设计校正装置主要是通过开环对数频率特性 Bode 图进行的。由于对系统性能指标的要求可以归结为对系统开环频率特性的要求，因此，设计过程的实质也可以理解为利用校正装置对系统开环 Bode 图进行整形或称校正，使校正后的 Bode 图具有以下期望特性：

(1) 低频段能够提供尽可能高的增益，以便满足稳态误差的要求。

(2) 中频段(即剪切频率 ω_c 附近的频段)的斜率一般应为 －20 dB/dec 并具有所要求的剪切频率 ω_c，以保证系统的绝对稳定性和相对稳定性，即具有满意的暂态特性。

(3) 高频段 Bode 图，应尽可能迅速衰减，以有效抑制噪声的影响。

一、相位超前校正

超前校正的基本原理是利用校正装置的相位超前特性去增大系统的相位裕度,为此,在设计校正装置时,要求校正网络的最大相位超前角出现在校正后系统的剪切频率处。

用频率分析法设计超前校正装置的一般步骤可归纳如下:

(1) 根据给定稳态误差的要求,确定系统的开环增益 K。

(2) 根据已确定的开环增益 K,绘出未校正系统的 Bode 图,并求出相位裕度 γ_0。

(3) 根据给定的相位裕度值 γ,计算校正装置所应提供的相位超前量 φ,即

$$\varphi = \varphi_m = \gamma - \gamma_0 + \varepsilon$$

式中,ε 是用于补偿因超前校正装置的引入,使系统剪切频率增大的相角滞后量,ε 的取值是这样估计的:若未校正系统的 Bode 图在剪切频率的斜率 -40 dB/dec 可以取 $\varepsilon = 5^\circ \sim 10^\circ$;若该频段的斜率为 -60 dB/dec 则取 $\varepsilon = 15^\circ \sim 20^\circ$。

(4) 根据所确定的最大超前相角 φ_m,按式(5.10)求出相应的 α 值,即

$$\alpha = \frac{1 - \sin\varphi_m}{1 + \sin\varphi_m}$$

如果 $\varphi_m > 60$,则应考虑用有源校正网络或两级网络。

(5) 求校正网络在 ω_m 处的幅值 $10\lg\frac{1}{\alpha}$(参见图 5.7),再由未校正系统的 Bode 图求得其幅值为 $-10\lg\frac{1}{\alpha}$ 处的频率,并将此频率作为校正后系统的剪切频率 ω_c,即 $\omega_c = \omega_m$。

(6) 确定超前校正网络的转折频率 ω_1 和 ω_2(参见式(5.8))

$$\omega_1 = \frac{1}{T} = \omega_m\sqrt{\alpha} \qquad \omega_2 = \frac{1}{\alpha T} = \omega_m/\sqrt{\alpha}$$

(7) 画出校正后系统的 Bode 图,验算相角裕度是否满足要求,若不满足,可增大 ε 值,从第 3 步起重新计算。

例 5.1 设单位反馈系统的开环传递函数为

$$G_0(s) = \frac{K}{s(0.5s + 1)}$$

要求系统的速度误差系数 $K_v = 20$,相角裕度 $\gamma \geqslant 50^\circ$,幅值裕度 $K_g(\text{dB}) \geqslant 10$ dB,试设计串联校正装置

解 (1) 首先调整增益 K,使系统满足稳态误差的要求,即稳态速度误差系数的要求,

由于
$$K_v = \lim_{s\to 0} s \cdot G_0(s) = \lim_{s\to 0} s\frac{K}{s(0.5s + 1)} = K$$

因此
$$K = K_v = 20$$

(2) 根据求出的 K 值,绘制未校正系统 $G_0(j\omega)$的 Bode 图,如图 5.18 所示。

$$G_0(j\omega) = \frac{20}{j\omega(0.5j\omega + 1)}$$

由图可以查出,未校正系统的剪切频率

$$\omega_{c0} \approx 6.3 \text{ rad/s}$$

相位裕度
$$\gamma_0 \approx 20^\circ$$

幅值裕度
$$K_g \approx \infty$$

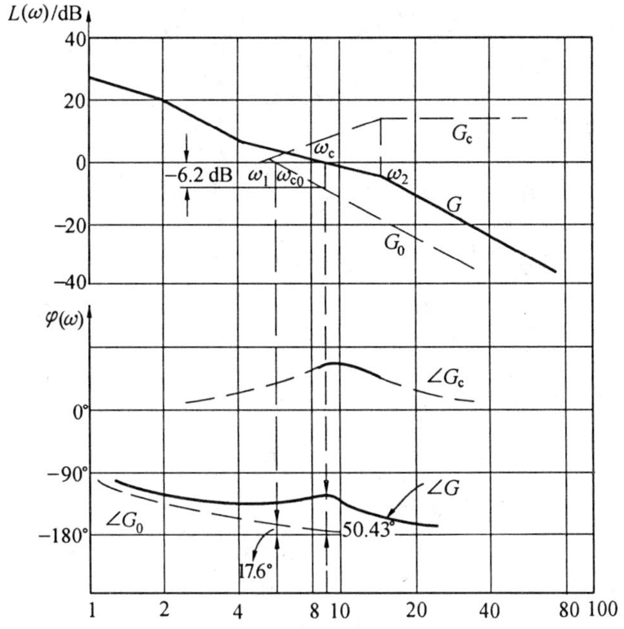

图 5.18　例 5.1 题图

以上数据也可以用下述方法计算得出，即

$$20\lg K = 20\lg 2 + 40\lg \frac{\omega_{c0}}{2} = 20\lg \frac{\omega_{c0}^2}{2}$$

可求得　$\omega_{c0} = \sqrt{2K} = \sqrt{40} = 6.32\ \text{rad/s}$

相角裕度　$\gamma_0 = 180° + \varphi(\omega_{c0}) = 180° - 90° - \arctan 0.5 \times 6.32 =$

$180° - 90° - 72.4° = 17.6°$

上述数据说明，未校正系统是稳定的，但相角裕度不足，说明超调较大，暂态特性不满足性能指标要求，为此引入相位超前校正网络，其传递函数如式(5.5)，即

$$G_c(s) = \alpha \frac{Ts+1}{\alpha Ts+1} \quad (\alpha < 1)$$

目的是要在中频段剪切频率 ω_c 附近产生一个足够的相位超前角，以满足系统稳定裕度的要求，为了补偿因 $G_c(s)$ 而造成的衰减($\alpha < 1$)，以保持稳态精度，应将系统中放大器增益提高 $1/\alpha$ 倍，这样由放大器超前校正网络组成的校正装置传递函数为

$$G_c(s) = \frac{Ts+1}{\alpha Ts+1}$$

(3)计算所需的相角超前量 φ_m，为了获得 $\gamma \geqslant 50°$ 的相位裕度，需要增加的相角超前量为

$$\varphi_m = \gamma - \gamma_0 + \varepsilon = 50° - 17.6° + 5.6° = 38°$$

(4)根据 $\varphi_m = 38°$ 可确定系数 α，$\alpha = \dfrac{1-\sin\varphi_m}{1+\sin\varphi_m} = 0.24$。

对应于 φ_m 的 ω_m 处的幅值增量应为

$$10\lg 1/\alpha = 10\lg 4.17 = 6.2\ \text{dB}$$

在未校正系统 Bode 图上可以查得 $L(\omega) = -10\lg 1/\alpha = -6.2$ dB，所对应的频率值 $\omega_m = \omega_c \approx 9\ \text{s}^{-1}$，也可以按下式计算求得，即

$$40\lg\frac{\omega_c}{\omega_{c0}}=6.2\ \text{dB}=10\ \lg 1/\alpha$$

或写为 $$\omega_c=\omega_{c0}\cdot\alpha^{-1/4}=6.32\times(0.24)^{-1/4}=9\ \text{rad/s}$$

校正装置的转折频率分别为

$$\omega_1=\frac{1}{T}=\omega_m\sqrt{\alpha}=9\times\sqrt{0.24}=4.4\ \text{rad/s}$$

$$\omega_2=\frac{1}{\alpha T}=\omega_m/\sqrt{\alpha}=9/\sqrt{0.24}=18.3\ \text{rad/s}$$

$$T=\frac{1}{\omega_1}=0.23\qquad \alpha T=0.055$$

由此可得校正装置的传递函数

$$G_c(s)=\frac{0.23s+1}{0.055s+1}$$

校正后系统的开环传递函数为

$$G(s)=G_c(s)\cdot G_0(s)=\frac{(0.23s+1)}{(0.055s+1)}\cdot\frac{20}{s(0.5s+1)}$$

(5)根据校正后的开环频率特性，验算相角裕度 γ、幅值裕度 K_g dB

$$\gamma=180°+\varphi(\omega_c)=180°-90°-77.47°+\arctan 0.23\times 9-\arctan 0.055\times 9=50.43°>50°$$

$$K_g\ \text{dB}=\infty$$

可见在不影响 $K_v=20$ 稳态精度的条件下，校正后系统的剪切频率 $\omega_c=9\ \text{s}^{-1}$，相角裕度 > 50°，幅值裕度为 ∞，完全满足静动性能指标的要求，校正后的伯德图如图 5.18 实线所示。

如果采用无源阻容网络来实现超前校正装置，则根据图 5.5 的电路，可以进一步确定校正网络的有关参数，例如，若取 $C=1\ \mu\text{F}$，则

$$R_1=T/C=\frac{0.23}{1\times 10^{-6}}=230\ \text{k}\Omega$$

$$R_2=\alpha R_1/(1-\alpha)=72\ \text{k}\Omega$$

二、相位滞后校正

相位滞后校正装置具有低通滤波特性，因此当它与系统不可变部分 $G_c(s)$ 相串联时，会使开环系统中、高频段增益衰减和剪切频率 ω_c 左移(变小)，从而加大了相位裕度，同时又不影响频率特性的低频段。因此滞后校正装置不仅用于提高系统的增益，减小系统的稳态误差，而且在一定条件下，也能使系统同时满足稳定性和暂态特性的要求。

滞后校正使 ω_c 变小，系统频带变窄，暂态响应速度会变慢，另外滞后校正环节会产生负相移，特别是在两个转折频率 $1/\beta T$ 和 $1/T$ 之间负相角绝对值比较大，为了使负相移对相角裕角影响小一些，设计时应使该频段距离剪切频率 ω_c 远一些为好，一般取

$$\frac{1}{T}=(\frac{1}{5}\sim\frac{1}{10})\omega_c$$

用频率法设计串联滞后校正装置的步骤可归纳如下：

(1) 根据给定的稳态误差或静态误差系数要求，确定开环增益 K。

(2) 根据确定的 K 值绘制未校正系统的 Bode 图,并求出其相角裕度 γ_0。

(3) 若相位裕度不满足要求,则在未校正系统 Bode 图上寻求这样一个频率点 ω_c,使该点所对应的相角裕度为

$$\gamma_1 = \gamma + \varepsilon$$

式中,γ 是要求的相位裕度,而 $\varepsilon = 5^\circ \sim 15^\circ$,是为了补偿校正装置在 ω_c 处的相位滞后,ω_c 作为系统校正后的剪切频率。

(4) 令未校正系统在 ω_c 处的幅值等于 $20\lg\beta$,据此确定滞后校正装置的 β 值。

(5) 确定校正装置的转折频率 $\omega_2 = \dfrac{1}{T} = (\dfrac{1}{5} \sim \dfrac{1}{10})\omega_c$,另一个转折频率 $\omega_1 = \dfrac{1}{\beta T}$。

(6) 绘出校正后系统的 Bode 图,若不满足要求,可重选 T 值,但 T 值不宜过大,只要满足要求即可,以免校正网络中电容过大,不宜实现。

(7) 检验性能指标。

例 5.2　设单位反馈系统开环传递函数为

$$G_0(s) = \frac{K}{s(s+1)(0.25s+1)}$$

稳态性能指标:在单位恒速输入时的稳态误差 $e_{ss} = 0.2$,频域指标:相位裕度 $\gamma \geqslant 40^\circ$,$\omega_c \geqslant 0.5$ rad/s,试设计串联校正装置,使系统满足上述指标。

解　(1)首先根据稳态误差要求确定开环增益 K,由于是 I 型系统,因此

$$K = \frac{1}{e_{ss}} = \frac{1}{0.2} = 5$$

根据 $K = 5$ 作 $G_0(s)$的 Bode 图,如图 5.19。

由于当 $\omega = 1$ 时,$L(\omega) = 20\lg 5$ dB。

由此可求未校正系统的剪切频率 ω_{c0}为

$$40\lg\frac{\omega_{c0}}{1} = 20\lg 5 \qquad 或 \qquad \omega_{c0} = \sqrt{5} = 2.24 \text{ rad/s}$$

相应的相角裕度

$$\gamma = 180^\circ - 90^\circ - \arctan\omega_{c0} - \arctan 0.25\omega_{c0} = -5.1^\circ$$

可见未校正系统是不稳定的。

(2)计算新的剪切频率 ω_c,在该点未校正系统对应的相角裕度

$$\gamma_1 = \gamma + \varepsilon = 40^\circ + 15^\circ = 55^\circ$$

由于　$$\gamma_1 = 180^\circ + \varphi(\omega_c) = 180^\circ - 90^\circ - \arctan\omega_c - \arctan 0.25\omega_c = 55^\circ$$

或写为　$$\arctan\omega_c + \arctan 0.25\omega_c = 35^\circ$$

即 $\arctan\dfrac{(1+0.25)\omega_c}{1-0.25\omega_c^2} = 35^\circ$,求解可得 $\omega_c = 0.52$ rad/s$\geqslant 0.5$ rad/s。

符合性能指标要求,故选定 $\omega_c = 0.52$ rad/s。

(3)令 $\omega = 0.52$ rad/s 时,未校正系统开环增益为 $20\lg\beta$,从而由 Bode 图可求出系数 β,由于当 $\omega = 1$ 时,未校正系统增益为 $20\lg 5$,故有

$$20\lg\beta - 20\lg 5 = 20\lg 1/0.52$$

所以　$$\beta = 5/0.52 = 9.62 \approx 10$$

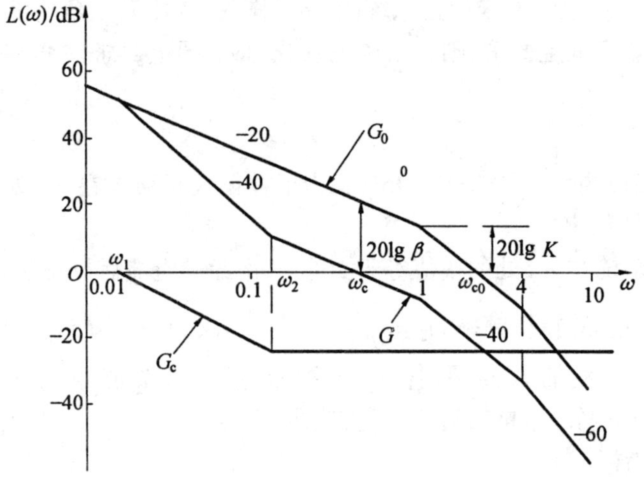

图 5.19　例 5.2 题图

选定

$$\omega_2 = \frac{1}{T} = \frac{\omega_c}{4} = 0.13\ \text{rad/s}$$

$$\omega_1 = \frac{1}{\beta T} = 0.013\ \text{rad/s}$$

于是滞后校正网络传递函数为

$$G_c(s) = \frac{1}{10}\,\frac{(s+0.13)}{(s+0.013)} = \frac{7.7s+1}{77s+1}$$

校正后系统的开环传递函数

$$G(s) = G_c(s)\cdot G_0(s) = \frac{5(7.7s+1)}{s(s+1)(0.25s+1)(77s+1)}$$

检验校正后的相角裕度

$$\gamma = 180° - 90° - \arctan \omega_c - \arctan 0.25\omega_c - \arctan 77\omega_c + \arctan 7.7\omega_c = 42.53° > 40°$$

还可以计算 $G_c(s)$校正网络在 ω_c 处的滞后相角

$$\arctan 7.7\omega_c - \arctan 77\omega_c = -12.6°$$

这说明选 $\varepsilon = 15°$是合适的。

三、相位滞后超前校正

超前校正的作用在于提高系统的相对稳定性和响应的快速性，滞后校正的主要作用是在不影响系统暂态性能的前提下，提高低频段增益，改善系统的稳态特性，而滞后超前校正环节则可以同时改善系统的暂态特性和稳态特性。这种校正的实质是综合利用了滞后和超前校正的各自特点，利用其超前部分改善暂态特性，而利用滞后部分改善稳态特性，两者各司其职，相辅相成。

例 5.3　已知单位反馈系统的开环传递函数为

$$G_0(s) = \frac{2K}{s(s+1)(s+2)}$$

试设计串联校正装置，使其满足如下性能指标，静态速度误差系数 $K_v=10$，相位裕度 $\gamma\geqslant 45°$，幅值裕度 K_g dB$\geqslant$10 dB。

解
$$G_0(s)=\frac{2K}{s(s+1)(s+2)}=\frac{K}{s(s+1)(0.5s+1)}$$

(1) 调整开环增益 K，使其满足稳态误差系数 $K_v=10$

$$K_v=\lim_{s\to 0}s\cdot G_0(s)=K=10$$

按求得的开环增益 $K=10$ 绘制的 Bode 图，如图 5.20 所示。由图可见，未校正系统 $G_0(s)$的剪切频率 $\omega_{c0}=2.7$，也可以按下面的公式近似计算

$$20\lg K-40\lg 2=60\lg\frac{\omega_{c0}}{2}$$

整理可得
$$\omega_{c0}=\sqrt[3]{20}=2.7\ \text{rad/s}$$

相位裕度

$$\gamma_0=180°+\varphi(\omega_{c0})=180°-90°-\arctan 2.7-\arctan 0.5\times 2.7=-33°$$

幅值裕度，K_g dB<0，所对应的 ω_g 可令 $\gamma_0=0$ 求得，即

$$\arctan\frac{1.5\omega_g}{1-0.5\omega_g^2}=90°$$

$$\omega_g=\sqrt{2}=1.41\ \text{rad/s}$$

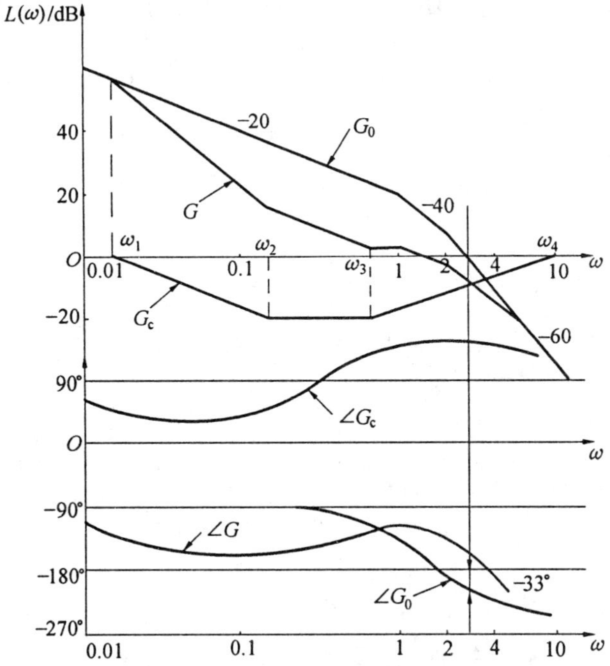

图 5.20　例 5.3 题图

由以上计算可知，系统不稳定，需要进行校正，由于在 ω_{c0}附近频段内 $G_0(s)$的对数幅频渐近线以 -60 dB/dec 穿过 0 dB 线，因此只加一个超前校正网络其相角超前量有可能不足以满足相位裕度的要求。可以设想如果让中频段(ω_{c0}附近)衰减，再由超前校正发挥作用，则有可能满足指标要求，而中频段衰减正好可以用滞后校正完成。因此决定采用滞后超前校正。

(2)确定校正后的剪切频率 ω_c。本题对系统带宽未提具体要求，选取 ω_c 的原则应兼顾快速性和稳定性，ω_c 过大会增加超前校正的负担，过小又会使频带过窄，影响快速性，结合本例具体情况可选 $\omega_c=\omega_g=1.41\ \mathrm{rad/s}$，由于 $\varphi(\omega_g)=-180°$、$\gamma_0(\omega_g)=0°$，因此相位裕度 $\gamma(\omega_c)\geqslant 45°$的要求完全可以由超前校正网络提供。

(3) 确定滞后校正部分的参数。根据 $\omega_2=\frac{1}{T_2}=(\frac{1}{5}\sim\frac{1}{10})\omega_c$，可选$\frac{1}{T_2}=\frac{\omega_c}{10}=\frac{1.41}{10}=0.14\ \mathrm{rad/s}$。

$T_2=1/0.14=7.14\ \mathrm{s}$，取 $\beta=10$，则有 $\omega_1=\frac{1}{\beta T_2}=0.014\ \mathrm{rad/s}$，$\beta T_2=71.4\ \mathrm{s}$。

为了使滞后校正部分不影响中频段的特性，通常令滞后部分在校正后 ω_c 处的相位滞后量要不小于 $-5°$。本例求得滞后校正部分的传递函数为

$$G_{c1}(s)=\frac{T_2s+1}{\beta T_2s+1}=\frac{7.14s+1}{71.4s+1}$$

可以求出

$$\angle G_{c1}(\mathrm{j}\omega)=-5°$$

(4) 确定超前校正部分的参数。根据选定的 $\omega_c=1.41\ \mathrm{rad/s}$ 可以算出 $20\lg|G_0(\mathrm{j}\omega_c)|=14\ \mathrm{dB}$

超前校正网络在 ω_c 处的幅值为 -14 dB，以便与 14 dB 正好抵消。使校正后开环系统在 ω_c 处的幅值 $20\lg|G(\mathrm{j}\omega_c)|=0$ dB。为此在图 5.20 中，过点(1.4 rad/s, −14 dB)作 +20 dB/dec 斜线与滞后校正部分(−20 dB 水平线)交于 $\omega_3=\frac{1}{T_1}=0.7\ \mathrm{rad/s}$，与 0 dB 线交于 $\omega_4=\frac{\beta}{T_1}=7\ \mathrm{rad/s}$。因此 $T_1=1/0.7=1.43\ \mathrm{s}$，$T_1/\beta=0.143\ \mathrm{s}$。可得超前校正部分的传递函数 $G_{c2}(s)$为

$$G_{c2}(s)=\frac{T_1s+1}{\frac{T_1}{\beta}s+1}=\frac{1.43s+1}{0.143s+1}$$

最后可求得滞后超前校正网络的传递函数

$$G_c(s)=G_{c1}(s)\cdot G_{c2}(s)=\frac{(7.14s+1)(1.43s+1)}{(71.4s+1)(0.143s+1)}$$

(5) 检验性能指标

当 $\omega=\omega_c$ 时

$$\angle G_c(\mathrm{j}\omega_c)=\angle G_{c2}(\mathrm{j}\omega_c)-\angle G_{c1}(\mathrm{j}\omega_c)=52°-5°=47°$$

由于

$$\angle G_0(\mathrm{j}\omega_c)=\angle G_0(\mathrm{j}\omega_g)=0°$$

所以相位裕度

$$\gamma(\omega_c)=47°>45°$$

由图或计算可求得

$$\omega_g=4\ \mathrm{rad/s}\quad K_g\,\mathrm{dB}=15\ \mathrm{dB}>10\ \mathrm{dB}$$

至此，上述结果说明完全符合性能指标要求，校正后系统的开环传递函数为

$$G(s)=G_0(s)\cdot G_c(s)=\frac{10(7.14s+1)(1.43s+1)}{s(s+1)(0.5s+1)(71.4s+1)(0.143s+1)}$$

(6) 确定校正网络参数，可参照超前校正网络的确定办法，先定一个元件参数，再根据方程组确定另外几个参数。

以上我们采用分析法(试探法)在频域内设计了三种串联校正装置，即相位超前、相位滞

后、相位滞后超前校正装置，并详细地分析了设计原则和校正步骤，为了设计出满意的校正装置，要灵活掌握这些原则和方法，抓住校正过程的思路及本质，下面将各种校正装置的特点作一简要总结。

(1) 超前校正是利用其相位超前特性获得所需结果；而滞后校正是通过其高频衰减特性达到校正的目的。

(2) 超前校正增大系统的相位裕度和带宽(ω_c 右移)响应快速提高，因此对于需要使系统具有快速响应特性和大的带宽的情况应当采用超前校正，当然随着带宽增大，高频增益也增大，会使系统对噪声更加敏感，因此如果系统存在噪声信号，则要谨慎处理，必要时要采用其他校正方式。

(3) 滞后校正改善系统的稳定性，提高稳态精度，但它使带宽变小(ω_c 左移)，系统响应速度变缓。如果系统既需要快速响应，又需要高稳态精度，则应采用滞后超前校正装置。

(4) 超前校正需要一个附加的增益放大，以补偿它本身的衰减，这意味着超前校正需要更大的增益。

四、串联校正的综合法

综合法又称为期望特性法，它是将性能指标的要求转化为系统开环对数幅频特性，即期望特性，再与未校正系统的开环对数幅频特性进行比较。从而确定校正装置的结构与参数，由于这种方法只通过幅频特性表示，而不考虑相频特性，因此只适用于最小相位系统。

设系统的开环频率特性为

$$G(j\omega) = G_c(j\omega)G_0(j\omega)$$

根据性能指标要求，可以拟定期望开环对数幅频特性 $20\lg|G(j\omega)|$，则串联校正装置的对数幅频特性为

$$20\lg|G_c(j\omega)| = 20\lg|G(j\omega)| - 20\lg|G_0(j\omega)|$$

由此可见，在 Bode 图上，只需将期望特性与固有特性的幅频渐近曲线相减，即可得到校正装置的幅频特性曲线。

对于大多数最小相位系统，典型期望对数幅频渐近特性的一般形状如图 5.21 所示，图中可见，中频区斜率变化为 -40 ~ -20 ~ -40，又称 2-1-2 型，其对应的传递函数为

$$G(s) = \frac{K(T_2 s + 1)}{s^2(T_3 s + 1)} \tag{5.18}$$

式中，$T_2 = \dfrac{1}{\omega_2}$；$T_3 = \dfrac{1}{\omega_3}$。

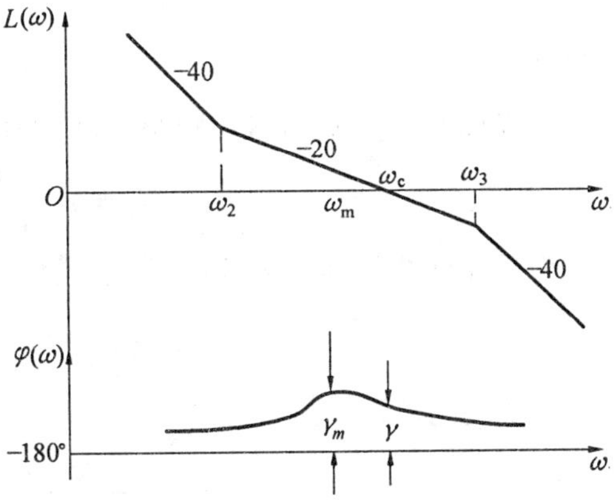

图 5.21　典型期望特性

若设　$h = \dfrac{\omega_3}{\omega_2}$　$\lg h = \lg\omega_3 - \lg\omega_2$

因此称 h 为中频宽，它表示以 -20 dB/dec 斜率穿过 0 dB 线的中频区宽度。h 与 M_r 一样，都是描述系统阻尼程度的频域指标，在确定期望特性时，它是一个重要参数，下面进一步讨论 h 与 M_r 以及其他开环频域指标 γ、ω_c 之间的关系。

由式(5.18)可得期望频率特性

$$G(j\omega)=\frac{K(1+j\omega/\omega_2)}{(j\omega)^2(1+j\omega/\omega_3)}$$

其相频特性

$$\varphi(\omega)=-180^\circ+\arctan\omega/\omega_2-\arctan\omega/\omega_3$$

因此相位裕度

$$\gamma(\omega)=180^\circ+\varphi(\omega)=\arctan\omega/\omega_2-\arctan\omega/\omega_3 \tag{5.19}$$

由 $d\gamma(\omega)/d\omega=0$ 可解出产生 γ_{max}时对应的频率

$$\omega_m=\sqrt{\omega_2\omega_3} \tag{5.20}$$

此式表明,ω_m 是转折频率 ω_2、ω_3 的几何中心,将式(5.20)带入式(5.19),利用三角公式可求得

$$\tan\gamma(\omega_m)=\frac{\omega_m/\omega_2-\omega_m/\omega_3}{1+\omega_m^2/\omega_2\cdot\omega_3}=\frac{\omega_3-\omega_2}{2\sqrt{\omega_2\cdot\omega_3}}=\frac{h-1}{2\sqrt{h}}$$

因此

$$\sin\gamma(\omega_m)=\frac{\omega_3-\omega_2}{\omega_3+\omega_2} \tag{5.21}$$

将 $h=\frac{\omega_3}{\omega_2}$,即 $\omega_3=h\cdot\omega_2$ 代入上式,可得

$$\sin\gamma(\omega_m)=\frac{h-1}{h+1}$$

或写为

$$\frac{1}{\sin\gamma(\omega_m)}=\frac{h+1}{h-1} \tag{5.22}$$

由于在谐振峰值 $M_r>1$ 时,经分析推证有 $\omega_m<\omega_c$,但通常 $\omega_m\approx\omega_c$,所以 $\gamma(\omega_m)\approx\gamma$。再由式(4.50),则有

$$M_r=\frac{1}{\sin\gamma}=\frac{h+1}{h-1} \tag{5.23}$$

或写为

$$h=\frac{M_r+1}{M_r-1} \tag{5.24}$$

可以证明 ω_2、ω_3 与剪切频率 ω_c 的关系为

$$\omega_2=\omega_c\frac{2}{h+1},\omega_3=\omega_c\cdot\frac{2h}{h+1}$$

为了保证系统具有 h 表征的阻尼程度,通常取

$$\omega_2\leqslant\omega_c\frac{2}{h+1}\qquad\omega_3\geqslant\omega_c\frac{2h}{h+1} \tag{5.25}$$

由式(5.24)知

$$\frac{2}{h+1}=\frac{M_r-1}{M_r}\qquad\frac{2h}{h+1}=\frac{M_r+1}{M_r}$$

因此在选择 ω_2、ω_3、ω_c 时,如果将闭环振荡指标 M_r 放在开环剪切频率 ω_c 处,使期望开环对数幅频特性所对应的闭环系统具有最小的 M_r 值(称为最小 M_r 法),则各待选参数有如下关系

$$\omega_2\leqslant\omega_c\frac{M_r-1}{M_r} \tag{5.26}$$

$$\omega_3 \geqslant \omega_c \frac{M_r + 1}{M_r} \tag{5.27}$$

在用综合法进行串联校正时，期望特性的绘制是关键一步，在绘制过程中式(5.23)、(5.24)、(5.26)、(5.27)等是很有用的. 利用期望特性法进行串联校正的步骤大致如下：

(1) 根据稳态性能指标，绘制开环增益调整后未校正系统的对数幅频特性

$$20\lg|G_0(j\omega)| = L_0(\omega)$$

(2) 根据稳态与动态性能指标，绘制期望开环对数幅频特性 $20\lg|G(j\omega)| = L(\omega)$，期望特性的低频段可以与未校正部分 $L_0(\omega)$ 低频段重合。

中频段要根据系统响应速度和阻尼的要求，通过选择 ω_c、γ、h 以及交接频率 ω_2、ω_3 来进行绘制，中频区斜率为 -20 dB/dec。以保证足够的相角裕度。为了简化设计，高频段可以与未校正系统高频段重合。

另外期望特性的低、中频段之间的衔接频段，其斜率一般相差 -20 dB/dec；中、高频段间的衔接频段，斜率可取 -40 dB/dec。

(3)由 $L(\omega) - L_0(\omega) = L_c(\omega)$ 求得串联校正装置的对数幅频特性

$$L_c(\omega) = 20\lg|G_c(j\omega)|$$

(4)对校正后的系统进行检验，并根据情况对期望特性的交接频率做必要的调整。

下面通过实例说明校正过程。

例 5.4　已知单位反馈系统的开环传递函数为

$$G_0(s) = \frac{K_0}{s(0.12s+1)(0.02s+1)}$$

试用综合法设计串联校正装置，使系统满足以下性能指标

$$K_v \geqslant 70 \qquad M_p \leqslant 40\% \qquad t_s \leqslant 1 \text{ s}$$

解　按前述步骤，本题可求解如下：

(1)由 $K_v = \lim\limits_{s \to 0} s \cdot G_0(s) = K_0 = 70$ 可画出 $K_0 = 70$ 的未校正系统对数幅频特性。如图 5.22所示，当 $\omega = 1$ 时，$20\lg|G_0| = 20\lg K = 36.9$ dB。并可求出未校正系统的剪切频率 $\omega_{c0} = 24$ rad/s。

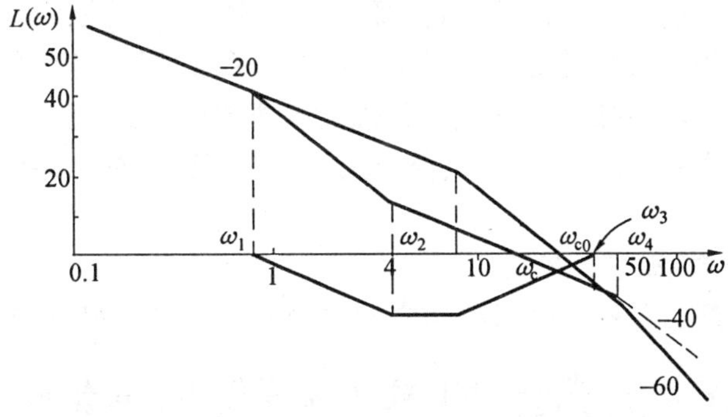

图 5.22　系统特性

(2)绘制期望特性。低频段与未校正部分重合，中频段在绘制之前，首先将 M_p、t_s 用公式(4.50)、(4.51)转化为频域指标 M_r 和 ω_c，即由 $M_p = 0.16 + 0.4(M_r - 1)$ 可求出 $M_r = 1.6$。

由 $t_s=\dfrac{K\pi}{\omega_c}$可得

$$\omega_c=K\pi$$

式中，$K=2+1.5(M_r-1)+2.5(M_r-1)^2$，将 $M_r=1.6$ 代入可求得 $K=3.8$，$\omega_c=K\cdot\pi=12$ rad/s，再根据式(5.26)、(5.27)可以算出

$$\omega_2\leqslant\omega_c\frac{M_r-1}{M_r}=4.46\ \text{rad/s}$$

$$\omega_3\geqslant\omega_c\frac{M_r+1}{M_r}=19.3\ \text{rad/s}$$

在 $\omega_c=12$ rad/s 处，作 −20 dB/dec 斜率直线，交 $20\lg|G_0|$ 于 $\omega=48$ rad/s 处，见图 5.22，取 $\omega_2=4$ rad/s，$\omega_3=48$ rad/s，此时 $h=\dfrac{\omega_3}{\omega_2}=12$。由式(5.23)可粗略估算相应的相位裕度 $\gamma=\arcsin\dfrac{h-1}{h+1}=57.8°$，过 ω_2 作横轴垂线，与中频段 −20 dB/dec 直线交点处，作 −40 dB/dec 直线，该直线与期望特性低频段交于 $\omega_1=0.68$ rad/s 处，至此中低频衔接段完成。

中、高频衔接段，在 $\omega_3=48$ rad/s 处作横轴垂线与 −20 dB/dec 中频段直线交点处作斜率 −40 dB/dec 直线，交未校正系统 $20\lg|G_0|$ 高频段于 $\omega_4=50$ rad/s 处；当 $\omega\geqslant\omega_4$ 时，期望特性与未校正系统的高频特性一致。至此，期望特性的全部参数已经得出

$$\omega_1=0.68\ \text{rad/s}\qquad \omega_2=4\ \text{rad/s}\qquad \omega_3=48\ \text{rad/s}$$

$$\omega_4=50\ \text{rad/s}\qquad \omega_c=12\ \text{rad/s}\qquad h=12$$

(3)将期望特性 $|G|$dB 与 $|G_0|$dB 相减，可得串联校正装置特性 $|G_c|$dB，其传递函数为

$$G_c(s)=\frac{(1+0.25s)(1+0.12s)}{(1+1.47s)(1+0.021s)}$$

(4)验算、校正后系统开环传递函数。由 $\omega_c=12$ rad/s 可算出 $\gamma=41.8°$、$M_r=1.5$、$M_p=0.36=36\%$、$t_s=0.88$ s，可以满足性能指标要求。

五、串联校正的工程设计法

用综合法串联校正，期望特性的绘制过程比较麻烦，为了使期望特性进一步规范化和简单化，在工程上通常根据常见的恒值调节系统和随动系统的控制模型，将期望特性化为典型二阶、三阶最佳模型。然后按照最佳模型的性能要求，选择对应于 P、PI 或 PID 控制规律的调节器 $G_c(s)$参数，这种设计方法简单、便于工程实现，因此在许多控制系统工程设计中得到广泛应用。

1. 按照二阶最佳模型进行校正

图 5.23 给出典型二阶系统框图和相应的对数幅频特性。将其与典型二阶系统开环传递函数的标准式 $G(s)=\dfrac{\omega_n^2}{s(s+2\xi\omega_n)}$相比较，有 $\omega_n^2=\dfrac{K}{T}$，$2\xi\omega_n=\dfrac{1}{T}$，或写为

$$K=\frac{\omega_n}{2\xi}\qquad T=\frac{1}{2\xi\omega_n}\tag{5.28}$$

当 $\xi=0.707$ 时，系统的性能指标为 $M_p=4.3\%$，$\gamma=65.5°$。由此可见，该指标兼顾了系统的快速性和相对稳态定性，因此通常把阻尼比 $\xi=0.707$ 的典型二阶系统称为二阶最佳模

型。

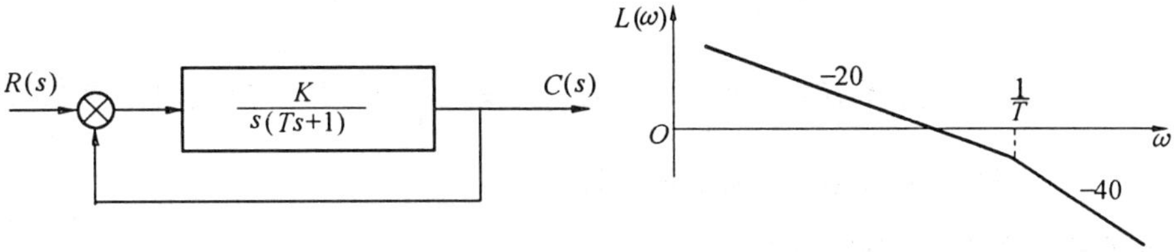

(a) 二阶系统框图　　(b)二阶最佳模型

图 5.23　典型二阶模型

对于二阶最佳模型，由式(5.28)可得 $K=\frac{1}{2T}$，故二阶最佳系统的开环传递函数应为

$$G(s)=\frac{1}{2Ts(Ts+1)} \tag{5.29}$$

如果将二阶最佳模型作为期望模型，则可以根据被控对象的传递函数，选择串联校正装置 $G_c(s)$。

(1) 设被控对象为一阶惯性环节

$$G_0(s)=\frac{K_1}{T_1s+1}$$

此时可以令模型时间常数与被控对象时间常数相等，即 $T=T_1$，则

$$G_c(s)=\frac{G(s)}{G_0(s)}=\frac{1}{2K_1T_1s}$$

显然，校正装置应采用积分调节器

(2) 设被控对象为两个惯性环节串联

$$G_0(s)=\frac{K_1K_2}{(T_1s+1)(T_2s+1)} \qquad T_2>T_1$$

此时，可令模型时间常数等于对象中较小的时间常数，即 $T=T_1$。

$$G_c(s)=\frac{G(s)}{G_0(s)}=\frac{T_2s+1}{2K_1K_2T_1s}=\frac{T_2}{2K_1K_2T_1}\left(1+\frac{1}{T_2s}\right)$$

可见，校正装置应采用 PI 调节器，参数整定为

$$K_p=\frac{T_2}{2K_1K_2T} \qquad T_i=T_2$$

(3)被控对象为三个惯性环节串联

$$G_0(s)=\frac{K_1K_2K_3}{(T_1s+1)(T_2s+1)(T_3s+1)} \qquad T_1<T_2 \quad T_1<T_3$$

则可选模型时间常数等于对象中最小的时间常数，即 $T=T_1$，则

$$G_c(s)=\frac{(T_2s+1)(T_3s+1)}{2K_1K_2K_3T_1s}$$

显然，应采用 PID 调节器参数整定为

$$K_p=\frac{T_2+T_3}{2K_1K_2K_3T_1} \qquad T_i=T_2+T_3 \qquad T_d=\frac{T_2T_3}{T_2+T_3}$$

(4) 被控对象为若干惯性环节并联

$$G_0(s)=\sum_{i=1}^{n}\frac{K}{T_is+1}\qquad n=1,2,\cdots$$

此时可用一个较大的惯性环节来近似，即令 $G_0(s)=\dfrac{K_i}{T_is+1}$，并令模型时间常数 $T=T_i$，则有 $G_c(s)=\dfrac{1}{2K_iT_is}$与(1)情况相同，为 I 调节器。

(5)若被控对象含有积分环节，例如

$$G_0(s)=\frac{K_1}{s(T_1s+1)}$$

可选 $T=T_1$，则有

$$G_c(s)=\frac{1}{2K_1T_1}$$

显然，校正装置应为比例 P 调节器。

2. 按三阶最佳模型进行校正

上面介绍的二阶最佳模型是工业上常用的一类系统，但它只是一阶无差系统，同时抗干扰能力也较差，因此对于要求较高的系统，需要考虑模型的改进，下面介绍的三阶最佳模型在抗扰性能上要优于二阶模型，其方框图和 Bode 图如图 5.24 所示。

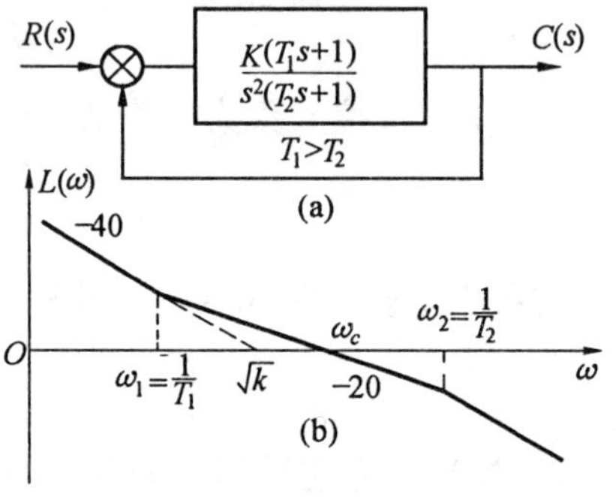

图 5.24　三阶系统模型

中频宽 $h=\dfrac{\omega_2}{\omega_1}=\dfrac{T_1}{T_2}\quad \omega_1=\dfrac{1}{T_1}\quad \omega_2=\dfrac{1}{T_2}$

由图不难看出 $40\lg\dfrac{\sqrt{K}}{\omega_1}=20\lg\dfrac{\omega_c}{\omega_1}$，于是有

$$K=\omega_c\omega_1\tag{5.30}$$

调整增益 K 可以改变 ω_c，三阶最佳模型参数的选择通常按着期望最佳性能的要求，有两种选择方案。

(1) 三阶工程对称最佳。根据期望特性的开环传递函数 $G(s)=\dfrac{K(T_1s+1)}{s^2(T_2s+1)}$，使其能取得最大的相位裕度，则有

$$\omega_c=\sqrt{\omega_1\omega_2}=\frac{1}{\sqrt{T_1T_2}}=\frac{1}{\sqrt{h}T_2}$$

即剪切频率 ω_c 应处于 ω_1 和 ω_2 的几何中心，根据式(5.30)

$$K=\omega_c\omega_1=\frac{1}{\sqrt{h}T_2}\frac{1}{hT_2}=\frac{1}{h\sqrt{h}T_2^2}$$

考虑到在取得最大相角裕度时，应有尽可能快的响应速度，取 $h=4$，则有 $K=\dfrac{1}{8T_2^2}$，从而期望特性为

$$G(s)=\frac{K(T_1s+1)}{s^2(T_2s+1)}=\frac{(4T_2s+1)}{8T_2^2s^2(T_2s+1)}\tag{5.31}$$

根据式(5.31)，考虑到未校正系统 $G_0(s)$，可以确定相应的 PID 控制器的参数。

① 当 $G_0(s)=\dfrac{K_0}{s(T_0s+1)}$时，令 $T_2=T_0$，则有

$$G_c(s)=G(s)/G_0(s)=\frac{4T_0s+1}{8K_0T_0^2s}=\frac{\tau s+1}{Ts}$$

式中
$$\tau=4T_0 \qquad T=8K_0T_0^2 \tag{5.32}$$

显然，这是 PI 调节器，使校正后系统为

$$G(s)=G_c(s)\cdot G_0(s)=\frac{K_0}{T}\ \frac{(\tau s+1)}{s^2(T_0s+1)}$$

② 当 $G_0(s)=\dfrac{K_0}{s(T_{01}s+1)(T_{02}s+1)}$时，则可选 PID 控制器，即

$$G_c(s)=\frac{(\tau_1s+1)(\tau_2s+1)}{Ts}$$

式中
$$\tau_1=4T_{01} \qquad \tau_2=T_{02} \qquad T=8K_0T_{01}^2 \tag{5.33}$$

校正后系统

$$G(s)=G_c(s)G_0(s)=\frac{K_0}{T}\ \frac{(\tau_1s+1)}{s^2(T_{01}s+1)}$$

③ 若 $G_0(s)=\dfrac{K_0}{(T_{10}s+1)(T_{02}s+1)}$，$T_{01}\gg T_{02}$，则将 $G_0(s)$ 简化为 $G_0(s)\approx\dfrac{K_0}{T_{01}s(T_{02}s+1)}$，仍可按第(1)种情况处理，即选 PI 调节器 $G_c(s)=\dfrac{\tau s+1}{Ts}$，使校正后的系统

$$G(s)=\frac{K_0}{TT_{01}}\ \frac{(\tau s+1)}{s^2(T_{02}s+1)}$$

式中
$$\tau=4T_{02} \qquad T=8K_0T_{02}^2/T_{01} \tag{5.34}$$

(2)最小 M_r 设计。可以证明，在图 5.24 中，当满足下式[参见式(5.25)]

$$\frac{\omega_2}{\omega_c}=\frac{2h}{h+1} \qquad 或 \qquad \frac{\omega_c}{\omega_1}=\frac{h+1}{2}$$

典型三阶系统在选择期望特性参数时，所对应的闭环谐振峰值 M_r 最小，因此上面两式又称“最佳频比”，此时参数选择如下，由式(5.30)

$$K=\omega_c\omega_1=\omega_2\ \frac{h+1}{2h}\ \frac{1}{hT_2}=\frac{h+1}{2h^2T_2^2}$$

则期望特性传递函数为

$$G(s)=\frac{h+1}{2h^2T_2^2}\ \frac{hT_2s+1}{s^2(T_2s+1)}$$

考虑到系统的响应速度和抗干扰两方面性能，通常取中频宽 $h=5$，根据式(5.32)，考虑未校正系统 $G_0(s)$，可以确定相应的 PID 调节器 $G_c(s)$。

① 当 $G_0(s)=\dfrac{K_0}{s(T_0s+1)}$时，取 $G(s)$中 $T_2=T_0$，则有

$$G_c(s)=\frac{G(s)}{G_0(s)}=\frac{h+1}{2K_0hT_0}\left(1+\frac{1}{hT_0s}\right) \tag{5.35}$$

显然，这是 PI 调节器。

② 当 $G_0(s)=\dfrac{K_0}{s(T_{01}s+1)(T_{02}s+1)}$ $T_{01}<T_{02}$时，令 $G(s)$中 $T_2=T_{01}$，则有

$$G_c(s)=\frac{G(s)}{G_0(s)}=\frac{(h+1)(hT_{01}+T_{02})}{2hT_{01}^2K_0}\left[1+\frac{1}{(hT_{01}+T_{02})s}+\frac{hT_{01}\cdot T_{02}}{hT_{01}+T_{02}}s\right]$$

可见，应采用 PID 调节器。

其参数整定为

$$K_p=\frac{(h+1)(hT_{01}+T_{02})}{2h^2T_{01}^2K_0}\qquad T_i=hT_{01}+T_{02}\qquad T_d=\frac{hT_{01}T_{02}}{hT_{01}+T_{02}}\tag{5.36}$$

例 5.5 单位反馈未校正系统的开环传递函数为 $G_0(s)=\dfrac{40}{s(0.003s+1)}$，试用工程设计方法确定串联校正装置，使系统在斜坡输入下稳态误差为零。

解 本例中 $G_0(s)$是二阶系统，其阻尼比 $\xi=1.44$，$\omega_n=115.5$ rad/s，显然这是过阻尼二阶系统，其动态性能为 $\gamma=83.2°$，$\omega_c=40$ rad/s，$t_s=0.07$ s。由于未校正系统是Ⅰ型系统，故在斜坡输入下必然存在稳态误差，为此可以采用串联校正，使其成为Ⅱ型系统。

(1) 若采用三阶对称最佳设计，本例属于第一种情况，由 $G_0(s)$可知 $K_0=40\ \mathrm{s}^{-1}$，$T_0=0.003$ s，可选 PI 控制器作为串联校正装置，其参数可按式(5.32)确定。

$$\tau=4T_0=0.012\ \mathrm{s}\qquad T=8K_0T_0^2=0.002\,9\ \mathrm{s}$$

于是 PI 调节器

$$G_c(s)=\frac{\tau s+1}{Ts}=\frac{0.012s+1}{0.002\,9s}=4.14\left(1+\frac{1}{0.012s}\right)$$

PI 调节器的参数整定为

$$K_p=4.14\ \mathrm{s}^{-1}\qquad T_i=0.012\ \mathrm{s}$$

校正后系统的开环传递函数为

$$G(s)=G_c(s)\cdot G_0(s)=\frac{13\,793.1(0.012s+1)}{s^2(0.003s+1)}$$

(2) 若采用最小 M_r 法，仍属于第一种情况，取 $h=5$，利用式(5.35)，可得 PI 调节器为

$$G_c(s)=\frac{0.015s+1}{0.003s}=5\left(1+\frac{1}{0.015s}\right)$$

5.4 反馈校正

前几节详细讨论了控制系统的串联校正方案，虽然串联校正使用普遍，实现简单，但有时由于系统本身的特性，在局部反馈支路中设置校正装置可能更为有效，采用反馈校正后，除了能得到与串联校正相同的校正效果外，还将赋予系统某些有利于改善控制性能的特殊功能，因此反馈校正也是广泛应用的校正形式之一。从原理上讲，前面介绍过的各种串联校正装置 PID 调节器，原则上都可以应用到反馈校正装置的设计中，下面具体讨论这种校正方法。

一、反馈校正的功能

1. 改变系统的局部结构与参数

在反馈校正中，常见的反馈量形式有输出量的位置(比例)、速度(微分)、加速度(二阶微

分)反馈。

(1)位置反馈又称为比例反馈,这种反馈校正可以减弱被包围环节的惯性,扩展频带,提高系统的快速性。

图 5.25(a)为比例反馈包围积分环节回路的传递函数

$$G(s)=\frac{K/s}{1+KK_h/s}=\frac{1/K_h}{1+s/KK_h}$$

积分环节变成惯性环节,这意味着降低了大回路系统的精度,但可以改善系统的稳定性。图 5.25(b)为比例环节包围惯性环节,其回路传递函数为

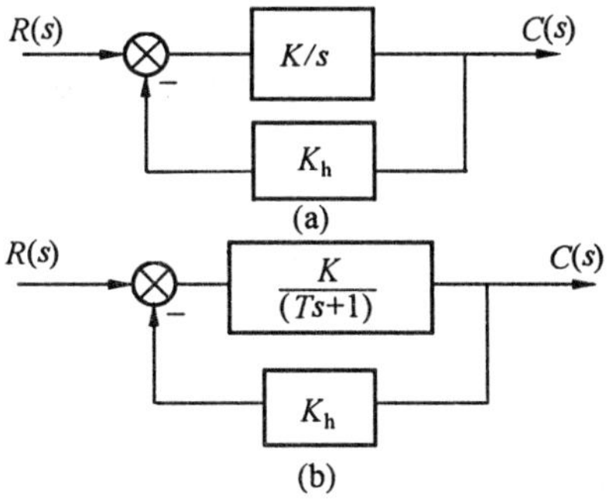

图 5.25　位置反馈回路

$$G(s)=\frac{\frac{K}{1+KK_h}}{\frac{T}{1+KK_h}s+1}$$

其结果还是惯性环节,但时间常数变小了,即惯性变小。同时增益也变小,这是不希望的,通常可以通过提高放大环节的增益来补偿,以保持系统开环放大系数不变。由于比例负反馈使环节或系统的时间常数下降,从而展宽频带,使过渡过程时间缩短,提高了系统响应的快速性。

(2)速度反馈又称为微分反馈,图 5.26(a)为速度反馈包围惯性环节,回路的传递函数为

$$G(s)=\frac{K}{(T+KK_t)s+1}$$

其结果仍为惯性环节,但惯性时间常数增大,这样,利用局部反馈可以将原系统中各环节的时间常数拉开,从而改善系统的动态平稳性。

图 5.26(b)为速度反馈包围振荡环节,回路的传递函数经整理后为

$$G(s)=\frac{K}{T^2s^2+(2\xi+KK_t)s+1}$$

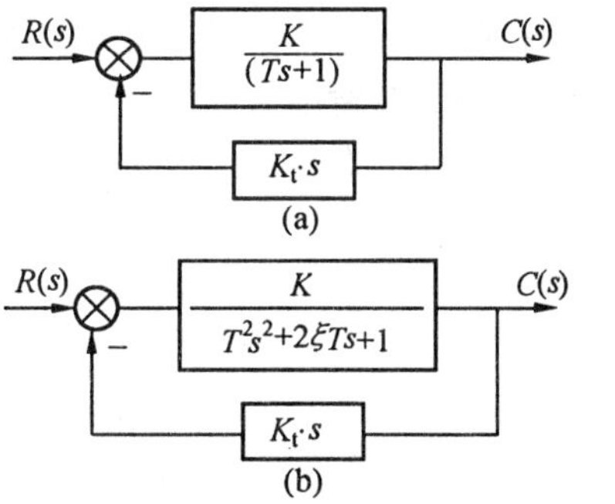

图 5.26　速度反馈回路

其结果仍为振荡环节,但阻尼比显著增大,从而有效地改善了系统的平稳性。应当说明,理想的微分环节很难得到,例如,速度检测元件测速发电机的传递函数取 $K_ts/(T_1s+1)$更为确切,但只要 T_1 足够小,速度反馈的阻尼效应仍很明显,可以近似作为微分环节使用。

2. 取代局部结构,消除局部环节的不希望特性

反馈校正在一定条件下,可以消除系统不可变部分中的不希望特性,即等效于取代不希望部分中的结构特性。图 5.27 给出反馈校正的控制框图,其不可变部分 $G_2(s)$被传递函数为 $G_c(s)$的负反馈通道所包围。包围后反馈回路的等效传递函数为

$$G_{2c}(s)=\frac{G_2(s)}{1+G_2(s)G_c(s)} \tag{5.37}$$

若在感兴趣的频段内

$$|G_2(j\omega)\cdot G_c(j\omega)|\gg 1 \tag{5.38}$$

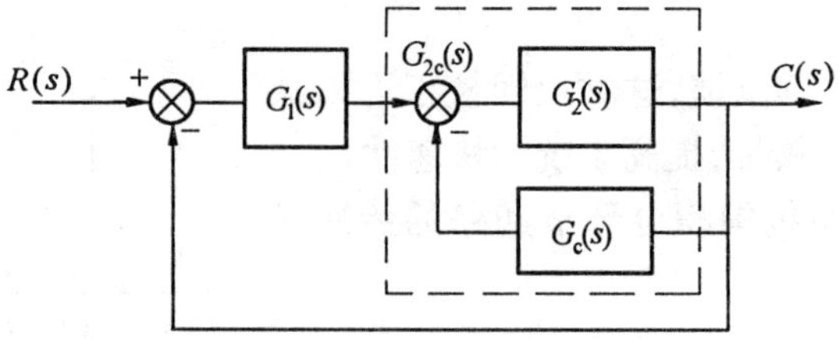

图 5.27　反馈校正系统框图

则有
$$G_{2c}(j\omega)\approx\frac{1}{G_c(j\omega)} \tag{5.39}$$
若
$$|G_2(j\omega)G_c(j\omega)|\ll 1 \tag{5.40}$$
则有
$$G_{2c}(j\omega)\approx G_2(j\omega) \tag{5.41}$$
式(5.39)表明，反馈回路的特性几乎与被包围的环节 $G_2(s)$ 的特性无关。这样就可以用 $1/G_c(s)$ 取代 $G_2(s)$，同时利用负反馈还能抑制不可变部分 $G_2(s)$ 参数变化和外部作用于 $G_2(s)$ 上干扰的影响。通常我们称上述感兴趣的频段为接受校正频段，它一般在低、中频区。

如果在某频段内满足式(5.40)的条件，则回路的等效传递函数 $G_{2c}(s)$ 与不可变部分 $G_2(s)$ 近似相同，通常称此频段为不接受校正频段，它一般在高频区。

二、反馈校正装置设计

在频域内进行反馈校正与串联校正类似，也有分析法和综合法两种。这里主要介绍综合法，即期望特性法。

设含有反馈校正的控制系统框图如图 5.28 所示。由图可见，待校正系统开环传递函数为
$$G_0(s)=G_1(s)G_2(s)G_3(s) \tag{5.42}$$

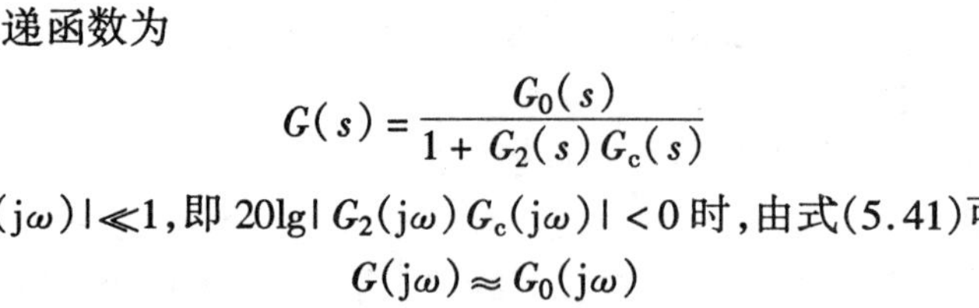

图 5.28　反馈校正控制系统

校正后系统开环传递函数为
$$G(s)=\frac{G_0(s)}{1+G_2(s)G_c(s)} \tag{5.43}$$

在 $|G_2(j\omega)G_c(j\omega)|\ll 1$，即 $20\lg|G_2(j\omega)G_c(j\omega)|<0$ 时，由式(5.41)可知
$$G(j\omega)\approx G_0(j\omega) \tag{5.44}$$
而在 $|G_2(j\omega)G_c(j\omega)|\gg 1$，即 $20\lg|G_2(j\omega)G_c(j\omega)|>0$ 时，由式(5.39)可知
$$G(j\omega)=\frac{G_0(j\omega)}{G_2(j\omega)G_c(j\omega)} \tag{5.45}$$

或写为

$$G_2(j\omega)G_c(j\omega)\approx\frac{G_0(j\omega)}{G(j\omega)} \tag{5.46}$$

此式表明，在 $20\lg|G_2(j\omega)\cdot G_c(j\omega)|>0$ 的频带内，有

$$20\lg|G_2(j\omega)\cdot G_c(j\omega)|=20\lg|G_0(j\omega)|-20\lg|G(j\omega)|$$

在 Bode 图上，只要将待校正系统的开环幅频特性与期望开环幅频特性相减，就可以近似地获得 $G_2(s)G_c(s)$。由于 $G_2(s)$已知，故可以立即求出 $G_c(s)$。

需要说明，在反馈校正初步设计中，往往把简化条件 $|G_2(j\omega)G_c(j\omega)|\gg1$ 简化为 $|G_2(j\omega)G_c(j\omega)|>1$，这样做会产生一些误差，特别是在 $|G_2(j\omega)G_c(j\omega)|=1$ 附近，但是此时的最大误差只要不超过 3 dB，则在工程允许误差范围之内。

用综合法设计反馈校正装置的一般步骤如下：

(1) 根据稳态性能指标，绘制未校正系统的开环对数幅频特性 $L_0(\omega)$

$$L_0(\omega)=20\lg|G_0(j\omega)|$$

(2) 根据给定性能指标，绘制期望开环对数幅频特性

$$L(\omega)=20\lg|G(j\omega)|$$

(3) 将以上两式相减，即可求得对数频率特性及传递函数，即

$$20\lg|G_2(j\omega)\cdot G_c(j\omega)|=L_0(\omega)-L(\omega)$$

要求

$$L_0(\omega)-L(\omega)>0$$

即

$$20\lg|G_0(j\omega)|>20\lg|G(j\omega)|$$

(4) 检验局部反馈回路的稳定性，并检查在期望特性剪切频率 ω_c 附近 $20\lg|G_2(j\omega)\cdot G_c(j\omega)|>0$ 的程度是否符合近似条件。

(5) 由 $G_2(s)G_c(s)$求出 $G_c(s)$。

(6) 检验校正后系统是否满足全部性能指标要求。

例 5.6　设系统框图如图 5.28 所示，图中

$$G_1(s)=\frac{K_1}{0.014s+1},\ G_2(s)=\frac{12}{(0.1s+1)(0.02s+1)},\ G_3(s)=\frac{0.002\,5}{s}$$

K_1 在 6 000 以内可调，试设计反馈校正装置 $G_c(s)$，使校正后系统满足如下指标：静态速度误差系数 $K_v=150$；单位阶跃响应的超调量 $M_p\leqslant40\%$；调节时间 $t_s\leqslant1$ s。

解　(1) 由 $K_v=\lim\limits_{s\to0}sG_0(s)=150$ 可求得 $K_1=5\,000$，则未校正系统

$$G_0(s)=\frac{150}{s(0.014s+1)(0.02s+1)(0.1s+1)}$$

的对数幅频渐近线如图 5.29 所示，可求得 $\omega_{c0}=38.7$ rad/s，在 $\omega=1$ rad/s 处有

$$20\lg K_v=20\lg 150=43.5\ \text{dB}$$

(2) 绘制期望对数幅频特性。

中频段：将给定性能指标 $M_p\leqslant40\%$、$t_s\leqslant1$ s 转换成频域指标 $M_r=1.6$、$\omega_c=12$ rad/s，该指标与例 5.4 完全相同。为简化设计，取 $\omega_3=\dfrac{1}{0.014}=71.3$ rad/s，过 $\omega_c=12$ rad/s 作 -20 dB/dec 斜率直线，并取 $\omega_2=4$ rad/s，使中频区宽度 $h=\omega_3/\omega_2=17.8$。据此粗略估算相应的相位裕度[见式(5.23)] $\gamma=\arcsin\dfrac{h-1}{h+1}=63.3°$。在 $\omega_3=71.3$ rad/s 处，作 -40 rad/dec 斜

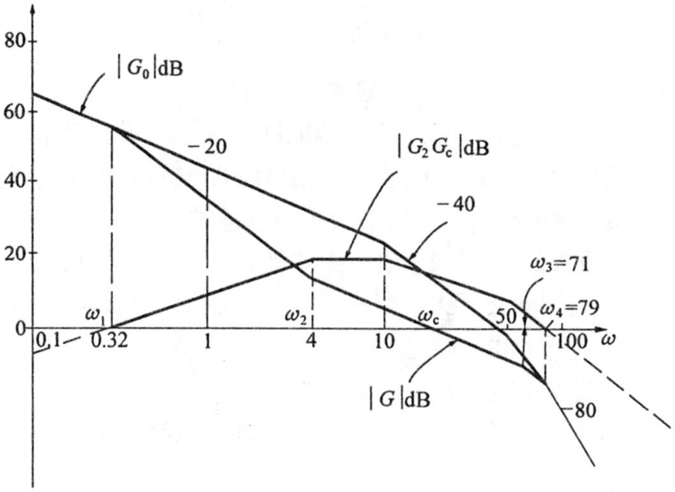

图 5.29　反馈校正

率直线与 $|G_0|$ dB 交于 $\omega_4=79$ rad/s。

低频段：过 $\omega_2=4$ rad/s 作 -40 dB/dec 斜率直线与未校正低频段 $|G_0|$ dB 相交，交点频率 $\omega_1=0.32$ rad/s，$\omega<\omega_1$ 频段与 $|G_0|$ dB 低频段重合，斜率为 -20 dB/dec。

高频段：在 $\omega>\omega_4$ 范围，取 $|G|$dB 与 $|G_0|$dB 一致，至此可得到期望特性为

$$G(s)=\frac{150(0.25s+1)}{s(3.12s+1)(0.014s+1)(0.0126s+1)^2}$$

(3) 求 $G_2(s)G_c(s)$的特性，在图 5.29 中作 $|G_2\cdot G_c|$dB $=|G_0|$dB $-|G|$dB 可得到相应的特性曲线，如图 5.29 所示，为使特性简单，将 $|G_2G_c|<0$ 部分用 $|G_2G_c|>0$ 部分的延长线代替(如图 5.29 中虚线所示)，这样就减少了 ω_1、ω_4 两个转折频率，故有

$$G_2(s)G_c(s)=\frac{3.12s}{(0.25s+1)(0.1s+1)(0.02s+1)}$$

(4) 检验小闭环的稳定性。小闭环开环传递函数为 $G_2(s)G_c(s)$，其对数幅频渐近线与横轴交点为 $\omega_4=79$ rad/s(即剪切频率)，求该频率点的相位裕度

$$\gamma(\omega_4)=180^\circ+90^\circ-\arctan 0.25\omega_4-\arctan 0.1\omega_4-\arctan 0.02\omega_4=43.3^\circ$$

故小闭环稳定，再检查小闭环在 $\omega_c=12$ rad/s 处的幅值。

$$20\lg\left|\frac{3.12\omega_c}{0.25\times 0.1\times\omega_c^2}\right|=20.3\ \text{dB}>0$$

说明可以满足 $|G_2(j\omega)\cdot G_c(j\omega)|\gg 1$ 的要求，近似程度较高。

(5) 求反馈校正装置的传递函数 $G_c(s)$。将已知的 $G_2(s)$代入求出的 $G_2(s)G_c(s)$中，可得

$$G_c(s)=\frac{0.26s}{0.25s+1}=1.04\frac{0.25s}{0.25s+1}$$

(6) 验算性能指标，由于近似程度较高，故可直接用期望特性验算，其结果是

$$K_v=150\ \text{s}^{-1},\gamma=54.9^\circ,M_r=1.22,M_p=24.8\%,t_s=0.64\ \text{s}$$

完全满足性能指标的要求。

三、串联校正与反馈校正的比较

串联校正比反馈校正简单,较易实现,校正装置多采用有源网络,并常设于系统前向通道的能量较低的部位,以减少功率损耗。反馈校正一般要用到检测元件,如测速发电机等,故成本高,结构复杂,由于反馈校正信号一般是从高功率点传向低功率点,故可以不采用有源元件。

串联超前校正抗干扰能力差,而速度反馈与串联校正作用相当,但抗干扰能力强。串联滞后校正由于积分作用时间长,在调速系统中受到某种干扰时容易产生“低速爬行”现象,而速度微分(即加速度)反馈正好可解决此问题。反馈校正还可以在希望的频段内,消除不希望的特性,抑制参数变化或非线性因素对系统性能的不良影响,而串联校正无此功能。

因此,在系统性能要求简单、需要降低成本时,可以采用串联校正;若有特殊要求,特别是被控对象参数不稳定时,应采用反馈校正。当一种校正方式难以满足全部性能要求时,也可以同时采用串联校正与反馈校正,此时通常先选取一种串联校正装置,使系统固有特性得到一定改善,然后再按反馈校正的步骤进一步完善系统的性能要求。

总之,究竟采用哪一种校正形式,在很大程度上取决于具体系统的结构、对系统性能的要求和被控对象的特性。当然,能够满足性能指标的校正方案不是惟一的,方案的合理性与设计者的经验和水平有很大关系。

5.5　前馈与反馈复合控制

串联校正与反馈校正是工程上常用的两种校正方法,在一般情况下可以利用这两种校正方法使系统满足性能指标要求。然而在一些高速、高精度的控制系统,其稳态精度和响应速度要求很高,或者需要对外环境的强干扰(特别是低频扰动)具很强的抑制能力,一般的校正方法很难满足要求。

如果对稳态精度要求很高,就需要提高系统的开环增益和系统的型别 v ,但是这样做会导致系统的稳定性变差,降低系统的动态性能。对于干扰问题,可以通过适当选择系统带宽的办法抑制高频扰动,但对低频扰动却无能为力。为了解决上述矛盾,可以考虑在反馈控制回路中加入前馈控制通路,组成前馈与反馈相结合的复合控制系统,这种系统只要参数选择得当,不仅可以保持系统的稳定,大幅度减小或者消除稳态误差,而且可以有效地抑制几乎所有的可测量扰动,其中包括低频扰动。将复合控制的思想用于系统设计,又可以称为复合校正,复合校正设计中前馈装置可以按扰动补偿和输入补偿两种方式进行。

一、按扰动补偿的复合控制

图 5.30 示出按扰动前馈补偿的复合控制系统框图,$F_n(s)$为前馈补偿装置的传递函数,如果设输入 $R(s)=0$,则有

$$C(s)=[N(s)-(C(s)+F_n(s)N(s))G_1(s)]G_2(s)$$

即

$$C(s)=\frac{[1-F_n(s)G_1(s)]G_2(s)}{1+G_1(s)G_2(s)}N(s) \tag{5.47}$$

若选择前馈装置的传递函数

$$F_n(s)=\frac{1}{G_1(s)} \tag{5.48}$$

则有 $C(s)=0 \qquad E(s)=-C(s)=0$

这说明输出响应 $C(s)$完全不受扰动 $N(s)$的影响,因此系统受扰动后其暂态和稳态误差 $E(s)$都是零。式(5.48)称为对扰动误差的全补偿条件。

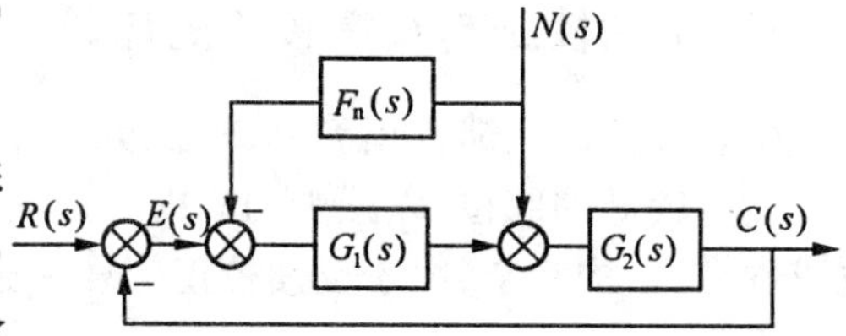

图 5.30 扰动前馈复合控制

具体设计过程可以首先按串联校正选择 $G_1(s)$, $G_1(s)$中包括串联校正装置 $G_c(s)$在内,使系统已经具备满意的动态性能和稳态特性;然后按式(5.48)确定前馈补偿装置的传递函数 $F_n(s)$,使系统完全不受扰动的影响。然而按照误差全补偿条件选择的 $F_n(s)$在物理上是很难实现的,这是因为 $G_1(s)$通常都是惯性装置,其分母多项式 s 的阶数比分子多项式 s 的阶数要高,而 $F_n(s)$是 $G_1(s)$的倒数,这意味着前馈补偿装置应该是一个理想的(甚至是高阶的)微分环节,理想的微分环节实际并不存在,因此实际上通常在希望的频段内采用近似全补偿,或者采用稳态全补偿,以便于前馈补偿装置的物理实现。

前馈补偿从原理上属于开环控制方式,如果使用得当,系统的稳定性与未加前馈时的反馈系统一样,式(5.47)表明,加入前馈后并不影响系统传递函数的极点。

例 5.7 设某随动系统如图 5.31 所示,试设计前馈补偿装置 $F_n(s)$,使系统输出不受扰动影响。

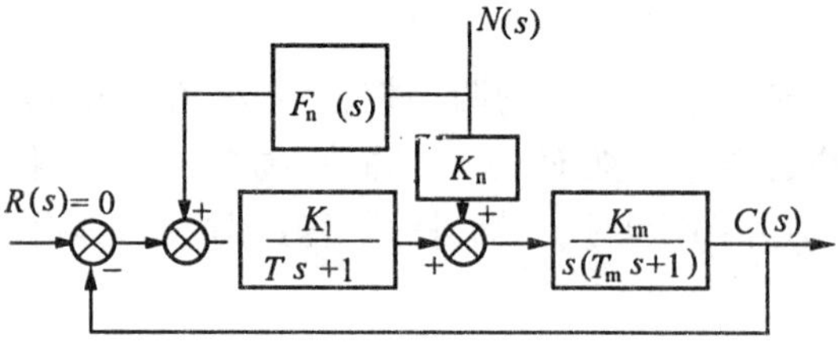

图 5.31 扰动补偿复合控制

解 设 $G_1(s)=\dfrac{K_1}{T_1s+1}$, $G_2(s)=\dfrac{K_m}{s(T_ms+1)}$;令 $R(s)=0$,则有

$$C(s)=[K_n(s)N(s)+(F_n(s)N(s)-C(s))G_1(s)]\cdot G_2(s)$$

或写为
$$C(s)=\frac{K_nG_2(s)+G_1(s)G_2(s)F_n(s)}{1+G_1(s)G_2(s)}N(s)$$

令
$$K_nG_2(s)+G_1(s)G_2(s)F_n(s)=0$$

则有
$$F_n(s)=-\frac{K_n}{G_1(s)}=-\frac{K_n(T_1s+1)}{K_1}$$

按上式可以实现完全补偿,即系统输出完全不受扰动的影响,但由于 $F_n(s)$的分子阶次高于分母阶次,不便于物理实现,故令

$$F_n(s)=-\frac{K_n}{K_1}\cdot\frac{T_1s+1}{T_2s+1} \qquad T_1\gg T_2$$

则 $F_n(s)$在物理上可以实现,达到近似全补偿,即在扰动信号作用的主要频段内进行了全补偿。

如果令

$$F_{n}(s)=-\frac{K_{n}}{K_{1}}$$

则可实现稳态全补偿,即在系统达到稳态时,输出完全不受扰动的影响,在物理实现上更加容易。

在实际应用中,通常对主要扰动由前馈控制进行近似全补偿或稳态全补偿;而次要扰动引起的误差由反馈控制予以抑制。这样做可以兼顾提高系统的稳定性和减小稳定误差的要求。

需要说明:由于前馈控制是一种开环控制,因此要求补偿装置的元部件参数稳定、准确,否则会影响补偿效果,甚至造成新的输出误差。另外前馈补偿还要求补偿信号可以量测。

二、按输入补偿的复合控制

图 5.32 给出按输入补偿的复合控制系统,该系统有两条前向通道:一条是由 $F_{r}(s)G_{2}(s)$ 构成的前馈通道,是按开环控制的;另一条是由 $G_{1}(s)G_{2}(s)$构成的主控制通道,它是按闭环控制的,根据线性系统的叠加原理,有

$$C(s)=[(R(s)-C(s))G_{1}(s)+R(s)F_{r}(s)]G_{2}(s)$$

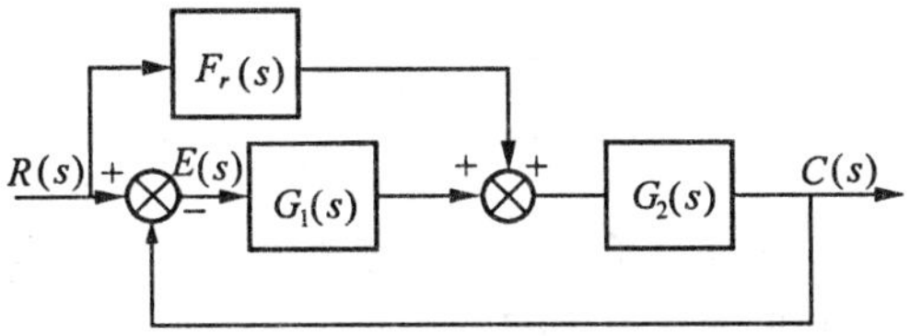

图 5.32　输入前馈复合控制

或写为

$$C(s)=\frac{F_{r}(s)G_{2}(s)+G_{1}(s)G_{2}(s)}{1+G_{1}(s)G_{2}(s)}R(s) \tag{5.49}$$

若选择前馈补偿装置

$$F_{r}(s)=\frac{1}{G_{2}(s)} \tag{5.50}$$

则式(5.49)变为

$$C(s)=R(s) \qquad E(s)=R(s)-C(s)=0$$

此式表明,经前馈补偿之后,系统输出完全复现输入,于是暂态和稳态误差都是零。式(5.50)称为对输入信号的误差全补偿条件。对输入全补偿条件可以这样理解:在原来反馈控制的基础上,增加了一个输入 $F_{r}(s)R(s)$,当满足式(5.50)的条件时,它所产生的误差与原来误差信号相比,大小相等,符号相反,使总的误差恒为零。

由于 $G_{2}(s)$的形式一般比较复杂,因此按式(5.50) 实现全补偿在物理实现上非常困难。为了便于物理实现,一般采用部分补偿或近似全补偿。在工程实践中,通常按照稳态误差的无差度来确定 $F_{r}(s)$,实现部分补偿,或在主要频段内实现近似全补偿。为了便于分析输入前馈复合控制系统的误差和稳定性,引入等效传递函数的概念。对于图 5.32 所示的复合控制系统,由式(5.49)可求得等效闭环传递函数

$$\Phi(s)=\frac{C(s)}{R(s)}=\frac{G_{1}(s)G_{2}(s)+F_{r}(s)G_{2}(s)}{1+G_{1}(s)G_{2}(s)} \tag{5.51}$$

定义等效开环传递函数为

$$G_{K}(s)=\frac{C(s)}{E(s)}=\frac{\Phi(s)}{1-\Phi(s)} \tag{5.52}$$

显然,以上两式仅适用于单位反馈复合控制系统,误差传递函数为

$$\Phi_e(s)=\frac{E(s)}{R(s)}=1-\Phi(s) \qquad (5.53)$$

为讨论方便,令图 5.32 中 $G_1(s)=1$,便得到如图 5.33 所示的复合控制系统。下面针对部分补偿 $F_r(s)\neq 1/G(s)$的情况进行讨论。

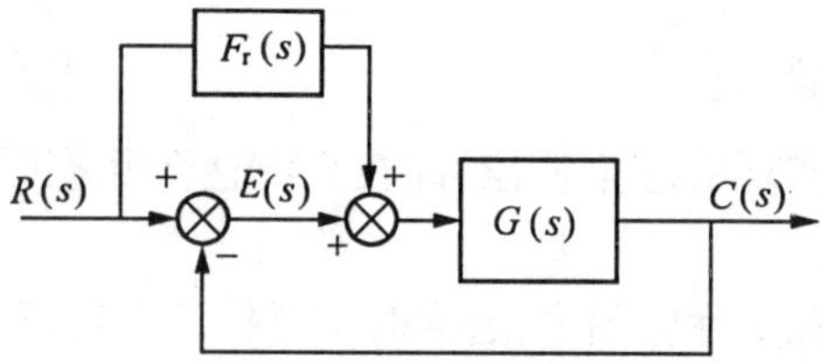

图 5.33 复合控制系统

设 $G(s)=\dfrac{K_v}{s(a_ns^{n-1}+a_{n-1}s^{n-2}+\cdots+a_2s+a_1)}$

则闭环传递函数为

$$\Phi(s)=\frac{G(s)}{1+G(s)}=$$

$$\frac{K_v}{s(a_ns^{n-1}+a_{n-1}s^{n-2}+\cdots+a_2s+a_1)+K_v} \qquad (5.54)$$

这是未加前馈通道时原反馈系统的闭环传递函数,显然这是Ⅰ型系统,存在常值速度误差,而加速度误差为无穷大。

(1) 取 $r(t)$的一阶导数作为前馈控制信号,即

$$F_r(s)=\lambda_1 s$$

式中,λ_1 为常数,表示前馈信号的强度。此时由式(5.51)得等效系统的闭环传递函数。

$$\Phi(s)=\frac{[1+F_r(s)]G(s)}{1+G(s)}=\frac{K_v(1+\lambda_1 s)}{s(a_ns^{n-1}+a_{n-1}s^{n-2}+\cdots+a_2s+a_1)+K_v} \qquad (5.55)$$

由式(5.53)可得等效误差传递函数

$$\Phi_e(s)=1-\Phi(s)=\frac{a_ns^n+a_{n-1}s^{n-1}+\cdots+a_2s^2+(a_1-\lambda_1K_v)s}{s(a_ns^{n-1}+a_{n-1}s^{n-2}+\cdots+a_2s+a_1)+K_v}$$

令 $a_1-\lambda_1K_v=0$,可得

$$\lambda_1=\frac{a_1}{K_v} \qquad (5.56)$$

即

$$\Phi_e(s)=\frac{s^2(a_ns^{n-2}+a_{n-1}s^{n-3}+\cdots+a_2)}{s(a_ns^{n-1}+a_{n-1}s^{n-2}+\cdots+a_1)+K_v} \qquad (5.57)$$

根据式(5.52)和式(5.53)可求得等效开环传递函数为

$$G_K(s)=\frac{1-\Phi_e(s)}{\Phi_e(s)}=\frac{a_1s+K_v}{s^2(a_ns^{n-2}+\cdots+a_2)} \qquad (5.58)$$

显然,系统的型别由Ⅰ型($v=1$)提高到Ⅱ型($v=2$)。

(2) 取 $r(t)$的一阶导数和二阶导数的线性组合作为前馈控制信号,即

$$F_r(s)=\lambda_1 s+\lambda_2 s^2$$

则有

$$\Phi(s)=\frac{K_v(1+\lambda_1s+\lambda_2s^2)}{s(a_ns^{n-1}+a_{n-1}s^{n-2}+\cdots+a_1)+K_v} \qquad (5.59)$$

$$\Phi_e(s)=\frac{a_ns^n+a_{n-1}s^{n-1}+\cdots+(a_2-\lambda_2K_v)s^2+(a_1-\lambda_1K_v)s}{s(a_ns^{n-1}+a_{n-1}s^{n-2}+\cdots+a_1)+K_v}$$

令

$$\lambda_1=\frac{a_1}{K_v} \qquad \lambda_2=\frac{a_2}{K_v} \qquad (5.60)$$

可求得
$$\Phi_e(s)=\frac{s^3(a_ns^{n-3}+a_{n-1}s^{n-4}+\cdots+a_3)}{s(a_ns^{n-1}+a_{n-1}s^{n-2}+\cdots a_1)+K_v}$$
于是等效开环传递函数
$$G_K(s)=\frac{a_2s^2+a_1s+K_v}{s^3(a_ns^{n-3}+a_{n-1}s^{n-4}+\cdots+a_3)} \tag{5.61}$$
显然,系统的型别由Ⅰ型提高到Ⅲ型。

综上分析,可以得出以下结论:

当在反馈控制系统中引入输入前馈信号,若取前馈通道传递函数 $F_r(s)=\lambda_1 s=\frac{a_1}{K_v}s$ 时,可将系统的型别从Ⅰ型提高到Ⅱ型,则从系统结构上消除速度误差;若取 $F_r(s)=\lambda_1 s+\lambda_2 s^2=(\frac{a_1}{K_v}s+\frac{a_2}{K_v}s^2)$时,可将系统型别由Ⅰ型提高到Ⅲ型,则消除了加速度误差,因此极大提高了系统复现输入信号的能力和精度。与扰动前馈一样,输入前馈引入后,并不改变原系统的稳定性,因此很好地解决了提高控制精度和确保系统稳定性之间的矛盾。

例 5.8　设复合控制系统如图 5.32 所示,图中
$$G_1(s)=\frac{K_1}{T_1s+1}\qquad G_2(s)=\frac{K_2}{s(T_2s+1)}$$
试确定使系统无差度提高到二和三的补偿方案及参数。

解　(1) 取
$$F_r(s)=\lambda_1 s$$
由于原系统开环传递函数
$$G(s)=G_1(s)G_2(s)=\frac{K_1K_2}{s[T_1T_2s^2+(T_1+T_2)s+1]}$$
故为Ⅰ型系统,经前馈补偿后可求得等效误差传递函数为
$$\Phi_e(s)=\frac{T_1T_2s^3+(T_1+T_2-K_2\lambda_1T_1)s^2+(1-K_2\lambda_1)s}{s(T_1s+1)(T_2s+1)+K_1K_2}$$
令 $1-K_2\lambda_1=0$,取
$$\lambda_1=\frac{1}{K_2}$$
则可使复合控制系统由Ⅰ型变为Ⅱ型,即在斜坡输入下,稳态误差为零。由于 $F_r(s)=\lambda_1 s\neq 1/G_2(s)$不符合全补偿条件,因此只是一种部分补偿。

(2) 取
$$F_r(s)=\lambda_1 s+\lambda_2 s^2$$
这时等效误差传递函数为
$$\Phi_e(s)=\frac{(T_1T_2-T_1K_2\lambda_2)s^3+(T_1+T_2-T_1K_2\lambda_1-K_2\lambda_2)s^2+(1-K_2\lambda_1)s}{s(T_1s+1)(T_2s+1)+K_1K_2}$$
令
$$1-K_2\lambda_1=0,\ T_1+T_2-T_1K_2\lambda_1-K_2\lambda_2=0$$
可求得 $\lambda_1=\frac{1}{K_2},\lambda_2=\frac{T_2}{K_2}$,使得 $\Phi_e(s)=0$。

由于此时 $F_r(s)=1/G_2(s)$,满足全补偿条件,所以复合控制系统的误差全为零,但是,由于 $F_r(s)$的形式为
$$F_r(s)=\frac{s(T_2s+1)}{K_2}$$
在物理上很难实现,因此可以在主要频段内作近似全补偿,如下所述。

(3) 取

$$F_r(s)=\frac{\lambda_1 s+\lambda_2 s^2}{Ts+1}$$

可以证明,当 $\lambda_1=\frac{1}{K_2}$ 和 $\lambda_2=\frac{T_2+T}{K_2}$ 时,复合控制系统可以等效为Ⅲ型系统,即系统的无差度由一提高到三。

典型例题分析

例 5.1 设某系统的开环传递函数为 $G(s)=\frac{10}{s(0.05s+1)(0.25s+1)}$,要求校正后系统相对谐振峰值 $M_r=1.4$,谐振频率 $\omega_r>10$ rad/s,试设计串联校正环节。

解 (1)由近似公式

$$\gamma=\arcsin\frac{1}{M_r}=\arcsin\frac{1}{1.4}=45.6^\circ$$

即将 M_r 换算为要求的相角裕度 γ 应为 45.6°。

将该系统近似视为二阶系统,则利用下面一组公式

$$\begin{cases}\omega_r=\omega_n\sqrt{1-2\xi^2} & (\text{见式}(4.46a))\\ M_r=\dfrac{1}{2\xi\sqrt{1-\xi^2}} & (\text{见式}(4.46b))\\ \omega_c=\omega_n(\sqrt{1+4\xi^4}-2\xi^2)^{1/2} & (\text{见式}(4.48))\end{cases}$$

可求得($M_r=1.4$)$\xi=0.39$,根据题意取

$$\omega_r=10\ \text{rad/s}$$

$$\omega_c=\frac{(\sqrt{1+4\xi^4}-2\xi^2)^{1/2}\cdot\omega_r}{\sqrt{1-2\xi^2}}=1.008\,4\ \omega_r=10.084\ \text{rad/s}$$

为满足 $\omega_r>10$ rad/s 的要求,且留有余地,取 $\omega_c=15$ rad/s,此时

$$\angle G(j\omega_c)|_{\omega_c=15}=-202^\circ$$

计算对应 $\omega_c=15$ rad/s 时的开环增益 K。

由

$$|G(j\omega_c)|_{\omega_c=15}=\left|\frac{K}{\omega_c(1+j0.05\omega_c)(1+j0.25\omega_c)}\right|_{\omega_c=15}=1$$

求得

$$K=73\ \text{s}^{-1}$$

计算结果表明,欲使系统具有 $\omega_c=15$ rad/s,开环增益 K 需由原来的 10 s^{-1} 提高到 73 s^{-1},即需要提高 7.3 倍。若仅通过串联一个增益放大器(7.3 倍)来提高开环增益 K 而不加任何校正,此时系统的相角裕度 $\gamma=180^\circ+\angle G(j\omega_c)=-22^\circ$,显然闭环系统是不稳定的。为了满足所要求的相角裕度系统,需要进行超前校正。

(2) 串联超前校正装置的传递函数为

$$G_c(s)=\frac{Ts+1}{\alpha Ts+1}\quad(\alpha<1)$$

$G_c(s)$应提供的最大超前角 φ_m 为

$$\varphi_m=45.6^\circ+22^\circ\approx68^\circ$$

由 $\varphi_m = \arcsin\dfrac{1-\alpha}{1+\alpha}$可解得 $\alpha = 0.038$，由 $\omega_m = \dfrac{1}{\sqrt{\alpha}T}$，令 $\omega_c = \omega_m$，可使串联超前校正环节的校正效果最好，由此可求得 $T = 0.342$ s。

最终可求得满足设计要求的超前校正装置为

$$G_c(s) = \frac{0.342s + 1}{0.013s + 1}$$

(3) 校正后系统的开环传递函数为

$$G(s) = \frac{73}{s(0.05s+1)(0.25s+1)}\frac{0.342s+1}{0.013s+1}$$

由上式求得 $\omega_c = 15$ rad/s 时的相角裕度为 $\gamma(15) = 46°$。

经验算可以看出，校正后系统的相角裕度满足与 $M_r = 1.4$ 对应的相角裕度要求值，说明校正环节是合适的。

串联超前校正的核心问题是为待校正系统提供旨在提高系统稳定性的超前补偿相角，其 ω_c 将有所提高(右移)，系统响应速度加快。

例 5.2　设单位负反馈系统的开环传递函数为

$$G(s) = \frac{K}{s(0.04s+1)}$$

要求当 $r(t) = t$ 时，稳态误差 $e_{ss} \leqslant 1\%$，且相角裕度 $\gamma(\omega_c) \geqslant 45°$，试确定串联迟后校正环节的传递函数。

解　(1)由未校正系统的相频特性，计算所需 ω_c。

根据 $\gamma \geqslant 45°$的要求，取 $\gamma = 50°$，由

$$\gamma(\omega_c) = 180° + \angle G(j\omega_c) = 180° - 90° - \arctan(0.04\omega_c) = 50°$$

即

$$\arctan(0.04\omega_c) = 40°$$

解出

$$\omega_c = 21 \text{ rad/s}$$

(2) 在 $\omega_c = 21$ rad/s 处，计算保证 $\gamma(\omega_c) = 50°$的开环增益 K。

由

$$|G(j\omega_c)|_{\omega_c=21} = \left|\frac{K}{\omega\sqrt{1+(0.04\omega)}}\right|_{\omega_c=21} = 1$$

求得

$$K = \omega_c\sqrt{1+(0.04\omega_c)^2} = 27.4 \text{ s}^{-1}$$

(3) 根据稳态误差 $e_{ss} \leqslant 1\%$ (当 $r(t) = t$ 时)的要求，计算出系统要求的开环增益为 100 s^{-1}。因此迟后校正装置需将开环增益提高 β 倍，即

$$\beta = \frac{100}{27.4} = 3.65$$

(4) 串联迟后校正装置的传递函数 $G_c(s)$为

$$G_c(s) = \frac{T_2s+1}{T_1s+1} \quad (T_1 > T_2) \qquad T_1 = \beta T_2$$

为使 $G_c(s)$的迟后相角对未校正系统的 $\gamma(\omega_c)$不产生明显影响，故选取 $G_c(s)$的转折频率 $\dfrac{1}{T_2} = 2 \text{ rad/s} \approx \dfrac{1}{10}\omega_c$，$T_2 = 0.5$ s，则

$$T_1 = \beta T_2 = 1.83 \text{ s}$$

由此可求得

$$G_c(s)=\frac{0.5s+1}{1.83s+1}$$

(5) 校正后系统的开环传递函数(将 $K=100\ \mathrm{s}^{-1}$代入原系统)

$$G(s)=\frac{100}{s(0.04s+1)}\frac{0.5s+1}{1.83s+1}$$

验算:将 $\omega_c=21$ rad/s 代入相角裕度计算式

$$\gamma(21)=180^\circ-90^\circ-\arctan(0.04\times21)-\arctan(1.83\times21)+\arctan(0.5\times21)=46^\circ>45^\circ$$

满足相角裕度 $\gamma(\omega_c)\geqslant45^\circ$的要求。

串联迟后校正的主要作用是在于改善系统的稳态性能,这是在保证系统具有一定稳定裕度前提下,通过提高开环增益来实现的。确定串联迟后校正参数时,重要的是不使迟后校正环节的迟后相角对系统的相角裕度产生明显的影响,一般将这种相角迟后控制在 -3°以内。这样就可以做到对系统的动态性能基本无影响。

例 5.3　某单位负反馈系统开环传递函数为

$$G(s)=\frac{K\mathrm{e}^{-0.005s}}{s(0.01s+1)(0.1s+1)}$$

要求当 $r(t)=t$ 时,稳态误差 $e_{ss}=0.01$,相角裕度 $\gamma(\omega_c)\geqslant45^\circ$,试确定串联校正装置的传递函数。

解　(1)根据未校正系统的相频特性,确定满足 $\gamma(\omega_c)=45^\circ$时的剪切频率 ω_c 之值。由

$$\gamma(\omega_c)=180^\circ+\angle G(\mathrm{j}\omega_c)=180^\circ-90^\circ-\arctan(0.01\omega_c)-\arctan(0.1\omega_c)-57.3^\circ\times0.005\omega_c=45^\circ$$

求得 $\omega_c=8$ rad/s。再根据

$$|G(\mathrm{j}\omega_c)|=\left|\frac{K}{\omega_c\sqrt{1+(0.01\omega_c)^2}\sqrt{1+(0.1\omega_c)^2}}\right|=1$$

解出

$$K=10.2\ \mathrm{s}^{-1}$$

(2) 根据 $r(t)=t$ 时的稳态误差 $e_{ss}=0.01$,求得校正后系统应具有的开环增益为

$$K'=\frac{1}{0.01}=100\ \mathrm{s}^{-1}$$

采用迟后校正未校正系统在开环增益上需提高的放大倍数

$$\beta=\frac{K'}{K}\approx10$$

迟后校正环节的传递函数为 $G_{c1}(s)=\dfrac{T_1s+1}{\beta T_1s+1}$,若选 $T_1=1/6$,即 $1/T_1=6$,则

$$G_{c1}(s)=\frac{\frac{1}{6}s+1}{\frac{1}{0.6}s+1}$$

$G_{c1}(s)$在 $\omega_c=8$ rad/s 处引起的相角滞后量为

$$\angle G_{c1}(\mathrm{j}8)=\arctan(\frac{1}{6}\times8)-\arctan(\frac{1}{0.6}\times8)=-33^\circ$$

(3) 为了满足校正后系统在 $\omega_c=8$ rad/s 处具有 $\gamma(\omega_c)=45^\circ$,则应在 $\omega=\omega_c$ 附近进一

步采用串联超前校正,以补偿由串联迟后校正在该处所造成的 $-33°$ 相角迟后。

选串联超前校正环节具有如下形式

$$G_{c2}(s)=\frac{T_2s+1}{\alpha T_2s+1}\qquad(\alpha<0)$$

若选 $T_2=\frac{1}{10},\alpha=\frac{1}{10}$,则

$$G_{c2}=\frac{\frac{1}{10}s+1}{\frac{1}{100}s+1}$$

$G_{c2}(s)$在 $\omega_c=8$ rad/s 处提供的超前角为

$$\angle G_{c2}(s)=\arctan(\frac{1}{10}\times 8)-\arctan(\frac{1}{100}\times 8)=34°$$

(4) 校正后系统的开环传递函数为

$$G(s)=\frac{100e^{-0.005s}}{s(0.01s+1)(0.1s+1)}\frac{\frac{1}{6}s+1}{\frac{1}{0.6}s+1}\frac{\frac{1}{10}s+1}{\frac{1}{100}s+1}=\frac{100e^{-0.005s}(\frac{1}{6}s+1)}{s(0.01s+1)^2(\frac{1}{0.6}s+1)}$$

验算　$\gamma(\omega_c)=180°-90°-2\arctan(0.01\times 8)-\arctan(\frac{1}{0.6}\times 8)-57.3\times 0.005\times 8+$

$$\arctan(\frac{1}{6}\times 8)=46°(>45°)$$

校正前后系统的开环对数幅频特性如例图 5.3 所示。图中 1 为未校正系统渐近特性,2 为校正后的渐近特性。串联迟后－超前校正参数确定时,可独立地应用各自的校正步骤与结论,前者用于改善系统的稳态性能,后者用于改善系统的动态性能。

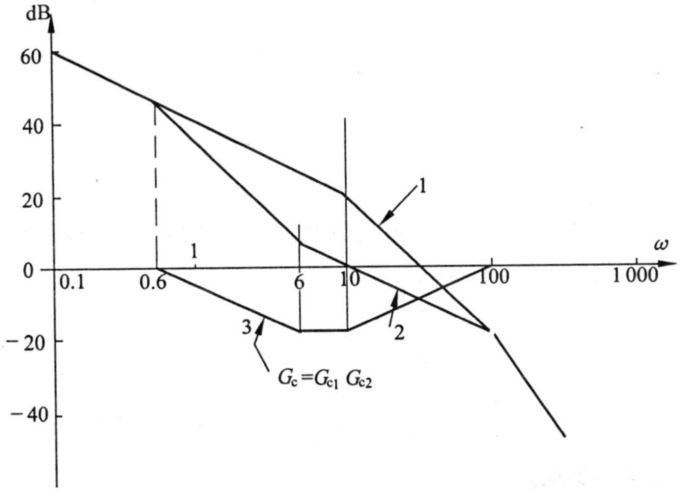

例图 5.3

例 5.4　控制系统方框图如例图5.4所示。

要求采用测速反馈后满足如下要求：

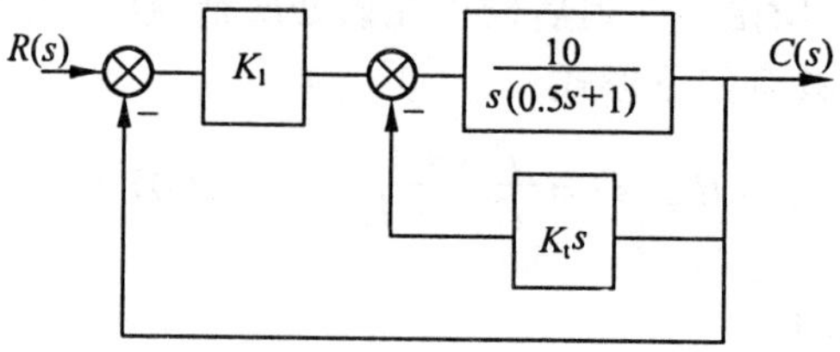

例图 5.4

(1) 速度误差系数 $K_v \geqslant 5\ s^{-1}$。

(2) 闭环系统阻尼比 $\xi = 0.5$。

(3) 调整时间 $t_s(2\%) \leqslant 2$ s。

解 (1) 由图可知,系统开环传递函数为

$$G(s) = \frac{10K_1}{s(0.5s+1)+10K_t s} = \frac{K}{s(Ts+1)}$$

式中

$$K = \frac{10K_1}{1+10K_t} \qquad T = \frac{0.5}{1+10K_1}$$

按定义 $$K_v = \lim_{s\to 0} s\cdot G(s) = \frac{10K_1}{1+10K_t} \geqslant 5\ s^{-1} \quad (\text{据题意,取等号})$$

即

$$2K_1 = 1 + 10K_t \qquad ①$$

(2) 闭环传递函数

$$\phi(s) = \frac{C(s)}{R(s)} = \frac{K/T}{s^2 + \frac{1}{T}s + \frac{K}{T}}$$

$$2\xi\omega_n = \frac{1}{T} = \frac{1+10K_t}{0.5} \qquad \omega_n^2 = \frac{K}{T} = 20\ K_1$$

$$\omega_n = \sqrt{20K_1}$$

将 $\xi = 0.5$ 代入,得

$$\sqrt{5K_1} = 1 + 10K_t \qquad ②$$

①、②联立解出

$K_1 = 1.25$　　$K_t = 0.15$　　(满足速度反馈系数在 0 ~ 1 间取值的要求)

(3) 验算:将 $K_1 = 1.25$ 和 $K_t = 0.15$ 代入

$$K_v = \frac{10K_1}{1+10K_t} = \frac{10\times 1.25}{1+100\times 0.15} = 5\ s^{-1}$$

$$t_s = \frac{4}{\xi\omega_n} = \frac{4}{0.5\sqrt{200\times 1.25}} = 1.6\ s < 2\ s$$

计算结果满足题意要求。

例 5.5 控制系统如例图5.5所示。其中 $G_c(s)$ 为 PID 调节器,其传递函数为 $G_c(s) = K_p + \frac{K_i}{s} + K_d s$,要求校正后系统的闭环极点为 $-10 \pm j10$ 和 -100,试确定 PID 调节器的参数 K_p、K_i、K_d。

解 期望闭环特征多项式为

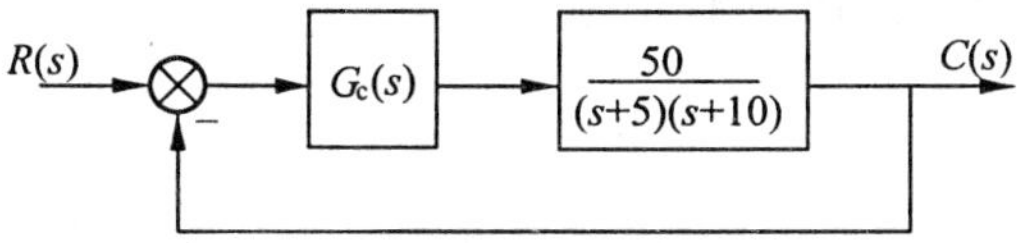

例图 5.5

$$D^*(s)=(s+10-j10)(s+10+j10)(s+100)=$$
$$s^3+120s^2+2\,200s+20\,000$$

校正后系统的闭环传递函数为

$$\frac{C(s)}{R(s)}=\frac{50(K_ds^2+K_ps+K_i)}{s(s+5)(s+10)+50(K_ds^2+K_ps+K_i)}$$

相应的闭环特征多项式为

$$D(s)=s(s+5)(s+10)+50(K_ds^2+K_ps+K_i)=$$
$$s^3+(15+50K_d)s^2+50(1+K_p)s+50K_i$$

令 $D^*(s)=D(s)$,比较系数可得

$$\begin{cases}15+50K_d=120\\50(1+K_p)=2200\\50K_i=20\,000\end{cases}\quad\Longrightarrow\quad\begin{cases}K_d=2.1\\K_p=43\\K_i=400\end{cases}$$

计算结果可见,微分系数 K_d 远小于 K_p 和 K_i,这是实际系统中经常遇到的情况,尤其在过程控制中,通常许多场合用 PI 调节器即可满足系统性能的要求。

习　　题

5.1　试从物理概念上回答下列问题:

(1)串联超前校正为什么可以改善系统的暂态特性?

(2)在什么情况下加串联滞后校正可以提高系统的稳定程度?

(3)有源校正装置和无源校正装置有何不同特点?在实现校正规律时它们的作用是否相同?

(4)如果 I 型系统经校正后希望能成为 II 型系统,应采用哪种校正规律才能满足要求,并保证系统稳定?

5.2　已知单位反馈系统的传递函数为

$$G(s)=\frac{6}{s(s^2+4s+6)}$$

串联校正装置的传递函数 $G_c(s)$如下

(1)　$G_c(s)=1$　(2) $G_c(s)=\dfrac{5(s+1)}{s+5}$　(3) $G_c(s)=\dfrac{s+1}{5s+1}$

试求闭环系统的相角裕度 γ、增益裕度 K_g dB,带宽 ω_b和超调量 M_p。

5.3　设系统的开环传递函数为

$$G(s)=\frac{10}{s(0.5s+1)(0.1s+1)}$$

(1) 绘制系统的 Bode 图,并求相角裕度。

(2) 采用串联超前校正,其传递函数为

$$G_c(s)=\frac{0.23s+1}{0.023s+1}$$

试求校正后系统的相角裕度,并讨论校正后系统的性能有何改进?

5.4　单位反馈系统的开环传递函数为

$$G(s)=\frac{4}{s(2s+1)}$$

试设计串联滞后校正网络,使系统的相角裕度 $\gamma \geqslant 40°$,并保持原有的开环增益值。

5.5　设单位反馈系统的开环传递函数为 $G(s)=\dfrac{0.8}{s(0.5s+1)(0.33s+1)}$,假设系统的暂态响应是满意的,要减小它的稳态误差,使其 $K_v=4$,试设计一校正装置。

5.6　为改善题 5.5 中系统的暂态响应,在系统中串入 $G_c(s)=\dfrac{0.1(0.5s+1)}{0.05s+1}$ 的超前校正装置,要求调节系统的增益,使相角裕度与未校正前的系统相同,试设计并比较校正前、后系统的剪切频率 ω_c 和速度误差系数 K_v。

5.7　单位反馈系统如题图 5.1 所示,系统输入输出均为转角,单位是度(°),对系统进行超前校正,使系统满足相角裕度大于 45°、在单位斜坡输入下的稳态误差为$(\frac{1}{15})°$。剪切频率 $\omega_c<7.5$ rad/s。

5.8　Ⅰ型系统如题图 5.2 所示,试设计一个串联校正装置,使系统满足:

(1)校正后成为Ⅱ型系统,且加速度误差系数 $K_a=2$。

(2)谐振峰值 $M_r \leqslant 1.5$。

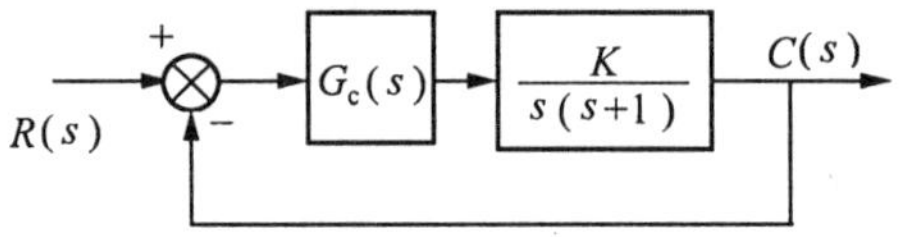

题图 5.1

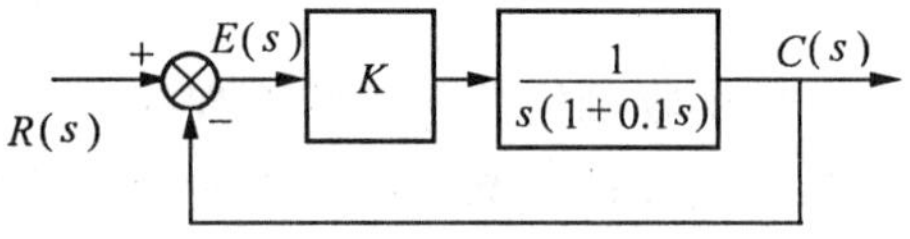

题图 5.2

5.9　设单位反馈系统的开环传递函数为

$$G(s)=\frac{126}{s(\frac{1}{10}s+1)(\frac{1}{60}s+1)}$$

试设计串联校正装置,使系统满足下列性能指标。

(1) 斜坡输入信号时,稳态误差不大于$\frac{1}{126}$。

(2) 系统的开环增益不变。

(3) 相角裕度 $\gamma \geqslant 30°$,剪切频率 $\omega_c=20$ rad/s。

5.10　单位反馈系统开环传递函数为

$$G(s)=\frac{K}{s(s+1)(0.2s+1)}$$

试设计滞后校正装置,以满足下列要求:

(1) 系统开环增益 $K=8$;(2) 相角裕度 $\gamma \geqslant 40°$。

5.11　一单位反馈系统开环传递函数为 $G(s)=\dfrac{200}{s(0.1s+1)}$，为了满足要求的稳态指标，试设计一个无源校正网络，使校正后系统的相角裕度≥45°，剪切频率 $\omega_c \geq 50$ rad/s。

5.12　设单位反馈系统的开环传递函数为 $G(s)=\dfrac{8}{s(2s+1)}$，若采用滞后－超前校正装置 $G_c(s)=\dfrac{(10s+1)(2s+1)}{(100s+1)(0.2s+1)}$，对系统进行串联校正，试绘制系统校正前后的对数幅频渐近特性，并计算校正前后的相角裕度。

5.13　已知单位反馈系统，其固有不变部分的传递函数 $G_0(s)$和串联校正装置 $G_c(s)$分别如题图 5.3(a)、(b)、(c)所示，要求：

(1) 写出校正后各系统的开环传递函数。

(2) 分析各 $G_c(s)$对系统的作用，并比较其优缺点。

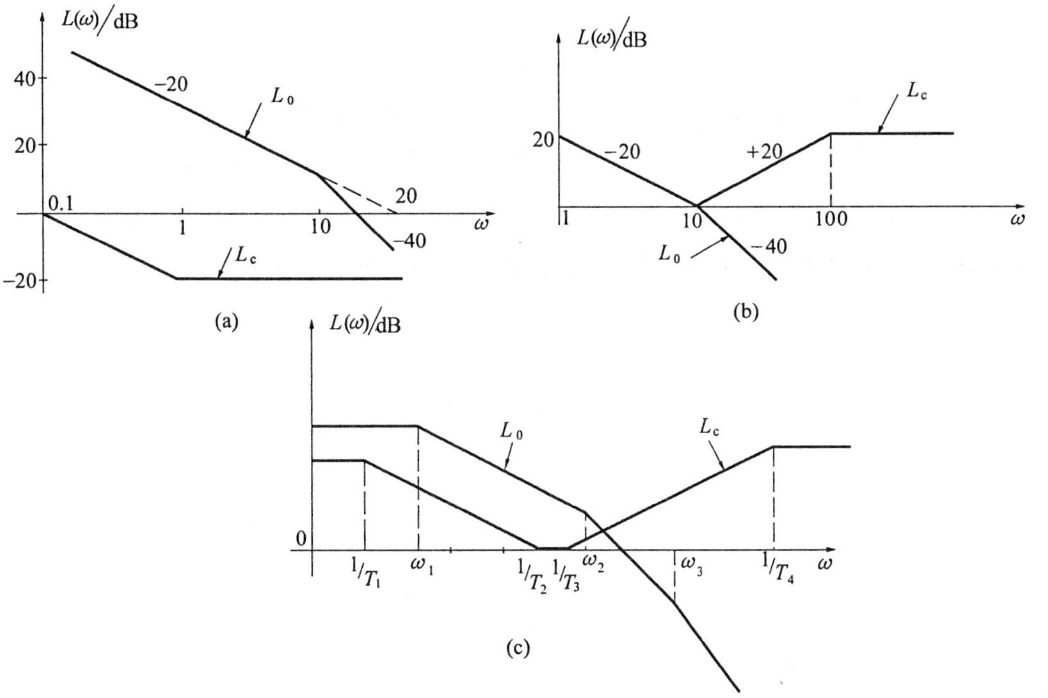

题图 5.3

5.14　设单位反馈系统的开环传递函数为 $G(s)=\dfrac{K}{s(0.1s++1)(0.01s+1)}$，试用综合法设计串联校正装置，使系统期望特性满足下列指标：

(1) 静态速度误差系数 $K_v = 250\ s^{-1}$。

(2) 剪切频率 $\omega_c \geq 30$ rad/s。

(3) 相角裕度 $\gamma(\omega_c) \geq 45°$。

5.15　设控制系统如题图 5.4 所示，系统采用反馈校正，试比较校正前后系统的相角裕度和带宽(调整 K_A，使系统的开环增益 $K=10$)

5.16　设复合控制系统如题图 5.5 所示，若要求闭环回路过阻尼，且系统在斜坡输入作用下的稳态误差为零。试确定 K 值及前馈补偿装置 $G_r(s)$。

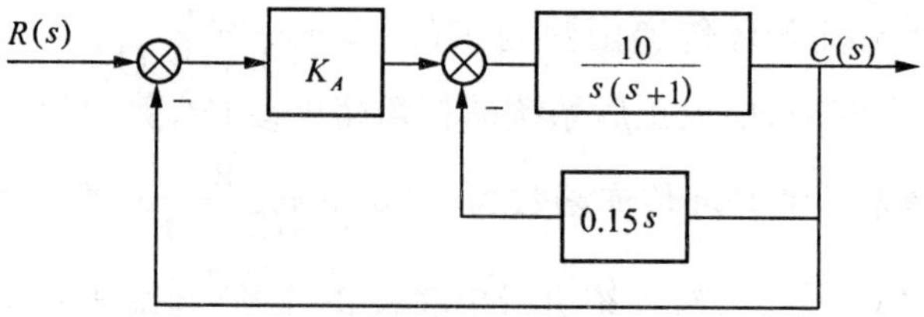

题图 5.4

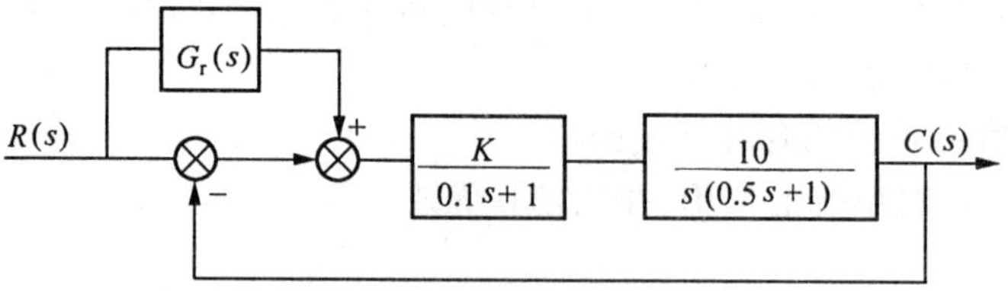

题图 5.5

5.17　设复合控制系统如题图 5.6 所示，图中 $G_n(s)$ 为前馈补偿装置的传递函数，$G_c(s)=K_t\cdot s$ 为测速发电机及分压器的传递函数，$G_1(s)$、$G_2(s)$ 为前向通道环节的传递函数，$N(s)$ 为可量测扰动，如果 $G_1(s)=K_1$，$G_2(s)=\dfrac{1}{s^2}$，试确定 $G_n(s)$，$G_c(s)$ 和 K_1，使系统输出完全不受扰动的影响，且单位阶跃响应的超调量 $M_p=25\%$，调节时间 $t_s=2$ s。

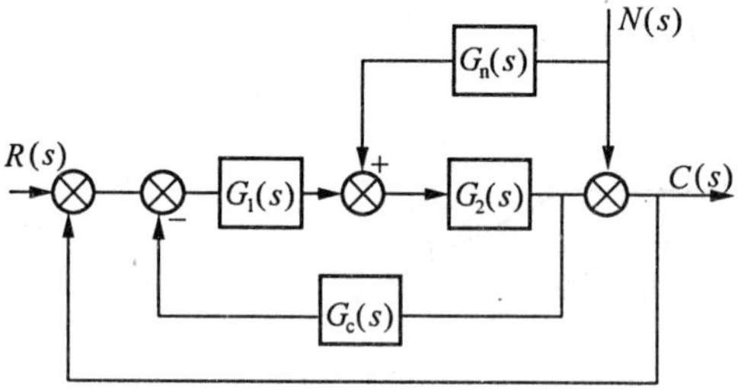

题图 5.6

第六章　根 轨 迹 法

闭环系统动态性能与闭环极点在 S 平面上的位置密切相关。当闭环系统没有零、极点相消时，闭环特征方程式的根就是闭环系统传递函数的极点。因此，有效地确定闭环特征方程式的根是十分必要的。伊文思(W.R.Evans)在1948年提出了求解系统特征方程式根的图解法——根轨迹法。根据这种方法，可以在已知系统开环零、极点的情况下，绘制闭环系统特征根在 s 平面上随系统中参数变化运动的轨迹。根轨迹法具有简便、直观、物理概念清晰的特点，而且它不仅适用于单环系统，也适用于多环系统，因此根轨迹法已发展成为古典控制理论中一种最基本的研究方法。

6.1　根轨迹与根轨迹方程

为了说明根轨迹的基本概念，首先通过求解闭环特征方程式的根，得到一个二阶系统的根轨迹，然后再讨论一般的情况。

例如，图6.1所示的二阶系统，其开环传递函数为

$$G(s)=\frac{K}{s(s+2)}$$

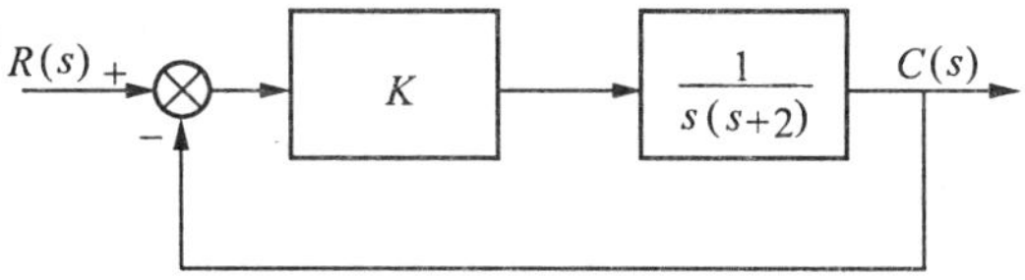

图6.1　二阶系统

它有两个开环极点 $p_1=0, p_2=-2$，没有开环零点。其闭环传递函数为

$$\phi(s)=\frac{C(s)}{R(s)}=\frac{K}{s^2+2s+K}$$

于是，闭环特征方程为

$$s^2+2s+K=0$$

由求根公式容易得到此系统的闭环特征根为

$$s_{1,2}=-1\pm\sqrt{1-K}$$

可见，当 K 由零到无穷大变化时，闭环特征根在 s 平面上的位置也随之改变。当 $0\leqslant K<1$ 时，闭环特征根为介于0和 -2 之间的实数；当 $K=1$ 时，为位于 -1 处的一对实根；当 $K>1$ 时，成为共轭复数根，其实部均为 -1，虚部随着 K 的增加而增加。这样，可以绘出此二阶系统闭环特征根随着开环增益 K 的变化在 s 平面上移动的轨迹，如图6.2所示。图中箭头为 K 增大的方向。

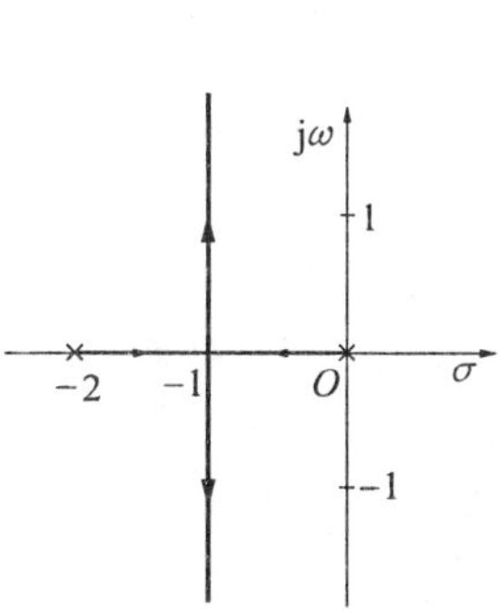

图6.2　二阶系统的根轨迹

由图6.2及系统的特征方程可分析出这个二阶系统的根轨迹有以下特征：

(1)由于有两个特征根，所以根轨迹有两条分支。当 $K=0$ 时，两条分支分别从两个开

环极点出发,因为这时系统处于开环状态。

(2)随着 K 的增加,两条根轨迹沿负实轴相对运动,直到 $s=-1$ 点上重合,重合后两条根轨迹又分离。

(3)分离的两条根轨迹具有相同的实部,分别沿着正、负虚轴的方向指向无穷远处,所以分离后两个特征根之和为 -2。

另外,从系统设计的角度来看,可以通过调节增益 K 的大小来选择图 6.2 根轨迹上满足性能要求的闭环极点位置。

由上面的例子可以看出,根轨迹就是系统特征方程的根随系统参数的变化在 s 平面上变化的轨迹。利用根轨迹,可以分析系统中参数变化对闭环极点分布的影响,从而掌握参数变化与系统性能的关系;另一方面还可以根据系统性能指标要求确定参数调整的方向,使闭环极点位于期望的位置上。

注意:根轨迹中的可变参数可以是系统特征方程中的任意参数。例如,上面的例子中可以将开环增益 K 固定而取其中惯性时间常数为可变参数,也可以绘制出相应的根轨迹。称以系统开环增益为可变参量绘制的根轨迹为常规根轨迹,以其他参量为可变参量绘制的根轨迹为参数根轨迹。

上述二阶系统的根轨迹是通过公式法求解特征方程式的根得到的,对于高阶系统,一般没有这种显式的求根公式,实际的根轨迹是通过分析根轨迹应满足的条件而间接得到的。

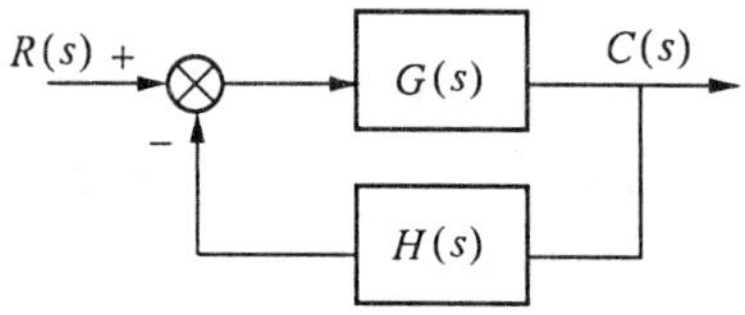

图 6.3 反馈控制系统

一般地,设控制系统的方框图如图 6.3 所示,其闭环传递函数为

$$\phi(s)=\frac{G(s)}{1+G(s)H(s)}$$

绘制根轨迹就是求解系统特征方程

$$1+G(s)H(s)=0 \tag{6.1}$$

的根。将特征方程改写为

$$G(s)H(s)=-1 \tag{6.2}$$

并称式(6.2)为根轨迹方程。也就是说,凡满足上式的 s 值都将是根轨迹上的点。根轨迹方程是一个向量方程,等式两边幅值和相角应分别相等,即

幅值条件

$$|G(s)H(s)|=1 \tag{6.3}$$

相角条件

$$\angle G(s)H(s)=\pm(2k+1)\pi \quad k=0,1,2,\cdots \tag{6.4}$$

式(6.3)和式(6.4)就是绘制根轨迹的幅值条件和相角条件。依据这两个条件,可以推导出根轨迹的一般性质和基本规则,然后就可以在这些规则的指导下绘制根轨迹了。

6.2 绘制根轨迹的基本规则

上节中得到了绘制根轨迹的基本条件,即将求解闭环特征方程式根的问题转化为对开环传递函数幅值和相角的要求。为便于计算幅值和相角,在绘制根轨迹时,开环传递函数采用零、极点乘因子的形式,即

$$G(s)H(s)=\frac{K_1\prod_{j=1}^{m}(s-z_j)}{\prod_{i=1}^{n}(s-p_i)} \tag{6.5}$$

式中，z_j 为开环零点；p_i 为开环极点，称 K_1 为开环传递函数的根轨迹增益，它与开环增益 K 的关系是

$$K=\frac{K_1\prod_{j=1}^{m}(-z_j)}{\prod_{i=1}^{n}(-p_i)} \tag{6.6}$$

当开环传递函数为式(6.5)的形式时，根轨迹方程(6.2)可以写成

$$\frac{K_1\prod_{j=1}^{m}(s-z_j)}{\prod_{i=1}^{n}(s-p_i)}=-1 \tag{6.7}$$

相应的幅值条件和相角条件分别为

$$\frac{K_1\prod_{j=1}^{m}|s-z_j|}{\prod_{i=1}^{n}|s-p_i|}=1 \tag{6.8}$$

$$\sum_{j=1}^{m}\angle(s-z_j)-\sum_{i=1}^{m}\angle(s-p_i)=\pm(2k+1)\pi \quad k=0,1,2,\cdots \tag{6.9}$$

由于相角条件与参数 K_1 无关，而且在复平面上计算相角也比较容易，所以在绘制根的轨迹时，一般由相角条件确定根轨迹上的点，由幅值条件确定根轨迹上某一点对应的增益。例如，某系统开环零、极点分布如图6.4所示，图中 × 表示开环极点，o 表示开环零点。要确定复平面上某一点 s_0 是否在该系统的根轨迹上，只要计算出各开环零、极点到 s_0 的向量的相角并代入相角条件式(6.9)检验即可。这里设各相角如图6.4所示，若 $\theta_1-\phi_1-\phi_2-\phi_3-\phi_4=\pm(2k+1)\pi(k=0,1,2,\cdots)$，说明 s_0 是该系统根轨迹上的点，而且可以进一步由幅值条件式(6.8)确定该点对应的根轨迹增益

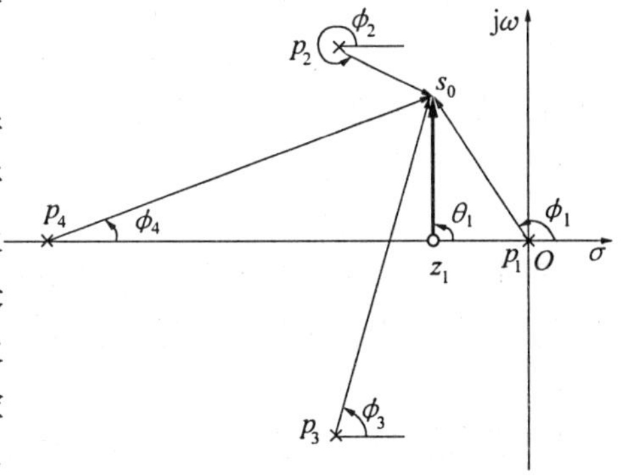

图 6.4　利用相角条件确定根轨迹上的点

$$K_0=\frac{|s_0-p_1||s_0-p_2||s_0-p_3||s_0-p_4|}{|s_0-z_1|}$$

若相角条件不满足，说明 s_0 点不在根轨迹上。

虽然用检验相角条件的方法计算起来比较容易，但如果平面上的每一个点都用这种方法来判断，显然是十分繁琐且不现实的。实际上，根据根轨迹方程可以推出若干绘制根轨迹的规则，利用它们可以简便地求出根轨迹的基本形状。

下面以常规根轨迹为例,说明绘制根轨迹的基本规则。这些规则对于参数根轨迹同样适用。

规则一　根轨迹是连续的,而且对称于实轴。

由于系统特征方程式的根是根轨迹增益 K_1 的函数,所以当 K_1 从零到无穷大连续变化时,特征根也连续变化,即根轨迹是连续的。又由于特征方程的根或为实数,或为共轭复数,所以根轨迹必然对称于实轴。

规则二　根轨迹各分支起始于开环极点,终止于开环零点(包括无穷远处的开环零点)。根轨迹的分支数等于开环极点数。

根轨迹的起点和终点就是 K_1 等于零和 K_1 趋于无穷大时闭环特征根在 s 平面上的位置,由式(6.8)的幅值条件可得

$$K_1=\frac{\prod\limits_{i=1}^{n}|s-p_i|}{\prod\limits_{j=1}^{m}|s-z_j|}$$

对上式两边取极限可知,K_1 趋于零,对应 s 趋于各开环极点。上式还可以写为

$$\frac{1}{K_1}=\frac{\prod\limits_{j=1}^{m}|s-z_j|}{\prod\limits_{i=1}^{n}|s-p_i|}$$

所以 K_1 趋于无穷大时对应 s 趋于各开环零点。由于一般 $n>m$,所以 K_1 趋于无穷大时还对应 $(n-m)$ 个无穷远处的 s,称之为无穷远处的开环零点。这样有限的开环零点数与无穷远处的开环零点数之和等于开环极点数。

根轨迹的分支数就是闭环特征方程的阶数。一般开环极点的数目大于开环零点的数目,即闭环特征方程的阶次等于开环极点数,所以根轨迹的分支数等于开环极点数。也就是说 n 阶系统的 n 条根轨迹分别起始于各开环极点,其中 m 条终止于有限的开环零点,其余 $n-m$ 条终止于无穷远处的开环零点。

规则三　实轴上存在根轨迹的条件是其右侧开环实零点与实极点数目之和为奇数。

如前所述,根轨迹上的点可以由相角条件来确定。考察图 6.5 中实轴上的点 s_0 是否为根轨迹上的点。图 6.5 中 p_3、p_4 至 s_0 的向量的相角之和是 2π,所以开环传递函数的任何一对共轭复数的零极点对实轴上根轨迹的位置没有影响。只需考察开环传递函数中实数零极点的影响。实轴上 s_0 左侧的各零、极点(z_1,p_2)指向至 s_0 的向量的相角是 0°,

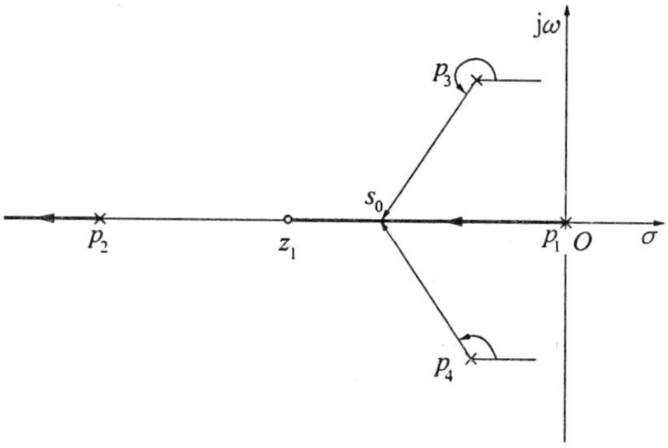

图 6.5　求实轴上的根轨迹

因而也对根轨迹没有影响;而 s_0 右侧的每一个零、极点(p_1)指向 s_0 的向量的相角为 π。所以,只要实轴上被检验部分右侧的开环零、极点数目之和为奇数,就满足相角条件,该部分将存

在根轨迹。根据这条规则,图 6.5 中实轴上 p_1 至 z_1 段和 p_2 至负无穷段上存在根轨迹。

规则四　趋向无穷远处根轨迹渐近线的相角为

$$\varphi_a = \frac{\pm(2k+1)\pi}{n-m} \qquad k=0,1,2,\cdots \tag{6.10}$$

且所有渐近线与实轴交于一点(σ_a,j0),其中

$$\sigma_a = \frac{\sum_{i=1}^{n} p_i - \sum_{j=1}^{m} z_j}{n-m} \tag{6.11}$$

由规则二知,当根轨迹增益 K_1 趋于无穷大时,将有$(n-m)$条根轨迹趋于无穷远处。考察这$(n-m)$条根轨迹的走向。

将式(6.5)代入根轨迹方程(6.2),得

$$K_1 \frac{(s-z_1)(s-z_2)\cdots(s-z_m)}{(s-p_1)(s-p_2)\cdots(s-p_n)} = -1 \tag{6.12}$$

取 s 趋于无穷时的极限,有

$$\lim_{s\to\infty} G(s)H(s) = \lim_{s\to\infty} K_1 \frac{\prod_{j=1}^{m}(s-z_j)}{\prod_{i=1}^{n}(s-p_i)} = \lim_{s\to\infty}\frac{K_1}{s^{n-m}} = -1 \tag{6.13}$$

则上式对应的相角条件为

$$(n-m)\angle s = \pm(2k+1)\pi \qquad k=0,1,2,\cdots$$

记

$$\varphi_a = \frac{\pm(2k+1)\pi}{n-m} \qquad k=0,1,2,\cdots \tag{6.14}$$

上式表明,无穷远处根轨迹的相角趋于常值。这是由于对无穷远处根轨迹上的点来说,有限的开环零、极点都聚于一点 σ_a,由这点到无穷远处根轨迹分支的相角相等。也就是说,无穷远处的根轨迹趋于固定相角的渐近线。式(6.14)给出了$(n-m)$个不同的渐近线倾角。

再考察渐近线与实轴的交点 σ_a 的坐标。将方程(6.12)左边分子和分母中的因式展开,有

$$\frac{K_1\left[s^m + \sum_{j=1}^{m}(-z_j)s^{m-1} + \cdots \prod_{j=1}^{m}(-z_j)\right]}{s^n + \sum_{i=1}^{n}(-p_i)s^{n-1} + \cdots \prod_{i=1}^{n}(-p_i)} = -1 \tag{6.15}$$

或者写为

$$\frac{K_1}{s^{n-m} + \left[\sum_{i=1}^{n}(-p_i) - \sum_{j=1}^{m}(-z_j)\right]s^{n-m-1} + \cdots} = -1$$

当 s 很大时,上式可以近似为

$$\frac{K_1}{\left[s + \frac{\sum_{i=1}^{n}(-p_i) - \sum_{j=1}^{m}(-z_j)}{n-m}\right]^{n-m}} = -1$$

如果记为 $\sigma_a = \dfrac{\sum\limits_{i=1}^{n} p_i - \sum\limits_{j=1}^{m} z_j}{n - m}$，上式即为

$$\frac{K_1}{[s - \sigma_a]^{n-m}} = -1 \tag{6.16}$$

也就是说，当 s 很大时，系统的根轨迹与式(6.16) 表示的系统的根轨迹将趋于一致，而式(6.16) 所表示的系统的根轨迹是 $n - m$ 条由实轴上的点 σ_a 出发趋于无穷远处的直线。所以式(6.16) 就是式(6.15) 系统的根轨迹渐近线方程，渐近线与实轴的交点为 σ_a，其数值由开环零、极点的位置及其相差的个数决定。

规则五　根轨迹的分离点或会合点满足方程

$$\frac{dK_1}{ds} = 0 \tag{6.17}$$

当实轴上两相邻的开环极点间存在根轨迹时，这两条根轨迹将随着根轨迹增益 K_1 的增大而在实轴上交于一点，然后再分别进入 s 平面的复数区域并终止到相应的终点(有限的或无限的开环零点)。把几条根轨迹相交又分开的点叫做分离点或会合点。在图 6.2 中，点 $(-1, j0)$ 就是此系统两条根轨迹的分离点。同样，当实轴上两相邻的开环零点(其中一个可以是无限零点) 间存在根轨迹时，则这部分根轨迹上应有会合点。而在实轴上一个开环极点与一个开环零点之间的根轨迹上，或者没有分离点或会合点存在，或者分离点或会合点成对出现。分离点或会合点也可能出现在复平面上的共轭复数对中。分离点就是当根轨迹增益趋于某一极值点时对应的闭环特征方程的重根处。因此可以先根据特征方程写出根轨迹增益关于 s 的表达式，然后再对其求导，即由式(6.17) 求出分离点的坐标。

需要注意的是，虽然分离点或会合点必是方程(6.17) 的根，但并非方程(6.17) 的所有根都是分离点或会合点。因此，当求得方程(6.17) 的根后，还需要检验这些根是否为分离点或会合点。检验的方法是判断这些根对应的根轨迹增益 K_1 是否大于零。如果某个根对应的根轨迹增益 K_1 大于零，则说明这个根是分离点；否则就不是分离点。另外一种简便的检验方法是结合根轨迹相应的规则判断某个根是否为根轨迹上的点，若是则对应了根轨迹的分离点，否则不是分离点。

可以证明，分离点处根轨迹离开的相角为 $\pm 180°/r$，r 为离开实轴的根轨迹的分支数。

例 6.1　设单位反馈系统的开环传递函数为

$$G(s) = \frac{K_1}{s(s+1)(s+2)}$$

试绘制其闭环根轨迹。

解　此系统有三个开环极点，$p_1 = 0, p_2 = -1, p_3 = -2$，没有开环零点，即 $n = 3, m = 0$。所以系统有三条根轨迹，且均趋向无穷远处，其渐近线的相角为

$$\varphi_a = \frac{\pm(2k+1)\pi}{3} = \pm 60°, 180° \quad k = 0, 1$$

渐近线与实轴的交点为

$$\sigma_a = \frac{\sum\limits_{i=1}^{n} p_i - \sum\limits_{j=1}^{m} z_j}{n - m} = \frac{0 + (-1) + (-2)}{3} = -1$$

根据规则三,实轴上 p_1 至 p_2 段和 p_3 至负无穷段上存在根轨迹。

综上可以画出此系统根轨迹的大致图形,如图 6.6 所示。即系统的三条根轨迹分别从 p_1、p_2、p_3 出发,其中一条由 p_3 出发,随着 K_1 的增加,沿着负实轴趋向无穷远处;另外两条分别从 p_1 和 p_2 出发,沿着负实轴会合后又分离,并分别趋向 $\pm 60°$ 的两条渐近线。其中分离点坐标可由规则五求得。

闭环系统的特征方程为

$$1 + G(s) = 1 + \frac{K_1}{s(s+1)(s+2)} = 0$$

或者写成

$$K_1 = -s(s+1)(s+2)$$

则

$$\frac{\mathrm{d}K_1}{\mathrm{d}s} = -(3s^2 + 6s + 2) = 0$$

上式的根为 $s_1 = -0.423$, $s_2 = -1.577$。

由于分离点必介于0和 -1之间,故可确定 $s_1 = -0.423$ 为本例的分离点,并且可以算得分离点处对应的 $K_1 = 0.385$。也就是说,当 $0 < K_1 < 0.385$ 时,由 p_1 和 p_2 出发的两条根轨迹上对应了系统的两个负实根;当 $K_1 = 0.385$ 时,系统有一对 -0.423 处的重根;当 $K_1 > 0.385$ 时,成为一对共轭复根。

规则六　开环复极点处根轨迹的出射角为

$$\varphi_{\mathrm{p}} = \pm(2k+1)\pi + \varphi \tag{6.18}$$

开环零点处根轨迹的入射角为

$$\varphi_{\mathrm{z}} = \pm(2k+1)\pi - \varphi \tag{6.19}$$

其中,φ 为其他开环零极点对出射点或入射点提供的相角,即

$$\varphi = \sum \theta_{\mathrm{z}} - \sum \theta_{\mathrm{p}} \tag{6.20}$$

下面以图 6.7 所示的开环零、极点分布为例,说明出射角的计算。

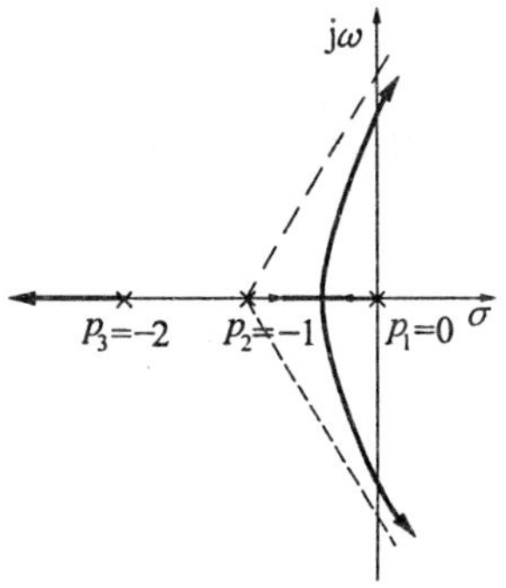

图 6.6　例 6.1 系统的根轨迹

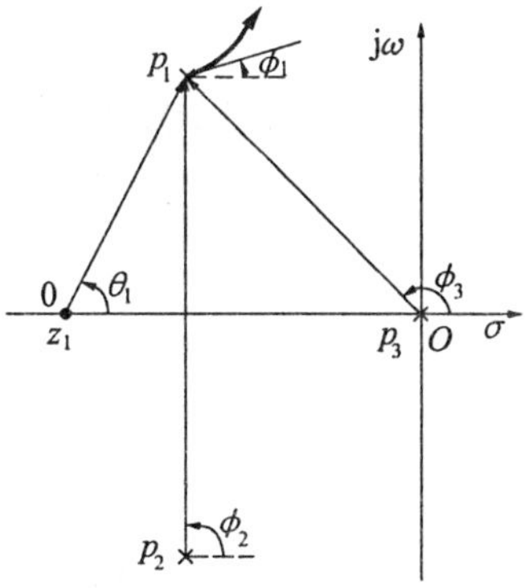

图 6.7　出射角的计算

计算图 6.7 中 p_1 处根轨迹的出射角。当考察 p_1 附近很小的区域内的根轨迹时,可用 p_1 来代替计算。则根据相角条件,对 p_1 附近的根轨迹有

$$\theta_1 - (\phi_1 + \phi_2 + \phi_3) = \pm(2k+1)\pi \qquad k = 0,1,2,\cdots$$

其中 $\phi_1 = \varphi_{\mathrm{p}}$,即为 p_1 处根轨迹的出射角,上式可化为

$$\varphi_{\mathrm{p}} = \pm (2k + 1)\pi + \varphi$$

这里 $\varphi = \theta_1 - (\phi_2 + \phi_3)$ 为其他开环零、极点对出射点提供的相角。同理，可以证明入射角的公式。

规则七 根轨迹与虚轴的交点可用 $s = \mathrm{j}\omega$ 代入闭环特征方程求解，或由劳斯判据确定。

当根轨迹由 S 左半平面进入 S 右半平面时，根轨迹将与虚轴相交，对应了系统的临界稳定状态。因此，可用 $s = \mathrm{j}\omega$ 代入特征方程，令实部和虚部分别等于零，即可求得根轨迹与虚轴的交点及其对应的根轨迹增益。同样，也可根据劳斯判据来求得。

例 6.2 求例 6.1 中根轨迹与虚轴的交点。

解 系统的闭环特征方程为

$$1 + G(s) = 1 + \frac{K_1}{s(s+1)(s+2)} = 0$$

或者

$$s(s+1)(s+2) + K_1 = s^3 + 3s^2 + 2s + K_1 = 0$$

令 $s = \mathrm{j}\omega$ 代入上式，得

$$(\mathrm{j}\omega)^3 + 3(\mathrm{j}\omega)^2 + 2(\mathrm{j}\omega) + K_1 = 0$$

由上式分别写出实部和虚部方程

$$-3\omega^2 + K_1 = 0$$

$$-\omega^3 + 2\omega = 0$$

得 $\omega_1 = 0, \omega_{2,3} = \pm\sqrt{2}, K_1 = 6$。

上述结果说明，此系统根轨迹与虚轴有三个交点，分别为 $p_1 = 0$ 和 $s_{1,2} = \pm \mathrm{j}\sqrt{2}$。当根轨迹增益 $0 < K_1 < 6$ 时，系统稳定；当 $K_1 > 6$ 时，系统不稳定；$K_1 = 6$ 时，系统处于临界状态。注意这里 K_1 为根轨迹增益，也可求出对应的开环增益的范围。

规则八 当 $m \leqslant n - 2$ 时，开环 n 个极点之和等于闭环特征方程 n 个根之和，即

$$\sum_{i=1}^{n} s_i = \sum_{i=1}^{n} p_i \tag{6.21}$$

其中，$s_i(i = 1,2,\cdots,n)$ 为闭环特征根。

设系统的开环传递函数为式(6.5)的形式，一般 $n > m$，则闭环特征方程为

$$1 + \frac{K_1 \prod_{j=1}^{m}(s - z_j)}{\prod_{i=1}^{n}(s - p_i)} = 0$$

或者

$$\prod_{i=1}^{n}(s - p_i) + K_1 \prod_{j=1}^{m}(s - z_j) = 0 \tag{6.22}$$

设闭环特征方程(6.22)的 n 个根为 $s_i(i = 1,2,\cdots,n)$，则闭环特征方程又可写为

$$\prod_{i=1}^{n}(s - s_i) = s^n + \left(-\sum_{i=1}^{n} s_i\right)s^{n-1} + \cdots + \prod_{i=1}^{n}(-s_i) = 0 \tag{6.23}$$

方程(6.22)与方程(6.23)左端的对应项系数应相等，当 $m \leqslant n - 2$ 时，则有式(6.21)成立。

式(6.21)表明，在开环极点确定的情况下，闭环极点之和为一不变的常数。所以，随着根轨迹增益的变化，若某些闭环极点在 s 平面上向左移动，则另一部分极点必向右移动。

例 6.3　求例 6.2 系统处于临界状态时的第三个闭环极点的位置。

解　根据式(6.21),在本例中有

$$s_1 + s_2 + s_3 = -3$$

将已求得的临界状态时的 $s_{1,2} = \pm \mathrm{j}\sqrt{2}$ 代入上式,得

$$s_3 = -3$$

依据本节给出的绘制根轨迹的八条规则,就可以绘制出一般系统的根轨迹了。为了便于查阅,将这些规则列于表 6.1。

表 6.1　绘制根轨迹的基本规则

1	根轨迹的连续性和对称性	根轨迹是连续的,而且对称于实轴
2	根轨迹的起点和终点	根轨迹各分支起始于开环极点,终止于开环零点(包括无穷远处的开环零点)。根轨迹的分支数等于开环极点数
3	实轴上的根轨迹	实轴上存在根轨迹的条件是其右侧开环实零点与实极点数目之和为奇数
4	根轨迹的渐近线	渐近线的相角为 $\varphi_\mathrm{a} = \dfrac{\pm(2k+1)\pi}{n-m}$ 渐近线与实轴的交点 $\sigma_\mathrm{a} = \dfrac{\sum\limits_{i=1}^{n} p_i - \sum\limits_{j=1}^{m} z_j}{n-m}$
5	根轨迹的分离点	根轨迹的分离点满足方程 $\dfrac{\mathrm{d}K_1}{\mathrm{d}s} = 0$
6	根轨迹的出射角和入射角	出射角 $\varphi_\mathrm{p} = \mp(2k+1)\pi + (\sum\theta_\mathrm{z} - \sum\theta_\mathrm{p})$ 入射角 $\varphi_\mathrm{z} = \pm(2k+1)\pi - (\sum\theta_\mathrm{z} - \sum\theta_\mathrm{p})$
7	根轨迹与虚轴的交点	用 $s = \mathrm{j}\omega$ 代入特征方程求解或由劳斯判据确定
8	根之和	$m \leqslant n-2$ 时,开环极点之和等于闭环极点之和 $\sum\limits_{i=1}^{n} s_i = \sum\limits_{i=1}^{n} p_i$

下面举例说明如何应用上述规则绘制闭环根轨迹。

例 6.4　已知系统的开环传递函数

$$G(s)H(s) = \frac{K}{(\tau s + 1)^3}$$

绘制闭环系统的根轨迹,并求临界稳定状态时的开环增益。

解　首先将开环传递函数化为零极点乘因子的形式

$$G(s)H(s) = \frac{K}{(\tau s + 1)^3} = \frac{K_1}{\left(s + \dfrac{1}{\tau}\right)^3}$$

其中，$K = \tau^3 K_1$。此系统有三重的开环极点 $p_{1,2,3} = -\frac{1}{\tau}$，无开环零点。所以根轨迹有三条分支，$K_1 = 0$ 时从开环极点出发，$K_1 \to \infty$ 时分别沿着渐近线趋向无穷远处。三条渐近线的相角为

$$\varphi_a = \frac{\pm(2k+1)\pi}{3} = \pm 60°, 180° \qquad k = 0,1$$

渐近线与实轴的交点为

$$\sigma_a = \frac{-3\frac{1}{\tau}}{3} = -\frac{1}{\tau}$$

实轴上 $-\frac{1}{\tau}$ 至 $-\infty$ 段存在根轨迹。

分离点应满足以下方程

$$\frac{dK_1}{ds} = -3(s+\frac{1}{\tau})^2 = 0$$

得分离点为 $s = -\frac{1}{\tau}$。

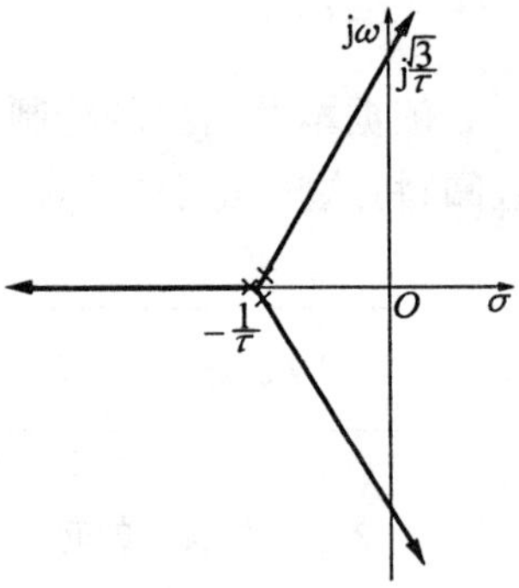

图 6.8　例 6.4 的根轨迹

可以画出系统的根轨迹如图 6.8 所示。由图可以得出，根轨迹与虚轴交点坐标为 $s = \pm j\frac{\sqrt{3}}{\tau}$。系统处于临界稳定状态时的根轨迹增益可由幅值条件求得

$$K_1 = \frac{\prod_{i=1}^{n}|s-p_i|}{\prod_{j=1}^{m}|s-z_j|} = \left|\frac{j\sqrt{3}}{\tau} - \frac{1}{\tau}\right|^3 = \left(\frac{2}{\tau}\right)^3 = \frac{8}{\tau^3}$$

则对应的开环增益为

$$K = \tau^3 K_1 = 8$$

例 6.5　设某一反馈控制系统的开环传递函数为

$$G(s)H(s) = \frac{K_1}{s(s+3)(s^2+2s+2)}$$

试绘制闭环系统的根轨迹。

解　此系统有四个开环极点 $p_1 = 0, p_2 = -3, p_{3,4} = -1 \pm j1$，无开环零点。所以此系统有四条根轨迹分别从四个开环极点出发，并随着 K_1 的增加，沿着四条渐近线趋向无穷远处。四条渐近线的相角为

$$\varphi_a = \frac{\pm(2k+1)\pi}{4} = \pm 45°, \pm 135° \qquad k = 0,1$$

渐近线与实轴的交点为

$$\sigma_a = \frac{-3-1-1}{4} = -1.25$$

实轴上两开环极点 p_1 和 p_2 之间存在根轨迹，同时也应存在分离点。由闭环特征方程可得

$$K_1 = -s(s+3)(s^2+2s+2) = -(s^4+5s^3+8s^2+6s)$$

令

$$\frac{\mathrm{d}K_1}{\mathrm{d}s} = -(4s^3 + 15s^2 + 16s + 6) = 0$$

可解得 $s_1 = -2.3$，$s_{2,3} = -0.725 \pm \mathrm{j}0.365$。显然 $s_1 = -2.3$ 应为此系统根轨迹的分离点。分离点处对应的根轨迹增益可由幅值条件求得

$$K_1 = [\,|s|\,|s+3|\,|s+1+\mathrm{j}1|\,|s+1-\mathrm{j}1|\,]_{s=-2.3} = 4.33$$

即由 p_1 和 p_2 出发的两条根轨迹在 $0 < K_1 \leqslant 4.33$ 时沿实轴会合于 $s_1 = -2.3$ 处，当 $K_1 > 4.33$ 时，进入复平面并沿 $\pm 135°$ 的渐近线趋向无穷远处。

另外两条根轨迹由共轭复数极点 p_3 和 p_4 出发，沿 $\pm 45°$ 渐近线趋向无穷远处。计算 p_3 处的出射角

$$\varphi_{p_3} = (2k+1)\pi + (-\angle(p_3 - p_1) - \angle(p_3 - p_2) - \angle(p_3 - p_4)) =$$

$$180° + (-135° - 26.6° - 90°) = -71.6°$$

根据根轨迹的对称性可知，p_4 处的出射角应为 $71.6°$。这两条分支随着 K_1 的增加，将由 s 左半平面穿过虚轴进入右半平面，可以由规则七确定它与虚轴的交点。这里利用劳斯判据来确定。系统的特征方程为

$$K_1 + s(s+3)(s^2+2s+2) = 0$$

或

$$s^4 + 5s^3 + 8s^2 + 6s + K_1 = 0$$

列劳斯表

s^4	1	8	K_1
s^3	5	6	
s^2	34/5	K_1	
s^1	$\dfrac{204/5 - 5K_1}{34/5}$	0	
s^0	K_1		

令劳斯表中 s^1 行的首项为零，得 $K_1 = 8.16$。根据表中 s^2 行的系数写出辅助方程

$$(34/5)s^2 + K_1 = 0$$

令 $s = \mathrm{j}\omega$，将 $K_1 = 8.16$ 代入上式，求得 $\omega = \pm 1.1$。根据以上结果，系统的根轨迹绘于图 6.9。

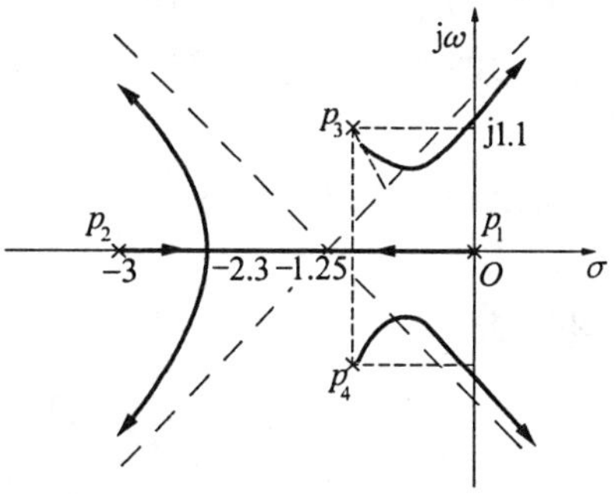

图 6.9　例 6.5 系统的根轨迹

应该指出，利用控制系统 CAD 软件可以直接给出系统根轨迹的图形以及闭环极点的位置。但是，掌握绘制根轨迹的基本规则仍然是必要的。这些规则有助于对计算机结果进行判断，以及明确参数调整的方向。

6.3　参数根轨迹

一、参数根轨迹

在6.1节中已经提到,根轨迹中的可变参数可以是系统特征方程中的任意参数。例如,为研究系统的开环零、极点位置,时间常数或反馈系数等参数对系统性能的影响,而以这些参数为变量绘制的根轨迹,就是参数根轨迹。

绘制参数根轨迹时,只需根据特征方程进行变换,将所选可变参量 a 变换到原根轨迹增益 K_1 的位置,即将特征方程改写成

$$1+\frac{aP(s)}{Q(s)}=0 \tag{6.24}$$

的形式。其中 $P(s)$、$Q(s)$ 为不含可变参量 a 的关于复变量 s 的多项式。可以认为 $\frac{aP(s)}{Q(s)}$ 是系统的等效开环传递函数。这样,就可以应用上节中绘制常规根轨迹的基本规则来绘制参数根轨迹。

例6.6　设反馈系统的开环传递函数为

$$G(s)H(s)=\frac{K_1}{s(s+1)(s+a)}$$

试绘制以 a 为参变量的闭环系统根轨迹。

解　系统的闭环特征方程为

$$1+\frac{K_1}{s(s+1)(s+a)}=0$$

或

$$s^2(s+1)+as(s+1)+K_1=0$$

将上式化为式(6.24)的形式

$$1+\frac{as(s+1)}{s^2(s+1)+K_1}=0$$

给定 K_1 值,可以绘制出在不同 K_1 值下的以 a 为变量的根轨迹图(图6.10)。由图可见,当 $a=0$ 时系统不稳定。当 a 增大至一定数值时,系统趋于稳定。a 的临界值可用劳斯判据确定。

根据系统的特征方程

$$s^3+(a+1)s^2+as+K_1=0$$

列劳斯表

s^3	1	a
s^2	$(a+1)$	K_1
s^1	$\frac{a(a+1)-K_1}{a+1}$	0
s^0	K_1	

显然,系统临界稳定的条件是 $K_1=a(a+1)$。

二、多回路系统的根轨迹

根轨迹不仅适用于单回路系统，而且适用于多回路系统。绘制多回路系统根轨迹时，同样可以根据特征方程得到式(6.24)的形式，然后就可以根据相应的根轨迹规则而得到多回路系统的根轨迹。

例 6.7　绘制图 6.11 所示多回路系统关于参数 a 的根轨迹。

解　系统的开环传递函数为

$$G(s)=\frac{C(s)}{E(s)}=\frac{K_1}{s(s+2)+aK_1 s}$$

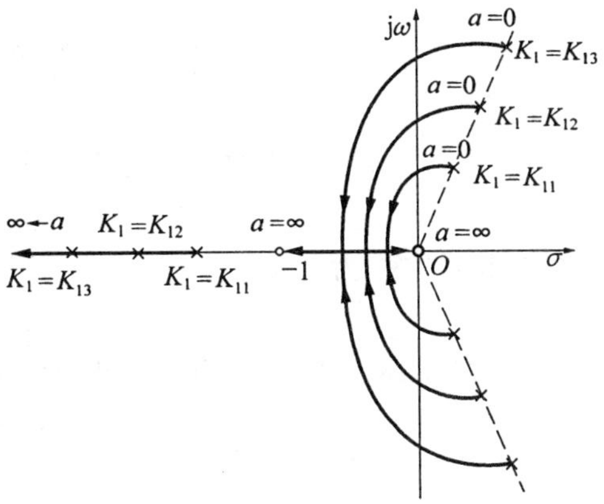

图 6.10　参数根轨迹

则闭环特征方程为

$$1+G(s)=0$$

即

$$s(s+2)+aK_1 s+K_1=0$$

上式可以写为

$$1+\frac{aK_1 s}{s(s+2)+K_1}=0$$

可见，上式具有式(6.24)的形式。给定 K_1 值，可以绘制出以 a 为参变量的根轨迹，如图 6.12。由图可见，在 a 为有限值的情况下，系统总是稳定的。适当选择 a 值，可使系统具有较好的相对稳定性。

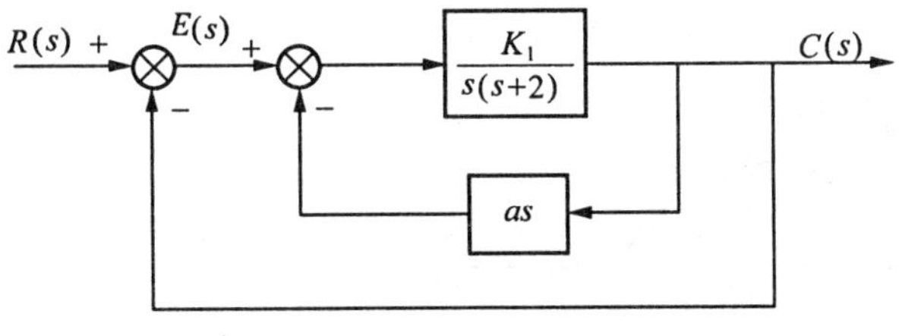

图 6.11　多环反馈系统

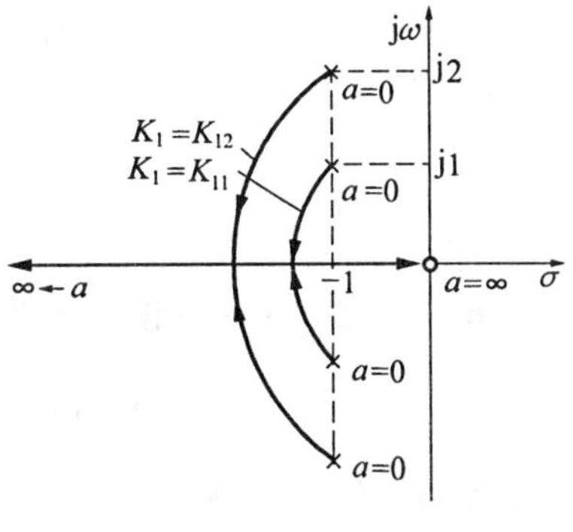

图 6.12　例 5.7 的参数根轨迹

为了确定多回路系统的开环极点，往往需要先确定内环的极点。如上例中需先确定 $s(s+2)+K_1=0$ 的根，即内环的极点。所以，绘制多回路反馈控制系统根轨迹时，一般是由内而外逐层绘制的。

6.4　正反馈回路根轨迹

对于正反馈系统，即图 6.3 中反馈回路的符号取正，则闭环系统的特征方程为

$$1 - G(s)H(s) = 0 \tag{6.25}$$

这时的根轨迹方程为

$$G(s)H(s) = 1 \tag{6.26}$$

上式对应的幅值条件和相角条件分别为

$$|G(s)H(s)| = 1 \tag{6.27}$$

$$\angle G(s)H(s) = \pm 2k\pi \qquad k = 0,1,2,\cdots \tag{6.28}$$

将上述两式与式(6.3)和式(6.4)比较可见，绘制正反馈回路根轨迹的幅值条件没有变，而相角条件改变了。按相角条件式(6.28)绘制的根轨迹也被称为 0° 根轨迹，相应地称按相角条件式(6.4)绘制的根轨迹为 180° 根轨迹。

据式(6.28)绘制根轨迹时，只需对表 6.1 中与相角条件有关的规则作相应修改，而其他规则同样适用。经过修改的规则包括以下几条：

规则三　实轴上存在根轨迹的条件是其右侧开环实零点与实极点数目之和为偶数。

规则四　趋向无穷远处根轨迹渐近线的相角为

$$\varphi_a = \frac{\pm 2k\pi}{n - m} \qquad k = 0,1,2,\cdots \tag{6.29}$$

渐近线与实轴的交点坐标仍为式(6.11)。

规则六　根轨迹的出射角为

$$\varphi_p = \mp 2k\pi + \left(\sum \theta_z - \sum \theta_p\right) \tag{6.30}$$

入射角为

$$\varphi_z = \pm 2k\pi - \left(\sum \theta_z - \sum \theta_p\right) \tag{6.31}$$

下面举例说明正反馈回路根轨迹的绘制。

例 6.8　已知某正反馈系统的开环传递函数为

$$G(s)H(s) = \frac{K_1}{(s+1)(s-1)(s+4)^2}$$

试绘制该系统的根轨迹。

解　本例的开环传递函数已经是式(6.5)的形式，且已知为正反馈系统，因此其根轨迹方程应为式(6.26)的形式，即应按 0° 根轨迹的基本规则来绘制给定系统的根轨迹。

系统有四个开环极点 $p_1 = 1, p_2 = -1, p_{3,4} = -4$，无开环零点。所以此系统的根轨迹应有四条分支，分别起始于四个开环极点，并随 K_1 的增加而沿渐近线趋向无穷远处。四条渐近线的相角应为

$$\varphi_a = \frac{\pm 2k\pi}{4} = 0°,\ \pm 90°, 180° \qquad k = 0,1,2$$

渐近线与实轴的交点为

$$\sigma_a = \frac{-1+1-4-4}{4} = -2$$

根据0°根轨迹的绘制规则，实轴上 p_1 至正无穷，p_2 至 p_3 以及 p_4 至负无穷各段上应存在根轨迹，且 p_2 至 p_3 段应有分离点，分离点坐标仍由式(6.17)计算，这里由

$$\frac{\mathrm{d}K_1}{\mathrm{d}s}=\frac{\mathrm{d}}{\mathrm{d}s}[(s+1)(s-1)(s+4)^2]=0$$

得分离点 $s=-2.225$。

给定正反馈系统的0°根轨迹如图6.13所示。

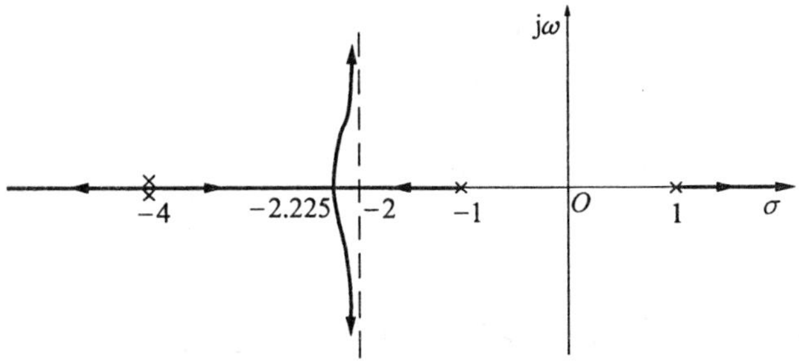

图6.13　正反馈系统的根轨迹

绘制根轨迹时，首先应将系统的开环传递函数写成式(6.5)的形式，然后根据闭环特征方程的形式，或者说，根据根轨迹方程的形式，确定系统为180°根轨迹或0°根轨迹。

注意到上例中，系统含有一个位于 s 右半平面的开环极点。这种具有 s 右半平面的开环零、极点的系统称为非最小相位系统。当系统的所有开环零、极点均位于 s 左半平面时，系统为最小相位系统。这两类系统根轨迹的绘制规则并无差异，只需遵循上述基本步骤即可。

6.5　迟后系统根轨迹

在第二章中已经介绍了纯滞后环节的特性，即环节的输出量比输入量滞后一定的时间 τ，其传递函数为 $\mathrm{e}^{-\tau s}$。包含纯滞后环节的系统称为迟后系统。

设迟后系统的方框图如图6.14所示，系统的闭环传递函数为

$$\frac{C(s)}{R(s)}=\frac{\mathrm{e}^{-\tau s}G(s)}{1+\mathrm{e}^{-\tau s}G(s)H(s)} \tag{6.32}$$

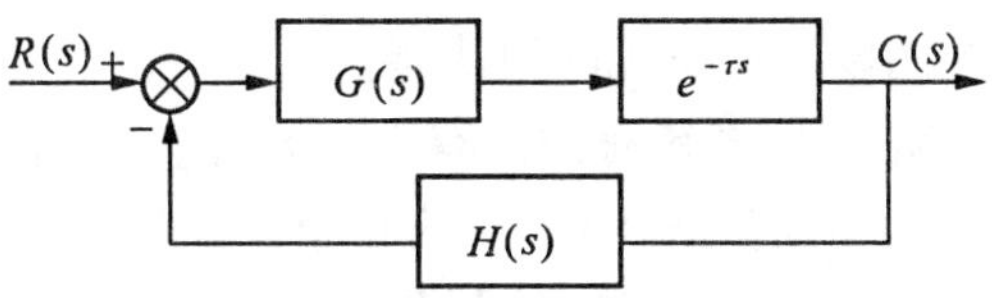

图6.14　迟后系统方框图

其特征方程为

$$1+\mathrm{e}^{-\tau s}G(s)H(s)=0 \tag{6.33}$$

这个方程是关于复变量 s 的超越函数，特征方程的根不再是有限多个，而有无穷多个，这是迟后系统的一个重要特点。

由式(6.33)得迟后系统的根轨迹方程为

$$\mathrm{e}^{-\tau s}G(s)H(s)=-1 \tag{6.34}$$

设 $G(s)H(s)$ 具有式(6.5)的形式，即

$$G(s)H(s)=\frac{K_1\prod_{j=1}^{m}(s-z_j)}{\prod_{i=1}^{n}(s-p_i)}$$

设 $s=\sigma+\mathrm{j}\omega$,可将纯滞后环节写成

$$e^{-\tau s}=e^{-\tau(\sigma+j\omega)}=e^{-\sigma\tau}\cdot e^{-j\omega\tau} \tag{6.35}$$

可见纯滞后环节 $e^{-\tau s}$ 的幅值为 $e^{-\sigma\tau}$,相角为 $-\omega\tau$,纯滞后环节的相角与频率成正比。

于是,绘制迟后系统根轨迹的幅值条件和相角条件分别为

$$\frac{K_1\prod_{j=1}^{m}|s-z_j|}{\prod_{i=1}^{n}|s-p_i|}e^{-\sigma\tau}=1 \tag{6.36}$$

和

$$\sum_{j=1}^{m}\angle(s-z_j)-\sum_{i=1}^{n}\angle(s-p_i)-\omega\tau=\pm(2k+1)\pi \quad k=0,1,2,\cdots \tag{6.37}$$

式(6.37) 还可写成

$$\sum_{j=1}^{m}\angle(s-z_j)-\sum_{i=1}^{n}\angle(s-p_i)=\pm(2k+1)\pi+\omega\tau \quad k=0,1,2,\cdots \tag{6.38}$$

比较式(6.36)、(6.38) 与式(6.8)、(6.9) 可以看出,迟后系统的幅值条件式(6.36) 比式(6.8) 多了一个因式 $e^{-\sigma\tau}$,所以 $\sigma\to-\infty$ 也是根轨迹的起点,$\sigma\to+\infty$ 也是根轨迹的终点;而式(6.38) 的相角条件比式(6.9) 多了一项 $\omega\tau$。当 $\tau\neq0$ 时,相角条件与 ω 有关,若 k 取不同的整数值,可以得到无限多条根轨迹。称 $k=0$ 时对应的根轨迹为主根轨迹,k 为其他值时的根轨迹为辅助根轨迹。根轨迹渐近线与实轴平行,渐近线与虚轴的交点可由式(6.38) 取极限求得。$K_1\to\infty$ 时的渐近线与虚轴的交点为

$$\omega=\frac{\pm(2k+1)\pi}{\tau} \qquad k=0,1,2,\cdots \tag{6.39}$$

结合下例说明迟后系统根轨迹的绘制。

例 6.9 设系统的开环传递函数为

$$G(s)H(s)=\frac{K_1e^{-\tau s}}{s(s+1)} \qquad \tau=0.5\ \mathrm{s}$$

试绘制该迟后系统的根轨迹。

解 此系统有两个有限的开环极点 $p_1=0, p_2=-1$,没有有限开环零点。由于实轴上的点 $\omega=0$,这时式(6.38) 的相角条件与式(6.9) 相同,所以实轴上 p_1 至 p_2 段存在根轨迹。

由 p_1 和 p_2 出发的两条根轨迹在实轴上会合后又分离而进入复平面。其分离点仍由式(6.17) 求取,这里

$$K_1=-s(s+1)e^{0.5s}$$

求得分离点坐标为 $s=-0.438$。

进入复平面后根轨迹的相角条件为式(6.38),其中 $k=0$ 时主根轨迹对应的相角条件为

$$\angle s+\angle(s+1)=\pm\pi-0.5\omega \tag{6.40}$$

选取不同的 ω 值,找出满足上式的点 s,便是主根轨迹上的点。当 $K_1\to\infty$ 时,主根轨迹的渐近线为

$$\omega=\frac{\pm\pi}{\tau}=\pm2\pi$$

如图 6.15 中对应 $k=0$ 的分支即为系统的主根轨迹。其中主根轨迹与虚轴的交点可由

相角条件式(6.40)求得。设与虚轴交点坐标为 $s_1 = j\omega_1$，则

$$\angle s_1 = \frac{\pi}{2}$$

$$\angle(s_1 + 1) = \arctan\frac{\omega_1}{|p_1|} = \arctan\omega_1$$

将上两式代入式(6.40)，得 $\omega_1 = \pm 1.305$。再由幅值条件可求得临界增益

$$K_1 = |j\omega_1||1 + j\omega_1| = 2.146$$

$k \neq 0$ 时的辅助根轨迹，均由 $\sigma \to -\infty$ 出发，随着 $K_1 \to \infty$，沿各条渐近线趋向 $\sigma \to \infty$，如图 6.15 所示。

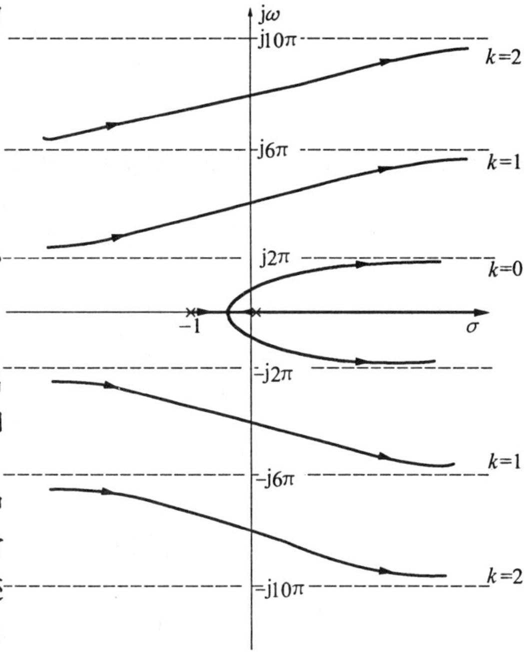

图 6.15 例 6.9 系统的根轨迹

可见，迟后系统的根轨迹有无数多条，其中主根轨迹对系统稳定性的影响最大，所以通常只需考察主根轨迹。上例中迟后系统的根轨迹由 s 左半平面伸向 s 右半平面，只有在 $0 < K_1 < 2.146$ 的范围内是稳定的。若此系统不包含纯滞后环节，其对于所有 $K_1 > 0$ 均稳定。所以，纯滞后环节往往对系统的稳定性带来不利的影响。当迟后系统的开环增益不大时，可将纯滞后环节近似为一般的线性环节来处理。如

$$e^{-\tau s} = 1 - \tau s + \frac{1}{2!}(\tau s)^2 - \frac{1}{3!}(\tau s)^3 + \cdots \approx 1 - \tau s$$

或

$$e^{-\tau s} = \frac{1}{e^{\tau s}} = \frac{1}{1 + \tau s + \frac{1}{2!}(\tau s)^2 + \frac{1}{3!}(\tau s)^2 + \cdots} \approx \frac{1}{1 + \tau s}$$

或

$$e^{-\tau s} = \frac{e^{-\tau s/2}}{e^{\tau s/2}} = \frac{1 - \frac{1}{2}\tau s + \frac{1}{8}(\tau s)^2 - \frac{1}{48}(\tau s)^3 + \cdots}{1 + \frac{1}{2}\tau s + \frac{1}{8}(\tau s)^2 + \frac{1}{48}(\tau s)^3 + \cdots} \approx \frac{1 - \frac{\tau s}{2}}{1 + \frac{\tau s}{2}}$$

6.6 利用根轨迹法分析系统的暂态响应

利用根轨迹法可以确定闭环系统的零、极点。在第三章中已经知道系统暂态响应的性能由其闭环传递函数的零、极点决定，因此可以利用根轨迹法分析系统的暂态响应。

设 n 阶系统的闭环传递函数为

$$\frac{C(s)}{R(s)} = \frac{K_1\prod_{j=1}^{m}(s - z_j)}{\prod_{i=1}^{n}(s - s_i)}$$

式中，z_j 为闭环传递函数的零点；s_i 为闭环传递函数的极点。在单位阶跃输入信号的作用下，系统输出响应的拉氏变换为

$$C(s)=\frac{K_1\prod_{j=1}^{m}(s-z_j)}{\prod_{i=1}^{n}(s-s_i)}\frac{1}{s}$$

若 $C(s)$ 无重极点,可将上式展开为以下的部分分式形式,即

$$C(s)=\frac{a_0}{s}+\frac{a_1}{s-s_1}+\cdots+\frac{a_n}{s-s_n}=\frac{a_0}{s}+\sum_{k=1}^{n}\frac{a_k}{s-s_k} \tag{6.41}$$

式中

$$a_0=\left.\frac{K_1\prod_{j=1}^{m}(s-z_j)}{\prod_{i=1}^{n}(s-s_i)}\right|_{s=0}=\frac{K_1\prod_{j=1}^{m}(-z_j)}{\prod_{i=1}^{n}(-s_i)} \tag{6.42}$$

$$a_k=\left.\frac{K_1\prod_{j=1}^{m}(s-z_j)}{s\prod_{i=1}^{n}(s-s_i)}\right|_{s=s_k}=\frac{K_1\prod_{j=1}^{m}(s_k-z_j)}{s_k\prod_{i=1,i\neq k}^{n}(s_k-s_i)} \tag{6.43}$$

则系统的单位阶跃响应为

$$C(t)=a_0+\sum_{k=1}^{n}a_k e^{s_k t} \tag{6.44}$$

可见,闭环系统的单位阶跃响应由闭环极点 s_k 及其系数 a_k 决定,而系数 a_k 也与闭环零、极点分布有关。

离虚轴最近的闭环极点对系统的暂态过程性能影响最大,称为主导极点。一般其他极点与虚轴的距离比主导极点大 6 倍以上时,那些闭环极点的影响可以被忽略。工程上有时将那些比主导极点与虚轴的距离大 2 ~ 3 倍的极点也忽略不计。高阶系统的暂态性能往往只用主导极点来估算,即将系统近似地看成是一阶或二阶系统。

由式(6.43)可以看出,若闭环系统中某极点与零点的距离非常接近时,则对应式(6.44)中相应分量的系数很小,即这个分量的影响可以忽略。称这种相互距离比其本身的模小一个数量级以上的一对闭环零、极点为偶极子。在一般情况下,偶极子对系统暂态响应的影响可以忽略。但若偶极子的位置接近坐标原点时,其影响往往需要考虑。但它们并不影响系统主导极点的地位。在控制系统设计时,可以有意地引入适当的零点,以抵消某些极点对系统动态过程的不利影响。

此外,利用根轨迹法可以看出,若增加 s 左半平面的开环极点,根轨迹将被向右排斥;而增加开环零点,根轨迹将被向左吸引。

例 6.10 已知系统的开环传递函数为

$$G(s)=\frac{K_1(s+4)}{s(s+2)}$$

绘制闭环系统根轨迹,并分析开环增益对系统动态过程的影响。

解 此系统有两个开环极点 $p_1=0, p_2=-2$,有一个开环零点 $z_1=-4$。实轴上 p_1 与 p_2 之间和 z_1 至 $-\infty$ 之间存在根轨迹。可以证明,此类含有一个实数零点二阶系统的根轨迹,

其复数部分为一个圆,圆心即为开环零点。图 6.16 为此系统的根轨迹图。其中分离点为 $a=-1.172$, $b=-6.83$。点 a 对应的根轨迹增益为 $K_{1a}=\dfrac{|d_1||d_2+2|}{|d_1+4|}=0.343$,开环增益为 $K_a=2K_{1a}=0.686$; b 点对应的根轨迹增益为 $K_{1b}=11.7$,开环增益 $K_b=23.4$。

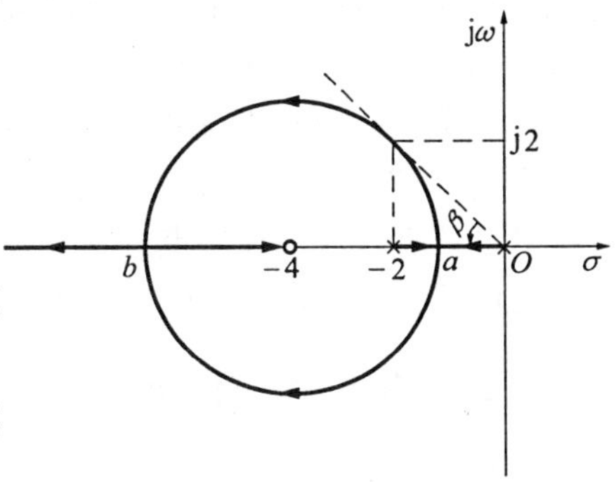

图 6.16 例 6.10 的根轨迹图

所以,当 $0<K\leqslant 0.686$ 时,闭环系统有两个负实数极点,其阶跃响应为单调上升曲线;当 $0.686<K<23.4$ 时,闭环极点成为一对共轭复数极点,其阶跃响应为衰减振荡曲线;当 $K\geqslant 23.4$ 时,闭环极点又为负实极点,其阶跃响应也为单调上升曲线。

可以求得此系统具有最小阻尼比时对应的闭环极点。过原点作与根轨迹圆相切的直线,得

$$\xi=\cos\beta=\cos 45^\circ=0.707$$

切点即为 $\xi=0.707$ 所对应的闭环极点,即

$$s_{1,2}=-2\pm \mathrm{j}2$$

例 6.11 计算例 6.1 中闭环主导极点具有阻尼比 $\xi=0.5$ 时的性能指标。

解 例 6.1 系统的根轨迹重绘于图 6.17 中,并画 $\xi=0.5$ 时的等 ξ 线,可以确定主导极点的坐标为 $s_{1,2}=-0.33\pm \mathrm{j}0.58$。根据幅值条件可以确定点 s_1 对应的开环增益为

$$K_1=|s_1||s_1+1||s_1+2|=1.05$$

$$K=\frac{K_1}{2}=0.525$$

由规则八可以确定第三个极点 s_3 的位置,由式(6.21)有

$$s_1+s_2+s_3=0-1-2=-3$$

得 $s_3=-2.34$。可见 s_3 与虚轴的距离是 $s_{1,2}$ 与虚轴的距离的 7 倍,所以可以认为 $s_{1,2}$ 为系统的主导极点,将系统近似地看成二阶系统来计算其动态性能指标。

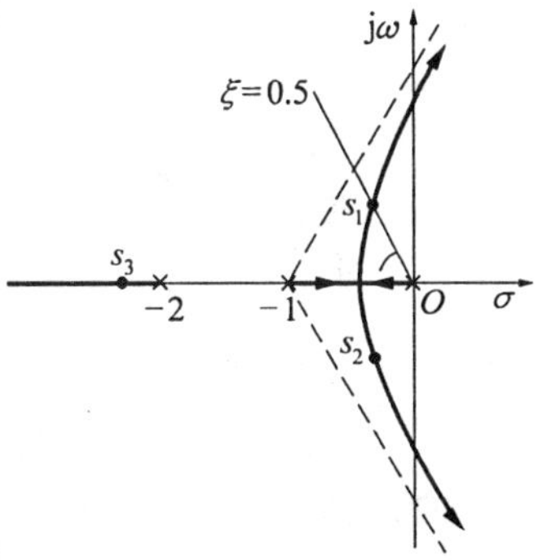

图 6.17 例 6.11 的根轨迹

$$\sigma\%=\mathrm{e}^{-\xi\pi/\sqrt{1-\xi^2}}=16.3\%$$

$$t_s=\frac{3.5}{\xi\omega_n}=10.5\ \mathrm{s}$$

6.7 根轨迹法在系统校正中的应用

第五章介绍了串联校正装置的频域设计方法,这里再从根轨迹法的角度讨论控制系统校正的基本过程。

用根轨迹法设计串联校正装置的基本思路是:假设校正后的系统有一对闭环主导共轭

复数极点，那么系统的暂态性能就可以近似地由这一对主导极点所决定的二阶系统来描述。通常系统的性能指标为时域参量时，需将时域指标转化为这一对期望主导极点位置的参量 ξ 和 ω_n。当单纯依靠调整未校正系统的增益不能满足性能指标时，可以引入适当的校正装置，利用其零、极点改变原有系统根轨迹的形状，使校正后的系统根轨迹通过期望主导极点处，或尽量接近这对主导极点，而闭环的其他极点应远离 s 平面的虚轴，或者靠近某一个闭环零点，以保证主导极点对闭环系统的动态性能起主导作用。

一、串联相位超前校正

当期望主导极点位于未校正系统根轨迹左方时，可以采用超前校正，利用超前校正装置产生的相位超前角，使未校正系统的根轨迹左移，并通过期望主导极点。

图 6.18 为串联超前校正系统框图，图中

$$G_c(s) = K_c \frac{s + \dfrac{1}{T}}{s + \dfrac{1}{aT}} = K_c \frac{s - z_c}{s - p_c}$$

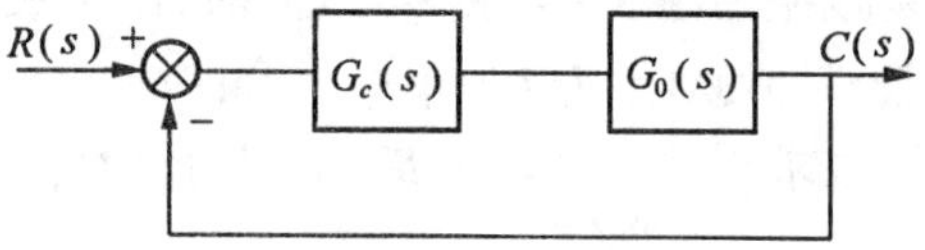

图 6.18　串联校正系统

为超前校正装置，K_c 为附加的放大器增益，$G_0(s)$ 为系统原有部分的传递函数，用根轨迹法对系统进行串联校正，首先应根据性能指标，确定一对闭环主导极点的位置。设图 6.19 中的 s_d 为期望的主导极点，如果校正后，使根轨迹能够经过希望的闭环主导极点，则必须满足根轨迹的相角条件，即

$$\angle G_c(s_d) + \angle G_0(s_d) = \pm 180°$$

或写为 $\varphi = \angle G_c(s_d) = \pm 180° - \angle G_0(s_d)$ (6.45)

故超前校正装置的零、极点所提供的超前角如图 6.19 中所示的 φ 角，由于

$$\varphi = \angle G_c(s_d) = \angle(s - z_c) - \angle(s - p_c)$$

显然，对于给定的 φ 角，零、极点的位置组合不是惟一的，这里介绍一种使超前校正装置零、极点比值 α 为最大的设计方法，按这种方法设计出的 $G_c(s)$ 能使附加放大器增益尽可能小。

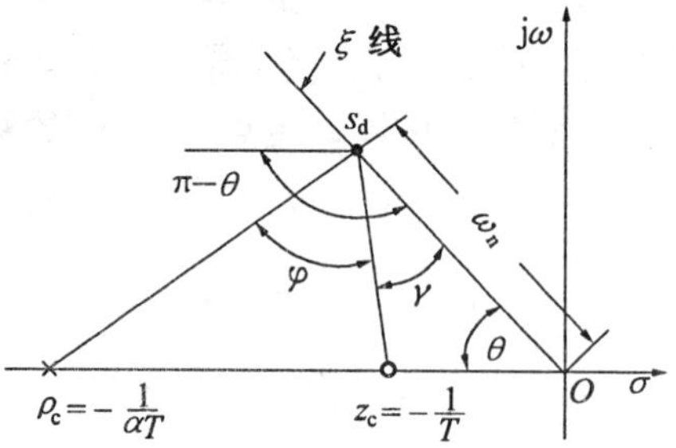

图 6.19　超前校正的相角关系

由图 6.19，根据正弦定理，有如下关系

$$z_c = \frac{\omega_n \sin\gamma}{\sin(\pi - \theta - \gamma)} \tag{6.46}$$

$$p_c = \frac{\omega_n \sin(\gamma + \varphi)}{\sin(\pi - \theta - \gamma - \varphi)} \tag{6.47}$$

$$\alpha = \frac{z_c}{p_c} = \frac{\sin\gamma \sin(\pi - \theta - \gamma - \varphi)}{\sin(\pi - \theta - \gamma)\sin(\gamma + \varphi)} \tag{6.48}$$

令 $\dfrac{d\alpha}{d\gamma} = 0$，由此式可求出对应最大 α 值时的 γ 角

$$\gamma = \frac{1}{2}(\pi - \theta - \varphi) \tag{6.49}$$

不难看出，当期望闭环极点确定之后，θ 与 φ 均为已知，因此可以由式(6.49) 求出 γ 角。

根据上述分析,用根轨迹法设计超前校正装置的一般步骤如下:

(1) 根据性能指标,确定期望闭环主导极点 s_d。

(2) 画出未校正系统的根轨迹,根据其与希望闭环极点的位置关系确定校正方式。

(3) 根据式(6.45),求校正装置在 s_d 点应提供的相位超前角 φ。

(4) 根据式(6.49)求出角 γ,再按式(6.46)和式(6.47)求得超前校正装置 $G_c(s)$ 的零点 z_c 和极点 p_c。

(5) 求出校正后系统的开环传递函数

$$G(s) = G_c(s)G_0(s) = K_c\frac{(s - z_c)}{(s - p_c)}G_0(s)$$

并画出校正后系统的根轨迹。

(6) 校验。对校正后系统的校验有两个方面:一是根据根轨迹的幅值条件确定期望主导极点处的增益值是否满足稳态精度指标;二是检验期望主导极点是否符合闭环主导极点条件。如果校正后的系统不能满足性能指标要求,则应调整校正装置零、极点的位置,重复上述步骤,直至满足要求为止。

应当说明:基于根轨迹的校正也是一种试探方法,上面介绍的最大 α 设计法是确定 $G_c(s)$ 零、极点的方法之一,按此方法虽能使附加放大器增益尽可能小,但不能保证校正后系统期望闭环极点的主导作用,因此对设计结果必须进行校验,若不满足要求,则需用其他方法重新设计 $G_c(s)$ 的零、极点。在工程实践中,通常将 $G_c(s)$ 的零点设置在正对点 s_d 下方的负实轴上,或者置于紧靠坐标原点的两个实极点的左方,以便增大希望闭环极点成为主导极点的可能性。

例 6.12　设单位反馈系统的开环传递函数为

$$G_0(s) = \frac{4}{s(s + 2)}$$

试设计串联校正装置,满足下列性能指标:最大超调量 $M_p = 16\%$,调整时间 $t_s = 2$ s。

解　(1) 确定期望主导极点,由 $M_p = 16\%$ 可求得阻尼比 $\zeta = 0.5$。

由 $t_s = 4/\xi\omega_n(\Delta = 0.02)$ 求得 $\omega_n = 4$ rad/s。因此期望主导极点为

$$s_d = -\xi\omega_n \pm j\omega\sqrt{1 - \xi^2} = -2 \pm j2\sqrt{3}$$

(2) 绘制未校正系统的根轨迹图。如图 6.20(a) 所示,图中,主导极点 s_d 的位置位于根轨迹左侧,依靠调节增益 K,无法使根轨迹通过 s_d,故采用超前校正方法。

(3) 计算超前校正装置 $G_c(s)$ 应提供的相位超前角 φ

$$\varphi = \pm 180° - \angle G_0(s) = \pm 180° - \angle\frac{4}{s(s + 2)}\bigg|_{s = s_d} =$$

$$-180° - (-90° - 120°) = 30°$$

(4) 求 $G_c(s)$ 的零点和极点。因为 $\theta = 60°$,$\varphi = 30°$,所以 $\gamma = \frac{1}{2}(\pi - \theta - \varphi) = 45°$。

按最大 α 法,由作图可得 $z_c = -\frac{1}{T} = -2.9$;$p_c = -\frac{1}{\alpha T} = -5.4$。

$$G_c(s) = K_c\frac{s - z_c}{s - p_c} = K_c\frac{s + 2.9}{s + 5.4}$$

校正后系统的开环传递函数

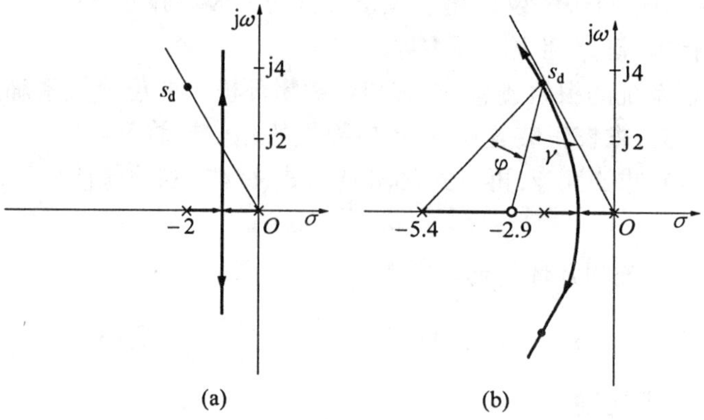

图 6.20　校正前后的根轨迹图

$$G(s) = G_c(s)G_0(s) = \frac{K(s+2.9)}{s(s+2)(s+5.4)}$$

式中，$K = 4K_c$，由上式作出的根轨迹如图 6.20(b) 所示。

(5) 校验。首先根据根轨迹的幅值条件有

$$\left|\frac{K(s+2.9)}{s(s+2)(s+5.4)}\right|_{s=s_d} = 1$$

求得 $K = 18.7, K_c = K/4 = 4.86$，系统相应的开环传递函数为

$$G(s) = G_c(s)G_0(s) = \frac{18.7(s+2.9)}{s(s+2)(s+5.4)}$$

由上式可求出静态速度误差系数

$$K_v = \lim_{s\to 0} sG_c(s)G_0(s) = 5.02\ \mathrm{s}^{-1}$$

本题未对稳态误差提出要求，若有指标 K_v，且不满足，如果相差不大，可调整 p_c 和 z_c 的位置，重新计算；若相差较大，则要采用滞后校正。

校正后系统的闭环传递函数为

$$\frac{G(s)}{R(s)} = \frac{G_c(s)G_0(s)}{1+G_c(s)G_0(s)} = \frac{18.7(s+2.9)}{s(s+2)(s+5.4)+18.7(s+2.9)} = \frac{18.7(s+2.9)}{(s+2+\mathrm{j}2\sqrt{3})(s+2-\mathrm{j}2\sqrt{3})(s+3.4)}$$

式中，$p_{1,2} = -2 \pm \mathrm{j}2\sqrt{3}, p_3 = -3.4$，此根可以根据根轨迹作图规则八求得。由于校正后闭环新增加的极点 $p_3 = -3.4$ 与零点 $z = -2.9$ 相距很近，因此该极点对系统暂态响应的作用很小。

因此，闭环极点 p_3 不会影响主导极点 s_d 的地位，至此校验结果完全符合要求，可以认为设计是成功的。

例 6.13　设单位反馈系统的开环传递函数为

$$G_0(s) = \frac{K}{s(s+1)(s+4)}$$

试设计串联校正装置，使校正后系统的阻尼比为 $\xi = 0.5$，无阻尼自然振荡频率为 $\omega_n = 2\ \mathrm{rad/s}$。

解　(1) 根据给定的性能指标,确定期望闭环极点为 $s_d = -1 \pm j1.73$。

(2) 画出未校正系统 $G_0(s)$ 的根轨迹。

如图 6.21(a) 所示,图中期望闭环极点位于根轨迹左侧,可以采用相位超前校正,使根轨迹左移。

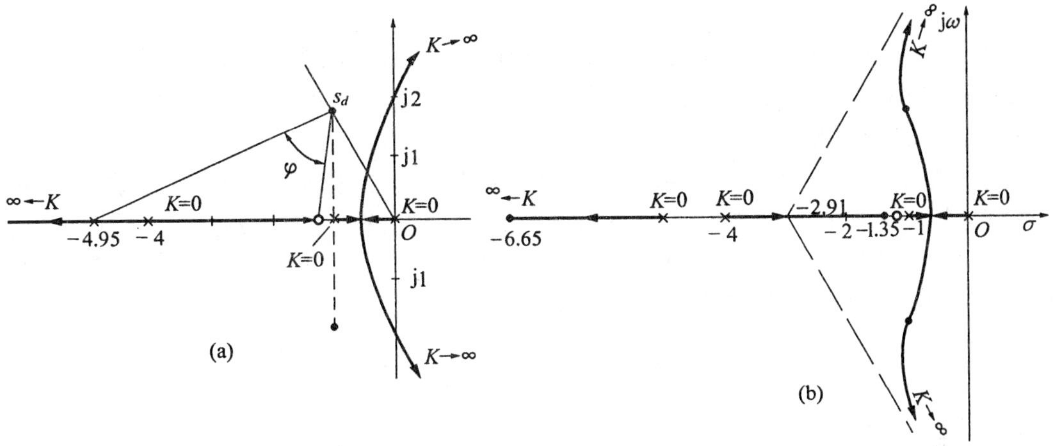

图 6.21　超前校正根轨迹

(3) 计算超前校正装置 $G_c(s)$ 应提供的超前相角 φ,由式(6.45) 有

$$\varphi = -180° - \angle G_0(s_d) = -180° - (-120° - 90° - 30°) = 60°$$

(4) 确定 $G_c(s)$ 的零点和极点。由图可见,开环极点之一,$s = -1$ 正好位于期望闭环极点 s_d 垂线下的负实轴上,如果令校正装置的零点设在紧靠 $s = -1$ 这个开环极点的左侧,如 $z_c = -1.2$,这样做往往能增大 s_d 成为闭环主导极点的可能性。又考虑到 $\varphi = 60°$,由图(a) 作图知,$p_c = -4.95$,因此校正后系统的开环传递函数为

$$G(s) = \frac{K(s + 1.2)}{s(s + 1)(s + 4)(s + 4.95)}$$

其根轨迹如图 6.21(b) 所示,根据根轨迹的幅值条件,可以求出系统工作于点 s_d 的 K 值为 29.7。

(5) 校验,由于是 Ⅰ 型系统,因此具有常值速度误差系数 K_v

$$K_v = \lim_{s \to 0} sG(s) = 1.84$$

根据 K_v 值可以检验稳态精度指标是否满足,本例未提出具体要求。校正后闭环传递函数为

$$\frac{C(s)}{R(s)} = \frac{G(s)}{1 + G(s)} = \frac{29.7(s + 1.2)}{s(s + 2)(s + 4)(s + 4.95) + 29.7(s + 1.2)} = \frac{29.7(s + 1.2)}{(s + 1 + j1.73)(s + 1 - j1.73)(s + 1.35)(s + 6.65)}$$

下面通过闭环系统的单位脉冲响应检验主导极点是否能保证其主导作用。系统的单位脉冲响应为

$$c(t) = 2.94e^{-t}\sin(1.73t - \arctan 0.216) - 0.27e^{-1.35t} + 0.89e^{-6.65t}$$

上式中的第三项是由极点 $s = -6.65$ 所产生的暂态分量,由于该点离虚轴较远衰减很快,对系统暂态响应影响甚微。第二项是极点 $s = -1.35$ 的暂态分量,它与主导极点实部很接近,

本来可能影响主导极点的主导作用，但由于该极点与校正装置的零点 $z_c = -1.2$ 靠得很近，第二项的系数就很小。对系统暂态响应的影响也很小，这就保证了期望闭环主导极点的主导作用。

二、串联相位滞后校正

前已述及，滞后校正的作用之一是用于改善系统的稳态性能，提高系统的开环增益，同时又能基本保持原来的暂态性能不变，因此当系统有比较满意的暂态性能，而稳态性能有待提高时，常采用滞后校正。

用根轨迹法进行滞后校正，要求对闭环主导极点附近的根轨迹不产生明显影响，但能较大幅度地提高系统的开环增益，为此，滞后校正装置的零、极点应该设置在 s 平面上靠近坐标原点处，而且零、极点之间的距离应很近，是一对靠近原点的开环偶极子，极点离原点相对更近，如图 6.22 所示，滞后校正的传递函数为

$$G_c(s) = \frac{Ts+1}{\beta Ts+1} = \frac{1}{\beta}\cdot\frac{s-z_c}{s-p_c} \tag{6.50}$$

式中，$z_c = -\dfrac{1}{T}$；$p_c = -\dfrac{1}{\beta T}$；$\beta = \dfrac{z_c}{p_c} > 1$。

滞后校正装置对主导极点产生的相角迟后应很小，应限制在 5° 左右范围内，但校正后却容许系统的开环增益提高 β 倍。

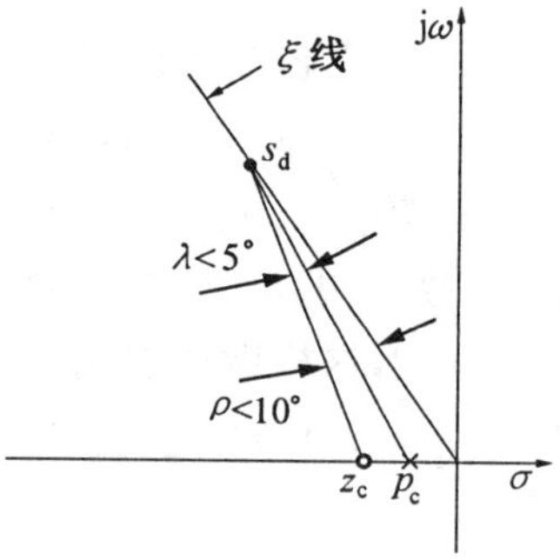

图 6.22　滞后校正装置的零、极点分布

用根轨迹法进行串联滞后校正的一般步骤如下：

(1) 画出未校正系统的根轨迹。

(2) 根据暂态性能指标 ζ、ω_n 找出根轨迹上的期望闭环主导极点 s_d。

(3) 根据幅值条件，确定期望主导极点所对应的开环增益或静态误差系数。

(4) 根据给定的稳态指标，求出所需增加的误差系数，即需要增加的开环增益倍数 β，此 β 值即为滞后校正装置的参数，确定校正装置的零、极点。

(5) 校验。绘制校正系统的根轨迹，确定根轨迹上新的主导极点 s'_d，根据 s'_d 计算动、静态性能参数，看是否达到指标要求，若稍有差异，可调整零、极点的位置来解决。

例 6.14　已知单位反馈系统开环传递函数

$$G(s) = \frac{K_1}{s(s+1)(s+4)}$$

试设计串联校正装置，满足如下性能指标，阻尼比 $\xi = 0.5$，$t_s = 10$ s，$K \geqslant 5$。

解　作未校正系统的根轨迹

如图 6.23 虚线所示，由 $t_s \approx \dfrac{4}{\xi\omega_n}(\Delta = 0.02)$ 可求出 $\omega_n = \dfrac{4}{\xi t_s} = 0.8$，由此可知期望闭环主导极点为

$$s_d = -\xi\omega_n \pm j\omega_n\sqrt{1-\xi^2} = -0.4 \pm j0.69$$

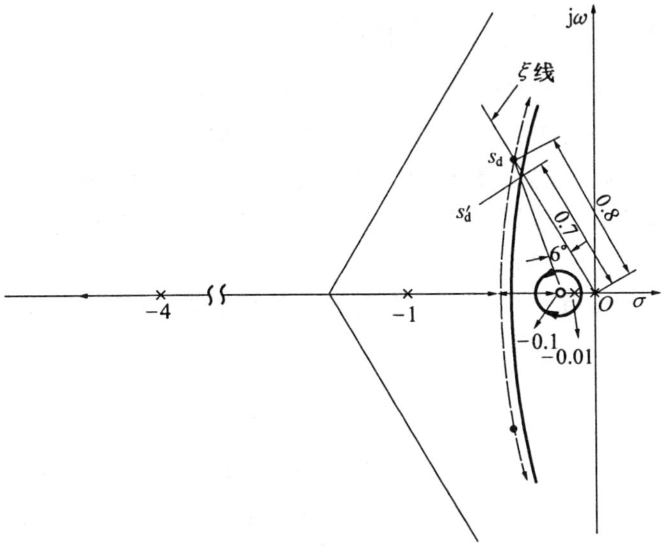

图 6.23　滞后校正根轨迹

图中给出的原有系统根轨迹穿过主导极点，因此暂态特性已经满足要求。稳态特性可以根据幅值条件进一步计算点 s_d 相应的开环增益，即

$$|G(s_d)| = \left|\frac{K_1}{s_d(s_d+1)(s_d+4)}\right| = 1$$

由图可知

$$K_1 = |s_d|\cdot|s_d+1|\cdot|s_d+4| = 0.8\times\sqrt{0.6^2+0.69^2}\times\sqrt{3.6^2+0.69^2} = 2.69$$

未校正系统的开环增益为 $K = K_1/4 = 0.672 \ll 5$（K_1 为根轨迹增益），显然，稳态指标相差甚远，故引入相位滞后校正，要求滞后校正装置的参数 $\beta = \dfrac{5}{0.627} = 7.44$，考虑到滞后校正在 s_d 产生的相角滞后影响，取 $\beta = 10$，以便留有余地。

现从 s_d 引一直线，使其与此 ξ 线的夹角为 $6°(<10°)$，此直线与负实轴交于 $z_c = -0.1$，相应的极点 $p_c = \dfrac{z_c}{\beta} = -0.01$，图中为了表达清楚，作了局部放大处理，于是校正后系统的开环传递函数为

$$G_c(s)G(s) = \frac{K_1(s+0.1)}{s(s+1)(s+4)(s+0.01)}$$

图 6.23 中给出了校正后系统的根轨迹，如实线所示，若要使阻尼比保持不变，$\xi = 0.5$，则校正后系统主导极点的位置将略有改变，即由 s_d 向右下方移至 s_d'，相应的 ω_n 值由 0.8 减到 0.7，这意味着调整时间 t_s 将略有增加，s'_d 点相应的增益值可按幅值条件由图上求得，$K_1 = 2.2$。

对应的系统开环增益 $K = \dfrac{2.2\times 0.1}{4\times 0.01} = 5.5 > 5$，满足稳态性能指标，如果调节时间 t_s 不能增大，可以在校正后的根轨迹上取 $\omega_n = 8$ rad/s 的点作为新的闭环主导极点 s'_d，但是这时阻尼比 ξ 将略小于 0.5，对应的系统响应超调量将略为变大。

三、串联滞后 - 超前校正及反馈校正

用根轨迹法设计串联相位滞后 - 超前校正装置的大致过程是：

首先设计相位超前校正装置，以满足系统暂态性能的指标要求。然后再在此基础上，根据超前校正设计中所确定的参量和 β 值，将系统开环增益增大 β 倍，如果这一增大可以满足系统稳态性能的要求，就可以按前述滞后校正方法确定滞后部分的参量，若不满意，则需重新调整 β 值。具体过程不再赘述。

用根轨法反馈校正需要反复绘制根轨迹图，比较麻烦，远不及频率特性法简单有效，故这里不作介绍。

小　　结

本章介绍了已知系统开环传递函数的零、极点确定闭环极点的根轨迹法，根轨迹法是求解系统特征方程根的一种图解法。绘制根轨迹的基本出发点是根轨迹方程。因此，根轨迹法实际上可以用于求解任何多项式的根。求解多项式根的时候，只需对多项式作形式上的变换，变成根轨迹方程的形式，然后就可以利用已知的根轨迹绘制规则绘制其根轨迹，从而得到所求的多项式的根。

根轨迹法为控制系统的分析和设计者提供了一个迅速了解系统特征根在平面分布情况的手段，以便做出系统参数调整方向的判断。利用控制系统仿真软件，容易得到所求闭环极点的精确位置及其动态响应的性能指标。

典型例题分析

例 6.1　试证明根轨迹的分离点 d(或会合点)，可由下式求得

$$\sum_{i=1}^{n}\frac{1}{d-p_i}=\sum_{i=1}^{m}\frac{1}{d-z_i}$$

式中，p_i、z_i 分别为系统开环的极点和零点；d 为分离点。

证明　由根轨迹方程可知，系统的闭环特征方程为

$$\prod_{i=1}^{n}(s-p_i)+K^*\prod_{i=1}^{m}(s-z_i)=0$$

式中，K^* 为根轨迹增益。根轨迹若有分离点，表明闭环特征方程有重根。重根条件为在 $s=d$ 处除满足特征方程外，还有

$$\frac{\mathrm{d}}{\mathrm{d}s}\left[\prod_{i=1}^{n}(s-p_i)+K^*\prod_{i=1}^{m}(s-z_i)\right]=0$$

或

$$\begin{cases}\dfrac{\mathrm{d}}{\mathrm{d}s}\left[\prod_{i=1}^{n}(s-p_i)\right]=-K^*\dfrac{\mathrm{d}}{\mathrm{d}s}\left[\prod_{i=1}^{m}(s-z_i)\right]\\ \prod_{i=1}^{n}(s-p_i)=-K^*\prod_{i=1}^{m}(s-z_i)\end{cases}$$

将两式相除，得

$$\frac{\dfrac{\mathrm{d}}{\mathrm{d}s}\left[\prod\limits_{i=1}^{n}(s-p_i)\right]}{\prod\limits_{i=1}^{n}(s-p_i)}=\frac{\dfrac{\mathrm{d}}{\mathrm{d}s}\left[\prod\limits_{i=1}^{m}(s-z_i)\right]}{\prod\limits_{i=1}^{m}(s-z_i)}$$

即
$$\frac{\mathrm{d}}{\mathrm{d}s}\left[\ln\prod_{i=1}^{n}(s-p_i)\right]=\frac{\mathrm{d}}{\mathrm{d}s}\left[\ln\prod_{i=1}^{m}(s-z_i)\right]\quad(由公式(\ln v)'=\frac{v'}{v})$$

又
$$\begin{cases}\ln\prod\limits_{i=1}^{n}(s-p_i)=\sum\limits_{i=1}^{n}\ln(s-p_i)\\ \ln\prod\limits_{i=1}^{m}(s-z_i)=\sum\limits_{i=1}^{m}\ln(s-z_i)\end{cases}$$

将其代入,得
$$\sum_{i=1}^{n}\frac{\mathrm{d}}{\mathrm{d}s}\ln(s-p_i)=\sum_{i=1}^{m}\frac{\mathrm{d}}{\mathrm{d}s}\ln(s-z_i)$$

即
$$\sum_{i=1}^{n}\frac{1}{s-p_i}=\sum_{i=1}^{m}\frac{1}{s-z_i}$$

满足上式的 s 值即为闭环特征方程的重根,即分离点 d,证毕。

例 6.2　已知单位反馈系统开环传递函数为

$$G(s)=\frac{K}{s(s^2+4s+5)}$$

试绘制系统的根轨迹;确定闭环主导极点阻尼比为 $\xi=0.5$ 的 K 值,并求出闭环极点。

解　由开环传递函数 $G(s)$ 知,$p_1=0,p_{2,3}=-2\pm \mathrm{j}1$,据此画出以 K 为参量的根轨迹如例图 6.1 所示。闭环主导极点为等阻尼比线与根轨迹的交点。当 $\xi=0.5$ 时,相当于同负实轴成 60° 角的直线。由图可见,闭环主导极点为 $s_{1,2}=-0.63\pm \mathrm{j}1.09$,由幅值条件可求出相应的 K 值为

$$K=|s(s+2+\mathrm{j}1)(s+2-\mathrm{j}1)|_{s=-0.63+\mathrm{j}1.09}=4.32$$

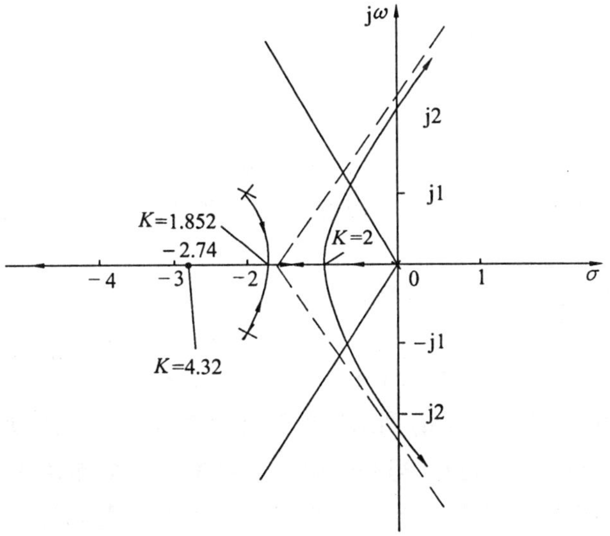

例图 6.1

闭环系统的特征方程由 $1 + G(s) = 0$ 可求出

$$s^3 + 4s^2 + 5s + 4.32 = 0$$

由于本题符合 $n - m \geqslant 2$,故第三个闭环极点可利用根之和规则求出,即

$$s_1 + s_2 + s_3 = p_1 + p_2 + p_3 = -4$$

将 $s_{1,2} = -2 \pm j1$ 代入,可求出

$$s_3 = -2.74$$

例 6.3 单位反馈系统开环传递函数为 $G(s) = \dfrac{K^*(s+4)}{s(s+2)}$,试绘制以 K^* 为参量的根轨迹,并分析 K^* 对系统动态过程的影响。

解 系统开环零点、极点为 $z_1 = -4, p_1 = 0, p_2 = -2$。

(1) 实轴上的根轨迹为 $0 \sim -2$ 和 $-4 \sim -\infty$ 段。

(2) 分离点 d 的计算,由 $\dfrac{1}{d} + \dfrac{1}{d+2} = \dfrac{1}{d+4}$ 得,$d_1 = -1.17, d_2 = -6.83$,系统的根轨迹如例图 6.2 所示。

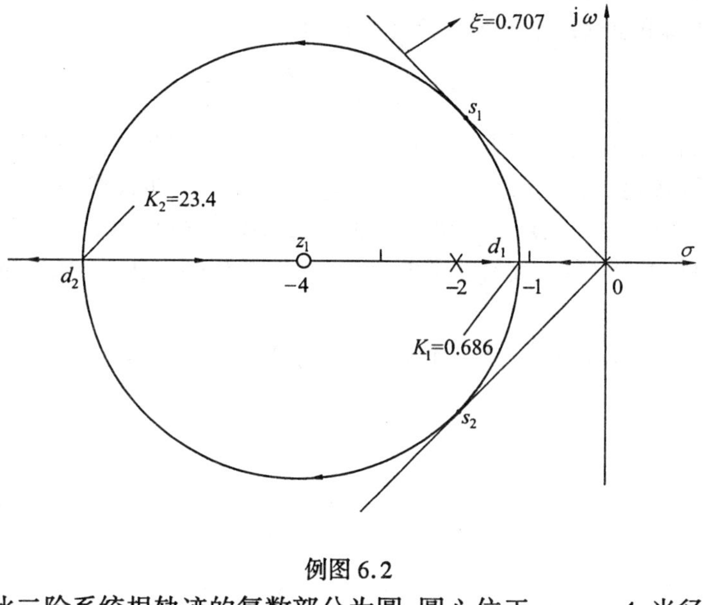

例图 6.2

可以证明,此二阶系统根轨迹的复数部分为圆,圆心位于 $z_1 = -4$,半径为 $|z_1 - d_1| = 2.83$。

分离点 d_1 对应开环增益 K_1^* 的计算

$$K_1^* = \frac{|d_1| \cdot |d_1 + 2|}{|d_1 + 4|} = \frac{1.17 \times 0.83}{2.83} = 0.343$$

$K_1 = 2K_1^* = 0.686$,同理可求出 d_2 所对应的开环增益 $K_2^* = 11.7, K_2 = 23.4$。

系统阶跃响应分析:由图可见,当开环增益 K 在 $0 \sim 0.686$ 范围内,闭环有两个负实数极点,因此系统阶跃响应呈非周期性。当 K 在 $0.686 \sim 23.4$ 范围内时,闭环有一对复数极点,阶跃响应呈衰减振荡性。当 K 在 $23.4 \sim -\infty$ 范围时,闭环两个极点又是负实数,响应又呈非周期性。此时这对极点远离虚轴,其中一较近极点随着 K 的增大逐渐向 z_1 靠拢,由于 z_1 也是闭

环的零点，因此将构成偶极子，故响应快速性会大大提高，调节时间 t_s 远比低增益时小。当然 K 过大，会降低对输入噪声的抑制能力。此外由作图可知，系统的最小阻尼比 $\xi = 0.707$，因此响应的平稳性比较好。

例 6.4　已知非最小相位负反馈系统的开环传递函数为

$$G(s)H(s) = \frac{K(s+1)}{s(s-1)(s^2+4s+16)}$$

试绘制系统的根轨迹，并确定使系统稳定时增益 K 的取值范围。式中 K 为根轨迹增益。

解　开环传递函数已具有标准形式，其开环零点、极点为

$$z_1 = -1(m=1) \qquad p_1 = 0 \qquad p_2 = +1 \qquad p_{3,4} = -2 \pm \mathrm{j}3.46(n=4)$$

(1) 根轨迹的渐近线有三条，其与实轴正方向的夹角分别为 $\pm 60°$、$180°$，渐近线与实轴的交点 $\sigma_a = -\dfrac{2}{3}$。

(2) 实轴上的根轨迹位于 $+1$ 与 0 及 -1 与 $-\infty$ 之间。

(3) 分离点与会合点。由 $\dfrac{\mathrm{d}k}{\mathrm{d}s}\Big|_{s=d} = 0$，即

$$\frac{\mathrm{d}}{\mathrm{d}s}\left[\frac{s(s-1)(s^2+4s+16)}{(s+1)}\right]\Big|_{s=d} = 0$$

求得　$$d_1 = 0.46 \qquad d_2 = -2.22$$

(4) 开环复数极点 $p_{3,4} = -2 \pm \mathrm{j}3.46$ 的出射角，即

$$\theta_{p_3} = 180° + \angle(p_3 - z_1) - \angle(p_3 - p_1) - \angle(p_3 - p_2) - \angle(p_3 - p_4) =$$

$$180° + 106.12° - 120° - 130.9° - 90° = -54.8°$$

$$\theta_{p_4} = -\theta_{p_3} = +54.8°$$

(5) 根轨迹与虚轴的交点及对应的增益 K 值。系统的闭环特征方程为

$$s(s-1)(s^2+4s+16) + K(s+1) = 0$$

即　$$s^4 + 3s^3 + 12s^2 + (K-16)s + K = 0$$

令 $s = \mathrm{j}\omega$ 代入，则有

$$\begin{cases} \omega^4 - 12\omega^2 + K = 0 \\ -3\omega^3 + (K-16)\omega = 0 \end{cases}$$

解之得

$$\omega_{1,2} = \pm 1.56 \qquad (K = 23.3)$$

$$\omega_{3,4} = \pm 2.56 \qquad (K = 35.7)$$

上述结果亦可由特征方程列出劳斯表求得，根据上述数据绘制系统根轨迹如例图 6.3 所示。图中可见，欲使系统稳定，K 值应在 23.3 ~ 35.7 范围内，此类系统又称为条件稳定系统。

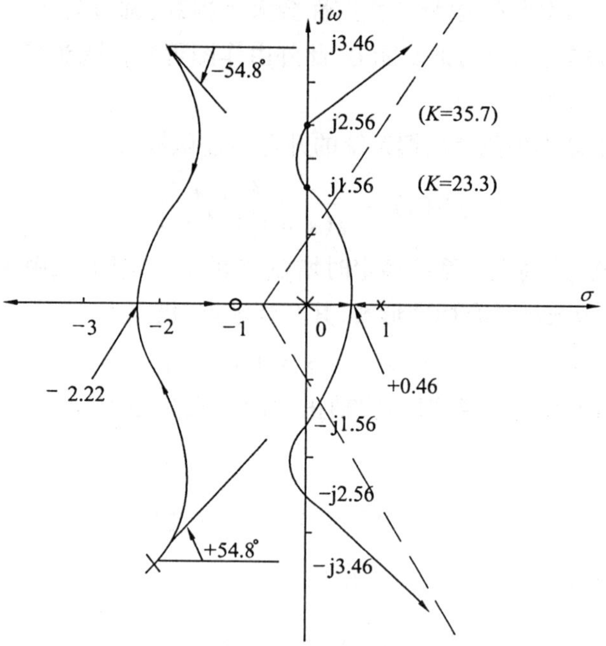

例图 6.3

习 题

6.1 已知负反馈系统的开环传递函数,绘制以 K_1 为变量的系统根轨迹的大致图形。

(1) $G(s)H(s) = \dfrac{K_1(s+5)}{s(s+2)(s+4)}$

(2) $G(s)H(s) = \dfrac{K_1(s+5)}{s^2(s+2)(s+4)}$

(3) $G(s)H(s) = \dfrac{K_1(s+3)}{s^2+2s+2}$

(4) $G(s)H(s) = \dfrac{K_1}{s^2(s+2)(s+3)}$

6.2 已知单位反馈系统的开环传递函数如下,绘制闭环系统根轨迹,并加以简要说明。

(1) $G(s) = \dfrac{K_1}{s(s+1)(s+3)}$

(2) $G(s) = \dfrac{K_1}{s(s+4)(s^2+4s+20)}$

6.3 设负反馈系统的开环传递函数为

$$G(s)H(s) = \frac{K^*(s+z)}{s(s+p)} \qquad (z > p > 0)$$

试证明其闭环根轨迹的复数部分构成一个圆,并求圆心和半径。

6.4 绘制题图 6.1 所示系统以 K 为变量的根轨迹图。

6.5 某单位反馈系统的开环传递函数为

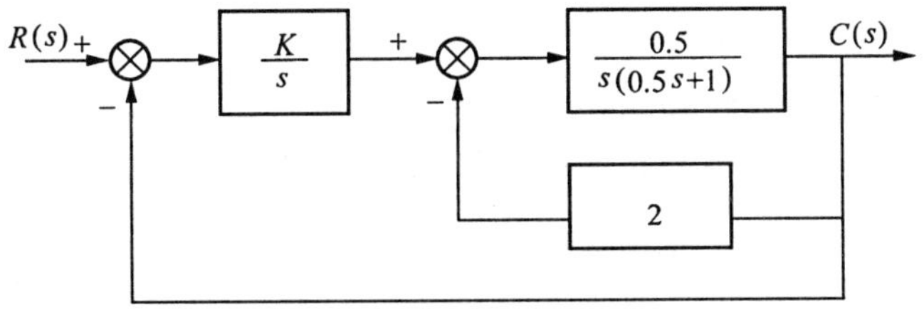

题图 6.1

$$G(s) = \frac{K_1(s+a)}{s^2(s+1)} \qquad (a > 0)$$

确定系统:(1) 除 $s=0$ 外没有分离点;(2) 有一个分离点;(3) 有两个分离点三种情况下 a 的取值范围,并绘制其以 K_1 为变量的根轨迹。

6.6　利用根轨迹法,求以下多项式的根

$$F(s) = s^3 + 3s^2 + 4s + 20 = 0$$

6.7　绘制题图 6.2 中以 a 为变量的根轨迹,并求:

(1) 无局部反馈时系统的暂态性能。

(2) $a=2$ 时局部反馈对系统性能的影响。

(3) 确定临界阻尼时的 a 值。

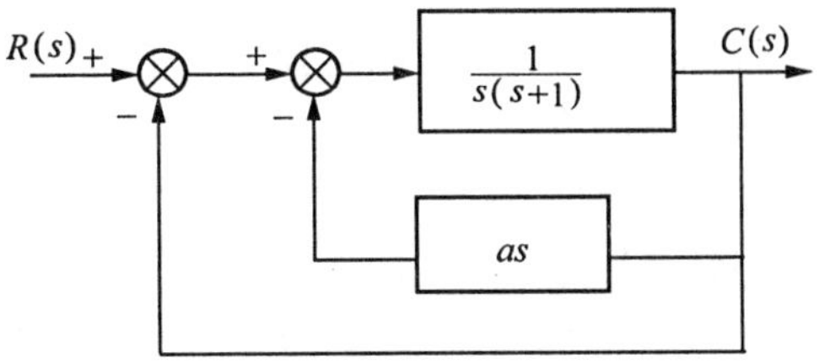

题图 6.2

6.8　根据下列正反馈回路的开环传递函数,绘制其根轨迹的大致图形。

(1) $G(s)H(s) = \dfrac{K_1}{(s+1)(s+2)}$

(2) $G(s)H(s) = \dfrac{K_1}{s(s+1)(s+2)}$

(3) $G(s)H(s) = \dfrac{K_1(s+2)}{s(s+1)(s+3)(s+4)}$

6.9　设单位负反馈系统的开环传递函数为

$$G(s) = \frac{K_1(1-s)}{s(s+2)}$$

试绘制此系统的根轨迹。

6.10　已知某迟后系统的开环传递函数为

$$G(s)H(s) = \frac{Ke^{-\tau s}}{s}$$

试绘制此系统的主根轨迹。

6.11　上题中的开环传递函数可用下列近似公式表示。

(1) $G(s)H(s) = \dfrac{K(1-\tau s)}{s}$

(2) $G(s)H(s) = \dfrac{K\left(1-\dfrac{\tau}{2}s\right)}{s\left(\dfrac{\tau}{2}s+1\right)}$

(3) $G(s)H(s) = \dfrac{K}{s(\tau s + 1)}$

绘制以上三种情况的根轨迹,并与上题进行比较。

6.12 某单位反馈系统的开环传递函数为

$$G(s) = \frac{K_1}{s(s^2 + 4s + 8)}$$

(1) 绘制此系统的根轨迹。

(2) 求主导极点阻尼比为 $\xi = 0.58$ 时,系统的闭环传递函数$\dfrac{C(s)}{R(s)}$及其单位阶跃响应。

6.13 某反馈系统的方框图如题图 6.3 所示,其中

$$G(s) = \frac{K_a}{s(s+1)(s+5)} \qquad H(s) = \frac{K_b(s+5)}{s+2}$$

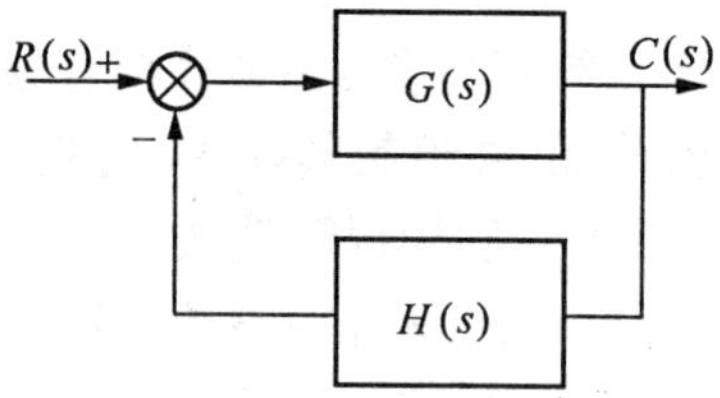

题图 6.3

(1) 求其闭环传递函数$\dfrac{C(s)}{R(s)}$。

(2) 求当系统具有阻尼比 $\xi = 0.65$ 的共轭复数极点时对应的 K_a、K_b 值。

(3) 求与此系统等效的单位反馈系统的开环传递函数。

(4) 求其暂态响应的性能指标 M_p、t_p、t_s。

6.14 单位反馈系统的开环传递函数

$$G(s) = \frac{K}{s(s^2 + 4s + 5)}$$

(1) 绘制系统的根轨迹;(2) 确定闭环主导极点的阻尼比 $\xi = 0.5$ 时的 K 值;(3) 求闭环极点。

6.15 系统框图如题图 6.4 所示

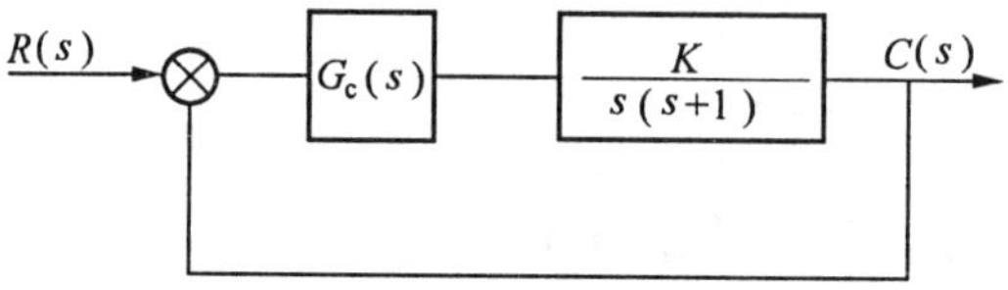

题图 6.4

试用根轨迹法设计串联相位超前校正装置,使系统满足如下指标:

阻尼比 $\xi = 0.7$;调节时间 $t_s = 1.4$ s,开环增益 $K = 2$。

6.16 已知单位反馈系统开环传递函数为

$$G(s) = \frac{K_1}{s(s+1)(s+2)} \qquad K_1 = 1.06$$

该系统动态性能已满足要求,现需要将静态速度误差系数 K_v 增大到 5 s^{-1},试设计滞后校正装置。

第七章　非线性系统分析

前面各章讨论了线性控制系统的分析和设计问题。事实上,实际的控制系统都存在非线性特性。如伺服系统中的干摩擦以及齿轮传动的齿隙等。只是当系统中的非线性因素处于次要地位时,可以在一定范围内或一定条件下利用线性化处理的方法,将系统近似为线性系统。称这种系统为非本质非线性系统。还有一些系统被控对象本身的工作特性是非线性的,或者系统的控制规律非线性,称这种系统为本质非线性系统。由于非线性系统的复杂性和多样性,没有统一的普遍适用的分析和设计方法。目前非线性控制系统的研究已经引起了控制界的广泛关注。本章主要介绍非线性系统的基本概念以及非线性系统分析的相平面法和描述函数法。

7.1　非线性系统的基本概念

当系统中包含一个或一个以上非线性特性的元件或环节时,称此系统为非线性系统。

一、非线性系统的数学模型

非线性系统的数学模型一般有两种:微分方程描述和非线性算子方程描述。这里介绍非线性控制系统的微分方程描述。

第二章介绍了描述线性系统的线性微分方程,即方程关于未知函数及其各阶导数都是一次的。大多数非线性系统可用 n 阶常微分方程来描述。

$$\frac{\mathrm{d}^n y(t)}{\mathrm{d}t^n} = h\left[t, y(t), \frac{\mathrm{d}y(t)}{\mathrm{d}t}, \cdots, \frac{\mathrm{d}^{n-1}y(t)}{\mathrm{d}t^{n-1}}, u(t)\right] \tag{7.1}$$

式中,$u(t)$为输入量;$y(t)$为输出量。函数 $h[\cdot]$中关于未知函数 $y(t)$及其各阶导数不全是一次的,若定义变量

$$\begin{aligned} x_1(t) &= y(t) \\ x_2(t) &= \frac{\mathrm{d}y(t)}{\mathrm{d}t} \\ &\vdots \\ x_n(t) &= \frac{\mathrm{d}^{n-1}y(t)}{\mathrm{d}t^{n-1}} \end{aligned} \tag{7.2}$$

则式(7.1)可写成以下的一阶微分方程组的形式

$$\begin{aligned} \dot{x}_1(t) &= x_2(t) \\ \dot{x}_2(t) &= x_3(t) \\ &\vdots \\ \dot{x}_{n-1}(t) &= x_n(t) \\ \dot{x}_n(t) &= h[t, x_1(t), x_2(t), \cdots, x_n(t), u(t)] \end{aligned} \tag{7.3}$$

如果定义向量

$$\boldsymbol{x}(t)=[x_1(t),x_2(t),\cdots,x_n(t)]^{\mathrm{T}}$$

$$f[\boldsymbol{t},\boldsymbol{x}(t),\boldsymbol{u}(t)]=[x_1(t),x_2(t),\cdots,x_n(t),h(t,x_1(t),\cdots,x_n(t),u(t))]^{\mathrm{T}}$$

则式(7.3)又可以写成如下向量微分方程的形式

$$\dot{\boldsymbol{x}}(t)=f[t,\boldsymbol{x}(t),\boldsymbol{u}(t)] \tag{7.4}$$

这就是非线性系统的状态方程描述，$\boldsymbol{x}(t)$是系统的 n 维状态变量。

式(7.4)是非线性控制系统的一般表达式。如果函数 f 与 t 无关，称系统是自治的，否则称为非自治的。

如果 $u(t)=0$，且 $x(0)=x_0$，则

$$\dot{x}(t)=f[t,x(t)] \qquad t\geqslant 0 \tag{7.5}$$

代表系统的自由运动。在式(7.5)中，如果

$$f(t,x_0)=0 \qquad \forall\, t\geqslant t_0$$

则称 x_0 为该系统的平衡点。如果 x_0 是 $t=t_0$ 时的平衡点，则称 x_0 也是任一 $t_1\geqslant t_0$ 时的平衡点。自治系统的平衡点与时间无关。

对于线性系统平衡点总是惟一的，非线性系统需要根据 Lipschitz 条件，讨论其微分方程解的存在性和惟一性，这里不再展开。

二、非线性系统的特点和分析方法

线性微分方程的求解可以应用叠加原理，而非线性微分方程不能应用叠加原理，只有在个别情况下才有解析解，没有统一的求解方法。对于有些非线性特性不严重的系统，可以用小偏差线性化方法将其化为线性系统分析求解。研究非线性系统一般不需求得其时域响应的精确解，主要研究其时域响应的性质。

线性系统的稳定性完全取决于系统的结构和参数，而与系统的输入信号和初始条件无关。非线性系统的稳定性不仅与系统的结构和参数有关，而且与系统的输入信号和初始条件有关。同一个非线性系统，当输入信号不同或初始条件不同时，非线性系统的稳定性可能得出不同的结论。线性系统只有一个平衡状态，非线性系统 可以有多个平衡状态。

线性系统围绕其平衡状态仅有发散与收敛两种运动形式。虽然有些线性系统当处于稳定的临界状态时，可能出现等幅振荡，但这种振荡是不稳定的，即系统受到微小扰动，振荡就会消失，转化为发散或收敛状态。而在非线性系统中，系统的运动形式除了发散和收敛两种形式外，即使无外部激励，也可能产生具有固定振幅和频率的稳定的等幅振荡，称这种振荡为自持振荡或自激振荡。而且还可能出现混沌(chaos)现象，既非稳定的振荡，又非无限制的发散。因此，非线性系统中的现象要复杂得多。

在线性系统中，当输入为正弦函数时，其稳态输出也是同频率的正弦信号，只是振幅和相位与输入量不同，因此可以用频率特性来表示系统的固有特性。对于非线性系统，在正弦输入信号的作用下，其输出通常是含有一定数量高次谐波的非正弦周期函数，周期同于输入函数。非线性系统还可能出现一些特殊现象，如跳跃谐振、倍频振荡和分频振荡等现象。

由于非线性系统的特殊性和复杂性，很难有普遍适用的分析方法。在工程上，对于非本质非线性系统，可以用小偏差线性化方法近似为线性系统来研究。对于低阶的本质非线性

系统,可用相平面法研究其稳定性及其时间响应的情况。

对于阶次较高的非线性系统,可用基于谐波线性化概念建立的描述函数法分析其时域响应的性质。关于非线性系统平衡状态稳定性的波波夫法和李亚普诺夫第二法等其他理论,这里不作讨论。

应该指出,计算机技术的发展使得数字仿真技术成为非线性控制系统研究的有力工具。

三、典型非线性特性

非线性特性是多种多样的,下面介绍几种控制系统中常见的典型非线性特性。

1. 死区特性

死区又称为不灵敏区,常见于测量、放大元件中,其特点是当输入信号较小时,无输出信号;当输入信号大于死区范围时,输出信号才随输入信号变化,如图 7.1(a)所示。

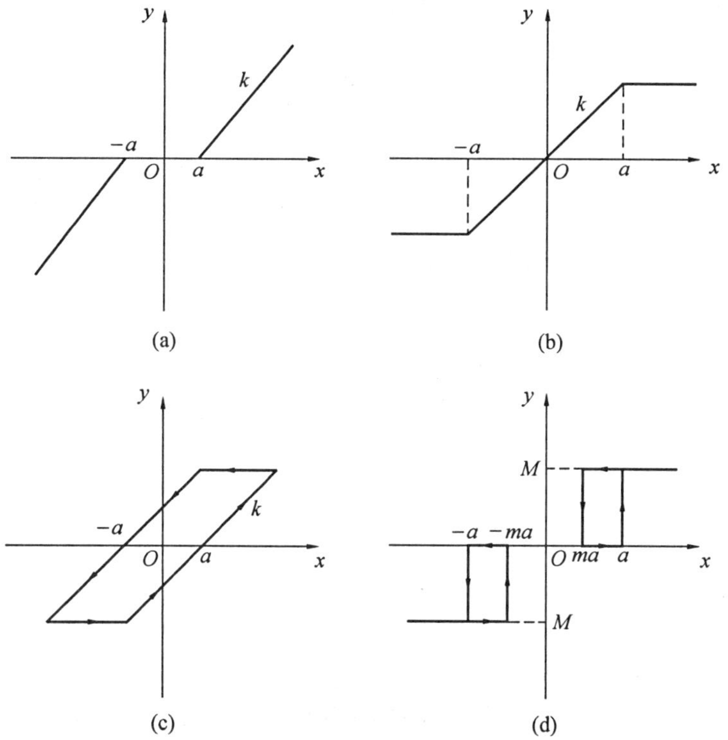

图 7.1　典型非线性特性

例如,作为执行元件的电动机,当输入电压小于启动电压时,电动机仍处于静止状态,只有当输入电压大于启动电压,电动机才开始运转。死区非线性将导致系统产生稳态误差。对于跟踪慢变输入信号的系统,死区非线性将使系统的输出量在时间上产生滞后。但有时可利用死区非线性滤除振荡振幅小于死区的干扰信号,提高系统的抗干扰能力。

2. 饱和特性

各类饱和放大器、执行元件的功率特性、调节阀的行程限制、控制电机的转速与控制电压间的特性等等,都具有饱和非线性特性。其特点是当输入信号超过某一范围后,输出信号不再随输入信号变化而保持为一常值,如图 7.1(b)所示。饱和特性使系统在大信号作用下的等效增益降低。在深度饱和的情况下,可能使系统丧失闭环控制的作用。但也可利用饱和特性作为信号限幅,限制某些物理量,保证系统安全可靠地运行。

3. 间隙特性

间隙又称回环。齿轮传动中的齿隙、铁磁元件中的磁滞等都属于这类特性。在齿轮传动中,由于齿隙的存在,当主动轮方向改变时,从动轮保持原位不动,直到间隙消除后才改变转动方向。间隙特性的输入输出关系如图 7.1(c)所示。间隙特性一般使系统的稳态误差增大,频率响应的相位迟后也增大,从而降低系统的相对稳定性,或使系统产生自持振荡。

4. 继电器特性

由于继电器的吸合电压与释放电压不等,使其特性包含了死区、回环及饱和特性,如图 7.1(d)所示。其中 a 为吸合电压,ma 为释放电压,M 为饱和输出。当 a 和 m 为不同值时,继电器特性又可分为几种类型。例如,当 $a=0$ 时,称为理想继电器特性。继电器元件在控制系统中常常用来作为改善系统性能的切换元件。

7.2 相平面法

相平面法是一种用图解法求一阶、二阶微分方程解的方法,是状态空间法在二维空间中的应用。

设二阶自由运动系统的微分方程描述为

$$\ddot{y}+f(y,\dot{y})=0 \tag{7.6}$$

其中,$y=y(t)$为系统的输出量,而设系统的输入量 $u(t)=0$,即只研究系统本身的特性。现选取状态变量

$$x_1=y$$

$$x_2=\dot{y}=\dot{x}_1$$

则此二阶系统对应的状态方程描述为

$$\begin{aligned}\dot{x}_1&=x_2\\ \dot{x}_2&=-f(x_1,x_2)\end{aligned} \tag{7.7}$$

式(7.6)对应系统的运动状态可以由状态变量的时间响应 $x_1(t)$、$x_2(t)$来描述,也可以以 t 为参变量,以 x_1 和 x_2 为坐标轴的图形来描述。称以 x_1 和 x_2 为直角坐标轴构成的平面为相平面。可以将状态变量 x_1 和 x_2 记为 x 和 $\dot{x}$,所以相平面也就是 $x-\dot{x}$平面。系统在每一时刻的运动状态都对应了相平面上的一个点。当时间变化时,系统状态的变化轨迹称为相轨迹。给定一个初始状态,就对应一条相轨迹。

下面通过二阶线性系统的相轨迹介绍相平面中的一些概念。

一、二阶线性系统的相轨迹

二阶线性系统自由运动的微分方程描述为

$$\ddot{x}+2\xi\omega_n\dot{x}+\omega_n^2x=0 \tag{7.8}$$

取 $x_1=x, x_2=\dot{x}$，则式(7.8)对应的状态方程为

$$\begin{aligned}\dot{x}_1&=x_2\\ \dot{x}_2&=-\omega_n^2x_1-2\xi\omega_nx_2\end{aligned}\tag{7.9}$$

合并以上两式，可得

$$\frac{\dot{x}_2}{\dot{x}_1}=-\frac{\omega_n^2x_1+2\xi\omega_nx_2}{x_2}$$

由于 $\dot{x}_1=\frac{\mathrm{d}x_1}{\mathrm{d}t}, \dot{x}_2=\frac{\mathrm{d}x_2}{\mathrm{d}t}$，则上式又可写为

$$\frac{\mathrm{d}x_2}{\mathrm{d}x_1}=-\frac{\omega_n^2x_1+2\xi\omega_nx_2}{x_2}\tag{7.10}$$

从式(7.10)解得的关系式就是二阶线性系统的相轨迹方程。

式(7.10)实际上表示了二阶系统相轨迹上各点的斜率。从式(7.10)可以看出，在相平面的原点处，即 $x_1=0, x_2=0$，有 $\frac{\mathrm{d}x_2}{\mathrm{d}x_1}=\frac{0}{0}$，说明原点处相轨迹的斜率不是定值，或者说可有无穷多条相轨迹通过该点。在相轨迹上，称对应 $\frac{\mathrm{d}x_2}{\mathrm{d}x_1}$ 为不定值的点为奇点。由于奇点处的两个状态变量的导数均为零，所以奇点就是系统的平衡点。

二阶系统(7.8)的特征方程为

$$\lambda^2+2\xi\omega_n\lambda+\omega_n^2=0$$

其特征根为 $\lambda_{1,2}=-\xi\omega_n\pm\omega_n\sqrt{\xi^2-1}$。二阶线性系统相轨迹的形状和奇点的性质与特征根在复平面上的位置有关。

(1) 当 $\xi=0$ 时，λ_1、λ_2 为一对共轭纯虚根，系统处于无阻尼运动状态，此时方程(7.10)成为

$$\frac{\mathrm{d}x_2}{\mathrm{d}x_1}=-\frac{\omega_n^2x_1}{x_2}$$

分离变量后，对上式两侧分别取积分，得

$$x_1^2+\left(\frac{x_2}{\omega_n}\right)^2=R^2$$

式中，$R^2=x_{10}^2+\left(\frac{x_{20}}{\omega_n}\right)^2$，$x_{10}$、$x_{20}$ 为初始状态。上式表明，系统的相轨迹是一簇同心的椭圆，如图 7.2(a)所示。在相平面原点处有一孤立奇点，称这种奇点为中心点。每个椭圆对应一定频率下的等幅振荡过程，线性系统的等幅振荡实际上是不能持续的。

(2) 当 $0<\xi<1$ 时，λ_1、λ_2 为一对具有负实部的共轭复根，系统处于欠阻尼状态。其零输入响应为衰减振荡，收敛于终值零。对应的相轨迹是一簇对数螺旋线，收敛于相平面原点，如图 7.2(b)所示。这时原点对应的奇点称为稳定的焦点。

(3) 当 $\xi>1$ 时，λ_1、λ_2 为两个负实根，系统处于过阻尼状态。其零输入响应呈指数衰减状态。对应的相轨迹是一簇趋向相平面原点的抛物线，如图 7.2(c)。相平面原点为奇点，并称为稳定的节点。

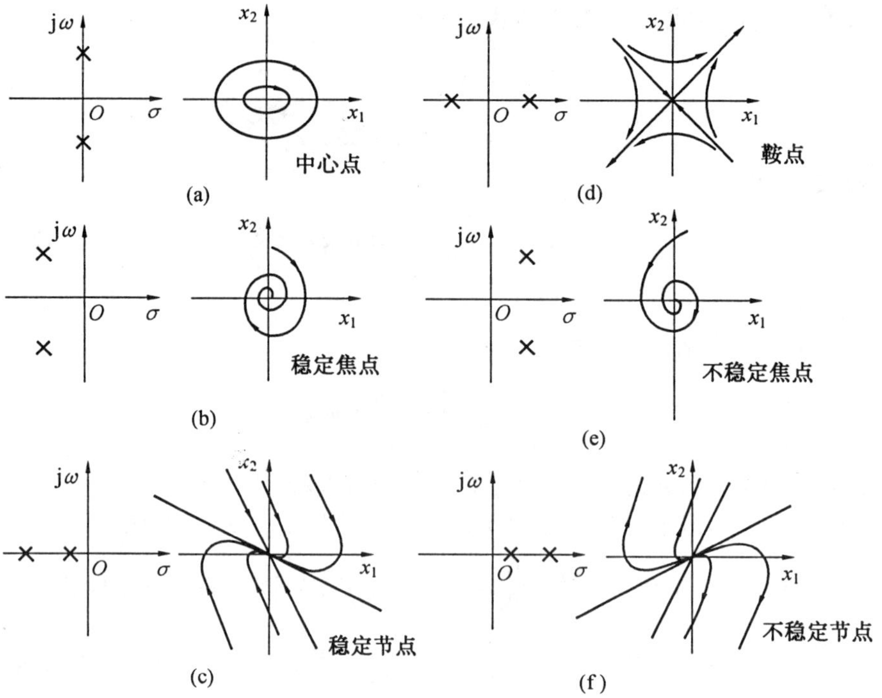

图 7.2　二阶线性系统特征根与奇点

(4) 若系统的微分方程为 $\ddot{x}+2\xi\omega_n\dot{x}-\omega_n^2x=0$，$\lambda_1$、$\lambda_2$ 为两个符号相反的实根，此时系统的零输入响应是非周期发散的。响应的相轨迹如图 7.2(d)所示。这时的奇点称为鞍点，是不稳定的平衡状态。

(5) 当 $-1<\xi<0$ 时，λ_1、λ_2 为一对具有正实部的共轭复根，系统的零输入响应是振荡发散的。对应的相平面是由原点出发的发散的对数螺旋线，如图 7.2(e)。这时的奇点也称为不稳定的焦点。

(6) 当 $\xi<-1$ 时，λ_1、λ_2 为两个正实根，系统的零输入响应为非周期发散的。对应的相轨迹是由原点出发的发散的抛物线簇，如图 7.2(f)。相应的奇点称为不稳定的节点。

由上可见，二阶线性系统的相轨迹和奇点的性质由系统的特征根决定，而与初始状态无关。不同的初始状态只能在相平面上形成一组形状相似的相轨迹，而不能改变相轨迹的性质。从不同初始状态出发的相轨迹不会相交，但有可能部分重合。只有在奇点处，才能有无数条相轨迹进入或离开该点。由于相轨迹的性质与系统的初始状态无关，从局部范围内相轨迹的性质就可以推知全局相轨迹的性质。另外，线性系统不会存在全部时间内有定义的孤立封闭曲线的相轨迹。当 $\xi=0$ 时，上述二阶系统的相轨迹虽然是封闭曲线，但不是孤立的。

二、相轨迹的绘制

图 7.2 中的相轨迹有一些共同的特点，这些特点也是相轨迹的特点，这些特点可以为绘制相轨迹提供定性的信息。

(1) 在相平面的上半平面,由于 $x_2=\dot{x}_1>0$,即 x_1 的变化率为正,则随着时间的增长,相轨迹将向 x_1 轴的正方向运动,即向右运动;反之,在相平面的下半平面,相轨迹将随时间增长而向左运动。

(2) 当相轨迹穿越 x_1 轴时,由于 $x_2=\dot{x}_1=0$,而 $\dot{x}_2\neq 0$,所以此时相轨迹的斜率$\frac{dx_2}{dx_1}$为无穷大,即相轨迹是垂直穿越横轴的。

(3) 由于在非奇点处相轨迹的斜率为一定值,所以在非奇点处相轨迹不会相交。只有在奇点处可以有多条相轨迹相交。

绘制相轨迹有两类方法:解析法和图解法。当系统的微分方程较为简单、便于用积分求解时,使用解析法绘制。当用解析法较难求解时,采用图解法。

1. 解析法

解析法就是直接对系统的状态方程进行积分求解。即首先将系统的状态方程(7.7)写成如下形式

$$\frac{dx_2}{dx_1}=-\frac{f(x_1,x_2)}{x_2} \tag{7.11}$$

然后对其取积分,得到 x_1 与 x_2 的关系式,就是相轨迹方程。

例 7.1　含有理想继电器特性的非线性系统方框图如图 7.3 所示。系统中线性部分的输入输出关系为

$$\frac{d^2c}{dt^2}=y$$

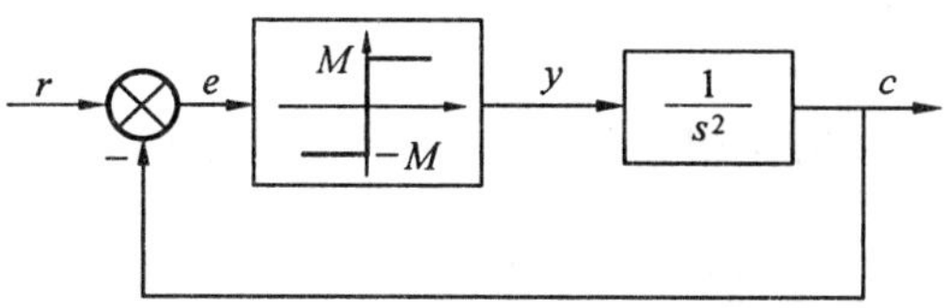

图 7.3　例 7.1 系统的方框图

非线性部分(理想继电器特性)的输入输出关系为

$$y=M\text{sgn }e=M\text{sgn}(r-c)$$

sgn e 表示 e 的符号函数。绘制此系统的相轨迹。

解　选取状态变量 $x_1=c,x_2=\dot{c}$,则系统的状态方程为

$$\dot{x}_1=x_2$$

$$\dot{x}_2=M\text{sgn}(r-x_1)$$

合并以上两式,得

$$\frac{dx_2}{dx_1}=\frac{M\text{sgn}(r-x_1)}{x_2}$$

对上式积分,即

$$\int_{x_2(0)}^{x_2}x_2dx_2=M\int_{x_1(0)}^{x_1}\text{sgn}(r-x_1)dx_1$$

当 $x_1<r$ 时,有

$$x_2^2=2Mx_1-2Mx_1(0)+x_2^2(0)$$

当 $x_1>r$ 时,有

$$x_2^2=-2Mx_1+2Mx_1(0)+x_2^2(0)$$

以上两式描述的都是一簇抛物线方程，系统的相轨迹如图 7.4 所示。图中将相平面分成两个区域：Ⅰ区为 $x_1 < r$，Ⅱ区为 $x_1 > r$。

由图可见，系统的奇点为中心点的形式，中心点位于 $(r,0)$。

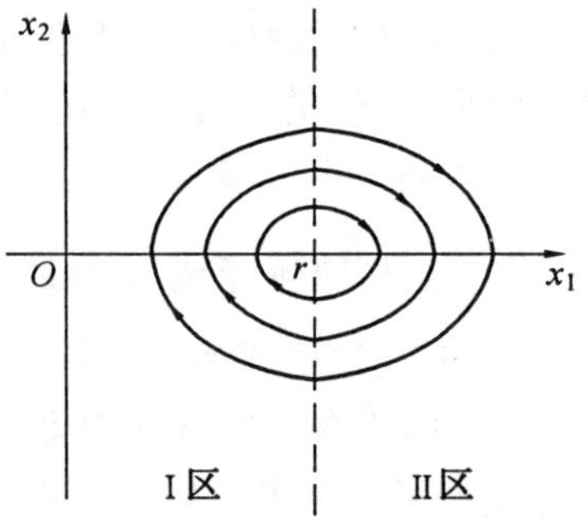

图 7.4　例 7.1 系统的相轨迹

2. 图解法

图解法就是不直接求微分方程，而是通过作图画出系统的相轨迹。常用的图解法有等倾线法和 δ 法。

(1) 等倾线法。式(7.11)实际上就是相轨迹的斜率方程，若取斜率为常数 α，即

$$\frac{\mathrm{d}x_2}{\mathrm{d}x_1} = -\frac{f(x_1, x_2)}{x_2} = \alpha \tag{7.12}$$

则上式表示了斜率为 α 的轨迹的方程，称为等倾线方程。给定不同的 α 值，可在相平面上画出许多等倾线。给定了初始状态，便可沿着切线方向运动形成系统的相轨迹。

例 7.2　二阶线性系统自由运动的微分方程为

$$\ddot{y} + \dot{y} + y = 0$$

试画出在初始条件 $y(0) = 0$、$\dot{y}(0) = 6$ 下系统的相轨迹。

解　取状态变量 $x_1 = y$，$x_2 = \dot{y} = \dot{x}_1$，则系统的状态方程为

$$\dot{x}_1 = x_2$$

$$\dot{x}_2 = -x_1 - x_2$$

将上式写成

$$\frac{\mathrm{d}x_2}{\mathrm{d}x_1} = \frac{-x_1 - x_2}{x_2}$$

则可以得到系统的等倾线方程为

$$\frac{-x_1 - x_2}{x_2} = \alpha$$

即

$$x_2 = \frac{-1}{1+\alpha} x_1$$

可见，此系统相轨迹的等倾线都是通过原点的直线，α 取不同的值，可在相平面上画出一簇等倾线，如图 7.5 所示。图中画出了由给定初始状态 $A(0,6)$，沿着各条等倾线的方向系统运动的相轨迹。为了提高绘图的准确度，等倾线的数目应适当地多一些，使其均匀分布，并按平均斜率画图。例如，过 A 点的相轨迹斜率取 $\frac{\alpha_A + \beta_B}{2}$，运动到达 B 点，然后依次类推。

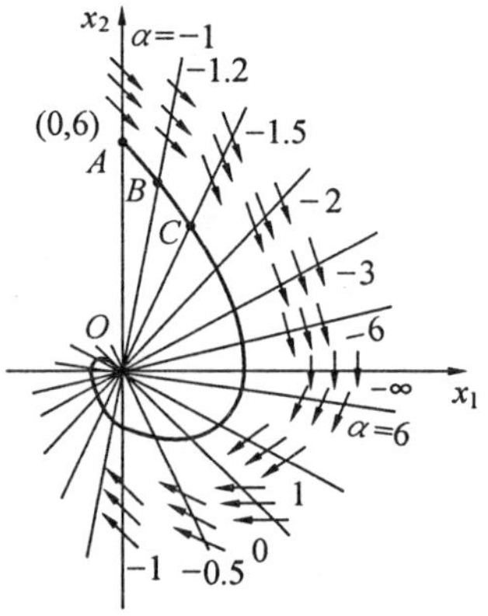

图 7.5　例 7.2 系统的相轨迹

(2) δ 法。系统的相变量方程为

$$\dot{x}_1 = x_2$$
$$\dot{x}_2 = -f(x_1, x_2)$$

其中设 $f(x_1, x_2)$为连续、单值的函数。定义

$$\delta(x_1, x_2) = -f(x_1, x_2) + \omega_0^2 x_1 \tag{7.13}$$

则上述相变量的方程可以写为

$$\begin{aligned} \dot{x}_1 &= x_2 \\ \dot{x}_2 &= -\omega_0^2 x_1 + \delta(x_1, x_2) \end{aligned} \tag{7.14}$$

或者

$$\frac{\mathrm{d}x_2}{\mathrm{d}x_1} = \frac{-\omega_0^2 x_1 + \delta(x_1, x_2)}{x_2} \tag{7.15}$$

在所求点(x_1^*, x_2^*)附近的邻域内，将 $\delta(x_1, x_2)$视为常数 δ^*，对上式积分，得

$$\frac{1}{2}x_2^2 + \frac{1}{2}\omega_0^2 x_1^2 - \delta^* x_1 = c$$

其中 c 为常数

$$c = \frac{1}{2}x_2^{*2} + \frac{1}{2}\omega_0^2 x_1^{*2} - \delta^* x_1^*$$

上式还可以写为

$$x_2^2 + \left[\omega_0 x_1 - \frac{\delta^*}{\omega_0}\right]^2 = R^2 \tag{7.16}$$

其中
$$R = \sqrt{x_2^{*2} + \left(\omega_0 x_1^* - \frac{\delta^*}{\omega_0}\right)^2}$$

如果选取新坐标系为$(\omega_0 x_1, x_2)$，则在新坐标系中以$(\frac{\delta^*}{\omega_0}, 0)$为圆心，以所求点到圆心的距离为半径，画出的圆弧就近似表示了所求点附近的相轨迹，参见图 7.6。系统的相轨迹就可以由这些圆弧连接而成。

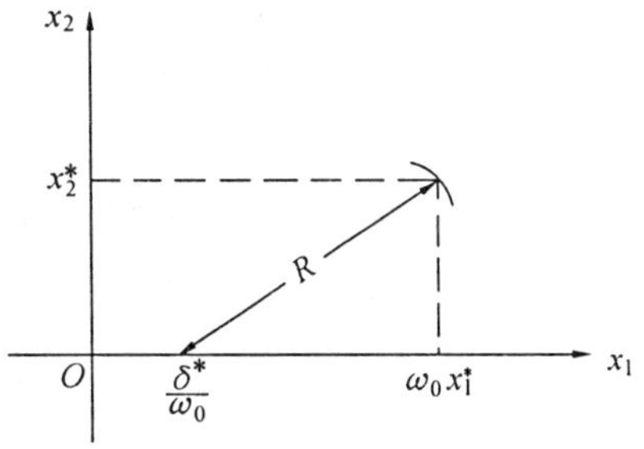

图 7.6　δ 法绘制相轨迹

例 7.3　非线性系统的状态方程为

$$\dot{x}_1 = x_2$$
$$\dot{x}_2 = -x_2 - x_1^3$$

试用 δ 法绘制其相轨迹。

解　本例中

$$\delta(x_1, x_2) = -x_2 - x_1^3 + \omega_0^2 x_1$$

取 $\omega_0 = 1$，并给定初始状态 $x_{10} = 1, x_{20} = 0$，它就是相轨迹第一段小圆弧的起点。将初始状态代入 δ 式中，得

$$\delta_1 = -x_{20} - x_{10}^3 + x_{10} = 0$$

故第一段圆弧的圆心是(0,0)，其半径为

$$R_1=\sqrt{x_{20}^2+(x_{10}-\delta_1)^2}=1$$

取第一段圆弧的终点为(0.98, -0.2)，这也就是第二段圆弧的起点。第二段圆弧对应的 δ_2 为

$$\delta_2=0.2-(0.98)^3+0.98=0.24$$

即第二段圆弧的中心在(0.24,0)，半径为

$$R_2=\sqrt{(-0.2)^2+(0.98-0.24)^2}=0.77$$

如此继续做下去，可以绘制出系统的相轨迹，如图 7.7。显然每次取的圆弧越小，精度越高。

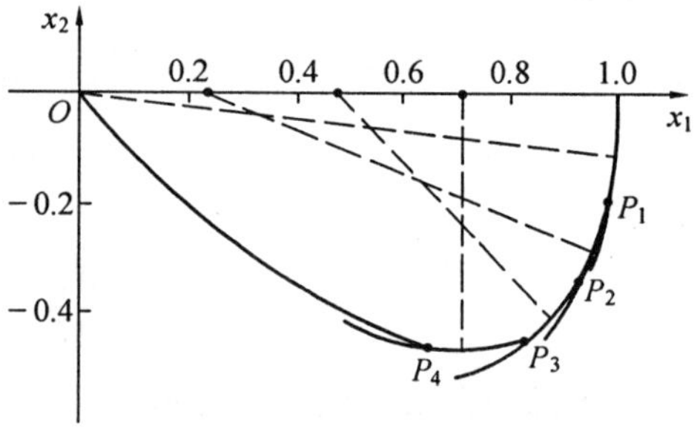

图 7.7　例 7.3 系统的相轨迹

三、非线性系统的相平面分析

用相平面法分析二阶非线性系统具有简便直观的优点。对于非线性系统的分析，一般关心的是稳定性问题。非线性系统的稳定性，不仅与系统的结构、参数有关，而且与系统的输入信号和初始条件有关，并且非线性系统可能有多个平衡状态。因此，分析非线性系统的稳定性问题时，应指明系统所处的初始状态以及相对于哪个平衡状态而言。

下面举例说明二阶非线性系统的相平面分析。

例 7.4　试分析图 7.8 所示含有继电器特性的非线性系统，其中 $a=0.2$，$m=0.5$，$M=0.2$，$K=5$。

解　用相平面分析系统时，可将外部参数输入设为零，即设 $r=0$。系统线性部分的微分方程为

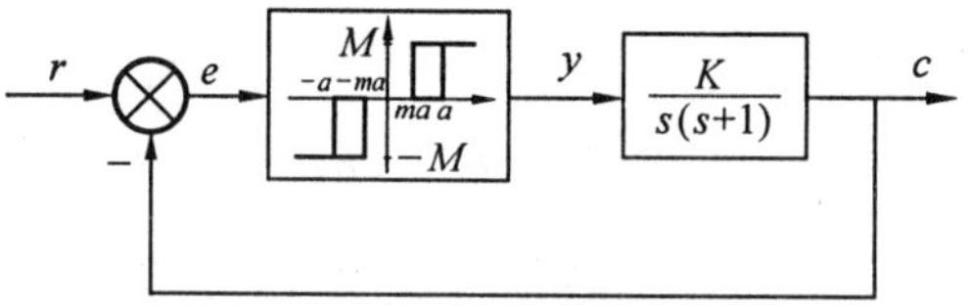

图 7.8　例 7.4 系统的方框图

$$\ddot{c}+\dot{c}=Ky$$
$$c=-e$$

设 $x_1=c$，$x_2=\dot{c}$，则线性部分的相变量方程为

$$\begin{aligned}\dot{x}_1&=x_2\\ \dot{x}_2&=-x_2+Ky\end{aligned}\tag{7.17}$$

且 $e=-c=-x_1$。

非线性部分的输入输出关系需按区域列写：

(1) 当 $\dot{e}>0$ 或 $x_2<0$ 时

在 $e<-ma$ 或 $x_1>ma$ 的区域内，$y=-M$

在 $-ma<e<a$ 或 $ma>x_1>-a$ 的区域内，$y=0$

在 $e>a$ 或 $x_1<-a$ 的区域内，$y=M$

(2) 当 $\dot{e}<0$ 或 $x_2>0$ 时

在 $e>ma$ 或 $x_1<-ma$ 的区域内，$y=M$

在 $ma>e>-a$ 或 $-ma<x_1<a$ 的区域内，$y=0$

在 $e < -a$ 或 $x_1 > a$ 的区域内，$y = -M$

归纳以上可得

$$y = \begin{cases} M & (x_1 < -a, x_2 < 0; x_1 < -ma, x_2 > 0) \\ 0 & (ma > x_1 > -a, x_2 < 0; -ma < x_1 < a, x_2 > 0) \\ -M & (x_1 > ma, x_2 < 0; x_1 > a, x_2 > 0) \end{cases} \tag{7.18}$$

用等倾线法绘制系统的相轨迹，由式(7.18)有相轨迹，得等倾线方程

$$\frac{dx_2}{dx_1} = \frac{-x_2 + Ky}{x_2} = q \qquad 或 \qquad x_2 = \frac{Ky}{q+1} \tag{7.19}$$

根据 y 值的不同，将图 7.9 所示的相平面分为三个区域，区域的转换线分别由 $x_1 = a$、ma、$-a$、$-ma$ 确定。

在Ⅰ区域内，$y = -M$，则等倾线方程为

$$x_2 = \frac{-KM}{q+1} = \frac{-1}{q+1}$$

在Ⅱ区域内，$y = 0$，则等倾线方程为

$$\frac{dx_2}{dx_1} = -1 = q$$

在Ⅲ区域内，$y = M$，对应的等倾线方程为

$$x_2 = \frac{KM}{q+1} = \frac{1}{q+1}$$

所以，在Ⅰ、Ⅲ区域内，等倾线为平行于 x_1 轴的一组直线，在Ⅱ区域内，相轨迹的斜率都是 $q = -1$，在图 7.9 中，绘制了初始状态为(0.4,0)时系统的相轨迹。这时，相轨迹随时间增长而趋于极限环，说明系统在给定的参数下，处于频率和振幅为一定值的自持振荡状态。

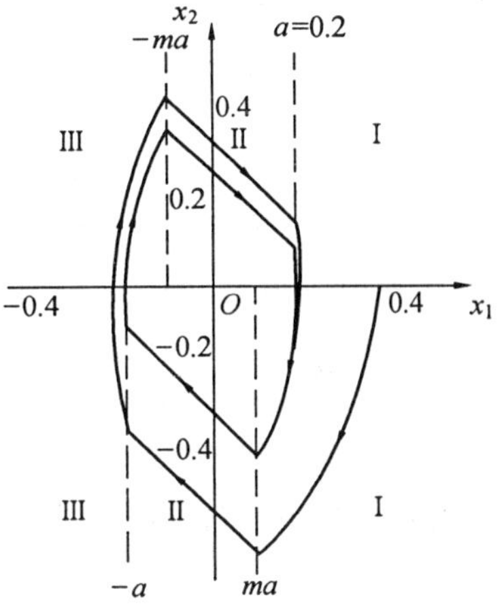

图 7.9　例 7.4 系统的相轨迹

下面分别讨论系统线性部分的参量 K 及非线性部分的参量 M、a、m 对系统性能的影响。

1. 减小线性部分增益 K

若 $K = 2$，则各区域内等倾线方程为

在Ⅰ区域内　　$x_2 = \dfrac{-0.4}{q+1}$

在Ⅱ区域内　　$\dfrac{dx_2}{dx_1} = -1$

在Ⅲ区域内　　$x_2 = \dfrac{0.4}{q+1}$

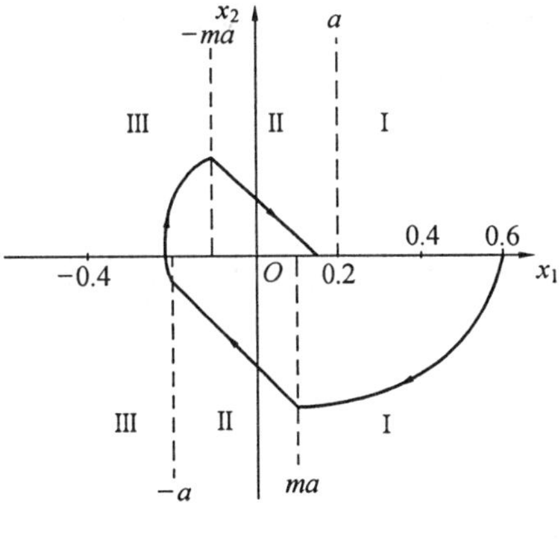

图 7.10　例 7.4 系统在 $K = 2$ 时的相轨迹

按照前述方法，在图 7.10 中做出了由初始状态(0.6,0)出发的相轨迹。可见相轨迹随着时间的推移，收敛到 x_1 轴上的一点。也就是说，减小线性部分的增益使系统摆脱了自持振荡的运动状态而达到了稳定的平衡状态。

2. 减小继电器特性的输出幅值 M

由式(7.19)可知，减小 M 值与减小 K 值对相轨迹的影响是相同的，即有利于系统摆脱

自持振荡状态。

3. 增大继电器特性的死区宽度参数 a

由于 K 和 M 不变，所以相轨迹的等倾线的斜率值不变。又由于 a 增大，则相应的 ma 也按比例增大，即Ⅱ区域的宽度增大。这时图 7.9 中的相轨迹也将收敛到 x_1 轴上一点，即增大 a 值与减小 M 或 K 值的效果是一样的。

4. 增大继电器特性回环宽度参数 m

如果增大 m 值，而其他参数均不变，则继电器的回环宽度将缩小。当 $m=1$ 时，则继电器特性将只有死区，而无回环。此时图 7.9 中的相轨迹将很快收敛到平衡状态，而没有极限环。所以，增大 m 值，既减小继电器特性回环的宽度，同样有利于系统消除自持振荡。

但如果系统的其他参数不变，而减小 m 值，必使继电器特性的回环变宽，其效果将使系统的自持振荡更为严重。

5. 减小 a 值至 $a=0$

这时继电器特性中的死区和回环均不存在，成为理想的继电器特性了。对应图 7.9 中Ⅱ区域缩为 x_2 轴，即相轨迹以 x_2 轴为转换线，相应地Ⅰ、Ⅲ区域的等倾线方程不变。图 7.11 中绘制了 $a=0$ 时理想继电器特性非线性系统的相轨迹，可见系统将经过无限多次周期性衰减振荡而收敛于相平面的原点。

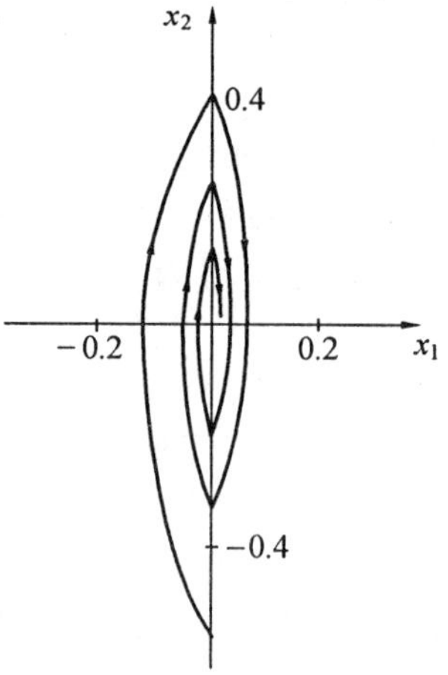

图 7.11 例 7.4 系统在 $a=0$ 时的相轨迹

注意：此时系统的相轨迹与例 7.1 中含理想继电器特性的非线性系统的相轨迹是不同的。例 7.1 系统的相轨迹(图 7.4)表明系统存在不同幅值的周期性等幅振荡，而图 7.11 的相轨迹对应的是无限多次周期性衰减振荡，这是由于两系统中线性部分的特性是不同的。

例 7.5 试用相平面法分析图 7.12 所示含继电器特性的非线性系统。

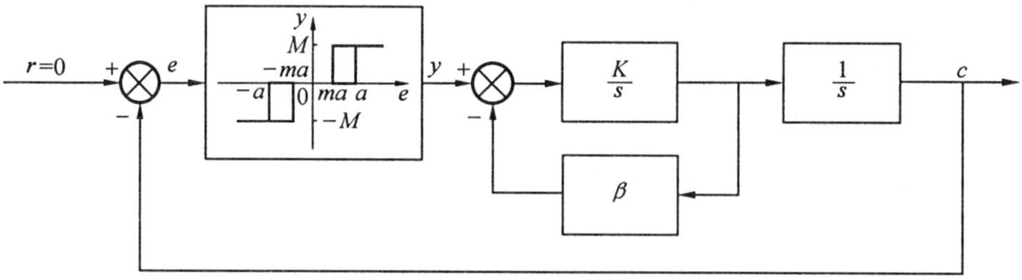

图 7.12 例 7.5 系统方框图

解 此例与上例的不同之处是线性部分由两个积分环节串联组成，而且存在局部反馈。

首先分析无局部反馈时的情况。即令 $\beta=0$，且设 $x_1=c$，$x_2=\dot{c}$，则线性部分的相变量方程为

$$\dot{x}_1 = x_2$$

$$\dot{x}_2 = Ky$$

相轨迹的等倾线方程为

$$\frac{\mathrm{d}x_2}{\mathrm{d}x_1}=\frac{Ky}{x_2}=q$$

或

$$x_2=\frac{Ky}{q}$$

非线性部分的方程为

$$y=\begin{cases} M & (x_1<-a,x_2<0;x_1<-ma,x_2>0)\\ 0 & (ma>x_1>-a,x_2<0;-ma<x_1<a,x_2>0)\\ -M & (x_1>ma,x_2<0;x_1>a,x_2>0)\end{cases}$$

同样，根据 y 值将图 7.13 所示相平面分为三个区域。

在Ⅰ区域内，相轨迹的等倾线方程为

$$\frac{\mathrm{d}x_2}{\mathrm{d}x_1}=-\frac{KM}{x_2}=q$$

或

$$x_2=-\frac{KM}{q}$$

在Ⅱ区域内，相轨迹的等倾线方程为

$$\frac{\mathrm{d}x_2}{\mathrm{d}x_1}=0=q$$

在Ⅲ区域内，相轨迹的等倾线方程为

$$\frac{\mathrm{d}x_2}{\mathrm{d}x_1}=\frac{KM}{x_2}=q$$

或

$$x_2=\frac{KM}{q}$$

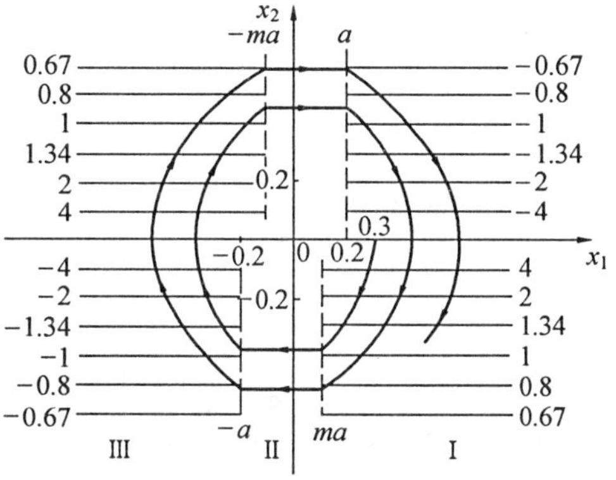

图 7.13　例 7.5 系统中无局部反馈时的相轨迹

在图 7.13 中绘制了系统参数为 $K=2$、$a=0.2$、$M=0.2$ 及 $m=0.5$，且初始状态为(0.3，0)时的相轨迹。可见，相轨迹随时间增长而发散，系统处于振幅不断增大的周期性振荡状态，即在此初始条件下系统不稳定。

当存在局部反馈时，即 $\beta>0$ 时，存在局部反馈部分的传递函数为

$$\frac{\dfrac{K}{s}}{1+\dfrac{K\beta}{s}}=\frac{K}{s+K\beta}$$

于是系统线性部分的状态方程为

$$\dot{x}_1=x_2$$

$$\dot{x}_2=-K\beta x_2+Ky$$

对应相轨迹的等倾线方程为

$$\frac{\mathrm{d}x_2}{\mathrm{d}x_1}=\frac{K\beta x_2+Ky}{x_2}=q \tag{7.20}$$

此式与上例中相轨迹的等倾线方程(7.19)具有相同的形式。这是由于此系统中的一个积分环节被负反馈包围后形成了一个惯性环节。所以，此系统将不再发散。

例 7.6　试分析图 7.14 所示具有摩擦阻力的非线性系统。图中 F_{f} 表示摩擦阻力，包括干摩擦力和粘滞摩擦阻力，即

$$F_{\mathrm{f}}=f_{\mathrm{c}}\mathrm{sgn}\,\dot{c}+f_{\mathrm{v}}\dot{c}$$

其中 f_c、f_v 分别为干摩擦系数和粘滞摩擦系数。

解 设 $r=0, x_1=c, x_2=\dot{c}$,由图7.14可写出系统的相变量方程为

$$\dot{x}_1 = x_2$$

$$\dot{x}_2 = -Kx_1 - f_v x_2 - f_c \operatorname{sgn} x_2$$

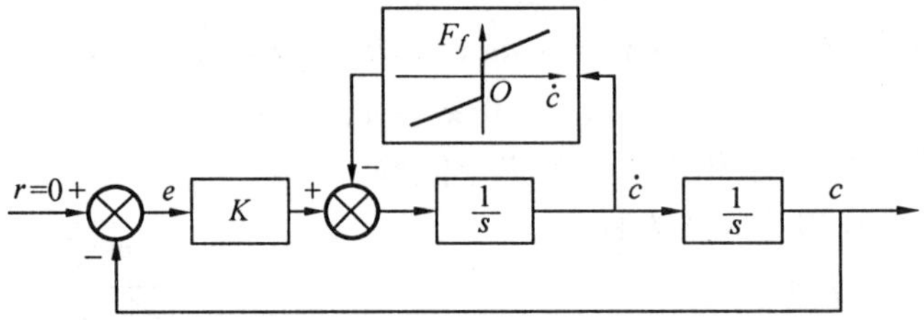

图7.14 例7.6系统的方框图

对应的等倾线方程为

$$\frac{dx_2}{dx_1} = -\frac{K[x_1 + (f_v/K)x_2 + (f_c/K)\operatorname{sgn} x_2]}{x_2} = q$$

或者 $$x_2 = \frac{-K[x_1 + (f_c/K)\operatorname{sgn} x_2]}{q + f_v}$$

在图7.15中画出了当系统参量为 $K=1.25$、$f_c=0.25$、$f_v=0.25$ 时的相轨迹。

由系统的相变量方程可以看出,若 $f_c=0$,则系统成为二阶线性系统,对应的相轨迹将收敛于原点处的平衡状态。但 $f_c \neq 0$ 时,由于干摩擦的存在,使系统的焦点发生了移动。当 $x_2<0$时,焦点移到 $(f_c/K, 0)$ 点,当 $x_2>0$ 时,焦点移到 $(-f_c/K, 0)$ 点。于是奇点就扩展成为一条奇线。随着系统参数的不同,奇线上任何点都可能成为系统的平衡点。这也说明含干摩擦时,系统要存在稳态误差,因为系统不能收敛到相平面的原点。

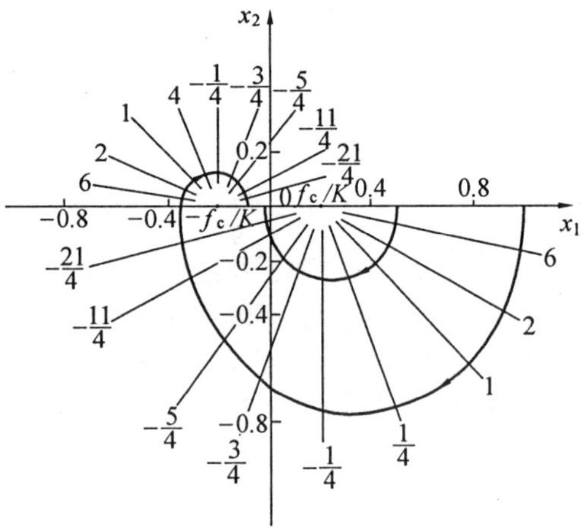

图7.15 例7.6系统的相轨迹

7.3 描述函数法

小偏差线性化的方法对于大多本质非线性系统是不适用的。相平面法对于二阶及二阶以下的非线性系统是一种较准确的分析方法,但对于高阶系统作相平面图是十分繁琐和困难的。描述函数法是分析非线性控制系统的一种近似方法。如果非线性系统满足一定的假设条件,可以忽略系统中的高次谐波信号,即对系统进行谐波线性化,则可以沿用线性系统理论来分析和设计。所以,描述函数法可以看成是频率特性法在非线性系统中的推广。

一、描述函数

对于线性系统来说,如果输入为正弦信号,则其输出的稳态分量也是同频率的正弦信

号，只是在信号的幅值和相位上有改变。而对于非线性环节来说，若输入为正弦信号，一般情况下，其输出信号将是具有与输入信号相同周期的非正弦周期函数，其中除基波外，还有各种高次谐波。如果忽略各种高次谐波的影响，而设只有基波分量有意义，则可以将此时非线性环节的特性看成是线性环节的一种近似，这就是谐波线性化。这里的假设对于大多数的非线性系统是成立的，因为非线性环节在正弦输入作用下的输出中，高次谐波的振幅通常比基波的振幅小，而且非线性系统中的线性部分大都具有低通滤波特性，非线性部分输出中的高次谐波在经过线性部分之后将大幅度衰减，所以可以忽略不计。

设非线性环节的输入为

$$x(t) = X\sin\omega t \tag{7.21}$$

则非线性环节的输出也是周期函数，设其可用傅里叶级数表示，即

$$y(t) = A_0 + \sum_{n=1}^{\infty}(A_n\cos n\omega t + B_n\sin n\omega t) = A_0 + \sum_{n=1}^{\infty}Y_n\sin(n\omega t + \phi_n) \tag{7.22}$$

式中

$$A_n = \frac{1}{\pi}\int_0^{2\pi}y(t)\cos n\omega t\mathrm{d}(n\omega t)$$

$$B_n = \frac{1}{\pi}\int_0^{2\pi}y(t)\sin n\omega t\mathrm{d}(n\omega t)$$

$$Y_n = \sqrt{A_n^2 + B_n^2}$$

$$\phi_n = \arctan\frac{A_n}{B_n}$$

如果非线性特性是对称的，则上式中 $A_0 = 0$。基于谐波线性化的思想，我们只关心 $y(t)$ 的一次谐波分量，于是类似于频率特性的概念，定义非线性环节输出信号 $y(t)$ 中一次谐波分量的幅值和相位与输入信号 $x(t)$ 的幅值与相位的复数比为非线性特性环节的描述函数。即

$$N(X,\omega) = \frac{Y_1}{X}\angle\phi_1 = \frac{1}{X}(B_1 + \mathrm{j}A_1) \tag{7.23}$$

对于无记忆非线性环节，其非线性特性是奇对称的，则式(7.22)的傅里叶级数中余弦项的系数均为零，对应的描述函数成为

$$N(X) = \frac{B_1}{X}\angle 0 \tag{7.24}$$

即这时描述函数只是输入幅值的函数，而与频率 ω 无关。

当非线性环节的特性用描述函数来表达时，就可以沿用线性系统理论中的频率特性法来研究非线性控制系统了。

二、典型非线性特性的描述函数

1. 饱和特性的描述函数

饱和非线性特性及其在正弦信号(式7.21)作用下的输入输出波形如图7.16所示。设 $X > a$，在 $\omega t \in (0,\pi)$ 的半个周期内，其输出信号的数学表达式为

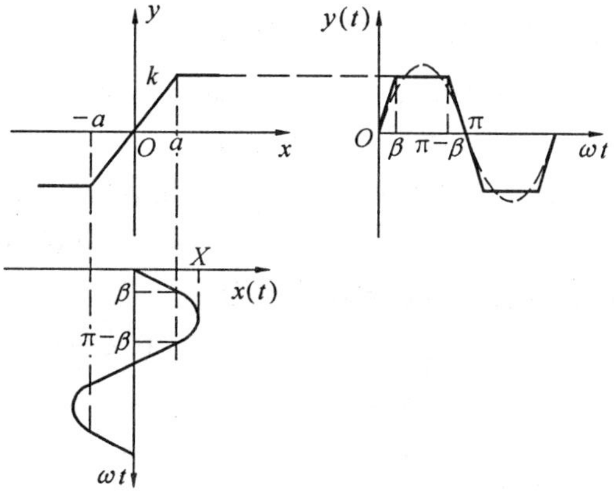

图7.16　饱和特性及其正弦输入输出波形

$$y(t)=\begin{cases}kX\sin\omega t & 0<\omega t<\beta\\ ka & \beta<\omega t<(\pi-\beta)\\ kX\sin\omega t & (\pi-\beta)<\omega t<\pi\end{cases} \tag{7.25}$$

式中
$$\beta=\arcsin\frac{a}{X}$$

由于饱和特性是单值奇对称的,所以其描述函数应为式(7.24)的形式,其中

$$B_1=\frac{1}{\pi}\int_0^{2\pi}y(t)\sin\omega t\mathrm{d}(\omega t)=\frac{4}{\pi}\int_0^{\frac{\pi}{2}}y(t)\sin\omega t\mathrm{d}(\omega t)=$$
$$\frac{4}{\pi}\left[\int_0^{\beta}kX\sin^2\omega t\mathrm{d}(\omega t)+\int_{\beta}^{\frac{\pi}{2}}ka\sin\omega t\mathrm{d}(\omega t)\right]=$$
$$\frac{2kX}{\pi}\left[\arcsin\frac{a}{X}+\frac{a}{X}\sqrt{1-(\frac{a}{X})^2}\right]$$

于是,饱和特性的描述函数为

$$N(X)=\frac{B_1}{X}=\frac{2k}{\pi}\left[\arcsin\frac{a}{X}+\frac{a}{X}\sqrt{1-(\frac{a}{X})^2}\right]\qquad X>a \tag{7.26}$$

显然,当 $X\leqslant a$ 时,环节的输入输出关系为线性的,即环节相当于比例系数为 k 的线性环节。

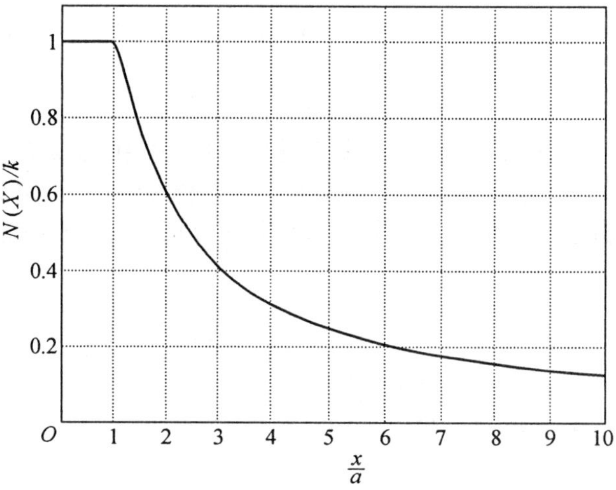

图 7.17 饱和特性的描述函数

图 7.17 为饱和特性描述函数(7.26)中$\frac{X}{a}$与$\frac{N(X)}{k}$的关系曲线。由图可知,随着$\frac{X}{a}$由 1 到无穷大变化,$\frac{N(X)}{k}$的值由 1 趋于 0。这也说明饱和特性的描述函数可以看成是一个实数增益 k,其增益总是小于线性增益,输入信号幅值越大,其等效增益越低。在分析非线性系统时,经常应用负倒描述函数 $-\frac{1}{N(X)}$,饱和特性的负倒描述函数曲线为负实轴上由$(-\frac{1}{k},\mathrm{j}0)$到负无穷远处的一条射线,如图 7.18 所示。

2. 死区特性的描述函数

死区非线性特性及其在正弦信号(式 7.21)作用下,输入输出波形如图 7.19 所示。设 $x>a$,在 $\omega t\in(0,\pi)$ 的半个周期内,其输出信号的数学表达式为

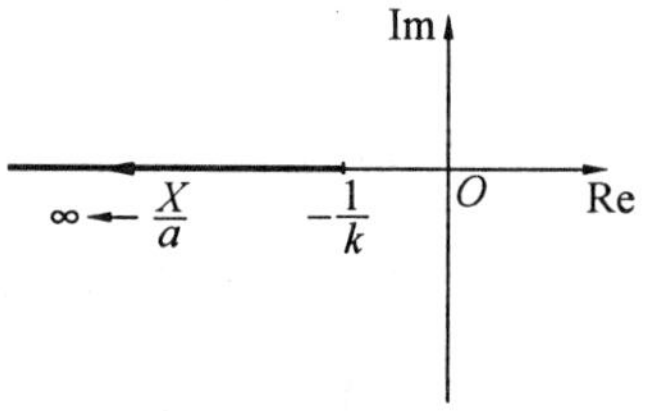

图 7.18 饱和特性的 $-\frac{1}{N(X)}$ 曲线

$$y(t)=\begin{cases}0 & 0<\omega t<\beta\\ k(X\sin\omega t-a) & \beta<\omega t<(\pi-\beta)\\ 0 & (\pi-\beta)<\omega t<\pi\end{cases} \tag{7.27}$$

式中
$$\beta=\arcsin\frac{a}{X}$$

死区特性也是单值奇对称的，所以其描述函数也为式(7.24)的形式，其中

$$B_1 = \frac{1}{\pi}\int_0^{2\pi} y(t)\sin\omega t\,\mathrm{d}(\omega t) =$$

$$\frac{4}{\pi}\int_0^{\frac{\pi}{2}} y(t)\sin\omega t\,\mathrm{d}(\omega t) = \frac{4}{\pi}\int_{\beta}^{\frac{\pi}{2}} k(X\sin\omega t - a)\sin\omega t\,\mathrm{d}(\omega t) =$$

$$kX\left[1 - \frac{2}{\pi}\left(\arcsin\frac{a}{X} + \frac{a}{X}\sqrt{1-\left(\frac{a}{X}\right)^2}\right)\right]$$

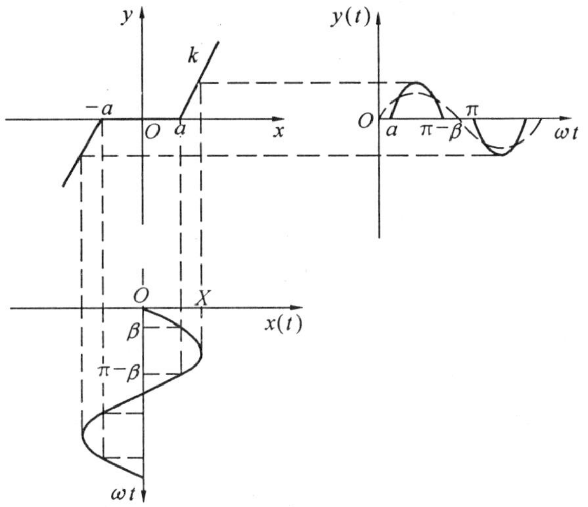

图 7.19　死区特性及其正弦输入输出波形

于是，死区特性的描述函数为

$$N(X) = \frac{B_1}{X} = k\left[1 - \frac{2}{\pi}\left(\arcsin\frac{a}{X} + \frac{a}{X}\sqrt{1-\left(\frac{a}{X}\right)^2}\right)\right] \qquad X > a \qquad (7.28)$$

死区特性的负倒描述函数曲线为负实轴上由无穷远处趋于点$\left(-\frac{1}{k},\mathrm{j}0\right)$的射线，如图 7.20 所示。

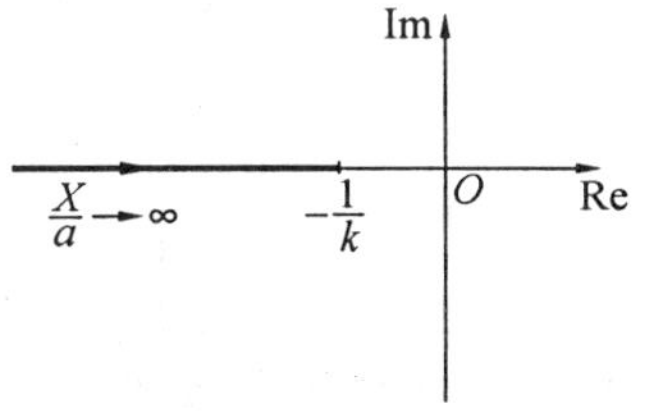

图 7.20　死区特性的 $-\frac{1}{N(X)}$ 曲线

3. 间隙特性的描述函数

间隙非线性特性及其在正弦信号式(7.21)作用下的输入输出波形如图 7.21 所示。设 $X > a$，在 $\omega t \in (0,\pi)$ 的半个周期内，其输出信号的数学表达式为

$$y(t) = \begin{cases} k(X\sin\omega t - a) & 0 < \omega t < \frac{\pi}{2} \\ k(X - a) & \frac{\pi}{2} < \omega t < (\pi - \beta) \\ k(X\sin\omega t + a) & (\pi - \beta) < \omega t < \pi \end{cases} \qquad (7.29)$$

式中

$$\beta = \arcsin\left(1 - \frac{2a}{X}\right)$$

由于间隙特性是对原点多值奇对称的，其描述函数将是式(7.23)所示的复数形式，其中

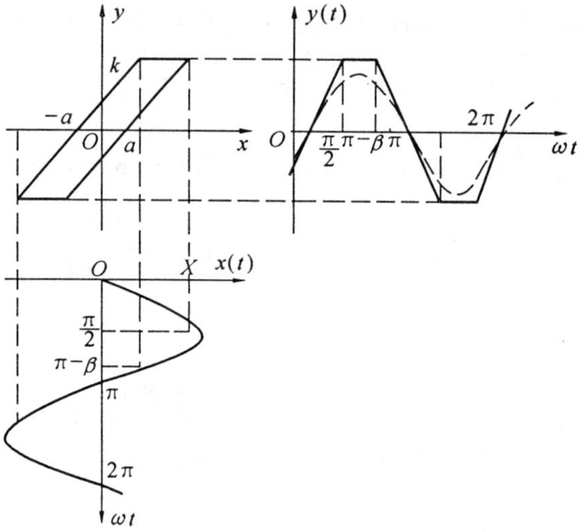

图 7.21 间隙特性及其正弦输入输出波形

$$A_1 = \frac{1}{\pi}\int_0^{2\pi} y(t)\cos\omega t\mathrm{d}(\omega t) = \frac{2}{\pi}\int_0^{\pi} y(t)\cos\omega t\mathrm{d}(\omega t) =$$

$$\frac{2}{\pi}\left[\int_0^{\frac{\pi}{2}} k(X\sin\omega t - a)\cos\omega t\mathrm{d}(\omega t) + \int_{\frac{\pi}{2}}^{\pi-\beta} k(X - a)\cos\omega t\mathrm{d}(\omega t) + \right.$$

$$\left.\int_{\pi-\beta}^{\pi} k(X\sin\omega t + a)\cos\omega t\mathrm{d}(\omega t)\right] = -\frac{k}{\pi}X\cos^2\beta =$$

$$k\frac{4a}{\pi}\left(\frac{a}{X} - 1\right) \qquad X > a$$

$$B_1 = \frac{1}{\pi}\int_0^{2\pi} y(t)\sin\omega t\mathrm{d}(\omega t) = \frac{2}{\pi}\int_0^{\pi} y(t)\sin\omega t\mathrm{d}(\omega t) =$$

$$\frac{2}{\pi}\left[\int_0^{\frac{\pi}{2}} k(X\sin\omega t - a)\sin\omega t\mathrm{d}(\omega t) + \int_{\frac{\pi}{2}}^{\pi-\beta} k(X - a)\sin\omega t\mathrm{d}(\omega t) + \right.$$

$$\left.\int_{\pi-\beta}^{\pi} k(X\sin\omega t + a)\sin\omega t\mathrm{d}(\omega t)\right] = -\frac{k}{\pi}X\left[\frac{\pi}{2} + \beta + \frac{1}{2}\sin 2\beta\right] =$$

$$k\frac{X}{\pi}\left[\frac{\pi}{2} + \arcsin\left(1 - \frac{2a}{X}\right) + 2\left(1 - \frac{2a}{X}\right)\sqrt{\frac{a}{X}\left(1 - \frac{a}{X}\right)}\right] \qquad X > a$$

于是,间隙特性的描述函数为

$$N(X) = \frac{B_1 + \mathrm{j}A_1}{X} = \frac{k}{\pi}\left[\frac{\pi}{2} + \arcsin\left(1 - \frac{2a}{X}\right) + 2\left(1 - \frac{2a}{X}\right)\sqrt{\frac{a}{X}\left(1 - \frac{a}{X}\right)}\right] + \mathrm{j}\frac{4ka}{\pi X}\left(\frac{a}{X} - 1\right) \qquad X > a \tag{7.30}$$

可见,间隙特性的描述函数是输入正弦信号幅值 X 的复值函数。它的负倒描述函数 $-\frac{1}{N(X)}$ 也是 X 的复值函数,其负倒描述函数曲线位于复平面的第三象限,如图 7.22 所示。当 $\frac{X}{a} = 1$ 时,负倒描述函数曲线始于负虚轴的无穷远处,随着 $\frac{X}{a}$ 的增加,曲线终止于负实轴 $\left(-\frac{1}{k}, \mathrm{j}0\right)$ 点。

4.继电器特性的描述函数

具有死区和回环的继电器特性及其在正弦信号式(7.21)作用下的输入输出波形如图7.23所示。设 $x > a$，在 $\omega t \in (0,\pi)$ 的半个周期内，其输出信号的数学表达式为

$$y(t) = \begin{cases} 0 & 0 < \omega t < \beta_1 \\ M & \beta_1 < \omega t < (\pi - \beta_2) \\ 0 & (\pi - \beta_2) < \omega t < \pi \end{cases} \qquad (7.31)$$

式中：$\beta_1 = \arcsin \frac{a}{X}$，$\beta_2 = \arcsin \frac{ma}{X}$。

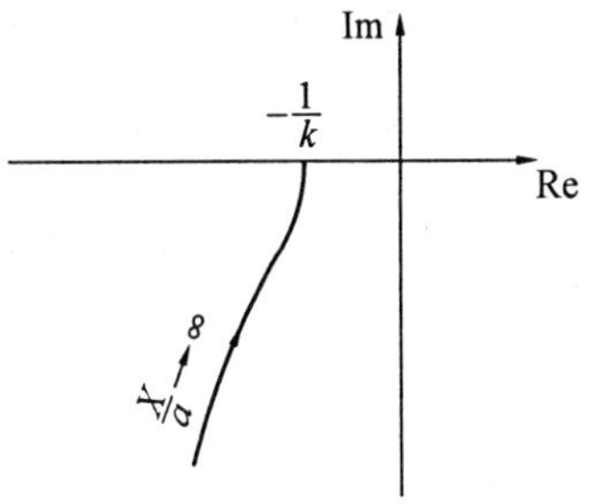

图7.22　间隙特性的 $-\frac{1}{N(X)}$ 曲线

继电器特性也是对原点多值奇对称的，所以其描述函数也是式(7.23)的形式，其中

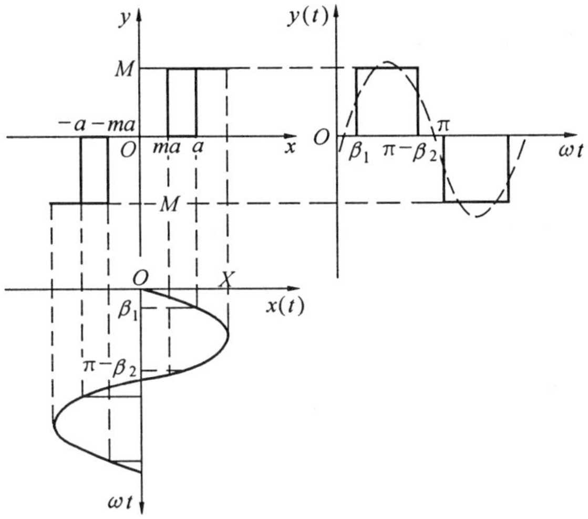

图7.23　继电器特性及其正弦输入输出波形

$$A_1 = \frac{1}{\pi}\int_0^{2\pi} y(t)\cos \omega t \mathrm{d}(\omega t) = \frac{2}{\pi}\int_0^{\pi} y(t)\cos \omega t \mathrm{d}(\omega t) =$$

$$\frac{2}{\pi}\int_{\beta_1}^{\pi-\beta_2} M\cos \omega t \mathrm{d}(\omega t) = \frac{2M}{\pi}(\sin \beta_2 - \sin \beta_1) =$$

$$\frac{2M}{\pi}\frac{a}{X}(m-1)$$

$$B_1 = \frac{2}{\pi}\int_{\beta_1}^{\pi-\beta_2} M\sin \omega t \mathrm{d}(\omega t) = \frac{2M}{\pi}(\cos \beta_1 + \cos \beta_2) =$$

$$\frac{2M}{\pi}\left[\sqrt{1-\left(\frac{a}{X}\right)^2} + \sqrt{1-\left(\frac{ma}{X}\right)^2}\right]$$

于是，具有死区和回环的继电器特性的描述函数为

$$N(X) = \frac{B_1 + \mathrm{j}A_1}{X} = \frac{2M}{\pi X}\left[\sqrt{1-\left(\frac{a}{X}\right)^2} + \sqrt{1-\left(\frac{ma}{X}\right)^2}\right] +$$

$$\mathrm{j}\frac{2Ma}{\pi X^2}(m-1) \qquad X > a \qquad (7.32)$$

可见,继电器特性的描述函数也是输入正弦信号幅值 X 的复值函数,其负倒描述函数 $-\dfrac{1}{N(X)}$ 也是 X 的复值函数,负倒描述函数曲线位于复平面的第三象限,如图 7.24 所示。随着回环宽度的变窄(m 增大),$-\dfrac{1}{N(X)}$ 曲线将向左移并靠近负实轴。

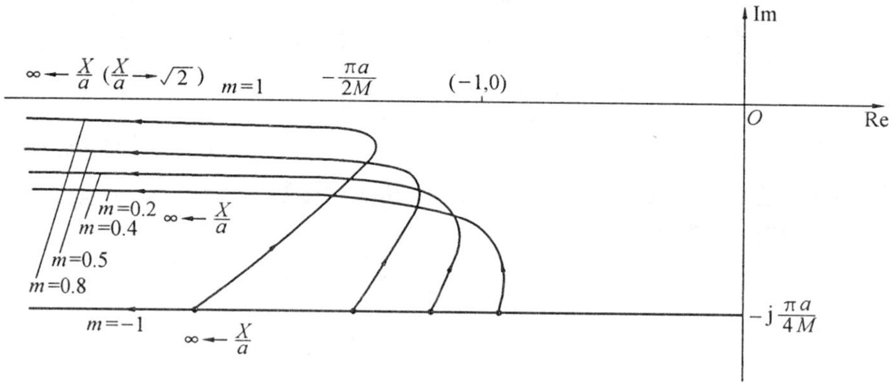

图 7.24　继电器特性的 $-\dfrac{1}{N(X)}$ 曲线

几种特殊情况的继电器特性及其描述函数列在表 7.1 中。其中理想继电器特性的负倒描述函数曲线如图 7.25 所示。

表 7.1　特殊继电器特性的描述函数

$m=1$	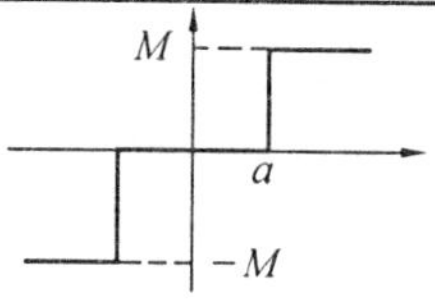	$N(X)=\dfrac{4M}{\pi X}\sqrt{1-(\dfrac{a}{X})^2}\quad X>a$
$m=-1$	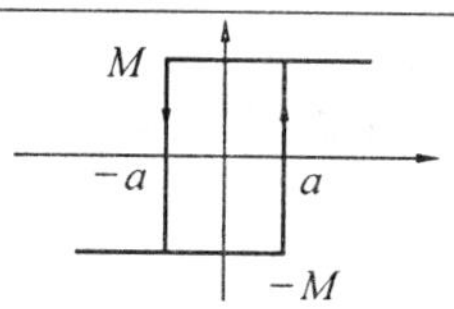	$N(X)=\dfrac{4M}{\pi X}\sqrt{1-(\dfrac{a}{X})^2}-\mathrm{j}\dfrac{4Ma}{\pi X^2}\quad X>a$

三、非线性控制系统的描述函数法分析

描述函数法可以用于分析非线性系统平衡状态的稳定性、是否产生自持振荡、确定自持振荡的振幅和频率以及消除自持振荡的方法等方面的内容。

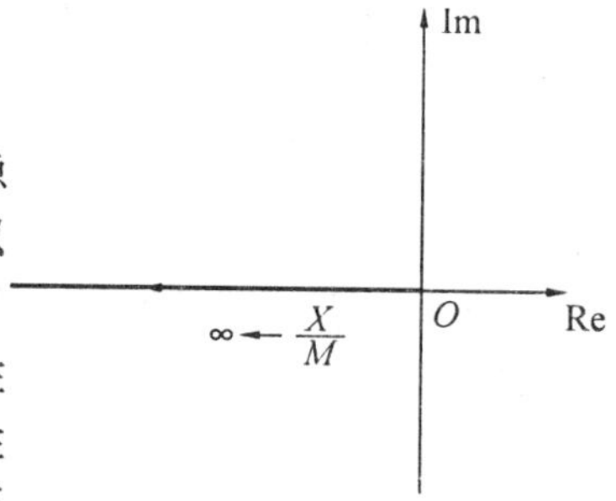

图 7.25　理想继电器特性的 $-\dfrac{1}{N(X)}$ 曲线

非线性系统可以化为图 7.26 所示的形式,即由线性部分 $G(s)$ 和非线性部分 N 组成。如果图 7.26 中非线性部分可以用其描述函数 $N(X)$ 近似描述,则系统的特征方程为

$$1+N(X)G(s)=0 \tag{7.33}$$

或者

$$G(s)=-\frac{1}{N(X)} \tag{7.34}$$

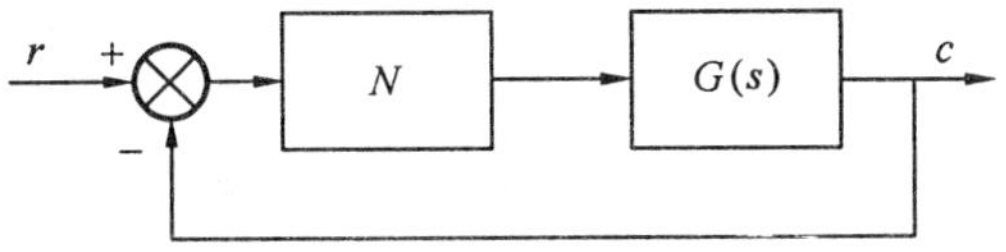

图 7.26　非线性系统的方框图

前面已经知道，描述函数具有与频率特性相似的作用，即可以反映非线性环节在正弦输入信号作用下，输出信号的基波分量与输入之间在幅值和相位上的相互关系。线性系统在频域里可以应用乃奎斯特稳定判据，即通过判断系统的开环频率特性 $G(j\omega)$ 与复平面上点 $(-1,j0)$ 的相对位置来判断闭环系统的稳定性。用描述函数法来分析非线性系统的稳定性可以看成是线性系统乃奎斯特稳定判据的推广。将复平面上的临界点 $(-1,j0)$ 扩展为临界曲线——负倒描述函数 $-\dfrac{1}{N(X)}$ 曲线，就可以应用乃奎斯特稳定判据来判断非线性系统的稳定性了。如果线性部分的频率特性 $G(j\omega)$ 不包围非线性部分的负倒描述函数 $-\dfrac{1}{N(X)}$ 曲线，如图 7.27(a) 所示，则系统是稳定的。如果 $G(j\omega)$ 曲线包围 $-\dfrac{1}{N(X)}$ 曲线，如图 7.27(b)，则非线性系统不稳定。如果 $G(j\omega)$ 曲线与 $-\dfrac{1}{N(X)}$ 曲线相交，则需要分析交点处系统的稳定性。

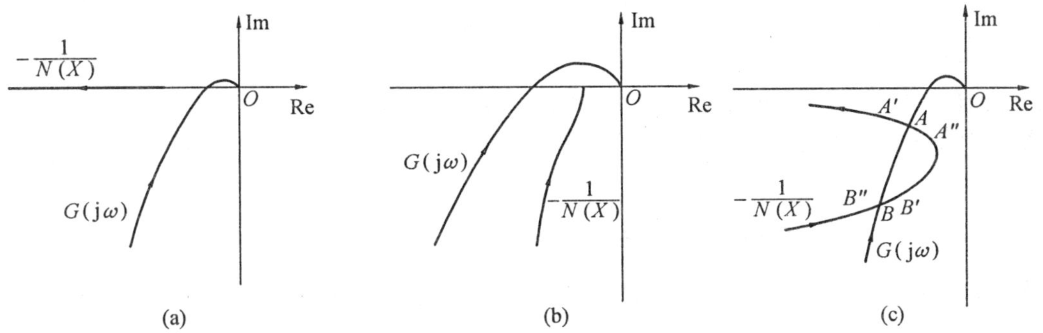

图 7.27　非线性系统稳定性的差别

如图 7.27(c) 中 $G(j\omega)$ 与 $-\dfrac{1}{N(X)}$ 有两个交点 A 和 B，它们分别对应了两种频率和振幅的周期振荡，需要分析这两种振荡的稳定性。采用扰动分析的方法，对于点 A 对应的振荡状态来说，如果系统受到扰动，使振荡的振幅增大，即工作点由点 A 移到点 A'，这时 $G(j\omega)$ 不包围点 A，系统是稳定的，周期振荡的振幅将随时间衰减而恢复到点 A 的振幅。如果扰动使点 A 振幅减小，即工作点由点 A 移到点 A''，由于点 A'' 被 $G(j\omega)$ 包围，所以点 A'' 振荡的振幅将逐渐增大，直到回到点 A。可见点 A 对应的振荡状态是稳定的，即为自持振荡，或者说系统形成了稳定的极限环。用同样的方法可以判断点 B 对应的周期振荡不稳定。如果扰动使点 B 振荡的振幅增大，即工作点由点 B 移到点 B'，$G(j\omega)$ 包围点 B'，振幅将随之继续增大，直至到达点 A。反之，如果扰动使点 B 振幅减小，工作点由点 B 移到点 B''，$G(j\omega)$ 不包围点 B''，系统衰减振荡，直到衰减为零。

自持振荡是非线性系统特有的一种运动状态，它对应了系统的有限幅值稳定状态的运动。尽管自持振荡也是不稳定的状态，但它的运动轨迹被限定在状态空间的有限区域内。如果这个区域在系统容许误差范围内，那么这种状态对于不能渐近稳定的系统来说是很有意义的。用描述函数法可以分析系统产生自持振荡的条件，为改善系统的稳定性提供依据。

例 7.7　一含饱和特性系统的方框图如图 7.28 所示，其中饱和特性的参数 $a=1$，$k=2$。求：(1) 开环增益 $K=15$ 时，自持振荡的振幅与角频率；(2) 系统不产生自持振荡的

K 的范围。

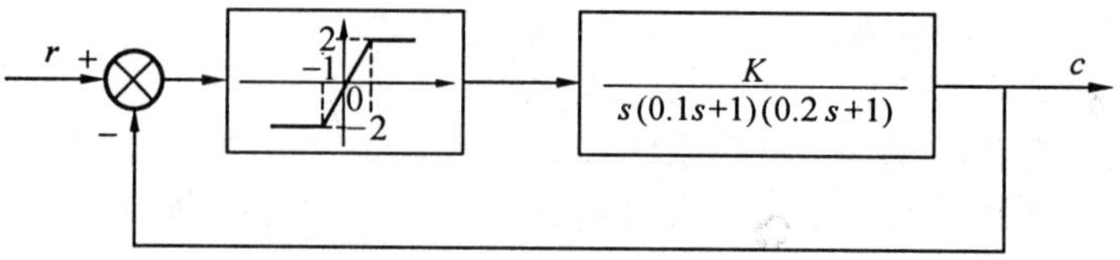

图 7.28　例 7.7 系统方框图

解　(1) 当 $k = 2$ 时，饱和特性的负倒描述函数曲线 $-\dfrac{1}{N(X)}$ 位于负实轴上 $-\dfrac{1}{2} \sim -\infty$ 段。计算 $K = 15$ 时的线性部分的频率特性 $G(\mathrm{j}\omega)$ 与实轴的交点。由

$$\operatorname{Im} G(\mathrm{j}\omega) = \frac{-15(-0.02\omega^2)}{\omega(1 + 0.05\omega^2 + 0.000\,4\omega^4)} = 0$$

得 $\omega = \sqrt{50}$ rad/s，将其代入

$$\operatorname{Re} G(\mathrm{j}\omega) = \frac{-4.5}{1 + 0.05\omega^2 + 0.000\,4\omega^4} = -1$$

即 $G(\mathrm{j}\omega)$ 与负实轴交于$(-1,\mathrm{j}0)$，故其与饱和特性的负倒描述函数曲线相交，如图 7.29 所示，交点即为$(-1,\mathrm{j}0)$，系统将产生自持振荡，振荡的频率即为交点处的角频率 $\omega = \sqrt{50}$ rad/s，振荡的振幅可由负倒描述函数求得，即令

$$-\frac{1}{N(X)} = -\frac{\pi}{2k\left[\arcsin\dfrac{a}{X} + \dfrac{a}{X}\sqrt{1-\left(\dfrac{a}{X}\right)^2}\right]} = -1$$

将 $a = 1$、$k = 2$ 代入上式，得 $X = 2.47$，即为自持振荡的振幅。

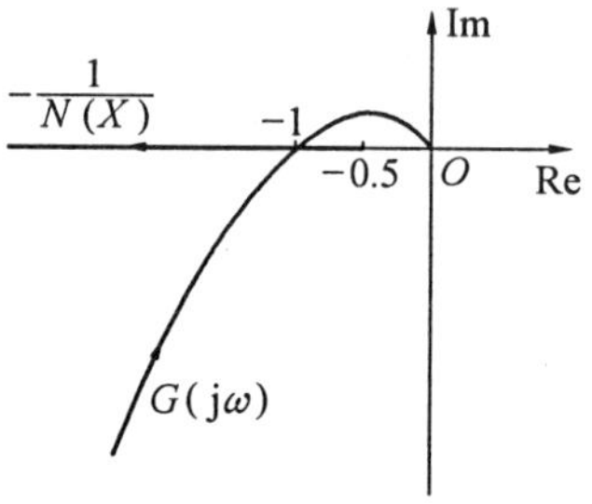

图 7.29　例 7.7 $-\dfrac{1}{N(X)}$ 的曲线和 $G(\mathrm{j}\omega)$ 曲线

(2) 如果 $G(\mathrm{j}\omega)$ 通过点$\left(-\dfrac{1}{2},\mathrm{j}0\right)$，则系统处于自持振荡的临界状态，临界状态下对应的开环增益 K 值可由下式确定

$$\operatorname{Re} G(\mathrm{j}\omega)\Big|_{\omega=\sqrt{50}} = -\frac{1}{2}$$

即

$$\frac{-0.3K}{1 + 0.05\omega^2 + 0.000\,4\omega^4}\Bigg|_{\omega=\sqrt{50}} = -\frac{1}{2}$$

得 $K = 7.5$。所以，当开环增益 $0 < K < 7.5$ 时，系统不产生自持振荡。

例 7.8　设含有死区无回环继电器特性系统的方框图如图 7.30 所示，其中继电器特性的参数为 $M = 1$，$a = 0.6$。试分析系统的稳定性。

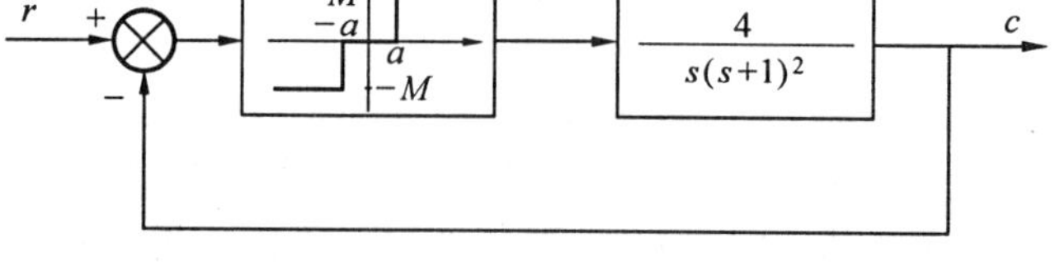

图 7.30　例 7.8 系统的方框图

解　首先计算线性部分的频率特性与实轴的交点。由

$$\text{Im } G(j\omega) = -\frac{4(1-\omega^2)}{\omega(1+\omega^2)^2} = 0$$

得 $\omega = 1$,代入

$$\text{Re } G(j\omega) = -\frac{8\omega}{\omega(1+\omega^2)^2} = -2$$

即 $G(j\omega)$ 与负实轴交于$(-2,j0)$。

有死区无回环继电器特性的负倒描述函数为

$$-\frac{1}{N(X)} = -\frac{1}{\frac{4M}{\pi X}\sqrt{1-\left(\frac{a}{X}\right)^2}} = -\frac{1}{\frac{1.273}{X}\sqrt{1-\left(\frac{0.6}{X}\right)^2}}$$

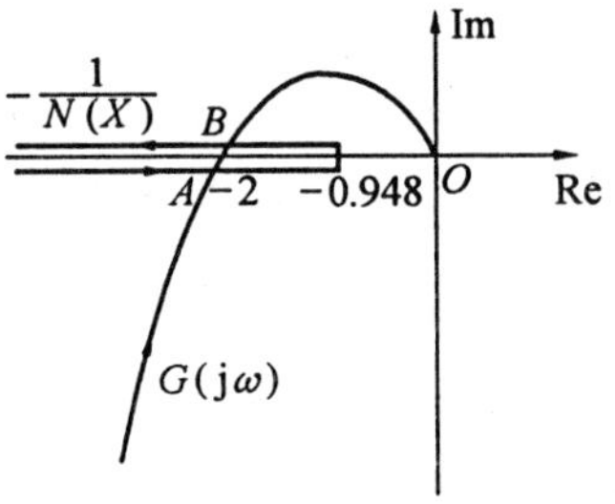

图 7.31　例 7.8 $-\frac{1}{N(X)}$ 的曲线和 $G(j\omega)$ 曲线

$-\frac{1}{N(X)}$ 曲线与 $G(j\omega)$ 曲线如图 7.31 所示。可见,两曲线相交于点$(-2,j0)$,但交点处对应了两种不同幅值的振荡状态,可以求得 $X_1 = 0.618$ 和 $X_2 = 2.46$。对于 $X_1 = 0.618$、$\omega = 1$ 的工作点 A,若干扰使振荡的振幅增大,则工作点将移向被 $G(j\omega)$ 包围的部分,所以该工作点的振荡状态是不稳定的。而对于 $X_2 = 2.46$、$\omega = 1$ 的工作点 B,若干扰使振荡的振幅增大,则工作点将移到 $G(j\omega)$ 包围的区域之外,故该工作点的振荡是稳定的,为自持振荡。

例 7.9　图 7.32 所示的含间隙特性的非线性系统中,线性部分的等效传递函数为

$$G(s) = \frac{K(b\tau s+1)}{s^2(\tau s+1)}$$

试用描述函数法分析系统自持振荡的情况。

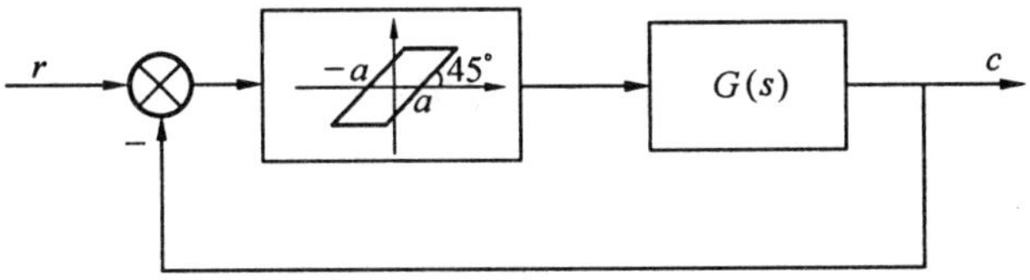

图 7.32　例 7.9 系统方框图

解　现分两种情况讨论:

(1) 当$0 < b < 1$时,$G(j\omega)$的相角在$-180° \sim -270°$范围内变化,$G(j\omega)$的频率特性始终在复平面的第二象限,如图 7.33 所示。这时 $G(j\omega)$ 曲线包围了 $-\frac{1}{N(X)}$ 曲线,所以系统不稳定。

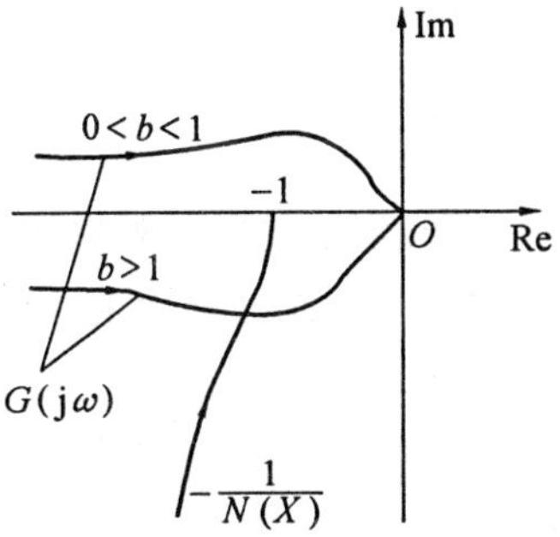

图 7.33　例 7.9 系统的 $-\frac{1}{N(X)}$ 的曲线和 $G(j\omega)$ 曲线

(2) 当 $b > 1$时,$G(j\omega)$的相角在$-180° \sim -90°$范围内变化,$G(j\omega)$ 的频率特性始终在复平面的第三象限。这时 $G(j\omega)$与$-\frac{1}{N(X)}$必然相交,由于交点一侧被 $G(j\omega)$包围的$-\frac{1}{N(X)}$ 所对应的振幅小于未被包围部分对应的振幅值,所以此时系统一定存在自持振荡。调整增益 K 的大小,可以改

变自持振荡的振幅和频率,以达到可以接受的程度。

小　　结

本章介绍了非线性系统的基本概念以及分析非线性系统的几种基本方法。

分析非线性系统时,首先可以考虑使用在工作点附近小偏差线性化的方法。但应该注意这种方法的使用条件,即只有在输入信号的变化范围较小时才能用线性化的系统代替原非线性系统。很多非线性系统很难用手工的方法进行线性化,这时可以借助于有限元分析的软件给出系统的线性化模型。

相平面法除了在作图时存在绘制曲线的误差外,应该说是分析非线性系统的一种较准确的方法,而且还可以从相轨迹上得到系统时间响应的信息,即由于

$$\frac{\mathrm{d}x_1}{\mathrm{d}t} = x_2$$

则容易通过积分关系求得状态变量与时间的关系。相平面法也存在局限性,即仅限于低阶系统。

描述函数法虽然可以不限于小信号或低阶系统,但它是一种近似的方法。这种方法只有当非线性环节的正弦响应可以写成傅里叶级数的形式,而且输出量中高次谐波分量衰减得很弱的情况下才适用。如果非线性部分负倒描述函数曲线与线性部分的乃奎斯特曲线相交时的夹角很小,则微小扰动可能导致接近平行的两条曲线的交点的很大变化,这时描述函数法得出的结论就可能不准确了。

李亚普诺夫法及波波夫法在分析非线性系统中占有重要地位,而且可作为设计某些自适应控制系统的基础。但限于篇幅,本章不作介绍。目前非线性系统的分析和设计方法已经有了很大的发展,更深入的内容读者可以参考有关文献。

典型例题分析

例 7.1　二阶非线性微分方程 $m\ddot{x} + 2c(x^2 - 1)\dot{x} + kx = 0$(又称范德波尔方程),式中 m、c、k 是正常数。该系统可视为含阻尼系数为 $2c(x^2 - 1)$ 的质量 - 弹簧 - 阻尼系统或含非线性电阻的 RLC 电路。

设 $x_1 = x, x_2 = \dot{x}, m = k = 1, c = 0.1$,则对应的状态方程为

$$\begin{cases} \dot{x}_1 = x_2 \\ \dot{x}_2 = -x_1 - 2c(x_1^2 - 1)x_2 \end{cases}$$

试用等倾线法绘制其相轨迹。

解　首先根据给定条件,写出等倾线方程

$$\frac{\mathrm{d}x_2}{\mathrm{d}x_1} = \frac{-x_1 - 2c(x_1^2 - 1)x_2}{x_2} = q$$

或

$$x_2 = \frac{x_1}{2c(1 - x_1^2) - q}$$

取不同的 q 值,可得出不同的等倾线,在等倾线上画出短线段,可以得到相轨迹,如例图 7.1 所示。由图可见,相轨迹中存在一个封闭的曲线,在该曲线的内部和外部的相轨迹都逐渐趋向于该曲线,而从这条曲线开始的运动将永远停留在该曲线上绕原点周期性地旋转,这就是

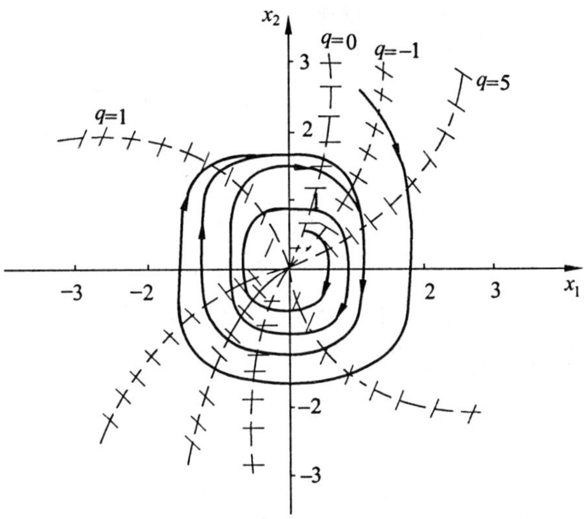

例图 7.1

所谓的“极限环”。极限环是非线性系统特有的性质。应当指出，极限环的自持振荡幅值与初始条件无关，而线性系统的临界稳定状态的振幅值由初始条件决定；另外临界稳定系统对于系统参数的变化十分敏感，参数的微小变化可能导致收敛或发散，而极限环不易受参数变化的影响。

在工程中，非线性系统的极限环现象可能经常出现。有些情况下，极限环可能是不希望出现的，而在另一些情况下则是需要的。因此我们需要了解在不需要极限环时如何将其消除或减小其振幅，在需要极限环时如何将其生成或放大。

例 7.2　非线性阻尼控制的系统结构图，如例图 7.2(a) 所示。试分析非线性反馈在改善系统性能方面的作用。

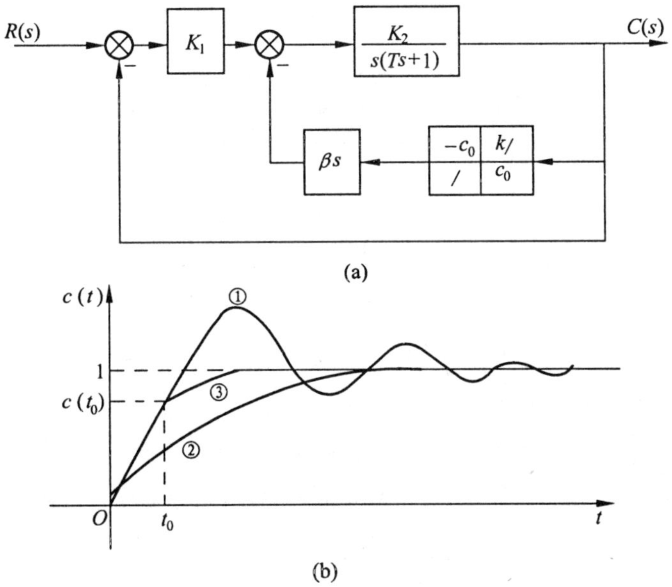

例图 7.2

解 在线性系统中,经常采用速度反馈加大系统的阻尼,改善系统的平稳性。但是在减小超调量的同时,往往降低了系统的快速性。若在速度反馈通道中串入一个死压非线性部件,则当系统输出量小于死区 c_0 时,微分负反馈为零,相当于不存在速度反馈。此时,系统闭环传递函数为

$$\frac{C(s)}{R(s)} = \frac{K_1K_2}{Ts^2 + s + K_1K_2} \qquad |c(t)| < c_0$$

阻尼比 $\xi = 1/2\sqrt{K_1K_2T}$, $\omega_n = \sqrt{K_1K_2}/\sqrt{T}$。通常系统工作在欠阻尼状态,其单位阶跃响应如例图(b)中的曲线①所示。此时系统虽响应速度较高,但超调量和调节时间均较大。

在 $|c(t)| \geqslant c_0$ 时,系统具有速度反馈的情况下,其闭环传递函数为

$$\frac{C(s)}{R(s)} = \frac{K_1K_2}{Ts^2 + (1 + K_2k\beta)s + K_1K_2} \qquad |c(t)| \geqslant c_0$$

其中,阻尼比 $\xi_t = (1 + K_2k\beta)/2\sqrt{K_1K_2T}$, $\omega_n = \sqrt{K_1K_2}/\sqrt{T}$, k 为死区特性线性段的斜率。显然具有微分负反馈的系统阻尼比 ξ_t 较无反馈时的阻尼比 ξ 增大了 $(1 + K_2k\beta)$ 倍,其单位阶跃响应可能如例图 7.2 曲线②所示,响应速度偏低。

将上述两种情况结合,最终会得到曲线③所示较理想的完整响应过程。即非线性微分负反馈只要合理地选择 c_0,就可以既保留无微分负反馈系统响应快的优点,又突出了有微分负反馈阻尼高、避免出现超调、改善平稳性的特点,使系统获得优良的动态性能。

例 7.3 求例图7.3(a)所示非线性系统的等效形式。

解 由于非线性特性的对称性,故只需考虑 $x > 0$ 的情况,另外半边由对称性决定。

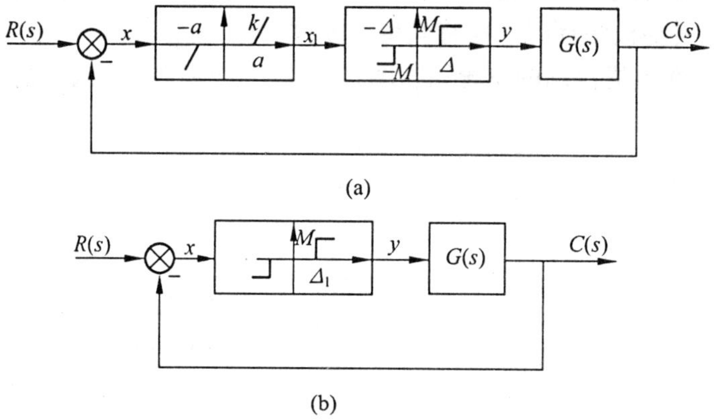

例图 7.3

当 $x_1 > \Delta$ 时, $y = M$,否则 $y = 0$;

当 $x > a$ 时, $x_1 = K(x - a)$。

令
$$x_1 = \Delta$$

有
$$\Delta = k(x - a)$$

即
$$x = \frac{\Delta}{k} + a = \Delta_1$$

即当 $x > \dfrac{\Delta}{k} + a = \Delta_1$ 时

$$x_1 > \Delta \qquad y = M$$

故等效非线性特性如例图 7.3(b) 所示，其中 $\Delta_1 = \dfrac{\Delta}{k} + a$。

注意，对串联的非线性环节进行等效变换时，前后排列顺序不可改变，要以信号流向为准，即信号先通过的非线性环节排在前面，否则会得到不等效的错误结论。

例 7.4　某些非线性特性的描述函数可以通过等效分解，将其变成几种非线性特性之和的途径得到，试求下面几种非线性特性的描述函数。例图 7.4 中 $e(t) = A\sin\omega t$。

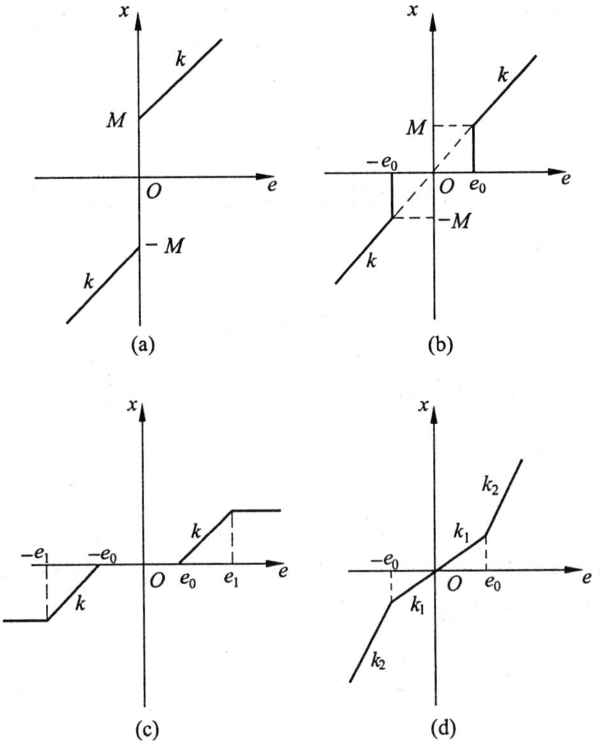

例图 7.4

解　例图 7.4(a) 所示非线性特性可等效分解为线性增益特性与理想继电器特性之和，从而求得其描述函数为

$$N(A) = k + \frac{4M}{\pi A}$$

例图 7.4(b) 所示非线性特性可视为死区特性与具有死区无滞环的继电器特性之和，从而求得其描述函数为

$$N(A) = k - \frac{2}{\pi}k\left[\arcsin\frac{e_0}{A} + \frac{e_0}{A}\sqrt{1-\left(\frac{e_0}{A}\right)^2}\right] + \frac{4M}{\pi A}\sqrt{1-\left(\frac{e_0}{A}\right)^2} \qquad (A \geqslant e_0)$$

例图 7.4(c) 所示非线性特性可视为两种死区特性之差，从而求得其描述函数为

$$N(A) = \frac{2}{\pi}k\left[\arcsin\frac{e_1}{A} - \arcsin\frac{e_0}{A} + \frac{e_1}{A}\sqrt{1-\left(\frac{e_1}{A}\right)^2}\right] - \frac{e_0}{A}\sqrt{1-\left(\frac{e_0}{A}\right)^2} \qquad (A \geqslant e_1)$$

例图 7.4(d) 所示变增益特性可以等效分解为线性增益特性与两种死区特性的代数和，即

$$N(A) = N_1(A) - N_2(A) + N_3(A)$$

如例图 7.4(e) 所示。

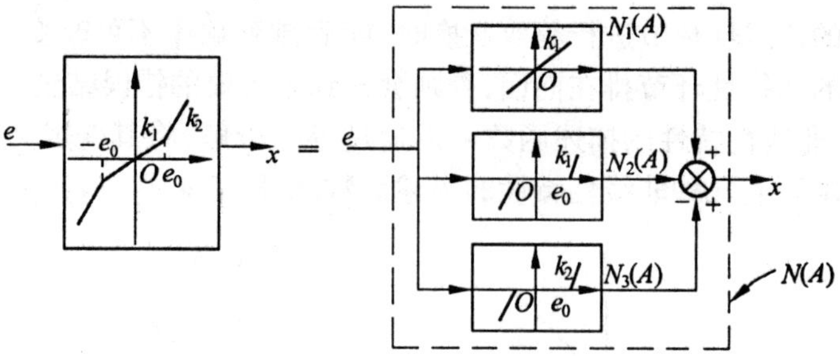

例图 7.4(e)

式中，$N_1(A)$、$N_2(A)$、$N_3(A)$ 可根据典型非线性特性的描述函数给出，即

$$N_1(A) = k_1$$

$$N_2(A) = k_1 - \frac{2}{\pi}k_1\arcsin\frac{e_0}{A} - \frac{2}{\pi}k_1\frac{e_0}{A}\sqrt{1-\left(\frac{e_0}{A}\right)^2} \qquad (A \geqslant e_0)$$

$$N_3(A) = k_2 - \frac{2}{\pi}k_2\arcsin\frac{e_0}{A} - \frac{2}{\pi}k_2\frac{e_0}{A}\sqrt{1-\left(\frac{e_0}{A}\right)^2} \qquad (A \geqslant e_0)$$

最终求得变增益特性的描述函数为

$$N(A) = k_2 + \frac{2}{\pi}(k_1 - k_2)\left[\arcsin\frac{e_0}{A} + \frac{e_0}{A}\sqrt{1-\left(\frac{e_0}{A}\right)^2}\right] \qquad (A \geqslant e_0)$$

例 7.5 已知非线性系统如例图7.5所示，其中非线性元件输出 $x = e^3$，试求非线性特性的描述函数，并判断系统的稳定性。

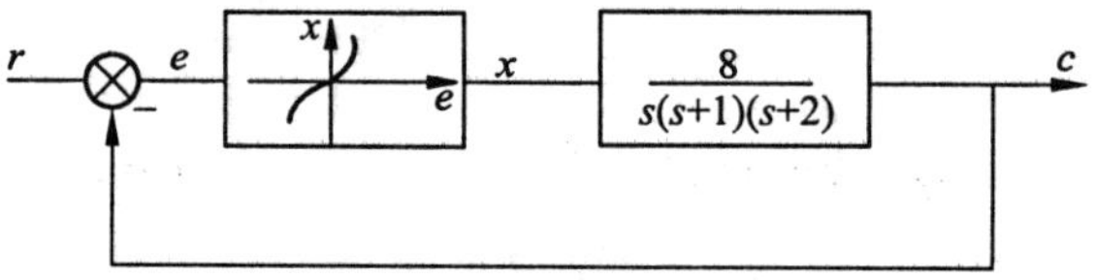

(a)

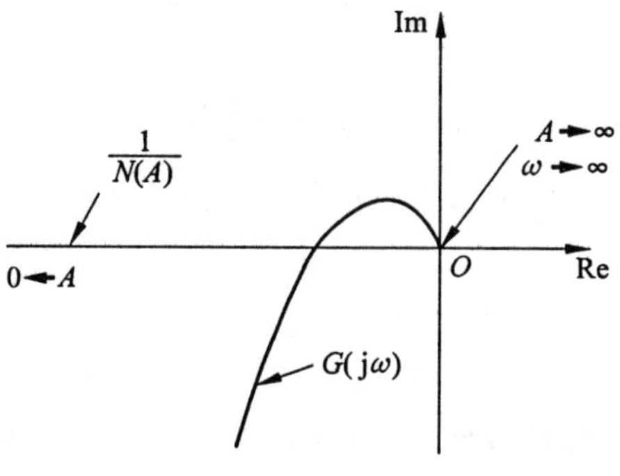

(b)

例图 7.5

解 (1) 求描述函数。设 $e = A\sin\omega t$，由图可知，该非线性特性是奇对称的，进而有

$A_0 = 0, B_1 = 0$,故有

$$x \approx A_1 \sin \omega t$$

式中
$$A_1 = \frac{1}{\pi}\int_0^{2\pi} x \sin \omega t \, d(\omega t) = \frac{4}{\pi}\int_0^{2\pi} A^3 \sin^4(\omega t) d(\omega t) = \frac{3}{4}A^3$$

据此求得描述函数为

$$N(A) = \frac{\sqrt{A_1^2}}{A} = \frac{3}{4}A^2$$

(2) 判稳定性。描述函数的负倒特性 $-\frac{1}{N(A)} = -\frac{4}{3A^2}$,显然其轨迹在整个负实轴上,如例图 7.5(b) 所示。

当 $A = 0$ 时, $-\frac{1}{N(A)} \to \infty$;

当 $A \to \infty$ 时, $-\frac{1}{N(A)} \to 0$。

$$G(j\omega) = \frac{8}{j\omega(j\omega + 1)(j\omega + 2)} = \frac{-24}{\omega^4 + 5\omega^2 + 4} - j\frac{8(2 - \omega^2)}{\omega(\omega^4 + 5\omega^2 + 4)}$$

令 $\mathrm{Im}[G(j\omega)] = \frac{-8(2 - \omega^2)}{\omega(\omega^4 + 5\omega^2 + 4)} = 0$,求得 $G(j\omega)$ 与实轴相交点的频率为

$$\omega = \sqrt{2} \text{ rad/s}$$

令
$$\mathrm{Re}[G(j\omega)]_{\omega=\sqrt{2}} = \mathrm{Re}[-\frac{1}{N(A)}]$$

即
$$\frac{-24}{8} = \frac{-4}{3A^2}$$

求得
$$A = 1$$

即相交点处的振荡频率 $\omega = \sqrt{2}$ rad/s,振幅为 1。不难判别,该点是不稳定的自持振荡。当 $A > 1$ 时,系统发散,$A < 1$ 时,系统收敛。

习　　题

7.1　将题图 7.1 所示非线性控制系统简化成图 7.26 所示非线性特性与等效线性部分相串联的典型结构形式。

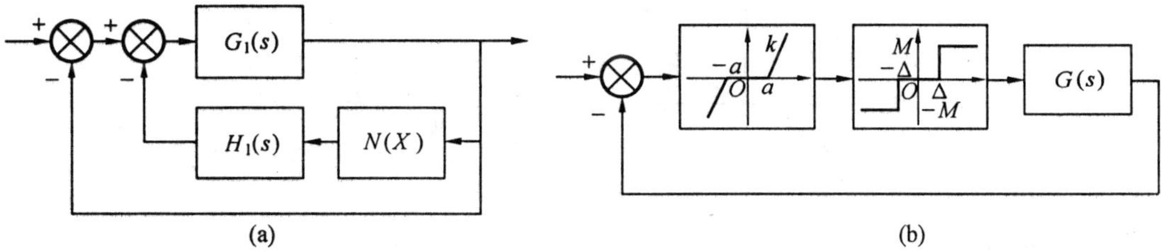

题图 7.1

7.2　题图 7.2 所示电路中,二极管是一个非线性元件,其电流 i_d 与电压 u_d 间的关系式为 $i_d = 10^{-6}(e^{\frac{u_d}{0.026}} - 1)$。设电路中的 $R = 10^3\ \Omega$,静态工作点 $u_0 = 2.39$ V, $i_0 = 2.19 \times 10^{-3}$ A。求在工作点 (u_0, i_0) 附近 $i_d = f(u_d)$ 的线性化方程。

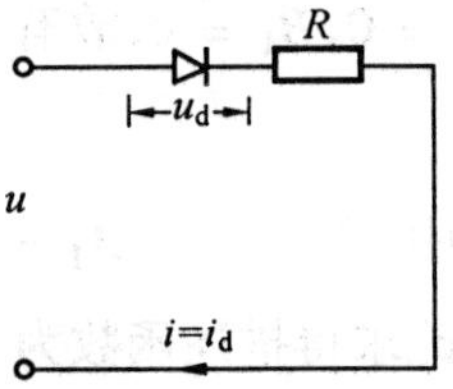

题图 7.2

7.3　已知二阶非线性系统的微分方程为

$$\ddot{x}+0.5\dot{x}+2x+x^2=0$$

(1) 求系统在相平面内的平衡点。

(2) 求平衡点处的线性化模型。

(3) 确定平衡点的类型。

7.4　线性二阶系统的微分方程为

$$\ddot{e}+2\xi\omega_n\dot{e}+\omega_n^2 e=0$$

其中 $\xi=0.15,\omega_n=1,e(0)=1.5,\dot{e}(0)=0$。试用等倾线法绘制其相轨迹,并确定其奇点的类型。

7.5　画出题图 7.3 所示系统在初始条件 $c(0)=-3$、$\dot{c}(0)=0$ 时的相轨迹。

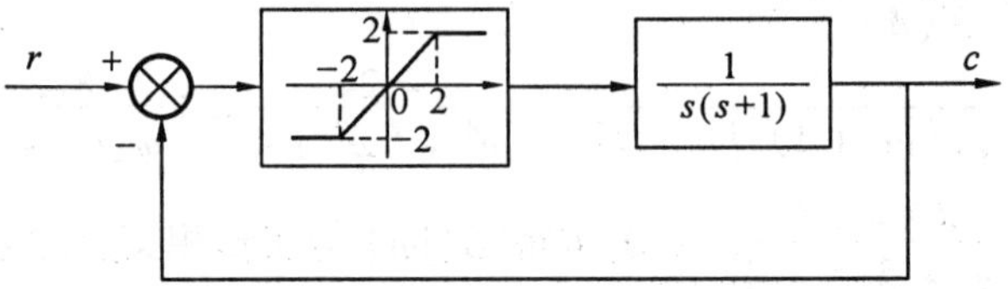

题图 7.3

7.6　分析题图 7.4 所示系统在 $\beta=0$、$\beta<0$ 及 $\beta>0$ 三种情况下相轨迹的特点。

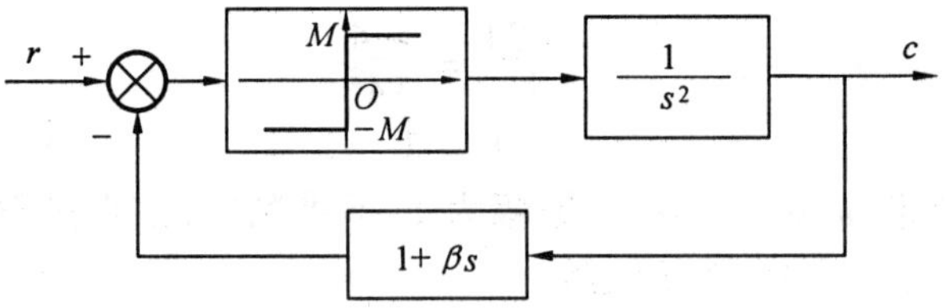

题图 7.4

7.7　求题图 7.5 所示非线性特性的描述函数。

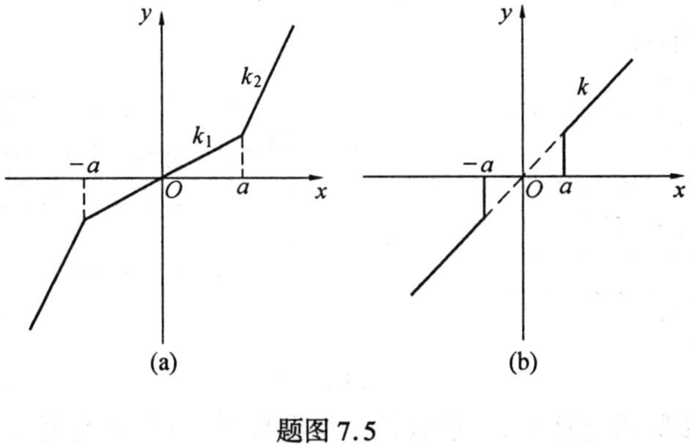

题图 7.5

7.8　试用描述函数法分析题图 7.6 所示系统是否存在自持振荡?如存在,求出其参数。

7.9　试用描述函数法分析题图 7.7 所示系统是否会出现自持振荡?其中继电器非线性

特性的参数，如题图 7.7 所示。

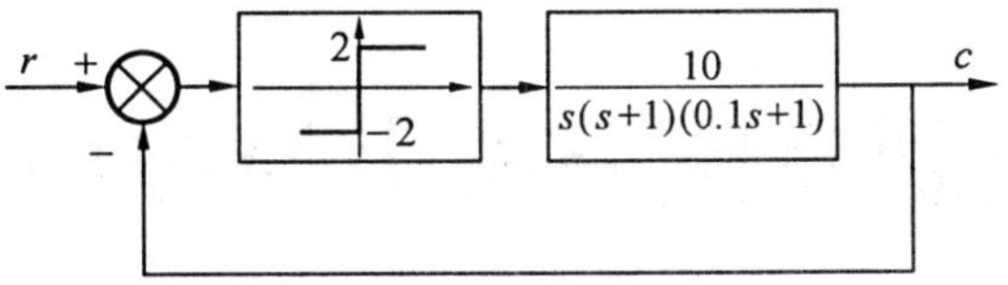

题图 7.6

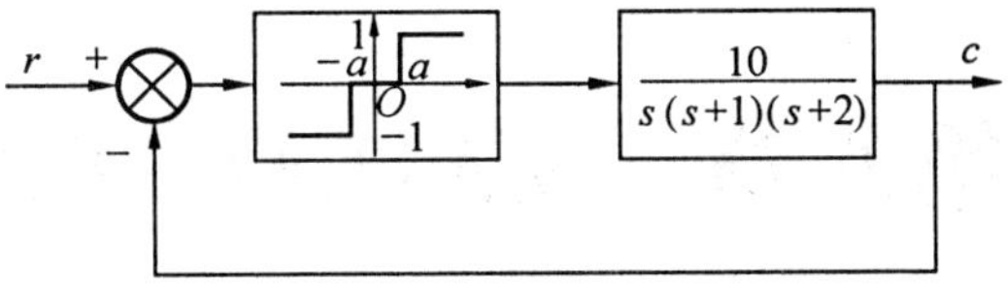

题图 7.7

7.10　具有间隙非线性的系统如题图 7.8 所示，其中 $a = 1, k = 0.75$。用描述函数法分析系统的稳定性，并讨论增益 K 值的影响。

7.11　设非线性系统的方框图如题图 7.9 所示，其中 $G(s) = \dfrac{Ke^{0.1s}}{s(0.1s+1)}$。试用描述函数法判断 $K = 0.1$ 时系统的稳定性，并确定系统不产生自持振荡时 K 的范围。

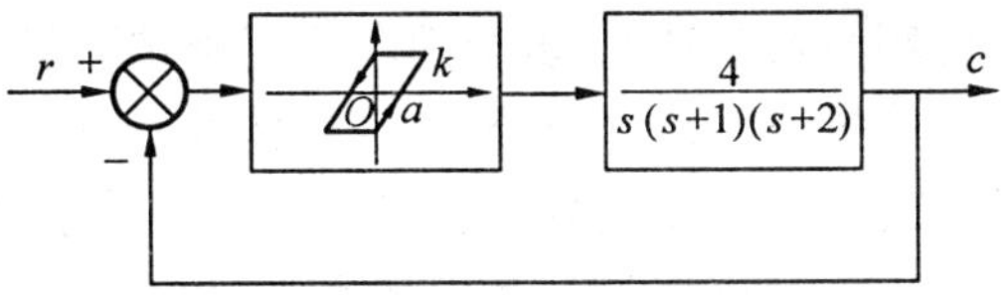

题图 7.8

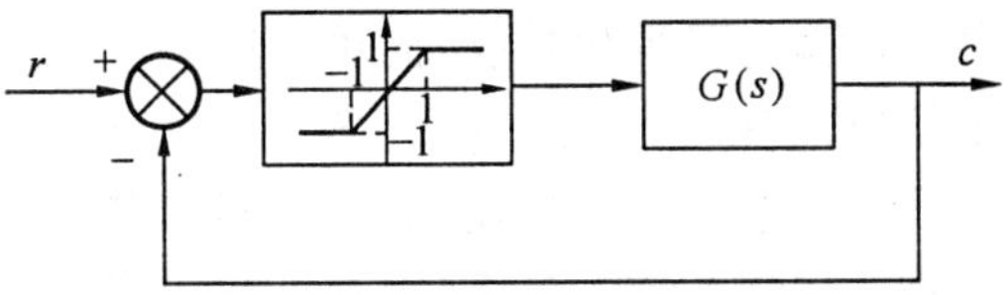

题图 7.9

7.12　在题图 7.10 所示的二阶系统中，在输出微分反馈回路中，非线性元件具有饱和特性。其中设 $K = 5, J = 1, a = 1$。分析系统的稳定性。

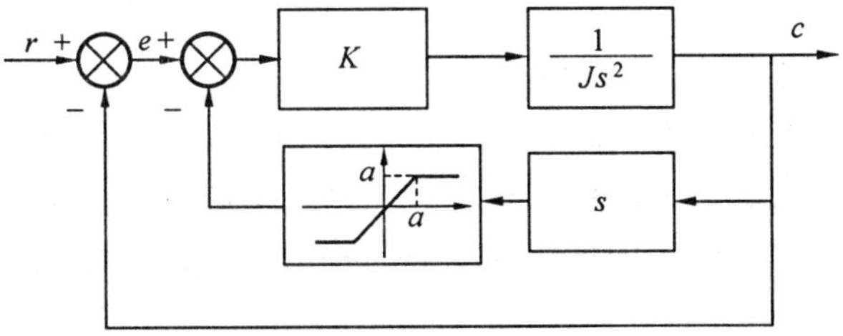

题图 7.10

第八章　MATLAB 在控制系统分析中的应用

在控制科学的发展进程中,控制系统的计算机辅助设计对于控制理论的研究和应用一直起着很重要的作用。MATLAB 作为著名的科学与工程计算软件包,在其发展过程中,一直将面向控制工程应用作为该软件的主要功能之一。因而 MATLAB 便成为目前应用最为广泛的计算机辅助分析与设计软件。

8.1　MATLAB 简 介

MATLAB 是 MathWorks 公司开发的基于矩阵运算的一种数学与工程计算系统。它强大的科学计算与可视化功能、简单易用的开放式扩展环境及多达 30 多个面向不同领域而扩展的工具箱,使得 MATLAB 在许多学科领域中成为计算机辅助设计与分析、应用软件开发的基本工具和首选平台。在控制界,很多知名学者都为其擅长的领域编写了 MATLAB 工具箱,大大方便了控制系统的分析与设计;1992 年 MathWorks 公司推出的交互式模型输入与仿真环境 SIMULINK 更为 MATLAB 在控制系统时域分析中的仿真应用打开了崭新的局面。

矩阵处理功能和图形处理功能是 MATLAB 最显著的特色。在 MATLAB 下输入一个矩阵非常容易。例如,输入矩阵

$$\boldsymbol{A}=\begin{bmatrix}1 & 4 & 7\\ 2 & 3 & 5\end{bmatrix}$$

则我们可以在 MATLAB 下输入下面的命令

$$A=[1,4,7;2,3,5] \text{或} A=[1\quad 4\quad 7;2\quad 3\quad 5]$$

矩阵的内容由方括号括起来的部分表示,方括号中的分号表示矩阵的换行,逗号或空格表示同一行矩阵元素间的分隔。向量作为矩阵的特殊形式,在 MATLAB 下也可以很容易地输入。例:

行向量　　$\boldsymbol{A}=(1\quad 4\quad 7\quad 2\quad 3\quad 5)$

则我们可以在 MATLAB 下输入下面的命令

$$A=[1,4,7,2,3,5] \text{或} A=[1\quad 4\quad 7\quad 2\quad 3\quad 5]$$

列向量　　$\boldsymbol{A}=(1\quad 4\quad 7\quad 2\quad 3\quad 5)^{\mathrm{T}}$

则我们可以在 MATLAB 下输入下面的命令

$$A=[1;4;7;2;3;5]$$

MATLAB 的图形处理功能非常强大,如果提供了合适的数据,我们可以用 MATLAB 提供的绘图函数 plot( )直接绘制出该数据的二维曲线图,命令格式为

plot(x1,y1,x2,y2,…,xn,yn)

其中,(x1,y1),(x2,y2),…,(xn,yn)为向量(或矩阵)对,分别包含要绘制曲线的 x－轴和 y－轴数据,执行此命令后,会绘制出 n 条二维曲线。在 MATLAB 中,我们还可以方便地调用其他的函数和命令对得出的曲线图形加以修饰,如:

(1) grid 命令作为坐标轴网格线开关设置在图上添加或删除坐标轴网格。

(2) xlabel( )和 ylabel( )函数分别给图形添加 x－轴和 y－轴标注。

(3) title( )函数给图形添加标题。

(4) text( )函数在图形上添加文字说明。

(5) axis( )函数设置坐标轴的标度范围。

在 MATLAB 中还提供了绘制三维曲面的函数,如 mesh( )、surf( )等,这些函数的调用和二维图形绘制函数 plot( )的调用几乎一样直观、简单。

本章将介绍 MATLAB 中与控制系统分析相关的一些函数的使用,有关这些函数的具体用法和相关的函数的使用,如果读者不明白,建议读者尽可能多地使用 MATLAB 的联机帮助功能。MATLAB 的联机帮助可以由 help 命令直接获得,也可以由 MATLAB 图形界面的 Help 菜单查询。例如,我们可以由 help title 命令得到 title( )函数的联机帮助如下:

```
help title
  TITLE Graph title.
    TITLE('text') adds text at the top of the current axis.
    TITLE('text','Property1',PropertyValue1,'Property2',PropertyValue2,...)
    sets the values of the specified properties of the title.
    H = TITLE(...) returns the handle to the text object used as the title.
    See also XLABEL, YLABEL, ZLABEL, TEXT.
```

得到的帮助信息包括该函数的解释、函数的几种调用格式和相关的函数名等等。

MATLAB 的强大功能能够帮助读者更好地解决反馈控制理论中的复杂问题,有助于读者更好地理解反馈控制理论。在下面几节里,着重介绍 MATLAB 在反馈控制理论中的应用。

8.2　MATLAB 在求解线性微分方程中的应用

拉普拉斯变换法是一种求解线性微分方程解的简便运算方法。通过运用拉普拉斯变换,可以将线性微分方程转化为复变量 s 的代数方程,然后对复变量 s 的代数方程进行部分分式展开,再运用拉普拉斯反变换即可求得线性微分方程的解。

在对复变量 s 的代数方程进行部分分式展开时,普遍采用的方法是:求出代数方程的所有极点 s_i,然后将代数方程写成如下形式

$$C(s)=\frac{a_1}{s-s_1}+\frac{a_2}{s-s_2}+\cdots+\frac{a_n}{s-s_n}$$

再求出 $a_1,a_2,\cdots,a_n$ 的值

$$a_i=\lim_{s\to s_i}C(s)(s-s_i)\qquad i=1,2,\cdots,n$$

然后根据$\frac{a_i}{s-s_i}$的拉普拉斯反变换 $a_i e^{s_i t}$,得到线性微分方程的解 $c(t)=\sum_{i=1}^{n}a_i e^{s_i t}$。

对于分母中包含较高阶次多项式的复杂函数,利用上述方法进行部分分式展开可能会相当困难和费时间。但在 MATLAB 中这种情况可以得到很好的解决。

MATLAB 中有一个命令用于求 $C(s)/R(s)$的部分分式展开。考虑下列有理传递函数

$$\frac{C(s)}{R(s)}=\frac{b_0s^m+b_1s^{m-1}+\cdots+b_m}{s^n+a_1s^{n-1}+\cdots+a_n}$$

命令

```
[r,p,k] = residue(num,den)
```

将求出 $C(s)/R(s)$ 的部分分式展开式。式中 num、den 分别是由有理传递函数分子和分母系数组成的行向量(分子、分母系数按降幂排列),即

$$\text{num}=[b_0\quad b_1\quad \cdots\quad b_m]$$
$$\text{den}=[1\quad a_1\quad \cdots\quad a_n]$$

r、p 分别为各个部分分式的增益和极点位置,而 k 为部分分式展开后的余项。

例 8.1 考虑一个传递函数模型

$$\frac{C(s)}{R(s)}=\frac{2s^4+s^3+6s^2+10s+24}{s^4+10s^3+35s^2+50s+24}$$

由下面的 MATLAB 命令可以容易地得到其部分分式的展开式。

```
num = [2 1 6 10 24];
den = [1 10 35 50 24];
[r,p,k] = residue(num,den)
```

结果为

```
r =
   -88.0000
   91.5000
   -26.0000
   3.5000
p =
   -4.0000
   -3.0000
   -2.0000
   -1.0000
k =


   2
```

所以,由 MATLAB 命令得到 $C(s)/R(s)$ 的部分分式展开式为

$$\frac{C(s)}{R(s)}=\frac{2s^4+s^3+6s^2+10s+24}{s^4+10s^3+35s^2+50s+24}=\frac{-88}{s+4}+\frac{91.5}{s+3}+\frac{-26}{s+2}+\frac{3.5}{s+1}+2$$

当 $R(s)=1$(即为单位脉冲输入)时,可得到系统输出表达式

$$c(t)=-88e^{-4t}+91.5e^{-3t}-26e^{-2t}+3.5e^{-t}+2\delta(t)$$

当 $R(s)=\frac{1}{s}$(即为单位阶跃输入)时,$C(s)=\frac{2s^4+s^3+6s^2+10s+24}{(s^4+10s^3+35s^2+50s+24)s}$,此时

```
num = [2 1 6 10 24];
den = [1 10 35 50 24];
```

```
[r,p,k] = residue(num,[den 0])
```

结果为

```
r =
   22.0000
  -30.5000
   13.0000
   -3.5000
    1.0000
p =
   -4.0000
   -3.0000
   -2.0000
   -1.0000
         0
k =

   []
```

因此得到的系统输出表达式为

$$c(t)=22e^{-4t}-30.5e^{-3t}+13e^{-2t}-3.5e^{-t}+1$$

例 8.2　考虑一个传递函数的模型

$$\frac{C(s)}{R(s)}=\frac{1}{(s-1)(s+4)(2s^2+3s+1)}$$

对此函数,其分母多项式为乘积的形式。要得到分母多项式的系数向量 den,我们可以调用一个 MATLAB 函数 conv( ),以实现两个因式的乘积。于是有

```
num = 1;
den = [conv(conv([1 -1],[1 4]),[2 3 1])];
[r,p,k] = residue(num,den)
```

结果为

```
r =
   -0.0095
    0.1667
    0.0333
   -0.1905
p =
   -4.0000
   -1.0000
    1.0000
   -0.5000
k =
```

```
    []
```

所以，由 MATLAB 命令得到 $C(s)/R(s)$ 的部分分式展开式为

$$\frac{C(s)}{R(s)}=\frac{1}{(s-1)(s+4)(2s^2+3s+1)}=\frac{-0.009\,5}{s+4}+\frac{0.166\,7}{s+1}+\frac{0.033\,3}{s-1}+\frac{-0.190\,5}{s+0.5}$$

余项 k 为零。

当 $R(s)=1$(即为单位脉冲输入)时，可得系统输出表达式为

$$c(t)=-0.009\,5\mathrm{e}^{-4t}+0.166\,7\mathrm{e}^{-t}+0.033\,3\mathrm{e}^{t}-0.190\,5\mathrm{e}^{-0.5t}$$

当 $R(s)=\frac{1}{s}$(即为单位阶跃输入)时，$C(s)=\frac{1}{(s-1)(s+4)(2s^2+3s+1)s}$，此时

```
num = 1;
den = [conv(conv([1 -1],[1 4]),[2 3 1])];
[r,p,k] = residue(num,[den 0])
```

结果为

```
r =
    0.0024
   -0.1667
    0.0333
    0.3810
   -0.2500
p =
   -4.0000
   -1.0000
    1.0000
   -0.5000
         0
k =

    []
```

因此可得系统输出表达式为

$$c(t)=0.002\,4\mathrm{e}^{-4t}-0.166\,7\mathrm{e}^{-t}+0.033\,3\mathrm{e}^{t}+0.381\mathrm{e}^{-0.5t}-0.25$$

应当指出，如果函数含有 m 重极点 p 的话，则部分分式展开式将包括下列诸项

$$\frac{r_1}{s-p}+\frac{r_2}{(s-p)^2}+\cdots+\frac{r_m}{(s-p)^m}$$

该形式对应的拉普拉斯反变换为

$$r_1\mathrm{e}^{pt}+r_2t\mathrm{e}^{pt}+\cdots+\frac{1}{(m-1)!}r_mt^{m-1}\mathrm{e}^{pt}=(r_1+r_2t+\cdots+\frac{1}{(m-1)!}r_mt^{m-1})\mathrm{e}^{pt}$$

例 8.3　考虑一个传递函数模型

$$\frac{C(s)}{R(s)}=\frac{1}{(s-1)(s+4)(2s^2-3s+1)}$$

对此函数，有

```
num = 1;
den = [conv(conv([1  -1],[1 4]),[2  -3 1])];
[r,p,k] = residue(num,den)
```

结果为

```
r =
    -0.0044
    -0.4400
    0.2000
    0.4444
p =
    -4.0000
    1.0000
    1.0000
    0.5000
k =

    []
```

所以,由 MATLAB 命令得到 $C(s)/R(s)$的部分分式展开式为

$$\frac{C(s)}{R(s)}=\frac{1}{(s-1)(s+4)(2s^2-3s+1)}=\frac{-0.0044}{s+4}+\frac{-0.44}{s-1}+\frac{0.2}{(s-1)^2}+\frac{0.4444}{s-0.5}$$

余项 k 为零。

当 $R(s)=1$(即为单位脉冲输入)时,可得系统输出表达式为

$$c(t)=-0.0044e^{-4t}+(-0.44+0.2t)e^{t}+0.4444e^{0.5t}$$

当 $R(s)=\frac{1}{s^2}$(即为单位斜坡输入)时,$C(s)=\frac{1}{(s-1)(s+4)(2s^2-3s+1)s^2}$,此时

```
num = 1;
den = [conv(conv([1  -1],[1 4]),[2  -3 1])];
[r,p,k] = residue(num,[den 0 0])
```

结果为

```
r =
    -0.0003
    -0.8400
    0.2000
    1.7778
    -0.9375
    -0.2500
p =
    -4.0000
    1.0000
```

```
    1.0000
    0.5000
         0
         0
k =

    []
```

可得系统输出表达式为

$$c(t)=-0.0003e^{-4t}+(-0.84+0.2t)e^{t}+1.7778e^{0.5t}+(-0.9375-2.5t)$$

8.3 MATLAB 在系统方框图化简中的应用

系统模型通常由一些典型环节按照基本连接结构相互连接构成，我们在对复杂系统方框图进行化简时，常常按照方框图基本连接方式逐步化简或者采用梅逊公式求整个系统的传递函数，步骤往往很繁琐。本节将介绍这种相互连接的系统传递函数的 MATLAB 求法。

一、基本连接结构传递函数的 MATLAB 求法

1. 串联连接结构

考虑如图 8.1 所示的串联连接结构，在串联连接下，传递函数 $G(s)=G_1(s)\cdot G_2(s)$ 可由 MATLAB 命令 $G=G_1*G_2$ 得出，其中 G_1、G_2 分别为各环节 $G_1(s)$、$G_2(s)$ 的传递函数对象。

图 8.1　串联结构

考虑这样两个模型 $G_1(s)=\dfrac{2}{s+2}$ 和 $G_2(s)=\dfrac{7}{s^2+2s+1}$，由下面的 MATLAB 语句可以得到这两个模型串联的传递函数。

```
num1 = 2;
den1 = [1 2];
G1 = tf(num1,den1);
num2 = 7;
den2 = [1 2 1];
G2 = tf(num2,den2);
G = G1 * G2
```

结果为

```
Transfer function:
          14
------------------------
s^3 + 4 s^2 + 5 s + 2
```

说明：tf( )函数的作用为由传递函数分子分母多项式构造单个的传递函数对象，该函数的调用格式为

G = tf(num,den)

式中,(num,den)分别为环节(或系统)传递函数分子和分母多项式的系数向量,返回的变量 G 为环节(或系统)传递函数对象。

2. 并联连接结构

考虑如图8.2所示的并联连接结构,在并联连接下,传递函数 $G(s)=G_1(s)\pm G_2(s)$ 可由MATLAB命令 $G=G_1\pm G_2$ 得出,其中 G_1、G_2 分别为各环节 $G_1(s)$、$G_2(s)$ 的传递函数对象。

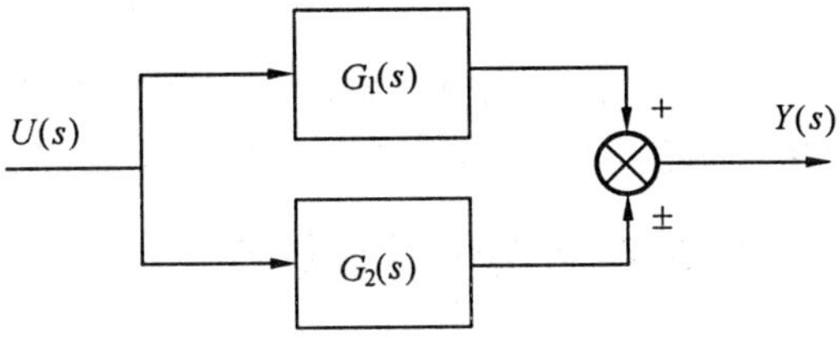

图8.2　并联结构

3. 反馈连接结构

考虑如图8.3所示的反馈连接结构，在反馈连接下,传递函数 $G(s)=\dfrac{G_1(s)}{1\mp G_1(s)G_2(s)}$ 可由MATLAB下的函数feedback( )求取。该函数的调用格式为

G = feedback(G1,G2,Sign)

式中,变量Sign用来表示正、负反馈结构,Sign = 1表示正反馈,Sign = －1表示负反馈;G_1、G_2 分别为前向通道模型 $G_1(s)$、反馈通道模型 $G_2(s)$ 的传递函数对象。

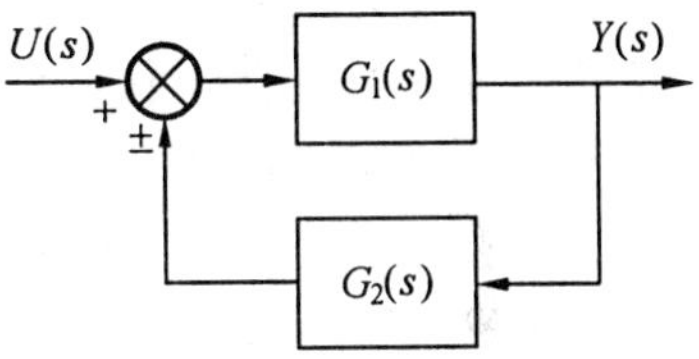

图8.3　反馈结构

例8.4　已知系统的方框图如图8.4所示,方框图中

$$G_c(s)=\frac{7s+4}{s},\ G_0(s)=\frac{s^3+5s^2+4s+24}{s^4+25s^2+40s+24},\ H(s)=\frac{1}{0.2s+1}$$

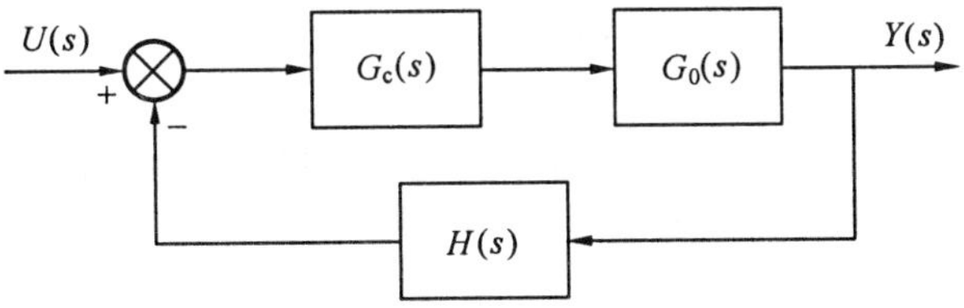

图8.4　系统框图

则闭环系统的传递函数可以由下面的MATLAB命令得出

```
num1 = [7 4];
den1 = [1 0];
Gc = tf(num1,den1);
num2 = [1 5 4 24];
den2 = [1 0 25 40 24];
Go = tf(num2,den2);
num3 = 1;
den3 = [0.2 1];
H = tf(num3,den3);
G1 = Gc * Go;
G = feedback(G1,H, - 1)
```

结果为

```
Transfer function:
1.4 s^5 + 14.8 s^4 + 48.6 s^3 + 84.8 s^2 + 203.2 s + 96
----------------------------------------------------------
0.2 s^6 + s^5 + 12 s^4 + 72 s^3 + 92.8 s^2 + 208 s + 96
```

在实际应用中,有些系统往往更为复杂,方框图中的回路经常含有交叉,这时用手工求解传递函数则显得很繁琐。下面介绍 MATLAB 在求复杂系统传递函数中的应用。

二、复杂系统传递函数的 MATLAB 求法

在 MATLAB 中,求复杂系统传递函数可采取以下步骤:

(1) 绘制复杂系统的信号流程图,并对每条支路进行编号(1,2,3)。

(2) 指定支路总数参数 nblocks 的值,然后在 ni 和 di(i = 1 to nblocks)变量中分别输入每条支路传递函数的分子和分母系数。

(3) 运行 MATLAB 程序 blkbuild 得到一个状态方程模型[a,b,c,d]。

(4) 输入连接关系矩阵 Q,输入向量 INPUTS,输出向量 OUTPUTS。

- Q 矩阵有 nblocks 行;
- Q 矩阵的第一列从上到下依次是各支路的编号;
- Q 矩阵第 i(i = 1 to nblocks)行的第二列及以后列元素为进入该行所示支路的所有支路编号;
- 输入向量 INPUTS 由输入信号所进入的支路编号构成;
- 输出向量 OUTPUTS 由输出信号所流出的支路编号构成。

(5) 输入函数[A,B,C,D] = connect(a,b,c,d,Q,INPUTS,OUTPUTS),得到整个系统的状态方程模型。

(6) 输入 MATLAB 命令 T = zpk(ss(A,B,C,D)),得到整个系统传递函数的零极点模型。

例 8.5 已知系统方框图如图 8.5 所示,求系统传递函数。

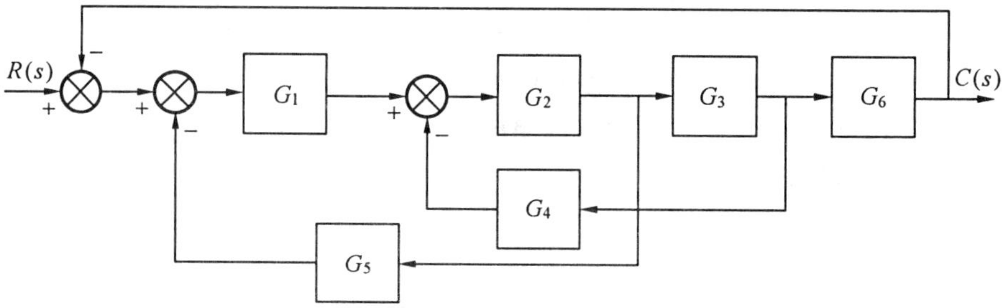

图 8.5 系统框图

图中 $G_1=\dfrac{1}{s+1}$, $G_2=\dfrac{4}{s}$, $G_3=\dfrac{6}{2s+1}$, $G_4=\dfrac{4s+1}{3s}$, $G_5=\dfrac{4}{5s+1}$, $G_6=\dfrac{1}{s}$。

步骤 1 绘制系统的信号流图如图 8.6 所示,并对每条支路进行编号。

步骤 2 指定支路总数参数 nblocks 的值,然后在 ni 和 di(i = 1 to nblocks)变量中分别输入每条支路传递函数的分子和分母系数。

```
nblocks = 9;
n1 = 1;d1 = 1;
n2 = 1;d2 = 1;
```

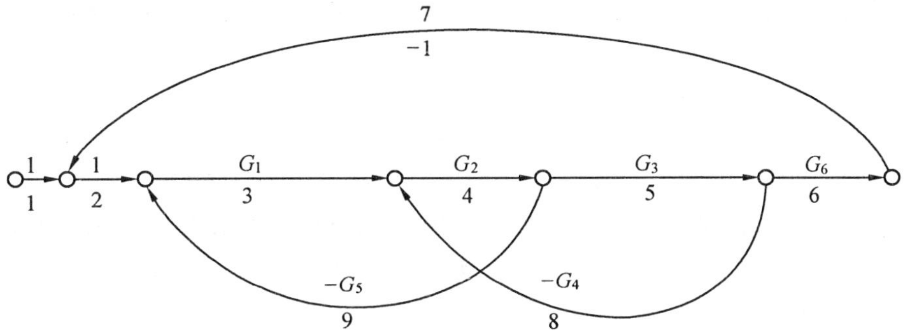

图 8.6　信号流图

```
n3 = 1;d3 = [1 1];
n4 = 4;d4 = [1 0];
n5 = 6;d5 = [2 1];
n6 = 1;d6 = [1 0];
n7 = -1;d7 = 1;
n8 = [-4 -1];d8 = [3 0];
n9 = -4;d9 = [5 1];
```

步骤 3　运行 MATLAB 程序 blkbuild,得到一个状态方程模型[a,b,c,d]。

```
blkbuild
State model [a,b,c,d] of the block diagram has 9 inputs and 9 outputs
```

步骤 4　输入连接关系矩阵 Q、输入向量 INPUTS、输出向量 OUTPUTS。

```
Q = [1 0 0;2 1 7; 3 2 9;4 3 8;5 4 0;6 5 0;7 6 0;8 5 0;9 4 0];
INPUTS = 1;
OUTPUTS = 6;
```

步骤 5　输入函数[A,B,C,D] = connect(a,b,c,d,Q,INPUTS,OUTPUTS),得到整个系统的状态方程模型。

```
[A,B,C,D] = connect(a,b,c,d,Q,INPUTS,OUTPUTS);
```

步骤 6　输入 MATLAB 命令 T = zpk(ss(A,B,C,D)),得到整个系统传递函数的零极点模型。

```
T = zpk(ss(A,B,C,D))
Zero/pole/gain:
12 s (s+0.2)
-----------------------------------------------------------
s (s+0.1855) (s^2 + 1.521s + 1.12) (s^2 - 0.006824s + 15.41)
```

从得到的系统传递函数零极点模型中,我们看出传递函数的分子分母中都含有 s 项。为了消掉所有处于相同位置的零点和极点对,MATLAB 提供了一个 minreal( )函数来解决这个问题。该函数的调用格式为

G1 = minreal(C)

式中,G 为简化前的系统模型;G1 为简化后的系统模型。

运用上述函数,输入 MATLAB 命令 G1 = minreal(T),可直接求出上例系统简化的零极点模型为

$$\frac{12\ (s+0.2)}{(s+0.1855)\ (s^{\wedge}2\ +\ 1.521s\ +\ 1.12)\ (s^{\wedge}2\ -\ 0.006824s\ +\ 15.41)}$$

上述介绍的求复杂系统传递函数的 MATLAB 方法,虽然比手工求解简单,但对过于复杂的系统,求解步骤仍显繁琐。在这种情况下,MATLAB 提供了功能完善的 Simulink 程序来求系统传递函数,求解过程非常简单。

运用 Simulink 程序求系统传递函数可采取以下步骤:

(1) 在 MATLAB 命令窗口的提示符下键入 Simulink,启动 Simulink 程序。这时,Simulink 程序的模块库窗口就会显示出来,如图 8.7 所示。

(2) 点击图标,打开一个新的模型编辑窗口,运用模块库窗口的各个子模块库 Simulink、Communications Blockset 等在打开的模型编辑窗口建立系统的方框图。

(3) 将建立的系统方框图以一定的文件名保存在默认的目录下,然后关闭模型编辑窗口。

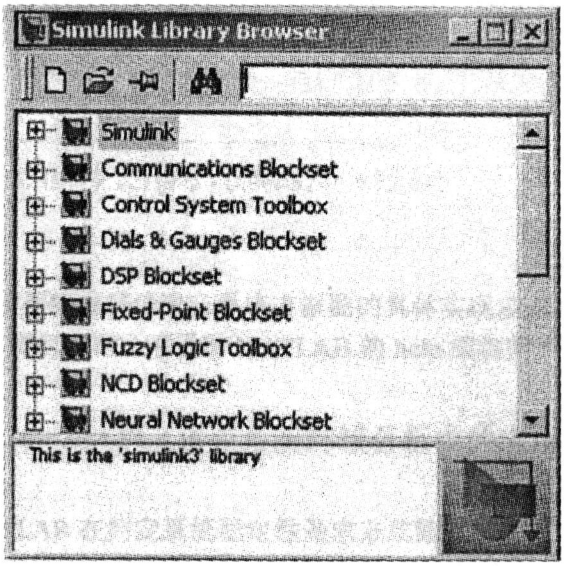

图 8.7　Simulink 模块库

(4) 在 MATLAB 命令窗口中,键入如下命令,即可得到系统传递函数的零极点模型。

```
[a,b,c,d] = linmod2('保存的文件名');
G = ss(a,b,c,d);
G1 = zpk(G)
```

运用上述介绍的方法,考虑例 8.5 给出的系统,在 MATLAB 模型编辑窗口运用各子模块库,建立系统的方框图(图 8.8)。

将系统方框图以 example 文件名保存后,在 MATLAB 命令窗口,键入如下命令

```
[a,b,c,d] = linmod2('example');
G = ss(a,b,c,d);
```

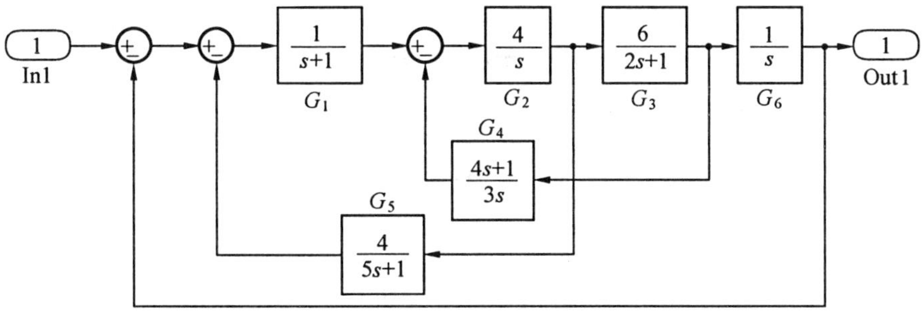

图 8.8　系统的 Simulink 模型

G1 = zpk(G)

得到系统传递函数的零极点模型为

Zero/pole/gain:

```
                    12 s (s+0.2)
  -----------------------------------------------------------------
  s (s+0.1855) (s^2 + 1.521s + 1.12) (s^2 - 0.006824s + 15.41)
```

运行 MATLAB 命令

G2 = minreal(G1)

得到系统传递函数的简化形式

Zero/pole/gain:

```
                    12 (s+0.2)
  -----------------------------------------------------------------
  (s+0.1855) (s^2 + 1.521s + 1.12) (s^2 - 0.006824s + 15.41)
```

结果与上例相同。

说明：运用 MATLAB 模型编辑窗口建立系统方框图的具体实现步骤比较简单，这里就不详细介绍了，大家有疑问的话，可借助 MATLAB 的 help 或参阅相关的参考书。

8.4　MATLAB 在系统时域分析中的应用

本节主要介绍 MATLAB 在判定系统稳定性及求系统给定稳态误差终值中的应用。

一、MATLAB 在分析系统稳定性中的应用

稳定性是控制系统的重要性能，是系统正常工作的首要条件。在前面章节的学习中，我们知道了分析系统稳定性的方法有好多种。对于低阶系统，我们可以采用直接求特征方程根的方法来判断系统的稳定性；而对于高阶系统，直接求根比较麻烦，所以一般采用劳斯－赫尔维茨判据来判定系统的稳定性。

在 MATLAB 中，无论是高阶系统还是低阶系统，我们都可以采用函数 roots(den)(den 为闭环传递函数的分母多项式系数)来直接求闭环系统的极点位置，从而判定系统的稳定性。

例 8.6　试判别图 8.9 所示系统的稳定性。

输入以下 MATLAB 命令，求系统闭环传递函数。

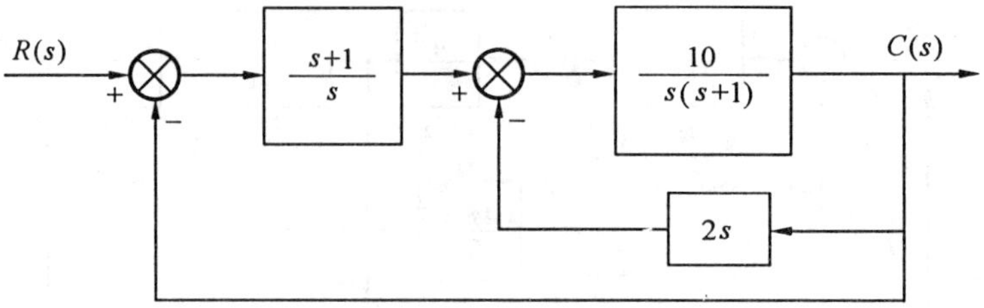

图 8.9 系统框图

```
num1 = 10;
den1 = [1 1 0];
G1 = tf(num1,den1);
num2 = [2 0];
den2 = 1;
G2 = tf(num2,den2);
num3 = [1 1];
den3 = [1 0];
G3 = tf(num3,den3);
GG = feedback(G1,G2, -1);
G4 = G3 * GG;
GG1 = feedback(G4,1, -1)
Transfer function:
              10 s + 10
----------------------------------------
s^3 + 21 s^2 + 10 s + 10
```

输入 MATLAB 函数 roots(den),直接求闭环系统的极点位置,以判定系统的稳定性。

```
roots(GG1.den{1})
ans =
 -20.5368
 -0.2316 + 0.6582i
 -0.2316 - 0.6582i
```

得到的闭环极点全部位于 s 平面的左半部,所以系统稳定。

说明:GG1.den{1}表示由上述 MATLAB 命令得到的闭环传递函数对象 GG1 的分母部分。

二、MATLAB 在求系统给定稳态误差终值中的应用

对于线性系统模型,应用 Laplace 变换的终值定理,可以容易地得出系统给定稳态误差的终值

$$e_{sr}=\lim_{t\to\infty}e_r(t)=\lim_{s\to 0}sE_r(s)=\lim_{s\to 0}s[R(s)-C(s)]=$$
$$\lim_{s\to 0}s[R(s)-\phi(s)R(s)]=\lim_{s\to 0}sR(s)[1-\phi(s)]$$

在 MATLAB 中，函数 dcgain( )可求取系统给定稳态误差的终值。该函数的调用格式为

dcg = dcgain(G)

式中，$G = sR(s)[1-\phi(s)]$；dcg 为求得的系统给定稳态误差终值。

例 8.7　试计算如图 8.10 所示系统分别在典型输入信号 $r(t)=1(t)$、t、$\frac{1}{2}t^2$ 下的给定稳态误差终值，已知 $G(s)=\dfrac{7(s+1)}{s(s+3)(s^2+4s+5)}$。

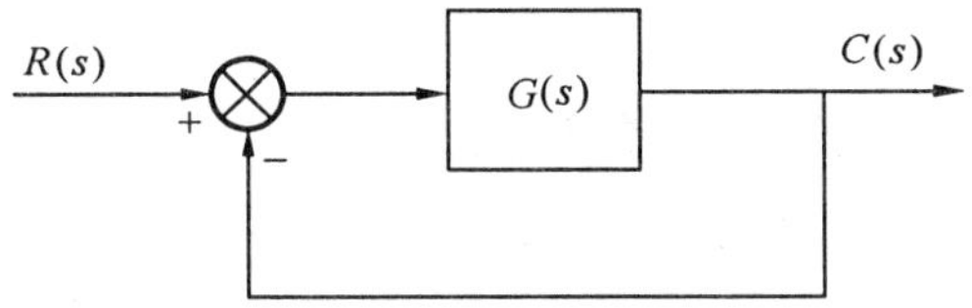

图 8.10　系统框图

输入以下 MATLAB 命令，求系统的闭环传递函数 $\phi(s)$。

```
num1 = [7 7];
den1 = [conv(conv([1 0],[1 3]),[1 4 5])];
G = tf(num1,den1);
GG = feedback(G,1,-1)

Transfer function:
7s + 7
--------------------------------
s^4 + 7s^3 + 17s^2 + 22s + 7
```

输入以下 MATLAB 命令，计算 $s[1-\phi(s)]$。

```
GGG = tf(GG.den{1} - GG.num{1},GG.den{1});      %计算 1 - φ(s)
num2 = [1 0];
den2 = 1;
G1 = tf(num2,den2);
GGGG = GGG * G1

Transfer function:

s^5 + 7 s^4 + 17 s^3 + 15 s^2
--------------------------------
s^4 + 7 s^3 + 17 s^2 + 22 s + 7
```

说明：GG.num{1}，GG.den{1}分别表示 GG 对象的分子分母部分；%后面的部分为用户自己添加的命令注释部分，MATLAB 不执行。

(1) 计算 $r(t)=1(t)$时的给定稳态误差终值 e_{sr}。

$R(s)=\dfrac{1}{s}$，输入以下 MATLAB 命令，求给定稳态误差终值。

```
num3 = 1;
```

```
den3 = [1 0];
R = tf(num3,den3);
dcg = dcgain(GGGG * R)
dcg =
     0
```

结果为0。

(2) 计算 $r(t)=t$ 时的给定稳态误差终值 e_{sr}。

$R(s)=\frac{1}{s^2}$,输入以下 MATLAB 命令,求给定稳态误差终值。

```
num4 = 1;
den4 = [1 0 0];
R1 = tf(num4,den4);
dcg = dcgain(GGGG * R1)
dcg =
     2.1429
```

结果为2.142 9。

(3) 计算 $r(t)=\frac{1}{2}t^2$ 时的给定稳态误差终值 e_{sr}。

$R(s)=\frac{1}{s^3}$,输入以下 MATLAB 命令,求给定稳态误差终值。

```
num5 = 1;
den5 = [1 0 0 0];
R2 = tf(num5,den5);
dcg = dcgain(GGGG * R2)
dcg =
Inf
```

结果为∞。

8.5 MATLAB 在绘制系统根轨迹中的应用

根轨迹法作为求解系统特征方程根的图解方法在控制工程中得到了广泛的应用。采用根轨迹法可以在已知系统开环零、极点情况下,绘制出系统特征方程根在平面上随参数变化运动的轨迹,进而分析系统的性能。

绘制根轨迹时选择的可变参量可以是系统的任意参量。但在实际中最常用的还是以系统开环增益为可变参量绘制的常规根轨迹。

一、常规根轨迹的绘制

在 MATLAB 中,提供了 rlocus( )函数来绘制给定系统的常规根轨迹,该函数的调用格式为

```
rlocus(num,den)
```

式中，num 为开环传递函数分子多项式的系数向量；den 为开环传递函数分母多项式的系数向量。利用该命令可以在屏幕上绘制系统的常规根轨迹图，而开环增益向量 $\boldsymbol{K}$ 的取值范围由计算机自动确定。

如果引入左端变量，即

```
[r,K] = rlocus(num,den)
```

或

```
[r,K] = rlocus(num,den,K)
```

则将在屏幕上显示矩阵 r 和开环增益向量 K，其中 r 为由根轨迹各个点构成的复数矩阵，式子左端的 K 向量为自动生成的增益向量，式子右端的 K 向量为用户自己指定的增益向量范围。利用绘图命令

```
plot( r )
```

可以画出系统的根轨迹。

采用函数 rlocus(num,den)也可以绘制系统常规根轨迹的渐近线。

设系统开环传递函数的极点为 $p_i(i=1,2,\cdots,n)$，零点为 $z_j(j=1,2,\cdots,m)$，则根据绘制常规根轨迹的基本规则可求得系统根轨迹渐近线与实轴的交点 $\sigma_a=\left(\sum_{i=1}^{n}p_i-\sum_{j=1}^{m}z_j\right)/(n-m)$。构造多项式 $G=\dfrac{1}{(s-\sigma_a)^{n-m}}$，输入 MATLAB 命令 rlocus(G.num{1},G.den{1})，即可绘制出系统常规根轨迹的渐近线。

例 8.8　绘制如图 8.11 所示系统的根轨迹，已知开环传递函数 $G(s)=\dfrac{K}{s(s+1)(0.5s+1)}$。

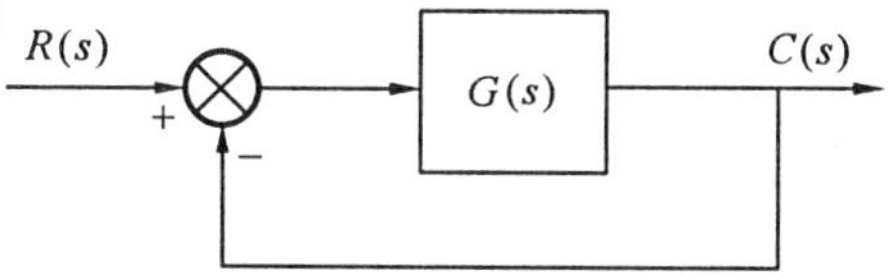

图 8.11　系统框图

输入以下 MATLAB 命令，绘制系统根轨迹。

```
num1 = 1;
den1 = [conv(conv([1 0],[1 1]),[0.5 1])];
rlocus(num1,den1)
```

由开环传递函数知，3 条根轨迹都趋向于无穷远处，这三条趋向无穷远的根轨迹的渐近线与实轴的交点 $\sigma_a=\dfrac{0-1-2}{3}=-1$。输入以下 MATLAB 命令，在上述根轨迹图上绘制根轨迹的渐近线。

```
hold on;
num2 = 1;
den2 = [conv(conv([1 1],[1 1]),[1 1])];
rlocus(num2,den2)
axis([-4 4 -3 3])
grid on
title('root-locus plot of G(s) = K/[s(s+1)(0.5s+1)]')
```

得到根轨迹，如图 8.12 所示。

说明：hold on 语句的作用是使系统根轨迹曲线与根轨迹渐近线绘于同一图形上；grid on 语句的作用是为图形加栅格；title( )函数的作用是为图形加标题；axis([Re1 Re2 Im1 Im2])函数的作用是为图形设定实轴、虚轴范围。

例 8.9　考虑具有下列开环传递函数 $G(s)$ 的系统

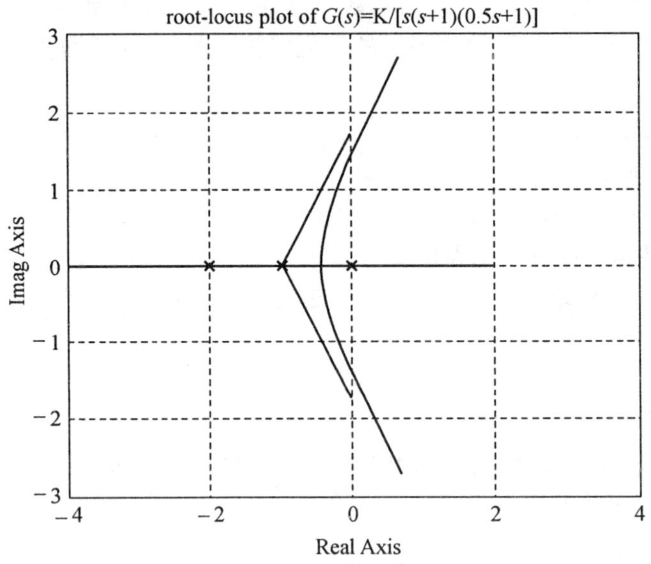

图 8.12　根轨迹图

$$G(s)=\frac{K}{s(s+0.5)(s^2+0.6s+10)}$$

输入以下 MATLAB 命令,可得如图 8.13 所示的根轨迹图。

```
num = 1;
den = [conv(conv([1 0],[1 0.5]),[1 0.6 10])];
rlocus(num,den)
grid on
title('root - locus plot of G(s) = K/[s(s+0.5)(s^2+0.6s+10)]')
axis([-6 6 -6 6])
```

注意:由图 8.13 可以看出,开环增益向量 $\boldsymbol{K}$ 的取值范围由计算机自动确定时,绘制的两条根轨迹分支在上半平面(或下半平面)彼此互相接近。于是,我们产生疑问,这两条根轨迹分支实际会不会碰到一起呢?为了说明这个问题,我们自己定义开环增益向量 $\boldsymbol{K}$ 的取值范围及步长,使其步长尽可能地小,这样得到的根轨迹上各个点就越密集,连接得到的曲线就越准确,采用下述 MATLAB 命令重新绘制系统根轨迹,得到的根轨迹如图 8.14 所示。

```
num = 1;
den = [conv(conv([1 0],[1 0.5]),[1 0.6 10])];
k = 0:0.01:1000;
[r,k] = rlocus(num,den,k);
plot(r,'o')
axis([-4 4 -4 4]);
grid on
title('root - locus plot of G(s) = K/[s(s+0.5)(s^2+0.6s+10)]')
xlabel('Real Axis')
ylabel('Imag Axis')
```

说明:plot(r,'o')的作用是用圈描绘根轨迹上的点,从而来绘制系统根轨迹图;xlabel

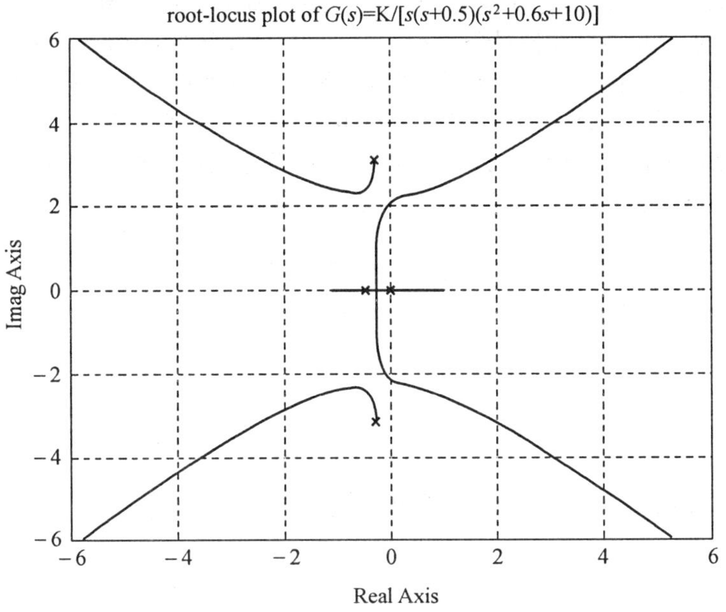

图 8.13　根轨迹图

('Real Axis')的作用是给横轴加上 Real Axis 标题；ylabel('Imag Axis') 的作用是给纵轴加上 Imag Axis 标题。

由图 8.14 可清楚看出，两条根轨迹分支在上半平面(或下半平面)并不接触。

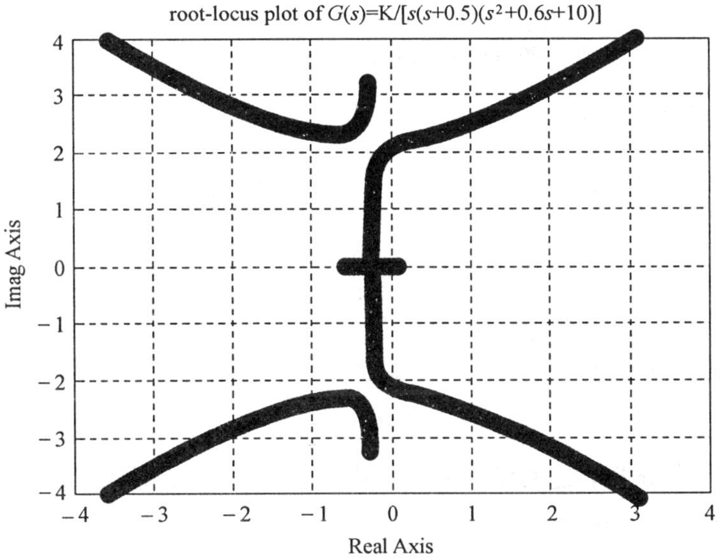

图 8.14　根轨迹图

在 MATLAB 中，还提供了一个 rlocfind( )函数，该函数用来求根轨迹上指定点处的开环增益 K 值，并显示该增益下系统所有的闭环极点。rlocfind( )函数的调用格式为

[K,p] = rlocfind(num,den)

式中，num 为系统开环传递函数分子多项式的系数向量；den 为系统开环传递函数分母多项式的系数向量。在 MATLAB 命令窗口运行此函数后，在根轨迹图形窗口上出现要求用户使

用鼠标定位的提示,用户用鼠标左键点击所关心的根轨迹上的点后,函数将返回一个 K 变量表示所选点对应的开环增益值;同时返回一个 p 变量表示在该增益下所有闭环极点的位置。另外,该函数还将自动地将该增益下所有的闭环极点直接在根轨迹曲线上标注出来。

运用此函数,我们可以很容易地求出使闭环系统稳定的 K 值范围。

例 8.10 绘制如图 8.15 所示系统的根轨迹,并确定使系统稳定的 K 值范围。

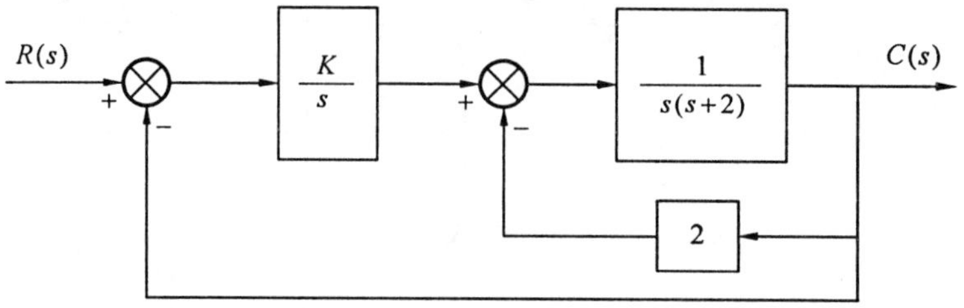

图 8.15 系统框图

输入以下 MATLAB 命令,求系统的开环传递函数。

```
num1 = 1;
den1 = [1 2 0];
G1 = tf(num1,den1);
G = feedback(G1,2, - 1);
num2 = 1;
den2 = [1 0];
G2 = tf(num2,den2);
GG = G * G2;            %抛除 K 的系统开环传递函数
```

计算趋向无穷远的根轨迹渐近线与实轴的交点 σ_a。

```
z = roots(GG.num{1})
z =
   Empty matrix: 0 - by - 1
p = roots(GG.den{1})
p =
         0
   - 1.0000 + 1.0000i
   - 1.0000 - 1.0000i
```

$$\sigma_a = -\frac{2}{3}$$

将根轨迹渐近线与系统根轨迹曲线绘于同一图面上,如图 8.16 所示。

```
rlocus(GG.num{1},GG.den{1})
hold on
num3 = 1;
den3 = [conv(conv([1 2/3],[1 2/3]),[1 2/3])];
rlocus(num3,den3)
axis([ - 2 2  - 2 2])
grid on
title('root - locus plot of 8.15 system')
```

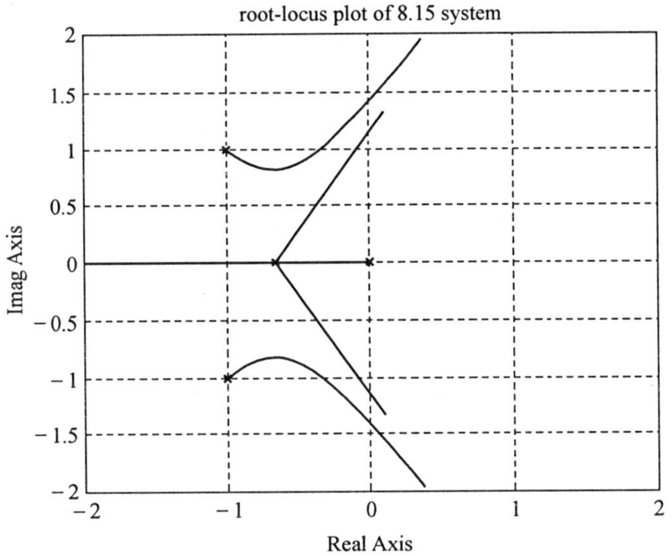

图 8.16　根轨迹图

使用 rlocfind( )函数确定根轨迹曲线与虚轴相交点处的增益值,从而确定使闭环系统稳定的 K 值范围。

```
[K,p] = rlocfind(GG.num{1},GG.den{1})
Select a point in the graphics window
selected_point =
        0 + 1.4355i
K =
      4.1224
p =
     -2.0201
    0.0101  +  1.4285i
    0.0101  -  1.4285i
```

从运行结果可以看出,闭环系统稳定的 $\boldsymbol{K}$ 值范围为 $\boldsymbol{K} \in (0,4.1224)$。

说明:由于上例采用函数 rlocus( )绘制系统根轨迹的 $\boldsymbol{K}$ 值范围由计算机自动确定,所以得到的根轨迹图并不十分精确,因而利用函数 rlocfind( )得到的根轨迹曲线与虚轴相交点处的增益 $\boldsymbol{K}$(真实值为 4)值也存在一定误差。欲缩减其误差,用户可自行定义开环增益向量 $\boldsymbol{K}$ 的取值范围及步长,使其步长尽可能的小。

二、零度根轨迹的绘制

在复杂的控制系统中,可能存在正反馈内回路,如图 8.17 所示。下面我们将只对正反馈内回路的根轨迹(又称零度根轨迹)进行研究。

内回路的闭环传递函数为 $\dfrac{G(s)}{1-G(s)H(s)}$,得到特征方程 $1-G(s)H(s)=0$,与负反馈系统特征方程 $1+G(s)H(s)=0$ 相比较,只相差了一个负号,所以在绘制正反馈回路的零度根轨迹时,仍可以使用函数 rlocus( ),调用格式为

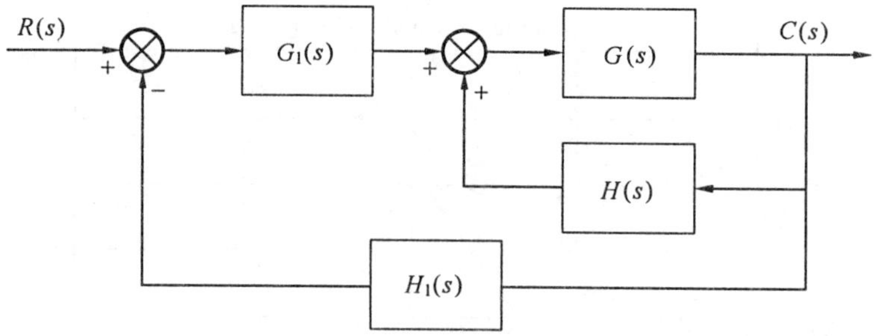

图 8.17　系统框图

rlocus(- G.num{1},G.den{1})

式中,G.num{1}表示正反馈回路开环传递函数分子多项式的系数向量;G.den{1}表示正反馈回路开环传递函数分母多项式的系数向量。

例 8.11　考虑图 8.18 所示的正反馈回路系统

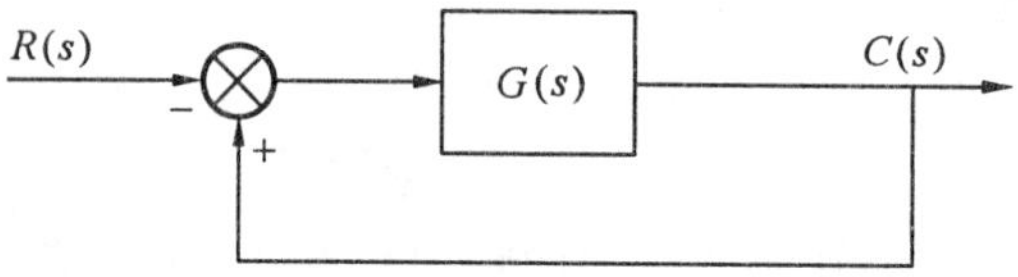

图 8.18　系统框图

开环传递函数 $G(s)=\dfrac{K(s+2)}{(s+3)(s^2+2s+2)}$。

输入以下 MATLAB 命令,绘制正反馈回路系统的零度根轨迹(图 8.19)。

```
num = [ -1  -2];
den = [conv([1 3],[1 2 2])];
rlocus(num,den)
```

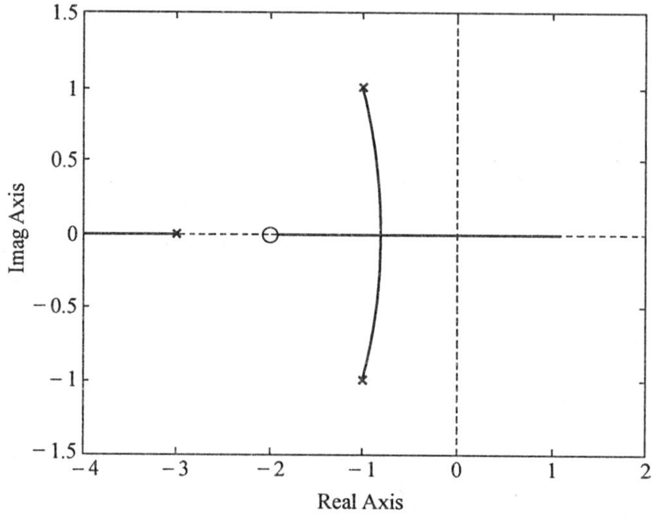

图 8.19　零度根轨迹图

8.6　MATLAB 在系统频域分析中的应用

一、应用 MATLAB 绘制 Bode 图

在 MATLAB 中，提供了函数 bode( ) 来绘制给定线性系统的 Bode 图，当不包含左端变量时，该函数可以由下面的格式来调用

```
bode(num,den)
```

式中，num 为系统开环传递函数分子多项式的系数向量；den 为系统开环传递函数分母多项式的系数向量。该 bode( ) 函数运行后，MATLAB 自动在屏幕上产生 Bode 图。

当包含左端变量时，该函数可以由下面的格式来调用

```
[mag,pha] = bode(num,den,w)
```

带左端变量的 bode( ) 函数运行后，屏幕上将不显示 Bode 图，而是在用户指定的频率点向量 w 上把系统的频率特性表示成 mag 和 pha 矩阵，矩阵 mag 和 pha 分别对应系统频率特性的幅值和相角。如果想绘制系统的 Bode 图，我们还需要将得出的幅值变换成分贝的形式，在 MATLAB中，可以使用命令 magdB = 20 * log10(mag) 来变换。然后使用半对数坐标图命令

```
semilogx(w,magdB)
semilogx(w,pha)
```

绘制系统的 Bode 图。

为了指明频率向量，常采用命令

w = logspace(d_1,d_2) 或 w = logspace(d_1,d_2,n)

命令 w = logspace(d_1,d_2) 在 10^{d_1} 和 10^{d_2} 之间产生一个由 50 个点组成的向量，这 50 个点彼此在对数上有相等的距离。命令 w = logspace(d_1,d_2,n) 在 10^{d_1} 和 10^{d_2} 之间产生 n 个在对数上相等距离的点。

例 8.12　已知系统开环传递函数

$$G(s)=\frac{100}{(s+5)(s+2)(s^2+4s+3)}$$

试画出该系统的 Bode 图。

输入以下 MATLAB 命令，绘制系统的 Bode 图，结果如图 8.20 所示。

```
num = 100;
den = [conv(conv([1 5],[1 2]),[1 4 3])];
w = logspace(-1,2);
[mag,pha] = bode(num,den,w);
magdB = 20 * log10(mag);
subplot(211),semilogx(w,magdB)
grid on
title('Bode Diagram of G(s) = 100/[(s+5)(s+2)(s^2+4s+3)]')
xlabel('Frequency(rad/sec)')
ylabel('Gain dB')
```

```
subplot(212),semilogx(w,pha)
grid on
xlabel('Frequency(rad/sec)')
ylabel('Phase deg')
```

说明：subplot(mnp)函数的作用是将图形窗口分成 m 行 n 列个区域，并将图形绘制在第 p 个区域。

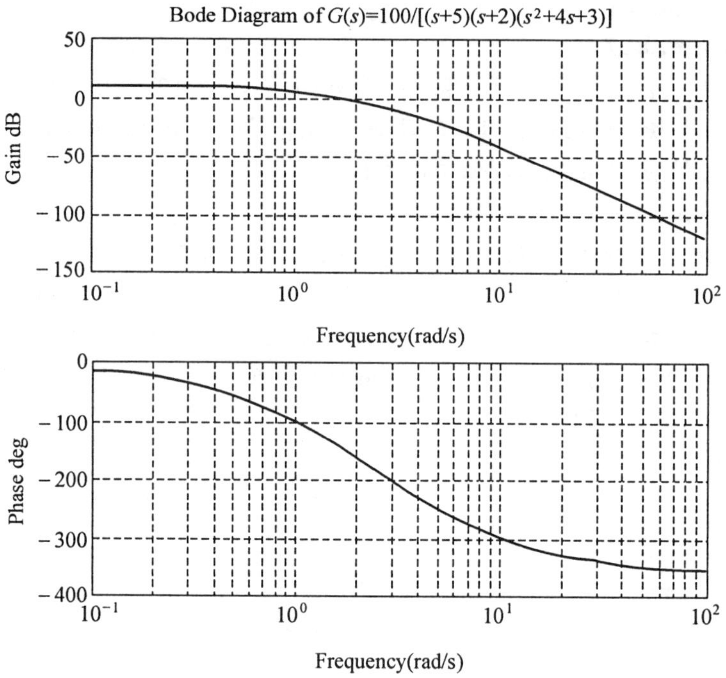

图 8.20　系统 Bode 图

二、应用 MATLAB 绘制乃奎斯特图

在 MATLAB 中，提供了函数 nyquist( )来绘制给定线性系统的乃奎斯特图，当不包含左端变量时，该函数可以由下面的格式来调用

nyquist(num,den)

式中，num 为系统开环传递函数分子多项式的系数向量；den 为系统开环传递函数分母多项式的系数向量。该 nyquist( )函数运行后，MATLAB 自动在屏幕上产生乃奎斯特图。

当包含左端变量时，该函数可以由下面的格式来调用

[re,im] = nyquist(num,den,w)

带左端变量的 nyquist( )函数运行后，屏幕上将不显示乃奎斯特图，而是在用户指定的频率点向量 w 上把系统的频率特性表示成 re 和 im 矩阵，矩阵 re 和 im 分别对应系统频率特性的实部和虚部。如果想绘制系统的 nyquist 图，我们可以使用 MATLAB 绘图命令 plot(re,im)来绘制系统的乃奎斯特图。

例 8.13　考虑图 8.21 所示系统开环传递函数为$\dfrac{5}{s^3+2s^2+3s+2}$。

输入以下 MATLAB 命令，绘制系统开环传递函数的乃奎斯特图(图 8.22)。

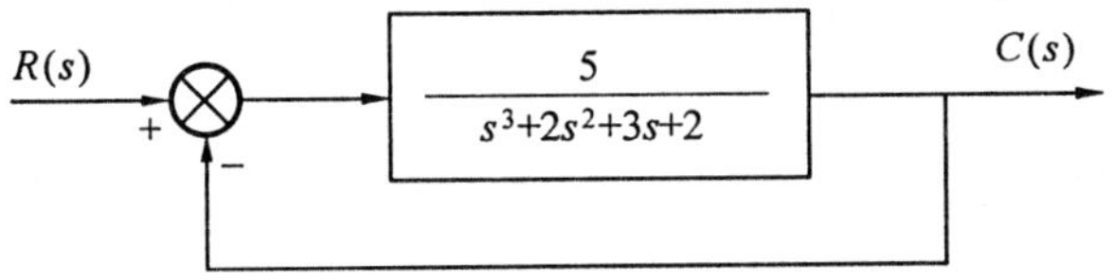

图 8.21　系统框图

```
num = 5;
den = [1 2 3 2];
nyquist(num, den)
title('Nyquist Plot of G(s) = 5/(s^3 + 2s^2 + 3s + 2)')
```

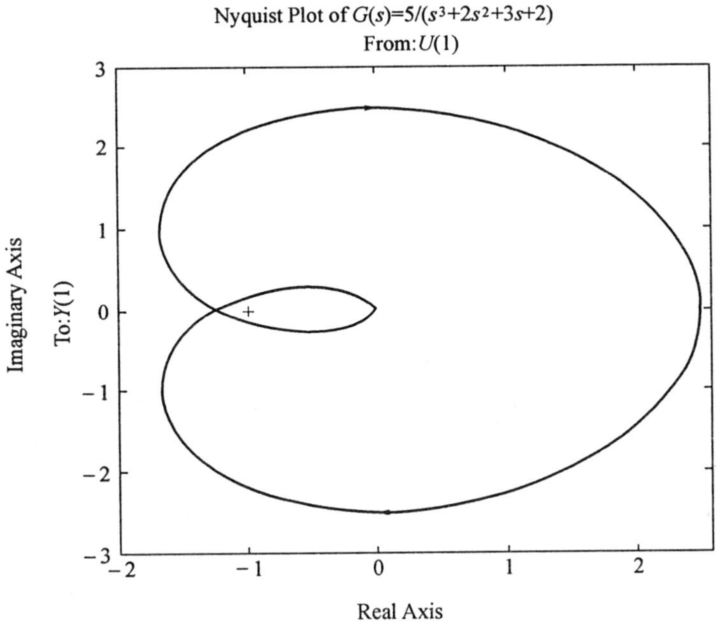

图 8.22　乃奎斯特图

由图可以看出，系统开环传递函数的乃奎斯特图顺时针包围点(−1,j0)两次。而开环传递函数的极点

```
roots(den)
ans =
  -0.5000 + 1.3229i
  -0.5000 - 1.3229i
  -1.0000
```

全部位于 s 平面的左半部(即无不稳定极点)，所以闭环系统不稳定。

在控制理论中，增益裕度和相角裕度两个指标用来反映系统的相对稳定程度。保持适当的增益裕度和相角裕度，可以得到较满意的系统响应。在 MATLAB 中，函数 margin( )可用来求取给定线性系统的增益裕度和相角裕度，该函数的调用格式为

```
[Gm, Pm, Wcg, Wcp] = margin(num, den)
```

式中，num 为系统开环传递函数分子多项式的系数向量；den 为系统开环传递函数分母多项式的系数向量。返回的变量对(Gm, Wcg)为增益裕度的值与相应的频率，而变量对(Pm,

Wcp)则为系统的相角裕度值与相应的频率。若得到的裕度为无穷大,则值表示为 Inf,此时相应的频率值表示为 NaN。

例 8.14 已知单位负反馈系统开环传递函数模型 $G(s)=\dfrac{80(s+5)^2}{(s+1)(s^2+s+9)}$,我们可以由下面的 MATLAB 语句直接求出系统的增益裕度和相角裕度。

```
num = [80 800 2000];
den = [conv([1 1],[1 1 9])];
[Gm,Pm,Wcg,Wcp] = margin(num,den)
Gm =
   Inf
Pm =
   84.309 6
Wcg =
   NaN
Wcp =
   80.408 8

G = tf(num,den);
G _ c = feedback(G,1, - 1);
step(G _ c)
```

可以看出,该系统有无穷大的增益裕度,且相角裕度高达 84.309 6°,所以闭环系统稳定,而且系统的闭环响应也会较理想,这可从图 8.23 所示的系统闭环阶跃响应曲线中看出。

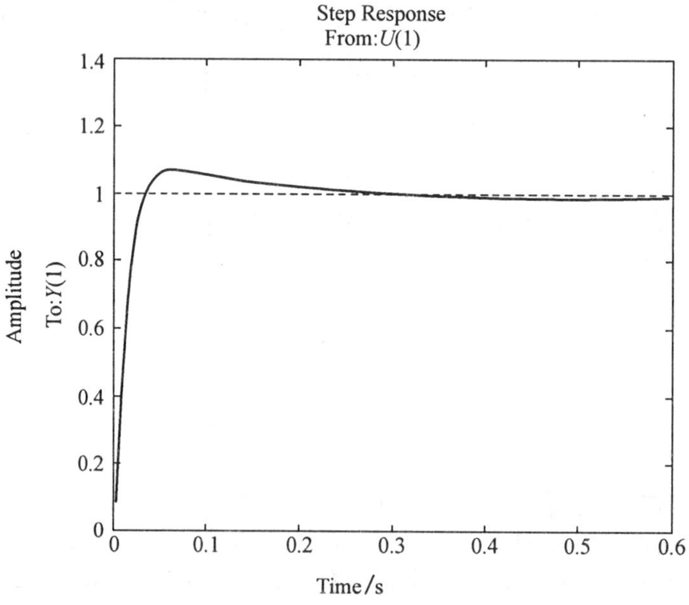

图 8.23 系统闭环阶跃响应曲线

小 结

本章简单地介绍了 MATLAB 在控制系统分析中的应用,目的是使读者对 MATLAB 如何分析控制系统有一个初步了解,以便今后更深入地使用 MATLAB 解决控制系统的分析与设计问题。虽然可以直接使用 MATLAB 这样强大的软件来解决控制系统问题,但绝不能放弃反馈控制理论的学习,而一味依赖于 MATLAB。只有扎实的理论基础,才能更好地利用 MATLAB 解决新问题,甚至自己编写函数为己所用。

附　　录

附录 I　拉普拉斯变换表

序号	象函数 $F(s)$	原函数 $f(t)$
1	1	单位脉冲 $\delta(t)$ 在 $t=0$ 时
2	$\frac{1}{s}$	单位阶跃 $1(t)$ 在 $t=0$ 时
3	$\frac{K}{s}$	$k(t)$
4	$\frac{1}{s^{r+1}}$	$\frac{1}{r!}t^r$
5	$\frac{1}{s}e^{-as}$	$u(t-a)$ 在 $t=a$ 开始的单位阶跃
6	$\frac{1}{s-a}$	e^{at}
7	$\frac{1}{s+a}$	e^{-at}
8	$\frac{1}{(s+a)^n}$	$\frac{1}{(n-1)!}t^{n-1}e^{-at}$
9	$\frac{\omega}{s^2+\omega^2}$	$\sin \omega t$
10	$\frac{s}{s^2+\omega^2}$	$\cos \omega t$
11	$\frac{1}{s(s+a)}$	$\frac{1}{a}(1-e^{-at})$
12	$\frac{s+a_0}{s(s+a)}$	$\frac{1}{a}[a_0-(a_0-a)e^{-at}]$
13	$\frac{1}{s^2(s+a)}$	$\frac{1}{a^2}(at-1+e^{-at})$
14	$\frac{s+a_0}{s^2(s+a)}$	$\frac{a_0 t}{a}+(\frac{a_0}{a^2}-t)(e^{-at}-1)$
15	$\frac{s^2+a_1 s+a_0}{s^2(s+a)}$	$\frac{1}{a^2[a_0 at+a_1 a-a_0+(a_0-a_1 a+a^2)]e^{-at}}$
16	$\frac{\omega}{(s+a)^2+\omega^2}$	$e^{-at}\sin \omega t$
17	$\frac{s+a}{(s+a)^2+\omega^2}$	$e^{-at}\cos \omega t$
18	$\frac{1}{(s+a)^2+\omega^2}$	$\frac{1}{\omega}e^{-at}\sin \omega t$
19	$\frac{s+b}{(s+a)^2+\omega^2}$	$\frac{\sqrt{(b-a)^2+\omega^2}}{\omega}e^{-at}\sin(\omega t+\phi), \phi=\arctan\frac{\omega}{b-a}$
20	$\frac{s+a}{s^2+\omega^2}$	$\frac{a^2+\omega^2}{\omega}\sin(\omega t+\phi), \phi=\arctan\frac{\omega}{a}$

续表

序号	象函数 $F(s)$	原函数 $f(t)$
21	$\dfrac{s\sin\theta+\omega\cos\theta}{s^2+\omega^2}$	$\sin(\omega t+\theta)$
22	$\dfrac{1}{s(s^2+\omega^2)}$	$\dfrac{1}{\omega^2}(1-\cos\omega t)$
23	$\dfrac{s+a}{s(s^2+\omega^2)}$	$\dfrac{a}{\omega^2}-\dfrac{\sqrt{a^2+\omega^2}}{\omega^2}\cos(\omega t+\phi),\phi=\arctan\dfrac{\omega}{a}$
24	$\dfrac{1}{(s+a)(s+b)}$	$\dfrac{1}{b-a}(e^{-at}-e^{-bt})$
25	$\dfrac{s}{(s+a)(s+b)}$	$\dfrac{1}{b-a}(be^{-bt}-ae^{-at})$
26	$\dfrac{1}{s(s+a)(s+b)}$	$\dfrac{1}{ab}\left[1+\dfrac{1}{a+b}(be^{-at}-ae^{-bt})\right]$
27	$\dfrac{s+a_0}{s(s+a)(s+b)}$	$\dfrac{1}{ab}\left[a_0-\dfrac{b(a_0-a)}{b-a}e^{-at}+\dfrac{a(a_0-b)}{b-a}e^{-bt}\right]$
28	$\dfrac{s+a_0}{(s+a)(s+b)}$	$\dfrac{1}{b+a}[(a_0-a)e^{-at}-(a_0-b)e^{-bt}]$
29	$\dfrac{s^2+a_1s+a_0}{s(s+a)(s+b)}$	$\dfrac{a_0}{ab}+\dfrac{a^2-aa_1+a_0}{a(a-b)}e^{-at}-\dfrac{b^2-a_1b+a_0}{b(a-b)}e^{-bt}$
30	$\dfrac{1}{s^2(s+a)(s+b)}$	$\dfrac{1}{a^2b^2}\left[abt-a-b+\dfrac{1}{a-b}(a^2e^{-bt}-b^2e^{-at})\right]$
31	$\dfrac{s+a_0}{s^2(s+a)(s+b)}$	$\dfrac{1}{ab}(1+a_0t)-\dfrac{a_0(a+b)}{a^2b^2}+$ $\dfrac{1}{a-b}\left[\left(\dfrac{a_0-b}{b^2}\right)e^{-bt}-\left(\dfrac{a_0-a}{a^2}\right)e^{-at}\right]$
32	$\dfrac{s^2+a_1s+a_0}{s^2(s+a)(s+b)}$	$\dfrac{1}{ab}(a_1+a_0t)-\dfrac{a_0(a+b)}{a^2b^2}-\dfrac{1}{a-b}\left[\left(1-\dfrac{a_1}{a}+\dfrac{a_0}{a^2}\right)e^{-at}\right.$ $\left.-\left(1-\dfrac{a_1}{b}+\dfrac{a_0}{b^2}\right)e^{-bt}\right]$
33	$\dfrac{1}{(s+a)(s+b)(s+c)}$	$\dfrac{e^{-at}}{(b-a)(c-a)}+\dfrac{e^{-bt}}{(a-b)(c-b)}+\dfrac{e^{-ct}}{(a-c)(b-c)}$
34	$\dfrac{s+a_0}{(s+a)(s+b)(s+c)}$	$\dfrac{(a_0-a)e^{-at}}{(b-a)(c-a)}+\dfrac{(a_0-b)e^{-bt}}{(c-b)(a-b)}+\dfrac{(a_0-c)e^{-ct}}{(a-c)(b-c)}$
35	$\dfrac{1}{s(s+a)(s+b)(s+c)}$	$\dfrac{1}{abc}-\dfrac{e^{-at}}{a(b-a)(c-a)}-\dfrac{e^{-bt}}{b(a-b)(c-b)}$ $-\dfrac{e^{-ct}}{c(a-c)(b-c)}$
36	$\dfrac{s+a_0}{s(s+a)(s+b)(s+c)}$	$\dfrac{a_0}{abc}-\dfrac{(a_0-a)e^{-at}}{a(b-a)(c-a)}-\dfrac{(a_0-b)e^{-bt}}{b(a-b)(c-b)}-$ $\dfrac{(a_0-c)e^{-ct}}{c(a-c)(b-c)}$
37	$\dfrac{1}{(s+a)(s^2+\omega^2)}$	$\dfrac{e^{-at}}{a^2+\omega^2}+\dfrac{1}{\omega\sqrt{a^2+\omega^2}}\sin(\omega t-\phi),\phi=\arctan\dfrac{\omega}{a}$
38	$\dfrac{1}{s[(s+a)^2+b^2]}$	$\dfrac{1}{a^2+b^2}+\dfrac{1}{b\sqrt{a^2+b^2}}e^{-at}\sin(bt-\phi),\phi=\arctan\dfrac{b}{-a}$
39	$\dfrac{s+a_0}{s[(s+a)^2+b^2]}$	$\dfrac{a_0}{a^2+b^2}+\dfrac{1}{b}\sqrt{\dfrac{(a_0-a)^2+b^2}{a^2+b^2}}e^{-at}\sin(bt+\phi)$ $\phi=\arctan\dfrac{b}{a_0-a}-\arctan\dfrac{b}{-a}$

附录Ⅱ　常用校正装置及特性

一、无源校正网络

原　理　图	传递函数	Bode 图
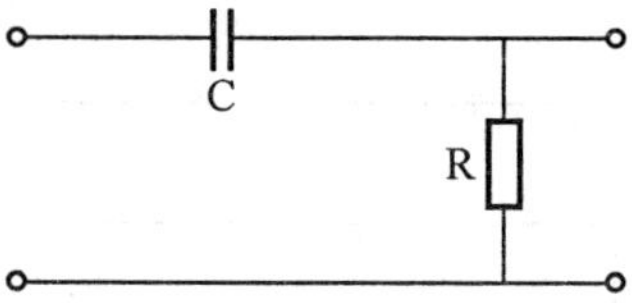	$\dfrac{\tau s}{\tau s+1}$ $\tau = RC$	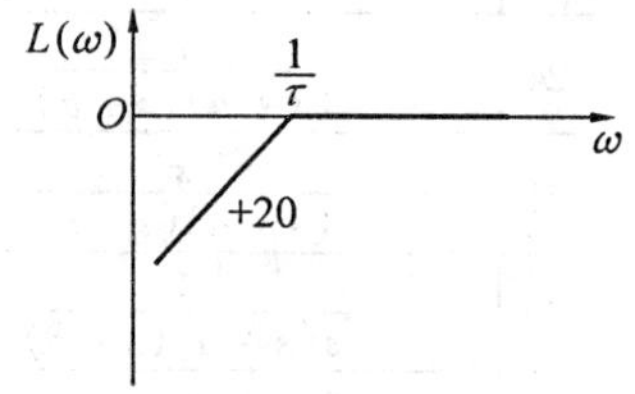
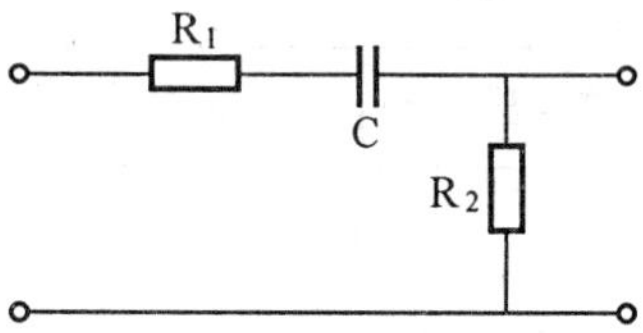	$\dfrac{\tau_1 s}{\tau_2 s+1}$ $\tau_1 = R_2 C$ $\tau_1 = (R_1 + R_2) C$	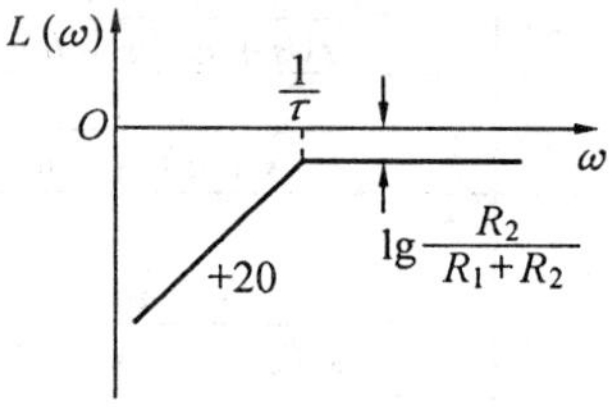
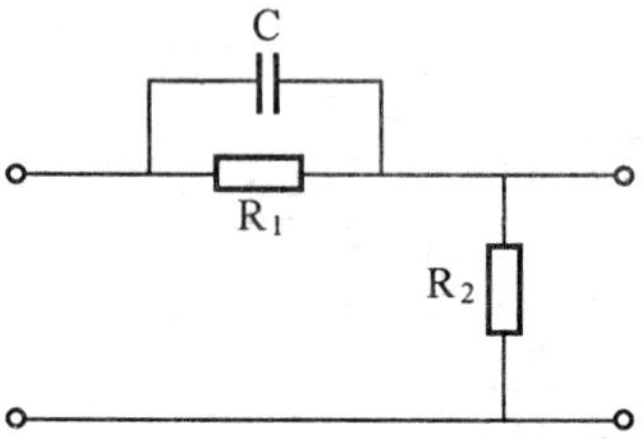	$K\dfrac{\tau_1 s+1}{\tau_2 s+1}$ $\tau_1 = R_1 C$ $\tau_2 = \dfrac{R_1 R_2}{R_1 + R_2} C$ $K = \dfrac{R_2}{R_1 + R_2}$	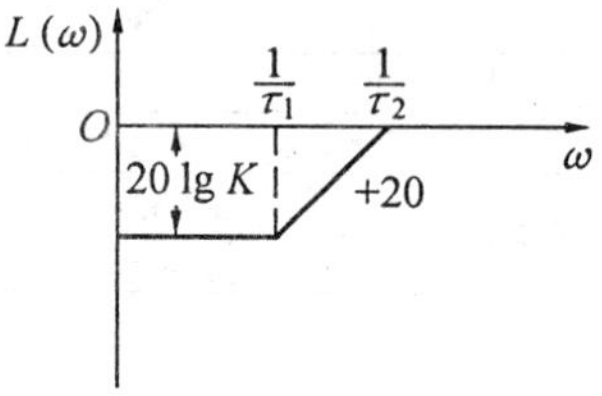
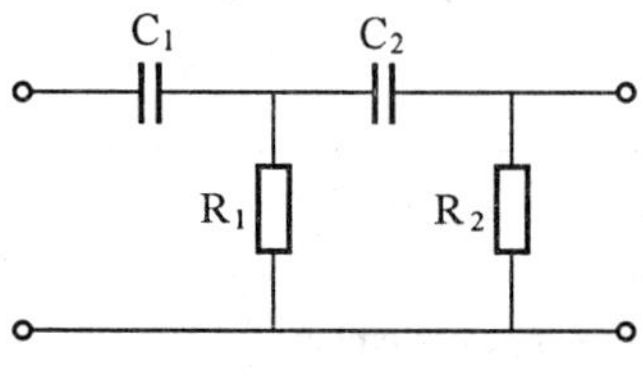	$\dfrac{\tau_1 \tau_2 s^2}{\tau_1 \tau_2 s^2 + (\tau_1 + \tau_2 + \tau_{12}) s + 1}$ $\tau_1 = R_1 C_1$ $\tau_2 = R_2 C_2$ $\tau_{12} = R_1 C_2$	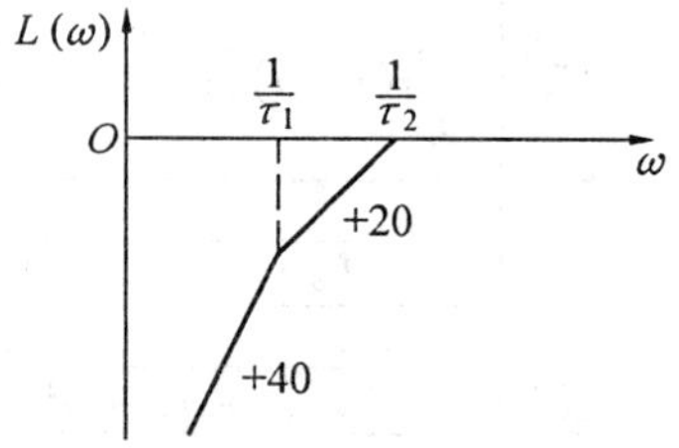

续表

原 理 图	传 递 函 数	Bode 图
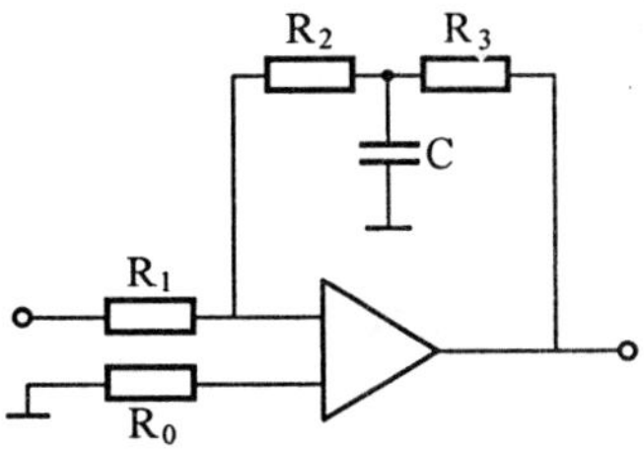	$K(\tau s+1)$ $\tau=\dfrac{R_2R_3}{R_2+R_3}C$ $K=\dfrac{R_2+R_3}{R_1}$	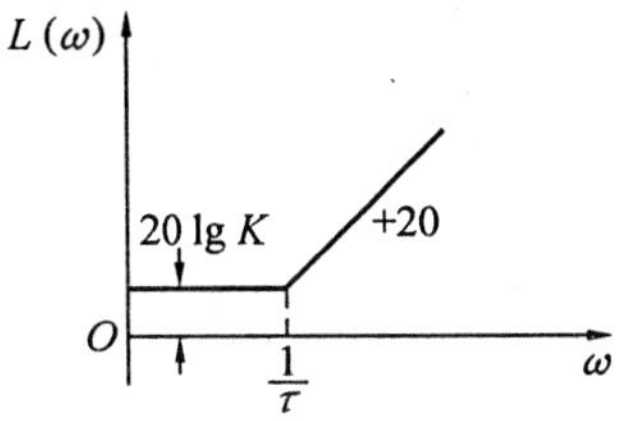
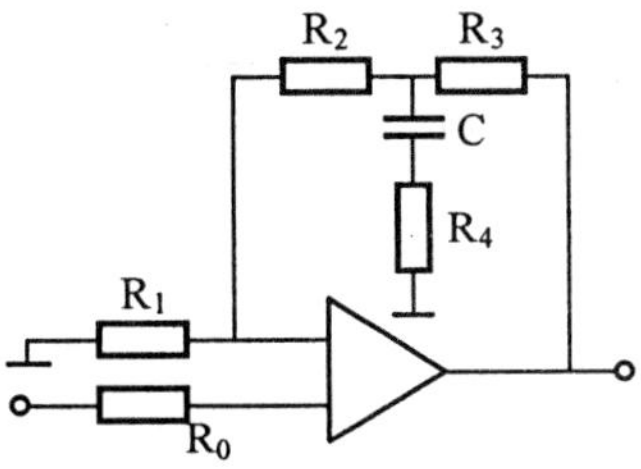	$K\dfrac{\tau s+1}{\tau_4 s+1}$ $\tau=(\dfrac{R_2R_3}{R_2+R_3}+R_4)C$ $\tau_4=R_4C$ $K=\dfrac{R_1+R_2+R_3}{R_1}$	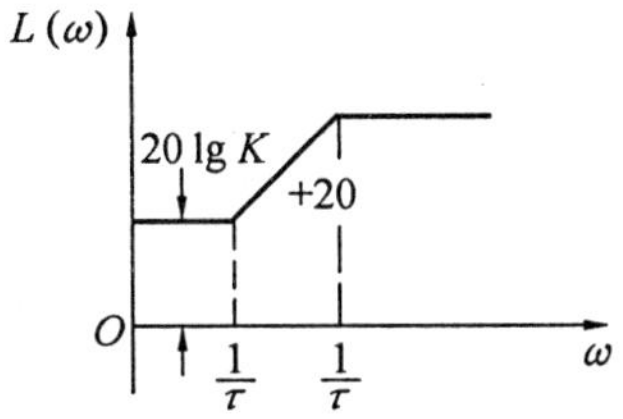
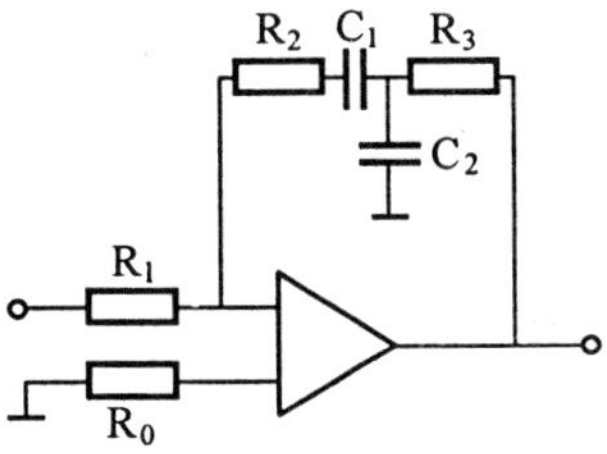	$K\dfrac{(\tau_1 s+1)(\tau_2 s+1)}{\tau_1 s}$ $\tau_1=R_2C_1$ $\tau_2=R_3R_2(C_2\gg C_1,R_2\gg R_3)$ $K=\dfrac{R_2}{R_1}$	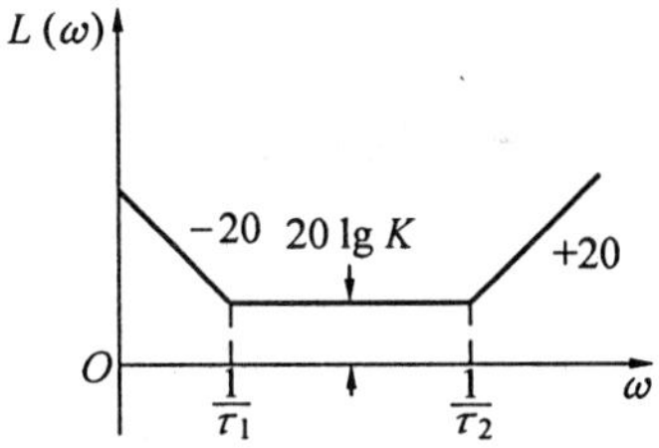
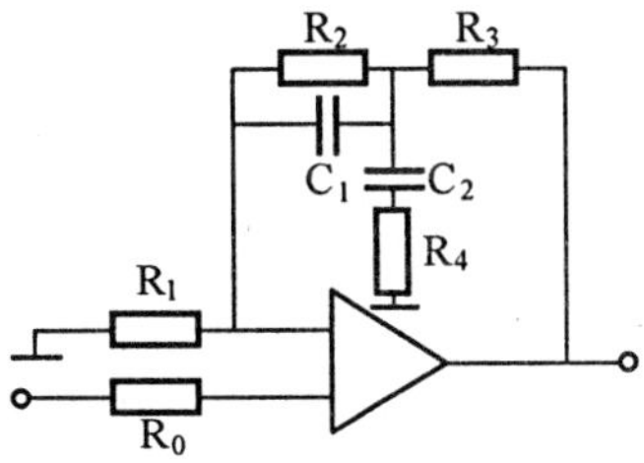	$K\dfrac{(\tau_2 s+1)(\tau_3 s+1)}{(\tau_1 s+1)(\tau_4 s+1)}$ $\tau_1=R_2C_1$ $\tau_2=\dfrac{R_1R_2}{R_1+R_2}C_1$ $\tau_3=(R_3+R_4)C_2$ $\tau_4=R_4C_2(R_1\gg R_3)$ $K=\dfrac{R_1+R_2+R_3}{R_1}$	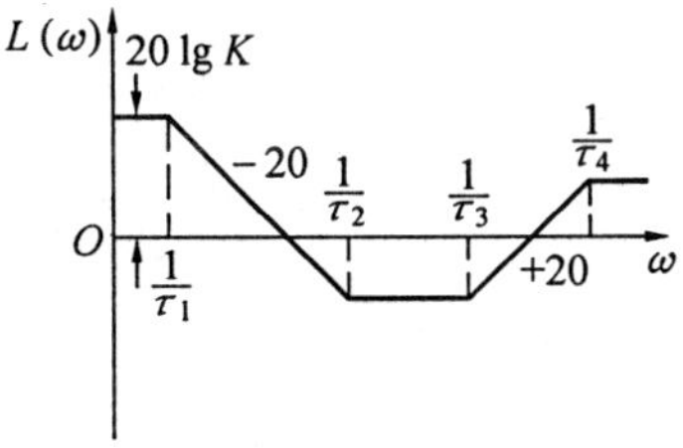

附录Ⅲ 部分习题参考答案

第二章

2.1 (a) $\dfrac{U_c(s)}{U_i(s)}=\dfrac{R_1R_2Cs+R_2}{R_1R_2Cs+R_1+R_2}$ (b) $\dfrac{U_c(s)}{U_i(s)}=\dfrac{R_2Cs+1}{(R_1+R_2)Cs+1}$

2.2 (a) $\dfrac{U_c(s)}{U_i(s)}=\dfrac{\tau s+1}{\tau s}=1+\dfrac{1}{\tau s}$ $(\tau=RC)$

(b) $\dfrac{U_c(s)}{U_i(s)}=\dfrac{k}{\tau s+1}$ $(k=\dfrac{R_1}{R},\tau=\dfrac{RC}{4})$ (c) $\dfrac{U_c(s)}{U_i(s)}=1+\dfrac{1}{4}RCs$

2.3 $\dfrac{Q(s)}{U_a(s)}=\dfrac{c_m}{JL_as^3+(JR_a+L_af)s^2+(R_df+k_dC_m)s}$ $(M_L=0)$

2.4 $\Delta y=3.5\Delta x$ $(\Delta y=y-y_0,\Delta x=x-x_0;x_0=1,y_0=2.5)$

2.5 $\Delta Q=k_1\Delta l+k_2\Delta p\left(k_1=\left.\dfrac{\partial Q}{\partial l}\right|_{(l_0,p_0)}=k\sqrt{p_0};k_2=-\left.\dfrac{\partial Q}{\partial p}\right|_{(l_0,p_0)}=-\dfrac{kl_0}{2\sqrt{p_0}}\right)$

2.6 (1) $F(s)=\dfrac{1}{s(Ts+1)}$ (2) $F(s)=\dfrac{0.12}{s(s^2+4)}$

(3) $F(s)=\dfrac{\sqrt{3}s+5}{2(s^2+25)}$ (4) $F(s)=\dfrac{s+0.4}{(s+0.4)^2+144}$

2.7 (1) $c(t)=\dfrac{1}{T}e^{-\frac{t}{T}};c(t)=1-e^{-\frac{t}{T}},c(t)=t-T+Te^{-\frac{t}{T}}$

(2) $c(t)=\dfrac{2}{\sqrt{3}}e^{-\frac{t}{2}}\sin\dfrac{\sqrt{3}}{2}t$ (3) $c(t)=1-e^{-t}-te^{-t}$

2.8 $\dfrac{U_o(s)}{U_i(s)}=\dfrac{(R_1c_1s+1)(R_2c_2s+1)}{(R_1c_1s+1)(R_2c_2s+1)+R_1c_2s}$

$$\frac{Y(s)}{X(s)}=\frac{(\frac{c_1}{k_1}s+1)(\frac{c_2}{k_2}s+1)}{(\frac{c_1}{k_1}s+1)(\frac{c_2}{k_2}s+1)+\frac{c_1}{k_2}s}$$

2.9 (a) $\dfrac{1}{ms^2+fs+k}$ (b) $\dfrac{G_1G_3+G_2G_3}{1+G_3+G_1G_3}$

(c) $\dfrac{G_2-G_1G_2}{1-G_1+G_1G_2}$ (d) $\dfrac{G_2-G_1+2G_1G_2}{1-G_1+G_2+3G_1G_2}$

2.10 $\dfrac{C(s)}{R(s)}=\dfrac{G_1G_2G_3}{1+G_2G_3H_2-G_2H_1-G_1G_2H_1}+G_4$

2.11 $G(s)=\dfrac{k_4s}{k_1k_2}$

2.12 $\dfrac{C(s)}{R(s)}=\dfrac{G_1G_2G_3G_4}{1+G_3G_4H_4-G_2G_3H_1+G_1G_2G_3H_2-G_1G_2G_3G_4H_3}$

2.13 $\dfrac{C(s)}{R(s)}=\dfrac{G_1G_2G_3G_4G_5+G_1G_2G_5}{1-G_2G_3H_2+G_1G_2H_1+G_1G_2G_3G_4G_5+G_1G_2G_5}$

2.14 $\dfrac{C(s)}{R(s)}=\dfrac{G_1G_2G_3+G_4}{1-G_1G_2G_3H_1H_2+G_1G_2G_3H_3+G_4H_3}$

第三章

3.2　(1) $G(s)=\dfrac{0.01}{0.8s+1}$　(2) $G(s)=\dfrac{5}{s^2}+\dfrac{5\sqrt{2}(s+4)}{s^2+16}$

(3) $G(s)=\dfrac{0.1}{s(1-3s)}$　(4) $G(s)=\dfrac{0.01}{s^2}$

3.3　(1) $\dfrac{C(s)}{R(s)}=\dfrac{600}{s^2+70s+600}$　(2) $\omega_n=24.49$ rad/s, $\xi=1.43$

3.4　$K=10, k_H=0.9$

3.5　开环传递函数 $G(s)=\dfrac{1\,131.65}{s(s+24.2)}$

3.6　(1) $M_p=46.67\%$, $t_s=8(\Delta=0.02)$; $b(\Delta=0.05)$

(2) $M_p=16.3\%$, $t_s=8(\Delta=0.02)$; $b(\Delta=0.05)$

3.7　(1) $\xi=0.17$; $\omega_n=3$ rad/s

(2) $M_p=58.8\%$, $t_p=1.06$ s, $t_s=8$ s$(\Delta=0.02)$, $N=3.7$

3.8　$K=2.94, K_f=0.47$

3.9　$G(s)=\dfrac{4}{s(s^2+4s+b)}$

3.10　当 $a=0$ 时，$\omega_n=2.8$ rad/s; $\xi=0.35$

当 $\xi=0.7$ 时，$a=0.24$

3.11　(1)稳定　(2)不稳定　(3)不稳定　(4)临界稳定

3.12　(1) $K>-1$　(2)结构不稳定　(3) $0<K<3$

3.13　$K=2, a=0.75$

3.14　(1) $0<K<\dfrac{1}{T_1}+\dfrac{1}{T_2}$　(2) $\dfrac{27}{40}<K<\dfrac{24}{5}$

3.15　$K>1, 0<T<\dfrac{2(K+1)}{K-1}$; $0<K<1, T>0$

3.16　(1) $K_p=50, K_v=K_a=0$

(2) $K_p=\infty, K_v=K, K_a=0$

(3) $K_p=K_v=\infty, K_a=\dfrac{K}{10}$

(4) $K_p=\infty, K_v=\dfrac{K}{200}, K_a=0$

3.17　(1) $e_{ss}=0$　(2) $e_{ss}=0.1R_1$　(3) $e_{ss}=0.1(R_1+R_2t)$

3.18　(1) $e_{ss}=0$　(2) $e_{ss}=\dfrac{a_2}{a_0}$

3.19　$e_{ss}=0$

第四章

4.1　$G(j\omega)=\dfrac{B}{A}e^{j\varphi}$

4.2　$k=4, c=1$

4.3　(1) $c(t)=0.905\sin(t+24.8^\circ)$　(2) $c(t)=1.79\sin(2t+34.7^\circ)$

4.4　(1) $c(t)=0.79\sin(2t-18.4^\circ)$

(2) $c(t)=0.93\sin(2t-21.8^\circ)$

(3) $c(t)=0.45\sin(2t-10.3^\circ)$

4.6 $\gamma\approx 0^\circ$ $K_g(\text{dB})\approx 0$,临界稳定。

4.9 (1)临界稳定 (2)稳定 (3)不稳定

4.10 (a) $G(s)=\dfrac{10}{0.5s+1}$ (b) $G(s)=\dfrac{8}{s(0.5s+1)}$

(c) $G(s)=\dfrac{0.5(2s+1)}{s^2(0.5s+1)}$

4.11 (a)不稳定 (b)条件稳定 (c)稳定 (d)稳定

4.12 最大 τ 值,$\tau=0.17$ s

4.13 $M_r=1.84$,$\omega_r=8.16$ rad/s

4.14 (1) $K=0.57$ (2) $K=1.1$ (3) $K=1.08$

第五章

5.3 校正前 $\gamma_0\approx 0^\circ$,校正后 $\gamma=39.4^\circ$

5.4 滞后校正装置 $G_c(s)=\dfrac{1}{\beta}\dfrac{(s+0.084)}{(s+0.0084)}=\dfrac{11.9s+1}{119s+1}$ (β 取 10)

5.5 滞后校正装置 $G_c(s)=\dfrac{1}{\beta}\dfrac{(s+0.16)}{(s+0.032)}=\dfrac{6.25s+1}{31.75s+1}$ (β 取 5)

5.6 校正前 $\omega_c=0.75\ \text{s}^{-1}$,$K_v=0.8$

校正后 $\omega_c=1.66\ \text{s}^{-1}$,$K_v=1.9$

5.7 趋前校正装置 $G_c(s)=\dfrac{0.36s+1}{0.094s+1}$

5.8 提示:可用工程设计法,采用 PI 调节器

5.9 串联校正装置 $G_c(s)=\dfrac{(0.14s+1)(0.1s+1)}{(s+1)(\frac{s}{60}+1)}$

5.10 采用滞后校正 $G_c(s)=\dfrac{9s+1}{90s+1}$

5.11 采用超前校正 $G_c(s)=\dfrac{0.03s+1}{0.0075s+1}$

5.12 校正前 $\omega_{c0}=2\ \text{s}^{-1}$,$\gamma_0=14^\circ$

校正后 $\omega_c=0.8\ \text{s}^{-1}$,$\gamma=74.5^\circ$

5.14 $G_c(s)=\dfrac{(0.2s+1)(0.1s+1)}{(1.67s+1)(0.012s+1)}$

5.15 校正前 $\gamma_1=18^\circ$,$\omega_{b1}=4.83\ \text{s}^{-1}$

校正前 $\gamma_2=28^\circ$,$\omega_{b2}=7.42\ \text{s}^{-1}$

5.16 提示:(1)选 $\lambda=\dfrac{1}{10K}$可将Ⅰ型变为Ⅱ型,$G_r(s)=\dfrac{s}{10K}$

(2)确定 K 值,可用根轨迹法求取稳定范围

5.17 $G_c(s)=K_t\cdot s=0.471\ s$

$G_n(s)=-s(s+K_1K_t)=-s(s+1.387)$

第六章

6.1

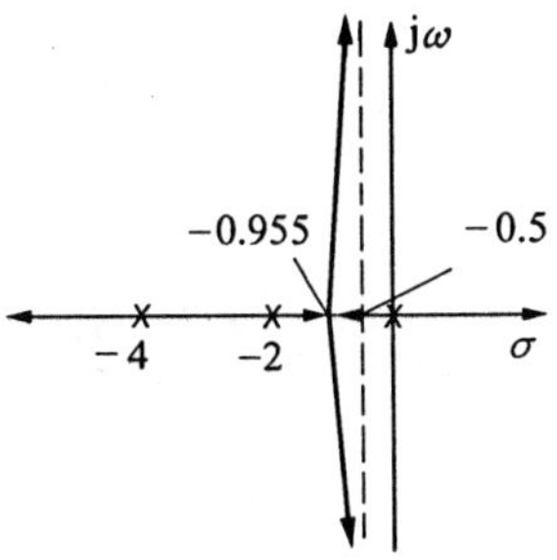

(1)

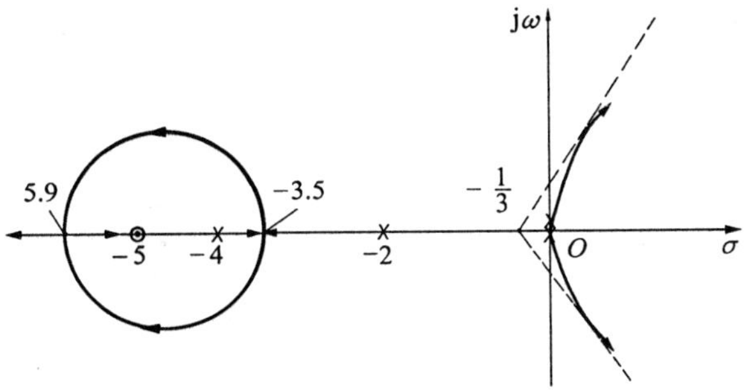

(2)

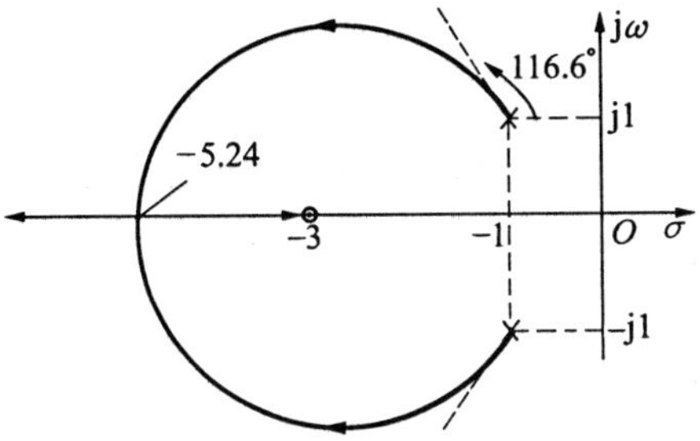

(3)

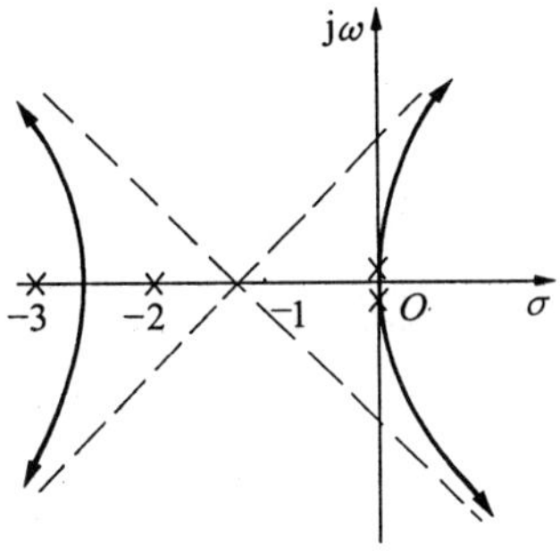

(4)

6.2

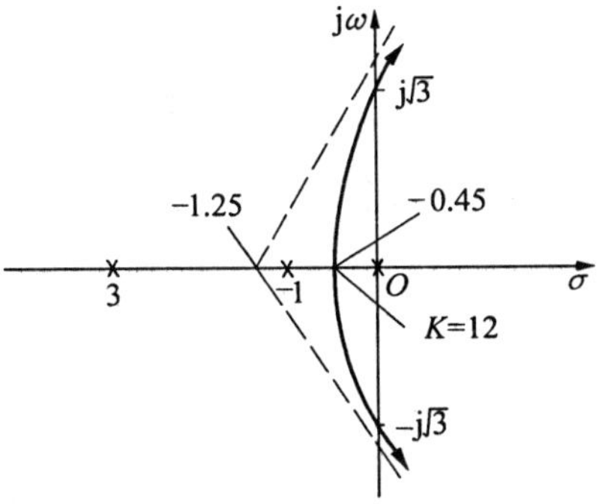

(1)

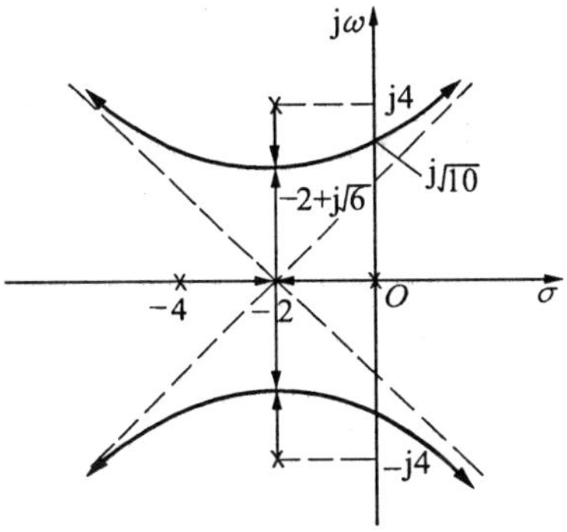

(2)

6.3　设 $s=\delta+\mathrm{j}\omega$，代入闭环特征方程，整理得

$$(\sigma+z)^2+\omega^2=z^2-pz \qquad \text{（此为圆的方程）}$$

其中　$R=\sqrt{z^2-pz}$　　圆心坐标$(-z,0)$

6.4　出射角为 ±45°，与虚轴交点为 $\pm\mathrm{j}\sqrt{2}$，对应 $K_1=4$

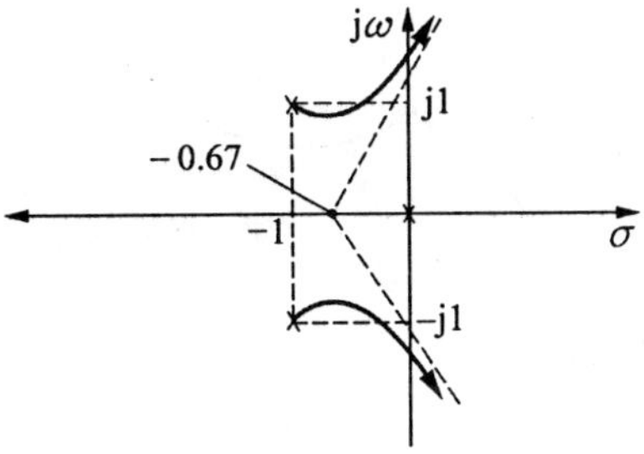

6.5

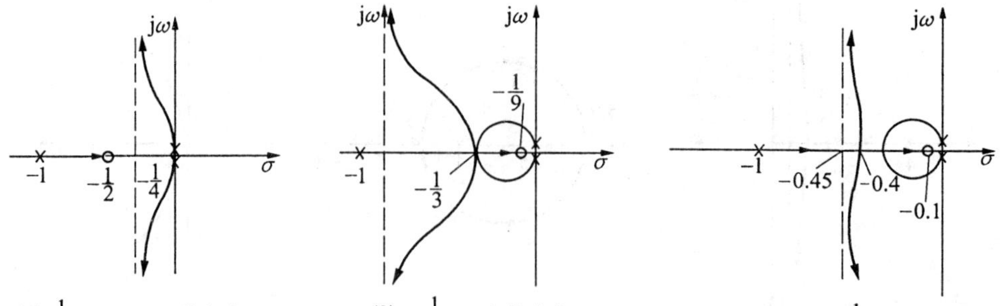

(1) $\frac{1}{9}<a<1$，无分离点　　(2) $a=\frac{1}{9}$，一个分离点　　(3) $0<a<\frac{1}{9}$，两个分离点

6.6　$s_{1,2}=0.245\pm \mathrm{j}2.38, s_3=-3.49$

6.7　提示：由闭环特征方程可得$\frac{as}{s^2+s+1}=-1$，据此绘制以 a 为变量的根轨迹。

(1)无局部反馈时 $\xi=0.5, \omega_n=1, M_p=16.3\%$，$t_s=6$ s($\Delta=0.05$)

(2)$a=2$ 时，$\xi=1.5$，过阻尼状态

(3)临界阻尼时，由 $\xi=1$ 求得 $a=1$

6.8

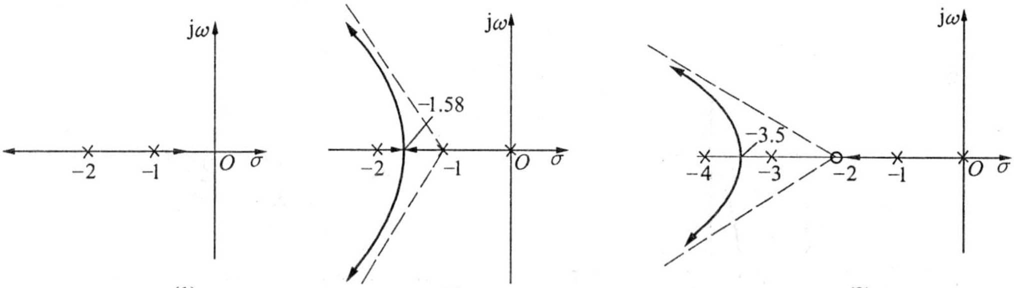

(1)　　(2)　　(3)

6.9　与虚轴交点为 $\omega=\pm\sqrt{2}$，相应的 $K=2$

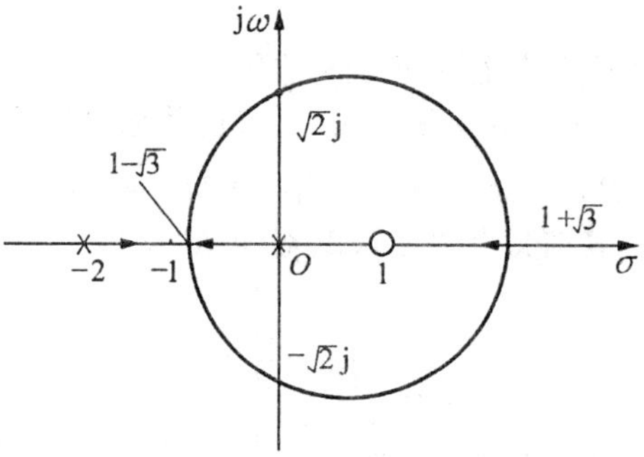

6.10　迟后系统$\frac{K\mathrm{e}^{-\tau s}}{s}$的根轨迹

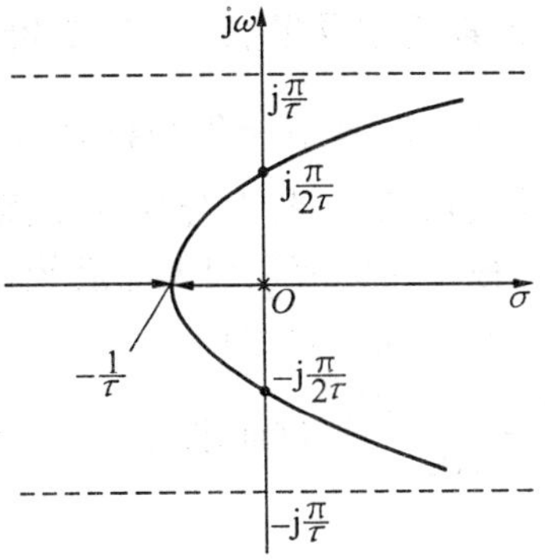

6.12 (1)系统根轨迹

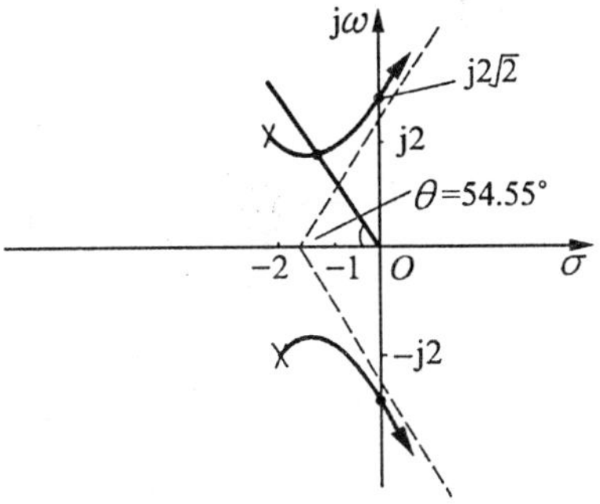

(2)阻尼比 $\xi=\cos\theta=0.58$ 时的主导极点 $s_{1,2}=-1.18\pm j1.65$，$s_3=-1.64$，相应的 K_1 值 $K_1\approx 8$，单位阶跃响应

$$c(t)=L^{-1}[C(s)]=L^{-1}\left[\frac{K_1}{(s-s_1)(s-s_2)(s-s_3)}\frac{1}{s}\right]$$

可以据此求出。

6.13 (1)闭环传递函数

$$\frac{C(s)}{R(s)}=\frac{K_a(s+2)}{(s+5)(s^3+3s^2+2s+k_ak_b)}$$

(2)$\xi=0.65$ 时共轭复数主导极点对应的 $k_ak_b=0.73$

(3)等效单位反馈开环传递函数 $G'(s)=\frac{0.32}{s(s+0.74s)}$

(4)$M_p=6.8\%$，$t_p=7.25$ s，$t_s=10.81$ s

6.14 (1)系统根轨迹 (2)闭环主导极点 $\xi=0.5$ 时的 K 值，$K=4.3$

(3)闭环极点

$$s_{1,2}=-0.625\pm j1.08$$

$$s_3=-2.75$$

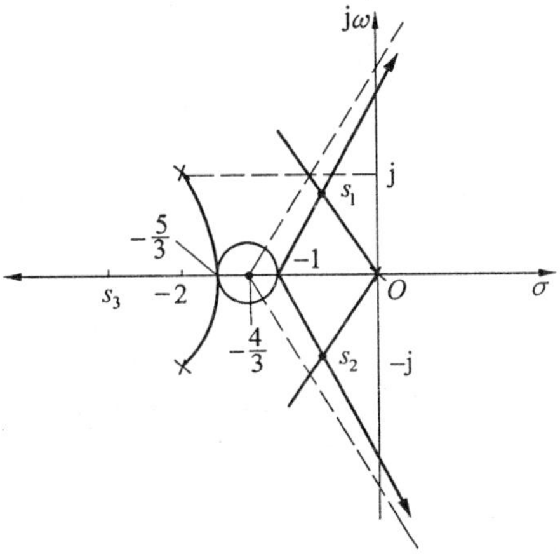

6.15　提示：(1)已知条件确定期望主导极点 $s_d = -2.857 \pm j2.914$

(2)用最大 α 法确定 $z_c = -2.04, p_c = 8.17$；$G_c(s) = \dfrac{K_c(s+2.04)}{s+8.17}$

(3)验证是否符合主导极点条件，若不符合，可调整 z_c，使其位于 -1 的左侧

6.16　提示：(1)作根轨迹图，根据指标要求引入滞后校正，取 $\beta = 10$

(2)确定主导极点，$s_d = -0.33 \pm j0.59$

(3)确定 $G_c(s) = \dfrac{K_2(s+0.077)}{(s+0.0077)}$，进而求得 $K = 5.55 > 5(K_v = K)$，符合设计要求

第七章

7.1

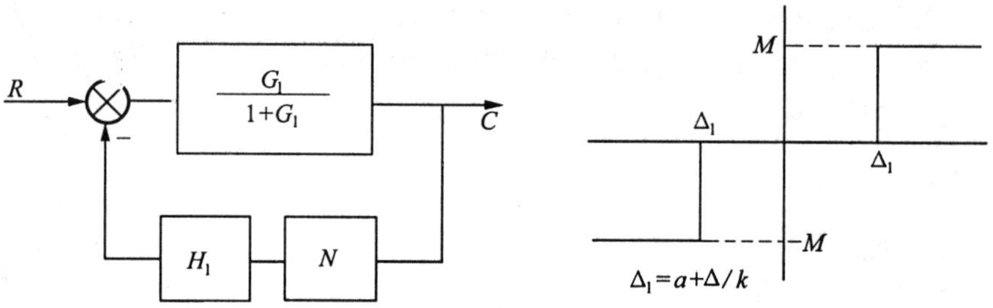

(a)　　(b) 等效非线性环节

7.7　参见例题 7.4

7.8　$\omega = 3.16$ rad/s，$x = 2.32$

7.9　$a > 1.055$ 时，无自激振荡，$a < 1.055$ 时，$-\dfrac{1}{N(x)}$ 与 $G(j\omega)$ 有两个交点，其中一个交点是稳定振荡，另一个是不稳定的

7.10　当 $k = 0.75$、$a = 1$ 时，系统产生振荡，幅值约为 1，频率约为 0.1 ~ 0.05 Hz，k 减小时，振荡减弱

7.11　$K = 0.1$ 时，系统稳定，不产生振荡。不使系统产生振荡时，应有 $0 < K < 1$

7.12　系统稳定，无自振荡

参 考 文 献

[1] KATSSUHIKO OGATA 著.现代控制工程.第 3 版.卢伯英,等译.北京:电子工业出版社,2000.

[2] JOHN J D'AZZO,等著. Liner control system analysis and design (4th ed.).北京:清华大学出版社,2000.

[3] 夏德钤主编.自动控制理论.北京:机械工业出版社,1990.

[4] 胡寿松主编.自动控制原理.第 4 版.北京:科学出版社,2001.

[5] 李友善主编.自动控制原理.第 2 版.北京:国防工业出版社,1989.

[6] 王显正等主编.控制理论基础.科学出版社,2000.

[7] 鄢景华主编.自动控制原理.第 2 版.哈尔滨:哈尔滨工业大学出版社,2000.

[8] 邹伯敏编.自动控制理论.北京:机械工业出版社,1999.

[9] 王万良编著.自动控制原理.北京:科学出版社,2001.

[10] 刘明俊等编著.自动控制原理.北京:国防科技大学出版社,2000.

[11] 戴忠达主编.自动控制理论基础.北京:清华大学出版社,1991.

[12] 孙虎章主编.自动控制原理.北京:中央广播电视大学出版社,1994.

[13] 扬淑子等编著.机械工程控制基础.第 4 版.武汉:华中科技大学出版社,2002.

[14] BENJAMIN C KUO 著.自动控制系统.第 4 版.王炎,等译.北京:北京科学技术出版社,1987.

[15] 胡寿松主编.自动控制原理习题集.北京:国防工业出版社,1990.

[16] 陈小琳主编.自动控制原理例题习题集.北京:国防工业出版社,1982.

[17] 史忠科,卢京潮编.自动控制原理常见题型解析及模拟题.西安:西北工业大学出版社,1988.

[18] 薛定宇.反馈控制系统设计与分析(MATLAB 应用).北京:清华大学出版社,2000.

[19] 楼顺于,于卫.基于 MATLAB 的系统分析与设计——控制系统.西安:西安电子科技大学出版社,1999.